Sieber / Aldington

Hundezucht naturgemäß — mit Liebe und Verstand

Ilse Sieber
Eric H. W. Aldington

Hundezucht naturgemäß

mit Liebe und Verstand

Praxis der Hundezucht
Heilkräuter – Hausmittel
Verhaltensentwicklung
Ernährung und Verhaltensprobleme

71 Fotos
viele Übersichten, Tabellen und Zeichnungen

3. überarbeitete und durch einen völlig neuen 2. Teil
wesentlich erweiterte Auflage 1984

4. überarbeitete, nochmals erweiterte Auflage 1990

5. Auflage 1993

6. Auflage 1996

1993
Verlag Gollwitzer Weiden

Das Titelbild zeigt einen Eurasier-Welpen
Züchter und Aufnahme: Hans Erwin Möller

Einbandgestaltung und Gestaltung des Buches: werkstatt igoll

Printed in Germany

ISBN 3-923555-03-2

Inhaltsverzeichnis

2. Teil

ERIC H. W. ALDINGTON
HUNDEZUCHT NATURGEMÄSS

Vorwort zur erweiterten Neuausgabe

So, wie ich vor Jahren ganz harmlos auf den Hund gekommen bin und keinesfalls ahnte, was damit alles an Freuden aber auch an Mühen auf mich zukommen wurde, habe ich — ebenso harmlos — zugesagt, aus meiner in Jahrzehnten gewachsenen Kartei, die ich über Ernährung, Krankheiten, Zucht, Verhaltensforschung des Hundes angelegt habe, einen »ergänzenden Anhang« zur Neuauflage dieses Buches zusammenzustellen.

Die Fertigstellung des mehr und mehr anschwellenden Manuskriptes war, bedingt durch meine beruflichen Aufgaben in wechselnden Teilen der Welt, von vielen Schwierigkeiten begleitet. In den letzten Monaten ist es mehrfach — Luftpost und Eilboten — über den Erdball hin- und hergeschickt worden, und eine der Manuskriptausfertigungen irrt noch immer unauffindbar in der Welt herum ... Dazwischen ergaben sich aber auch Möglichkeiten zu neuen, fruchtbaren Gesprächen, in denen, in enger und außerordentlich harmonischer Zusammenarbeit mit dem Lektorat, Kapitel um Kapitel konzipiert und erarbeitet wurde.

Während **Frau Ilse Sieber** in ihrem Teil das **praktische Zuchtgeschehen,** so, wie sie es in jahrzehntelangem Bemühen erprobt hat, in logischer Folge vor Ihnen ablaufen läßt, habe ich **im zweiten Teil** für Sie zusammengefaßt, was ich »**Praktische Theorie**« nennen möchte: Welche Voraussetzungen muß man kennen und beachten, wenn man erfolgreich züchten, seine Hunde gesund halten, gesund aufziehen und ihren Anlagen nach auch psychologisch richtig »aufbauen« will. Neben meiner Kartei war mir meine umfangreiche Bibliothek eine unschätzbare Hilfe. Die wichtigsten Bücher, vor allem jene, die man heute noch bekommen kann, habe ich im Anhang für Sie zusammengefaßt. Die gesamte kynologische Fachliteratur ist in dem in aller Welt bekannten Katalog »tierbuch-aktuell« des Verlages zusammengefaßt — über den übrigens, auch ich war zunächst »nur« begeisterter »Kunde«, die persönliche Bekanntschaft und eine echte Freundschaft mit der Familie Gollwitzer erwuchs.

Zur Fertigstellung dieses nun sehr umfangreichen Buches haben viele beigetragen: Zuerst natürlich »alle Hunde meines Lebens«, die, jeder für sich, unser Leben auf wunderbare Weise bereichert haben. Befreundete Züchter aus aller Welt haben mich in der Themenauswahl beraten und die Stichworte herausgesucht, von denen sie meinten, sie seien besonders wichtig.

Nicht zuletzt muß ich aber dem Lektorat des Verlages ganz besonders danken: Ohne die ständige Ermunterung und ohne die Mitarbeit, die unermüdlich und mit ansteckender Begeisterung das Werden des Manuskriptes förderte, hätte mich wohl manchesmal der Mut verlassen.

Hundezucht ist wahrhaft eine Sache des Herzens und des Verstandes. Ich möchte Ihnen aber, neben einem guten Gelingen Ihrer züchterischen Vorhaben, noch etwas von all der persönlichen Freude und ganz großen Bereicherung Ihres Lebens wünschen, die ein nachdenklicher Hundezüchter sozusagen auch noch dazu geschenkt bekommt. Wenn dies Buch nun, mit seinen beiden Teilen, beides für Sie bewirkt, hat es sein wichtigstes Anliegen erfüllt.

San Francisco, April 1984 Eric H. W. Aldington

Vorwort zur 2. Auflage

Vor zehn Jahren ist die 1. Auflage dieses kleinen Buches erschienen. Das ist eine lange Zeit im Leben der Menschen und der Hunde... Es ist also unerläßlich, dieser 2. Auflage einige Erfahrungen einzufügen, die mir erst in späteren Jahren — teilweise sehr schmerzhaft — zugewachsen sind. So habe ich den Text auf den jetzt gültigen Stand gebracht und weitere wichtige Dinge in das Kapitel »Allerlei Ergänzungen« eingearbeitet.

Im allgemeinen hat sich aber wenig geändert . . . Wer da meint, daß man »nebenbei« mit Hundezucht Geld verdienen könne, soll es lieber lassen. Wer glaubt, daß er einfach auf sein gutes Glück bauen könne, der wird sich täuschen. Wer nicht mit Begeisterung, echter Tierliebe und wirklicher Hingabe darangeht, wird kaum Erfolg haben.

Nur wer sich immer der Verantwortung bewußt bleibt, die er gegenüber seiner Hündin und gegenüber den Welpen, die mit seinem Willen zur Welt gebracht werden, übernommen hat, und wer alle Mühe und Arbeit und jedes Risiko gern auf sich zu nehmen bereit ist, soll damit anfangen. Er wird dann unendlich viel Freude und Bereicherung aus seiner Züchtertätigkeit gewinnen.

Für diese begeisterten Hundefreunde sind meine Anleitungen gedacht. *Vor allem möchte ich den Anfängern helfen, manchen Umweg zu vermeiden, den ich gehen mußte!* Hier muß ich zuerst einen Dank aussprechen. Nur einem vorzüglichen Buch, das ich in die Hand bekam, als ich meine erste junge Hündin ins Haus nahm (genau acht Wochen alt), hatte ich es zu verdanken, daß ich nach verhältnismäßig kurzer Zeit mit den Ergebnissen recht zufrieden sein konnte. Es handelt sich um »Die Aufzucht junger Hunde nach natürlichen Methoden« von Juliette de Bairacli-

Levy. Ich habe es nicht nur einmal gelesen, sondern wieder und wieder — und vor allem danach gehandelt! Hätte ich das Buch früher gekannt, wäre ich an meinem ersten Hund nicht aus Unwissenheit schuldig geworden. Bei dem guten »Pascha« habe ich ungefähr alles falsch gemacht, was nur möglich war: Unbekömmliches Futter; zwischendurch Leckereien und Häppchen vom Tisch, wodurch er zum hemmungslosen, lästigen Bettler wurde; Strafen, wo er nur seiner Hundenatur folgte, und so weiter.

Ich habe heute noch ein schlechtes Gewissen diesem treuen Tier gegenüber, und mit der fast überkorrekten Behandlung meiner Boxer-Hündinnen sühne ich ganz bewußt etwas von dieser Schuld! Ihnen — und auf dem Umweg über mein kleines Büchlein hoffentlich recht vielen Hunden — kommt also zugute, was Pascha auszustehen hatte: Schwere Herzverfettung und Bewegungshemmungen . . . Das erst so gutmütige Tier wurde bösartig, und ich mußte es mit knapp fünf Jahren einschläfern lassen!

Nach diesen trüben Erfahrungen habe ich meine junge »Trixi« und später alle Welpen »natürlich« gehalten — weil mir die Begründungen des oben genannten Buches gut und richtig erschienen. Gemessen an allem, was ich vorher gehört und gelesen hatte, war es ein völlig neuer Weg! Aber er leuchtete mir ein; schließlich füttert man auch Menschenkinder jetzt anders als vor 50 Jahren! Nur zu viele Hunde müssen weiterhin von Suppen und Abfällen leben, von den »Brosamen, die von des Herrn Tisch fallen« oder von bequemem Fertigfutter — aus der Büchse oder aus der Tüte!

Ich möchte in diesem Buch vor allem Dinge mitteilen, die meine ganz persönliche Erfahrung darstellen, und von denen ich vorher in keinem Buch etwas gelesen habe. Außerdem soll dieses Büchlein — bewußt für Anfänger gedacht — den ganzen **Ablauf der Zucht, von den ersten Anzeichen der Läufigkeit bis zur Abgabe der Welpen, in der zeitlich richtigen Reihenfolge möglichst einfach aufzeichnen.**

Ich habe nämlich feststellen müssen, daß die Autoren von Hundebüchern und Aufsätzen teils zu viele wissenschaftliche Kenntnisse voraussetzen, teils oft die wichtigsten Dinge mit wenig Sätzen abtun oder ganz auslassen, vielleicht, weil sie ihnen als selbstverständlich erscheinen oder weil sie ihre Geheimnisse hüten wollen, das liegt jedoch nicht im Interesse der Zucht und unserer getreuen vierbeinigen Freunde!

So ist mein Büchlein entstanden: aus Gehörtem, Gelesenem — oft war mir nur ein Satz daraus wichtig und nützlich — und vor allem aus eigenen Erfahrungen. Ich wäre sehr glücklich, wenn es in recht vielen Fällen helfen könnte: den jungen Züchtern und ihren Hunden.

Ich habe Deutsche Boxer gezüchtet. Auf ihre Bedürfnisse sind die Angaben über Futtermengen und so weiter zugeschnitten. Wer seinen Hund kennt, wird die Portionen jedoch leicht nach oben oder nach unten verändern können — und der Kern der Sache ist ja **für alle Züchter** gleich wichtig, ob es sich um eine Deutsche Dogge oder einen Schoßhund handelt.

Wasserburg am Inn — Ilse Sieber

Vorwort zur 3. Auflage

Mai 1984! Nun sind schon 20 Jahre vergangen, seit ich mit diesem Büchlein erstmals versucht habe, jungen Züchtern ein wenig zu helfen, und vor zehn Jahren erschien die ganz überarbeitete 2. Auflage, die nun schon seit Jahren vergriffen ist.

Bei mir landeten immer wieder Anfragen, wo man denn mein Buch noch bekommen könnte. So habe ich es sehr begrüßt, daß jetzt ein neuer Verleger es wieder drucken und von sich aus einen Anhang hinzufügen will, der im Sinne meiner Ausführungen eine gute Ergänzung darstellen wird.

Das ganze Buch wurde nochmals neu durchgesehen; eigene neue Erfahrungen kann ich leider nicht mehr einarbeiten. Es gibt ja keinen »Boxer-Zwinger vom Ilsenstein« mehr. Aber eine Ur-Ur-Urgroßenkelin eines Sohnes meiner alten Stammhündin ist jetzt meine Gefährtin!

Wasserburg am Inn 1984 — Ilse Sieber

»Pascha« — Ilse Siebers erster Hund

(Aufnahme: Sieber)

I. TEIL

ILSE SIEBER

HUNDEZUCHT NATURGEMÄSS

MIT LIEBE UND VERSTAND

1. Kapitel

ALLGEMEINES

Etwas von unserem Zwinger

Ich habe ganz offiziell einen Zwinger, den »Boxerzwinger vom Ilsenstein« — aber wir haben nie Zwinger-Hunde gehalten. Bei uns waren die drei Hündinnen liebe Hausgenossen, die nicht in den Zwinger gesteckt wurden, sondern mit uns zusammenlebten.

Neben der schon im Vorwort erwähnten »natürlichen Methode«, nach der wir unsere Tiere hielten, war diese nahe Verbundenheit mit den Hundemüttern unsere größte Hilfe bei der Zucht. Das Vertrauensverhältnis zwischen Züchter und Zuchthündin kann gar nicht eng genug sein; diese Forderung wird in meinem Buch immer wieder gestellt und auch begründet werden.

Niemand darf glauben, daß die von mir erprobte Art der Haltung, Fütterung und Zucht bequemer oder gar billiger ist als die landläufige Art. Zunächst macht die natürliche Methode sogar scheinbar viel mehr Arbeit und auch mehr Kosten. Aber es ist die Mühe wert: Wenn man sich einmal darauf eingestellt hat, wenn man wirklich bereit war, in diese Richtung umzudenken, dann läuft es nachher wie von selbst — und die Kosten spart man meist beim Tierarzt ein ...

Nachdem wir — leider — viel zu spät zur Zucht gekommen sind, konnten wir kaum darauf hoffen, zu einer bewußt erarbeiteten formmäßigen Verbesserung der »Deutschen Boxer« als Rasse beizutragen; dazu fehlte einfach die Zeit.

Aber etwas konnten wir tun, und darauf haben wir uns auch von Anfang an konzentriert: Die Gesundheit unserer eigenen Hündinnen zu verbessern und zu erhalten und damit auch den Welpen einen guten Start fürs Leben zu geben.

Bei unseren Überlegungen in dieser Richtung sind wir, wie schon gesagt, auf das Buch von Juliette de Bairacli-Levy gestoßen, das ganz besonders vernünftige und unseren Vorstellungen entsprechende Hinweise enthielt, die sich — was sich bald herausstellte — hervorragend bewährten!

Ich möchte mich keinesfalls mit fremden Federn schmücken und weise also nochmals darauf hin, daß diese Vorschriften nicht von mir stammen. Sie finden sie, im Zusammenhang und mit genauen Begründungen und Erklärungen, in dem genannten Buch, dem ich auch viele Anregungen und die später aufgeführten Futtervorschriften größtenteils verdanke.

Wir haben, wie gesagt, die besten Erfahrungen gemacht, und erfreulicherweise wurde uns auch nachträglich von unseren Käufern in den meisten Fällen bestätigt, daß ihre bei uns erworbenen Junghunde wenig oder nichts von Krankheiten wissen.

Uns scheint, das ist die Arbeit wert! Die Grundsätze der Fütterung und Haltung nach Juliette de Bairaclis »natürlicher Methode« lauten — ohne auf Einzelheiten einzugehen:

Die Grundsätze der Fütterung

1. Nur rohes Fleisch! (Wer kocht den Füchsen oder Wölfen etwas?!) Ist im Sommer das rohe Fleisch einmal überreif geworden, so ist der »Duft« nur für Ihre Nase unangenehm; Ihr Hund ist selig, wenn Sie ihm eine solche Delikatesse spendieren.

Achtung: Keinesfalls Fleisch oder Innereien vom Schwein verfüttern — weder roh noch gekocht! Seuchengefahr!

2. Nur Vollkorn-Produkte wie Futterhaferflocken, Weizen-Vollkornbrot, diverse »Spezial-Hundeflocken« der einzelnen Futtermittelhersteller oder andere geschrotete, aufgeschlossene Vollkorn-Produkte, die aus dem ganzen Korn, ohne Gewürze, ohne Treibmittel, ohne jeden chemischen Zusatz hergestellt sind! Wichtig sind die zur Reinigung des Darms notwendigen Spelzen, die — wie auch der Keim — nur im vollen Korn vorhanden sind! Sie ersetzen das in der natürlichen Ernährung der Hunde — Vertilgen der Beutetiere — vorkommende »Rauhfutter«. Bedenken Sie, daß die Funktion der Verdauungsorgane des Hundes dem seiner wilden Ahnen weitgehend treu geblieben ist!

3. Nur rohe Milch (Vollmilch, hin und wieder auch Buttermilch oder angesäuerte Milch) verwenden, angedickt mit Honig, Baumrindenmischung, Gerstenflocken oder »Hundeflocken«. Milch bekommen aber nur trächtige und säugende Hündinnen, Welpen und Junghunde, sowie kranke Hunde.

Gesunde, erwachsene Hunde trinken frisches Wasser, unsere am liebsten Regenwasser! Wasser ist wichtig für den Hund: Drei Viertel seines Körpers bestehen aus Wasser, schreibt B.-L. und der Hund benötigt es dringend für seinen Stoffwechsel. Ja, der Hund kann tagelang ohne Nahrung, niemals aber ohne Wasser leben.

Das Trinkwasser sollte zweimal täglich erneuert werden, die Wassernäpfe müssen möglichst sauber gehalten werden und im Schatten stehen, sobald die Hunde im Garten sind.

In Kiste und Laufstall bekommen die Welpen noch kein Wasser — siehe-später, »An der frischen Luft«.

4. Keinerlei Gewürze, keine Kartoffeln, kein Weißbrot, keine Teigwaren, von Kuchen und sonstigen Süßigkeiten gar nicht zu reden. Das alles wird schlecht verdaut und verschmiert den Darm, bereitet also den Nährboden für allerlei Arten von Parasiten und Krankheitserregern.

5. Fleisch und Getreideprodukte nie gleichzeitig geben!
(Verschiedene Verdauungsvorgänge.)

6. Nicht überfüttern! Ein gesunder Hund ist niemals fett; er ist drahtig und kernig.

7. Regelmäßige Fasttage einhalten! Bis zum Alter von vier Monaten wöchentlich einen halben Tag; von vier bis zu neun Monaten einmal im Monat einen ganzen Tag, die anderen drei Wochen jeweils einen halben Tag (so fastet auch die trächtige und die säugende Hündin!).

Ab neun Monaten fastet der gesunde Hund jede Woche einen ganzen Tag! Man erreicht damit eine völlige Magen- und Darm-Reinigung, die für den Gesundheitszustand des Hundes gar nicht hoch genug eingeschätzt werden kann.

Dazu aus meinen Erfahrungen: Ich gebe zu der letzten Mahlzeit vor dem Fasttag eine doppelte Portion Knoblauch und mehrere Blattplasma-

Tabletten. Diese natürlichen Mittel, zusammen mit einer Futterpause von Samstagabend 18 Uhr bis Montag mittag 11 Uhr, bewirken immer wieder Wunder: Am Fasttag speien meine Hündinnen oft Reste von Knochen, die sie mehrere Tage vorher zu sich genommen haben, und am Montagmorgen — aber nur dann! — gibt es alle halbe Jahre mal einen Spulwurm im Stuhl. Mache ich anschließend eine Wurmkur, so ist das Ergebnis negativ. So sehr reinigt das regelmäßige Fasten, bei natürlicher Fütterung, den ganzen Verdauungstrakt! An den Fasttagen soll man ausschließlich Wasser geben. Alle Hunde sind leicht an diese Fasttage zu gewöhnen. Überwindung kostet es nur im Anfang für das Frauchen oder den Herrn. Aber im Interesse des Hundes soll man nie nachgeben!

8. Futter, gleich welches, nie eiskalt!!

Weitere Überlegungen zur Fütterung

Bei der Durchsicht für die Neuauflage dieses Buches möchte ich noch einige Überlegungen anfügen, die sich im Laufe der Jahre ergeben haben: Diese strengen Futterregeln sind hauptsächlich für *Zuchthündinnen* und *Welpen sehr wichtig!* Hat man »nur« einen Haus- und Familienhund, kann man es sich vielleicht bequemer machen.

Aber an der Fütterung nach natürlichen Methoden halte ich nach wie vor mit Überzeugung fest. Was sich durch mehr als zwanzig Jahre als gut und richtig erwiesen hat, kann mir auch der geschickteste Werbefachmann nicht mehr ausreden ... Aber ich habe im Laufe der Zeit doch einige zusätzliche Dinge in die Hundeernährung aufgenommen, natürlich erst nach gründlicher Erprobung!

So gebe ich z.B. im Winter in den Vollkornbrei einen Eßlöffel voll frisch geschroteten Leinsamen (für kleinere Rassen weniger!), was ein nahrhaftes, natürliches Fettfutter und außerdem sehr gut für die Verdauung ist.

Ein Leckerbissen und zugleich ein guter Ersatz für oft nicht greifbare Kalbsknochen, ist luftgetrockneter Fisch, den alle meine Hunde vom ersten Versuch an sehr gern knabbern (nicht zuviel geben — er ist sehr nahrhaft!). Ebenso nehmen sie gern hin und wieder einen von den großen Hundekuchen — kleinere Rassen werden lieber zartere Sorten fressen. Solange diese Dinge als Belohnung oder einmal auf der Reise gegeben werden, ist nichts dagegen einzuwenden — nur dürfen sie nicht als Ersatz für die natürliche Fütterung, die nun einmal hauptsächlich aus rohem Fleisch bestehen muß, gelten.

Als Getränk, besonders da, wo Hunde das evtl. gechlorte Wasser ablehnen, ist Fruchttee zu empfehlen (im Winter lauwarm!) — Hagebutte, Pfefferminz, Kamille —, jeweils mit etwas Traubenzucker oder Honig. Man sollte damit aber abwechseln und vor allem Kamillentee nicht über längere Zeiträume geben. Die gute krampflösende Wirkung der Kamille, die oft so heilsam ist, wird auf die Dauer zu stark und führt dann evtl. zu Durchfällen. (Mehr darüber im 2. Teil dieses Buches!)

Bei der Kalkfütterung mit rohem Knochenmehl (zu der ich seit Jahren übergegangen bin und die die denkbar beste Lösung des Problems darstellt) wäre noch folgendes zu beachten: Bei jedem Fleischer gibt es dieses Abfallprodukt, wenn er Rindsknochen mit der Bandsäge schneidet — man bekommt es also im allgemeinen leicht und für wenig Geld. Nur hat es eine unangenehme Eigenschaft: es wird schnell grün und muffig, vor allem im Sommer. Frisches Knochenmehl sieht rosa aus und duftet angenehm nach Fleisch und Mark! Man darf also bei warmem Wetter jeweils nur für höchstens zwei Tage davon erwerben — eine gute Handvoll pro Hund — und muß für stets frischen Nachschub sorgen oder die Tiefkühltruhe dafür einsetzen.

Wenn das einmal nicht klappte, habe ich zwischendurch trächtigen und säugenden Hündinnen sowie Welpen »Calcipot« gegeben, was ja auch Menschenmütter und Kinder bekommen. Aber das rohe Knochenmehl ist für Hunde besser und viel billiger.

Hierzu wäre noch zu bemerken, daß schon junge Welpen mit dem ersten Fleisch ein wenig davon haben dürfen und sich sogar mit Heißhunger darauf stürzen. Da muß man dann bremsen, denn es ist so konzentriert, daß es Verstopfung verursachen kann, wenn die Kleinen zuviel erwischen. Andererseits hat es sich als bestes Mittel gegen leichte Durchfälle erwiesen!
(Vorsicht: Manchmal sind Splitter in dem Knochenmehl enthalten — für Welpen also bitte sorgfältig durchsieben!!!)

Fasttage sind sehr wichtig

Immer wieder höre ich, daß es den Besitzern junger und alter Hunde schwerfällt, die Fasttage einzuführen und durchzuhalten. Das verstehe ich nicht! Da dies für jeden Hund — groß oder klein, Welpe oder Veteran — so gesund ist, muß man es tun, wenn man sein Tier wirklich liebt! Je früher man mit der Gewöhnung beginnt, um so besser.

Ein gutes Hilfsmittel für den Anfang ist es, mit dem Hund jeweils zu der sonst üblichen Fütterungszeit, die sie ja genau kennen, spazierenzugehen oder wenigstens eine große Toberei in Garten oder Wohnung zu inszenieren: das lenkt von der Futtererwartung ab! Bitte sagen Sie das auch Ihren Welpen-Käufern!

2. Kapitel

DIE »BUCHFÜHRUNG« UNSERES ZWINGERS

Zu den wichtigsten Hilfsmitteln, die sich ein Züchter von allem Anfang an zulegen muß, gehört eine ordentliche »Buchführung«. Man vergißt erstaunlich schnell auch Dinge, von denen man glaubte, sie für immer zu wissen. Und sobald es sich um Lebewesen handelt, sollte man lieber sicher gehen. Auch die kleinste, fast nebensächliche Notiz, kann einmal wichtig werden.

So hat sich mein *Zuchtkalender* als eine sehr nützliche Einrichtung bewährt. Ich kaufe jedes Jahr einen »Wochen-Vormerk-Kalender« und hebe jeweils die alten Kalender mit all den Eintragungen sorgfältig auf. Zusammen mit dem *»Zwingerbuch«*, das offiziellen Charakter hat und den Notizheften, die ich für jede einzelne Zuchthündin führe, enthalten die Zuchtkalender wie ein Tagebuch alles, was in unserer Zucht und mit unseren Hunden insgesamt schon »passiert« ist und sind eine ausgezeichnete Gedächtnisstütze.

Was ich alles notiere

Die eben erwähnten Notizhefte befassen sich dagegen jeweils nur mit der einen Hündin, für die sie angelegt sind. Vermerkt werden darin: Erste Läufigkeit, Zuchtzulassungsprüfung, Wesenszüge, Futterverwertung, Ausstellungen, zweite Läufigkeit, Decktag. Schließlich genaue Berichte über jede Trächtigkeit und jeden Wurf, mit Angabe aller Einzelheiten über Wehen, Zeitpunkt des Erscheinens der einzelnen Welpen, deren Geburtsgewichte; ebenso wird eine genaue Wiegetabelle für die ersten acht Lebenswochen der Welpen aufgestellt (in jeder Woche wird, wenn die Hunde gesund sind, bei mir nur einmal gewogen! Anders ist es, wenn Durchfall oder andere Störungen auftreten: Dann sollte man doch dazu übergehen, *täglich* festzustellen, ob der Welpe abnimmt oder sein Gewicht hält oder endlich wieder zunimmt).

Der Zuchtkalender

Das andere ist wirklich ein *Zucht-Kalender.* Es fängt damit an, daß ich den ersten Tag der Läufigkeit eintrage und dann gleich weiternumeriere. Handelt es sich um eine Junghündin und ihre erste Läufigkeit (wo sie noch nicht gedeckt wird!) oder um eine Zuchthündin, die gerade eine Pause macht, so notiere ich lediglich laufend die 21 Läufigkeitstage, damit man später nachlesen bzw. nachrechnen kann, wann die nächste Hitze zu erwarten ist, bzw. in welchen Abständen die jeweilige Hündin »so weit ist«.

Soll die Hündin während dieser Hitze gedeckt werden, dann geht die Zahlenreihe nur bis 11, 12 oder 13 — je nachdem, welcher dieser Tage mit dem Rüdenbesitzer als Decktag bereits verabredet ist. Unter diesem Datum steht dann zum Beispiel zu lesen: »Trixi vormittags 9 Uhr in Stuttgart von ... gedeckt.« Und am nächsten Tag: »Deckanzeige an den Klub abgesandt« und eine »1« — das heißt erster Tag der Trächtigkeit ...

Sofort anschließend trage ich dann alle weiteren Trächtigkeitstage bis 63 ein, jeweils nach 7 Tagen unterbrochen von dem Hinweis: eine Woche — zwei Wochen usw. *Und am 63. Tag steht mit einem Fragezeichen: »Wurftag?«* Ich brauche also nicht immer an den Fingern alle möglichen wichtigen Daten nachzurechnen, z. B. wie weit die Trächtigkeit gediehen ist oder wann der halbe und wann der ganze Fasttag fällig sind, ... wann ich dies oder jenes tun oder lassen muß.

Oft stehen kleine Beobachtungen da, die im nachhinein von Bedeutung sein können, da man jetzt noch nicht erkennen kann, was daraus wurde, wenn man aufgeschrieben hat: »Ist sehr gedämpft, hat sicher aufgenommen« — »Heute kein Appetit, lasse sie zusätzlich fasten« — »Erstmals Temperatur gemessen, ganz normal 38,1« — »Ab heute morgen Honigmilch gegeben« — usw. Im nächsten Jahr kann ich dann leicht nachprüfen, an welchem Tag und in welcher Woche ich gemerkt habe, daß die Hündin

Ilse Sieber mit Bingo und Balu

(Aufnahme: Sieber)

rundlicher wird; wann ich angefangen habe, die Fütterung etwas umzustellen und ähnliches, was von mir noch »so nebenbei« bemerkt wurde.

Auch werden *alle Temperaturmessungen* dort notiert; in der letzten Zeit vor dem Werfen auch die genauen Futtermengen und sonstige Besonderheiten »körperlicher und seelischer Natur«, die mir auffallen.

Wenn man mehr als eine Zuchthündin hat, ist es unmöglich, immer die genauen Daten im Kopf zu haben oder sich im nächsten Jahr an alle Einzelheiten der vorigen Trächtigkeit zu erinnern. Und es ist so wichtig, diese Dinge genau zu wissen!

Ohne meine sorgfältig geführten und aufgehobenen Unterlagen hätte ich diese Anleitung nie zusammenstellen können.

3. Kapitel

LÄUFIGKEIT

Nicht immer zuverlässig einzuplanen

Ein Lebewesen ist keine Maschine — und gerade ein Hund kann eine sehr ausgeprägte Persönlichkeit sein, auch wenn Menschen, die keine Ahnung von Tieren haben, ihm die Seele absprechen... Wenn man das bedenkt, versteht man, daß der Zyklus der Läufigkeit kaum zuverlässig mit dem Kalender zu errechnen ist.

Die *Faustregel* lautet wohl: *zweimal im Jahr,* jeweils nach sechs Monaten — aber wir haben schon *Differenzen bis zu vier Monaten erlebt* und zwar in strengen Wintern. Einmal sollte eine Hündin Anfang Dezember läufig werden, und die ersten Anzeichen der Hitze waren auch da, als der erste Einbruch strenger Kälte kam, die dann bis Mitte März anhielt. So hatten wir gleich bei dieser Hündin eine Verzögerung von drei Monaten, denn mit der Ankunft der Kälte hörten ihre Läufigkeitsanzeichen schlagartig auf. Und wir konnten es ihr nicht einmal verdenken, denn bei extrem kaltem Wetter wollte sie keine Welpen in die Welt setzen. Das war auch nicht etwa ein Einzelfall, also eine kleine Störung im Hormonhaushalt gerade dieser Hündin, denn die dritte von den hier aufgezogenen hat uns im strengen und langen Winter 1962/63 die gleiche Reaktion beschert: Mitte Dezember, ziemlich pünktlich nach der ersten Läufigkeit, fingen die Anzeichen für die zweite Hitze an. Am Tag nach der mit 28° unter Null bis dahin kältesten Nacht schaltete sie sofort zurück, und das blieb bis Ende März so, bis wirklich eine volle Woche ohne strenge Nachtfröste vergangen war.

Ich glaube, daß gerade die »natürlich« gehaltenen Hündinnen auch hier natürlich reagieren. Man kann also bezüglich der Läufigkeitstermine im voraus nichts Genaues sagen, zumal auch die einzelnen Hündinnen in ihrem Rhythmus voneinander abweichen. Wie in so vielen anderen Fällen muß man deshalb auch hier sein Tier genau beobachten.

Nun noch einige Hinweise, die für jeden Züchter wichtig werden können.

Bezüglich der Hitze habe ich durch andere Züchter von weiteren Abweichungen erfahren. Es gibt Linien, in denen eine nur einmalige Läufigkeit pro Jahr die Norm ist, manche Hündinnen werden regelmäßig alle acht Monate läufig, und meine Recha vom Ilsenstein, die jetzt noch bei mir lebt, kommt jeweils schon nach 5½ Monaten wieder dran... Beim Erwerb einer Zuchthündin sollte man sich also erkundigen, wie sie bzw. ihre »Verwandtschaft« es mit dieser Sache hält.

Die wichtigsten Anzeichen

Das *erste* Anzeichen der Läufigkeit ist immer, daß die Hündin dazu übergeht, ihr Wasser in drei oder vier kleinen Bächen abzusetzen — nicht mehr in *einer* großen Lache, wie es normal ist. Dann weiß ich, daß etwas in der Luft liegt.

Das *zweite* Zeichen liefern — fremde Rüden, die plötzlich sehr an unserer Spur interessiert sind, oft volle zwei Wochen, ehe sich durch uns bei der Hündin eine sichtbare Veränderung feststellen läßt.

Als *Drittes* kommt dann hinzu, daß das Nüßchen anzuschwellen beginnt. Hier gibt es wieder erhebliche Unterschiede. Bei meiner ersten Hündin ging das langsam im Verlauf einer Woche vor sich. Bei der zweiten vergrößerte sich das Geschlechtsteil innerhalb von zwei Tagen. Und bei der ersten Hitze der dritten kamen erst die Blutströpfchen und dann die Schwellung der Nuß. Aber das war nur eine »Pubertätserscheinung«, denn sie hielt später auch die richtige Reihenfolge ein. Gewußt habe ich schon seit mehreren Wochen, daß die Kleine vor der ersten Läufigkeit stand — oder sagen wir, ich fühlte es, — weil sie »anders« war.

Sobald die erwähnten Anzeichen auftreten, heißt es aufpassen. Man sollte sich *täglich* davon überzeugen, ob schon eine *blutige Absonderung* erfolgt. Es gibt Hündinnen, die sich während dieser Zeit so oft und gründlich putzen, daß bei zu geringer Aufmerksamkeit der erste und der zweite Tag unbemerkt vergehen können (obwohl die zunehmende Schleckerei auch schon wieder ein Zeichen ist!), und erst, wenn die Blutung stärker wird, ist sie dann nicht mehr zu übersehen.

Wann ist der Decktag?

Aber der *erste Tag der blutigen Absonderung* ist ja einer der wichtigsten Zeitpunkte für die *Berechnung des Decktages.* Ihn muß man genau kennen, wenn man den richtigen Deck-Termin festlegen will. *Dieser ist der 11., 12. oder 13. Tag nach dem ersten Blutstropfen!* An diesen drei Tagen hat die Hündin die größte Anzahl reifer Eizellen; es ist also mit ziemlicher Sicherheit mit einem ausreichend großen Wurf zu rechnen. (Wir hatten in insgesamt 21 Würfen 206 Welpen — also nahezu 10 pro Wurf!) Dann kann man wirklich die kräftigsten und lebendigsten Welpen aufziehen und muß sich nicht mit Kümmerlingen aufhalten, was keinesfalls Sinn hat.

Hält man seine Hündinnen immer im Zwinger, dann wird man natürlich den richtigen Tag viel schwerer ermitteln können. Nur so kann ich es mir erklären, daß manchmal bei anderen Züchtern Würfe fallen, in denen von Anfang an nur ein oder zwei Welpen liegen (laut Zuchtbüchern!).

Wenn eine Hündin läufig ist...

Hält man, wie ich, die läufige Hündin im Haus, muß man für ein »Monatshöschen« sorgen, denn bei mittleren oder gar großen Hündinnen sind die Läufigkeits-Absonderungen recht beträchtlich. Solche »Monatshöschen« kann man im Zoofachhandel in verschiedenen Größen kaufen.

Seit einigen Jahren gibt es »Dog stop« oder »Todelü«-Dragees oder sonstige, völlig unschädliche Mittel, um die läufige Hündin vor fremden Rüden zu schützen. Wobei man dazu erklären muß, daß dadurch die Hündin nicht etwa unfruchtbar wird! Lediglich die Rüden werden abgelenkt. Diese werden ja erst aktiv durch den (für den Menschen nicht wahrnehmbaren) Läufigkeitsgeruch der Hündin, der nun durch die Chlorophylltabletten nicht mehr bemerkbar ist.

Aber um den *10. bis 14. Tag,* also auf der Höhe der Hitze, muß man, auch mit Tabletten! — *immer besonders* gut aufpassen, weil jetzt auch die Hündin von sich aus aktiv werden kann, und die Rüden nicht mehr auf die *falschen* Düfte hereinfallen. Aber wenigstens vor- und nachher hat man vor ungebetenen Rüden-Besuchen und Belästigungen halbwegs Ruhe. Leider ist der Spaß recht teuer! Wenn man nicht früh genug beginnt oder wenn die Hündin zu wenig bekommt, nützt es gar nichts! Ich muß z.B. meiner Boxer-Hündin schon acht Tage vor Beginn der Blutung täglich 3 x 2 Tabletten geben; jeweils 3 x 3 Tabletten, wenn die Läufigkeit einsetzt und in den kritischen Tagen sogar 3 x 4 Tabletten, also zwölf Tabletten pro Tag. Ich rechnete nach: eine ganz hübsche Summe für eine »Hitze«! Es ist also auch eine Geldfrage.

Ich weiß natürlich, daß es heute noch viele andere Mittel gibt, die die läufige Hündin vor der Belästigung durch fremde Rüden schützen sollen. Meine Erfahrung damit ist jedoch gering, weil wir nach einem einmaligen Versuch der Meinung waren, daß damit für alle Beteiligten — nicht nur für die Rüden — eine unangenehme Geruchsbelästigung verbunden ist. Vor allem war die Hündin selbst sichtlich beleidigt. Ich schütze sie also lieber weiterhin durch erhöhte Aufmerksamkeit. Die verschiedenen hochgelobten Sprays lehnen meine Tiere nach wie vor entschieden ab.

Unter allen Umständen: An die Leine!

Die Hündin gehört für die 21 Tage der Läufigkeit an die Leine — unter allen Umständen! Ich darf meine Hündinnen zu dieser Zeit nicht einmal in unserem Garten frei laufen lassen! Wenn es soweit ist, geht es lebhaft zu: Die fremden Rüden respektieren weder Mauer noch Zaun... Die Schäferhunde springen darüber, kleinere Rüden klettern hinüber oder sie graben sich unten durch, oder sie zerreißen den Maschendraht! Es ist wirklich ganz unglaublich, was ein Rüde an Raffinesse, Geduld und Zähigkeit aufbringt, wenn er zu einer läufigen Hündin will! Ich erwähne das absichtlich, damit niemand meint, ein normaler Zwinger mit einem zwei Meter hohen Maschendrahtzaun sei ein völlig ausreichender Schutz gegen unerwünschte Deckakte!

Man darf auch nicht glauben, daß in den ersten Tagen noch nichts geschehen kann, und daß mit dem 15. Tag die Gefahr vorbei ist, oder daß sich eine Hündin nicht mehr mit anderen Rüden abgibt, wenn sie schon »richtig« gedeckt ist... *In diesen Wochen ist schier alles möglich!* Der Fortpflanzungstrieb ist bei einer gesunden Hündin stärker als der sonst selbstverständliche Gehorsam. Man sollte sich also nicht darauf verlassen, daß man ein tadellos abgerichtetes Tier hat, das immer und auf's Wort folgt. Die Gesetze der Natur sind letztlich stärker — und warum soll man eine

Blick über den Zaun; Trixi, elf Monate alt

(Aufnahme: Sieber)

»Straßenhochzeit« riskieren, nur um die gute Abrichtung unter Beweis zu stellen?! Die Leidtragende wäre auf alle Fälle die Hündin — denn gesund ist eine durch Spritzen herbeigeführte Trächtigkeits-Unterbrechung nie.

Deshalb nochmals als Grundsatz: *Die läufige Hündin gehört an die Leine!* Und zwar vom *1. bis zum 21. Tag,* denn auch bezüglich der Deckbereitschaft gibt es Unterschiede. Die eine Hündin stellt sich dem Rüden wirklich nur vom 9. bis 15. Tag; eine andere läßt sich schon am 5. und noch am 20. Tag decken. *Will man sichergehen, muß man aufpassen.*

Oft anders, als in Büchern beschrieben

Noch etwas, was meiner Erfahrung nach anders sein kann, als es in den meisten Büchern zu lesen ist: Unsere erwachsenen Zuchthündinnen haben jeweils während *aller 21 Tage,* mindestens aber bis zum 18. Tag, eine blutige Absonderung aus der Scheide gehabt. Die Angabe, daß die Blutung nach etwa zehn Tagen vorbei sei, und daß *dann* die richtige Deckzeit wäre, stimmt also in dieser Form nicht. Wenn wir uns darauf verlassen hätten, wäre noch kein Wurf bei uns auf die Welt gekommen. Ich dachte, daß vielleicht meine dritte Hündin diesem »Muster« entspreche, denn bei ihr hat die Blutung bei der ersten Hitze wirklich nur elf Tage gedauert; dann erfolgte lediglich noch eine blasse Absonderung, wie es als »normal« in den Büchern beschrieben ist. Aber bei der zweiten Läufigkeit hat auch sie bis über den Decktag hinaus eine regelrechte Blutung gehabt, wenn auch nicht so stark wie die älteren Tiere.

Witterungseinflüsse

Und — bitte — nie vergessen: eine Hündin ist ein weibliches Wesen! Kälte und Nässe sind ungesund — besonders während der Läufigkeit, der Trächtigkeit und in der Säugezeit. Unlängst hat mir ein Tierarzt ausdrücklich bestätigt, daß es durch Erkältung sehr wohl zu den gefürchteten und lebensbedrohlichen Gebärmutterentzündungen kommen kann — da die erkältete Hündin besonders anfällig für Infektionen ist!

Hingegen darf man auch nicht vergessen, daß große Hitze für den Hund tödlich sein kann! Der normal reagierende Hund wird sich an heißen Sommertagen — vernünftiger als viele sonnenbadende Menschen — selbst schützen, indem er sich in den Schatten legt oder ins kühle Haus zurückzieht. Wo diese Möglichkeiten nicht gegeben sind, z.B. in einem schattenlosen Auslauf oder gar in einem in der Sonne stehenden Auto oder in einer

Stamm-Mutter Trixi, Enkelin Orla, Enkel Salut, Urenkelin Purzel

(Aufnahme: Sieber)

Transportkiste, ist der Hitzschlag eine große und oft tödliche Gefahr für ihn, die ihn viel schneller trifft, als wir im allgemeinen annehmen! Ein spaltbreit geöffnetes Autofenster hilft da nichts...

Natürlich schadet der gewohnte Spaziergang der Hündin nicht — auch wenn es in Strömen gießt, aber sie muß in diesen Wochen dann besonders gut abgetrocknet werden. Ist es im Haus nicht ausreichend warm, decke ich meine Hündinnen sogar für eine Stunde zu, bis sie *ganz trocken* und *richtig durchgewärmt* sind. Diese kleine Mühe lohnt sich unbedingt — und sie sorgt gleichzeitig für eine Säuberung des Fells, da man ja die Hündin während der Läufigkeit, (der zweiten Hälfte der Trächtigkeit und während der Säugezeit) nicht baden kann und sie natürlich auch nicht schwimmen lassen soll. Es gibt Hündinnen, die während der Läufigkeit ausgesprochen launisch sind... Das vergeht wieder.

Scheinträchtigkeit

Auch für die immer häufiger auftretende Scheinträchtigkeit gibt es noch keine einwandfreie Erklärung und kein sicheres Mittel dagegen. Irgendeine hormonelle Fehlsteuerung bewirkt, daß die Hündin sich jetzt so benimmt, als habe sie aufgenommen. Später, nach Nestbau und allerlei Aufregungen, adoptiert sie womöglich ein Spielzeug als »Baby« und gebärdet sich, als sei sie wirklich Mutter geworden. Auch das vergeht wieder!

Aber ich möchte hier auch gleich sagen, daß die immer wiederkehrende Behauptung, nach einem Wurf würde sich diese lästige Sache für alle Zeit verlieren, falsch ist. Genauso falsch wie ein anderes unausrottbares Vorurteil: daß Hündinnen, die nie werfen, öfter an Gebärmutterentzündungen und Krebs leiden... Vor allem Krebs, diese unbegreifliche Krankheit, kommt bei Tieren wie bei Menschen vor, ohne daß man einen Grund fände!

4. Kapitel

DECKTAG

Auswahl des Rüden

Will man also züchten, und hat man eine gute, gesunde (nicht fette!) Hündin, so sollte man sich rechtzeitig um einen guten, gesunden Rüden kümmern. Die eigentliche Zuchtwahl gehört natürlich nicht in meinen kleinen Leitfaden; sie ist in erster Linie Sache von Zuchtleitern, Zuchtwarten und Vererbungswissenschaftlern. Immerhin sollte auch der Züchter selbst mit den Grundzügen der Vererbungslehre vertraut sein und sich auf Ausstellungen Kenntnisse über die besten Vertreter der von ihm gezüchteten Rasse erwerben. Dann weiß er, wo er gute Rüden findet.

Jedenfalls muß man stets daran denken, daß gute Gesundheit und eine möglichst einwandfreie Erbkraft seiner Vorfahren beim Rüden wichtiger sind als ein »Sieger«-Titel. (Deshalb sind auch die Zuchtbücher, wie sie von den Rassehund-Vereinen herausgegeben werden, eine äußerst interessante und für den Neuling sehr nützliche Lektüre.)

Man muß seine Hündin genau kennen

Im allgemeinen wird mit einer Hündin erstmals bei ihrer zweiten Läufigkeit gezüchtet. Sie ist dann zwischen 16 und 20 Monate alt. Liegt die zweite Läufigkeit sehr ungünstig — zum Beispiel mitten im Winter — so ist es besser, bis zur dritten zu warten, obwohl dann ein ganzes Züchterjahr verlorengeht, denn in allen Rassehund-Vereinen gibt es nicht nur ein Mindest- sondern auch ein Höchstalter für die Zucht. Überhaupt sollte man sich sehr genau nach den jeweiligen Zuchtbestimmungen richten, die zweifellos zum Wohl der Hündin und der Welpen festgelegt worden sind.

Trotz aller Richtlinien möchte ich aber noch einmal betonen, daß man seine Hündin genau kennen und ihre Eigenheiten berücksichtigen muß. Das gilt für alle Lebens- und Zuchtvorgänge! Man kann eine Hündin mit 16 Monaten erstmals decken lassen, wie z.B. nach den Zuchtbestimmungen des Boxer-Klub e.V. erlaubt ist — aber nicht immer ist das auch gut! Meine alte Trixi war bei ihrem ersten Wurf 19 Monate alt, und für sie war das richtig. Eine Urenkelin von ihr bekam bereits mit 17 Monaten die ersten Welpen, und das war für diese Hündin zu früh! Sie hat zwar eine besonders gute Kinderschar bestens aufgezogen, aber sie selbst war zu diesem Zeitpunkt noch nicht ausgewachsen! Ihre eigene Weiterentwicklung stoppte plötzlich, und die Boxerin, die als Jungtier ein nahezu makelloses Gebäude hatte, erfüllte nicht mehr die in sie gesetzten, durchaus berechtigten Erwartungen. Also bitte — nicht nur nach Paragraphen handeln, sondern von Fall zu Fall eine individuelle Entscheidung treffen!

Wann ist die Hündin deckreif?

Abgesehen von dem genau errechneten Tag (s. u. »Läufigkeit«) gibt es noch ein Zeichen dafür: Die paarungsbereite Hündin wird sich, sobald sie einen Rüden sieht, sofort »stellen« (Sie haben sie doch ganz bestimmt fest an einer guten Leine?!), wobei ihr stark angeschwollenes Geschlechtsteil aus seiner zunächst hängenden Lage nach oben zuckt, während der Schwanz zur Seite gestellt wird. Die gleiche Reaktion wird man auch erzielen, wenn man die Hündin zu dieser Zeit oberhalb der Schwanzwurzel krault. (Allerdings möchte ich dazu aus eigener Erfahrung sagen: Eine Junghündin, die vor dem ersten Deckakt steht, reagiert oft noch nicht in dieser Weise; darum ist der genau errechnete Decktag so wichtig.)

Erfahrungen und Schwierigkeiten

Grundsätzlich bringt man nun die Hündin zum Rüden — nicht umgekehrt. Erstens würde ein Rüde, der nicht zu weit entfernt von der Hündin wohnt, immer wieder zu ihr hinlaufen. Zweitens besteht die Möglichkeit, daß die Hündin in dem Bestreben, ihr Nest zu verteidigen, den Rüden abbeißt, statt ihn anzunehmen, weil er ihr vor allem als Eindringling in ihr Reich erscheint.

Gut und richtig erzogene Hunde vertragen sich auch mit der Katze

(Aufnahme: Sieber)

Wir sind deshalb immer mit unseren Hündinnen zu den gewählten Vätern gefahren, oft über sehr weite Strecken, um das nach unserer Meinung allerbeste, zur Erbmasse der Hündin passende Vatertier zu bekommen. Viele Züchter sind aber gewohnt, die Hündin in einer Kiste per Eilgut zum Besitzer des Rüden zu schicken, der sie nach erfolgtem Deckakt auf die gleiche Weise zurückspediert. Das muß jeder selbst entscheiden. Wir haben grundsätzlich, auch wenn es unbequem und kostspielig war, unsere Hündinnen gerade bei solchen wichtigen Geschehnissen nicht allein gelassen, und ich glaube, daß sie uns unsere Fürsorge, die sie Tag für Tag spürten, in reichem Maße nicht nur mit Zuneigung und Treue, sondern auch mit guten Zuchtergebnissen dankten.

Wenn man mit einer Junghündin zu einem schon »erfahrenen« Rüden geht, gibt es kaum Schwierigkeiten; außerdem weiß der Rüdenbesitzer Bescheid. Normalerweise wird sich die deckreife Hündin nicht sträuben, und der Rüde wird sie auch annehmen. Zwangsdeckakte sind unnatürlich und meist auch erfolglos; deshalb sollten sie besser unterbleiben. Oft ist die Unlust der Hündin ein Zeichen dafür, daß es zwar der errechnete, aber noch nicht der richtige Deckzeitpunkt ist.

Auch auf folgendes wäre zu achten: Wenn eine Hündin *das erstemal zum Rüden* kommt und auch dieser noch ein »unerfahrener Jüngling« ist, darf man *keinesfalls die Geduld verlieren.* Bei uns hat es einmal 3½ Stunden gedauert, bis es endlich klappte. Die Hündin hatte sich zwar alle Mühe gegeben, »ihn« sofort zu verführen — aber er wollte bei der Hochzeit kein Publikum haben, biß wie wild um sich, sobald man ihm nahekam, ließ sich nicht helfen — brauchte also eine Ewigkeit... Im Wurf lagen dann aber acht gute Welpen.

Beim Deckrüden

Wenn Sie am Ort des Geschehens, d. h. beim Deckrüden, angekommen sind, sollten Sie unbedingt beachten: Bevor man die Hündin dem Rüden zuführt, muß man mit ihr spazierengehen, bis sie sich — besonders nach einer längeren Reise — gründlich entleert hat. Der Deckakt selbst kann sehr unterschiedlich ausfallen, sowohl was die Schnelligkeit der Verbindung, als auch die Dauer des für alle Caniden typischen »Hängens« betrifft. Wir haben viele verschiedene Zeiten zwischen 5 und 30 Minuten erlebt. Auf die

Spielende Eurasier-Welpen

(Aufnahme: Jentzsch)

Größe des Wurfes hat die Dauer des Aktes entgegen weitverbreiteter Meinung nach unserer Erfahrung kaum Einfluß; wir bekamen nach den »nur 5 Minuten« einen Wurf mit zehn Welpen.

Außerdem gibt es Mutterlinien, wo die Hündinnen bezüglich der Deckbereitschaft in keiner Weise der Norm entsprechen. Man kann dort nur mit einem Wurf rechnen, wenn man den gewünschten Rüden während der gesamten Läufigkeit zu Verfügung hat! Die Hündinnen bluten nur schwach und lassen sich zu so unterschiedlichen Zeiten decken, daß man ihnen mit keinem Kalender gerecht werden kann. Das sind natürlich seltene Ausnahmen. Ich wollte nur darauf hinweisen, weil es wieder die Feststellung untermauert, daß jede Hündin, jeder Rüde, jeder Wurf, jeder Deckakt und jede Kinderschar anders sein kann, als man erwartet und als es »normal« ist.

Nachdem sich die Hündin wieder vom Rüden getrennt hat, soll sie sofort zur Ruhe kommen, also keinesfalls umherlaufen. Ist man mit dem Wagen unterwegs, läßt man sie am besten gleich dort ablegen, damit sie sich ausruhen und schlafen kann. Andernfalls muß sie in einer ruhigen Zimmerecke wenigstens eine halbe Stunde ruhen.

Noch am gleichen, spätestens am nächsten Tag, soll man jeweils die Deckmeldung an seinen Klub senden. Hernach beginnen dann das große Warten und die Für- und Vorsorge für die werdende Mutter und ihre Kinder. Wird eine gesunde Hündin am richtigen Tag zu einem gesunden Rüden gebracht, und klappt es mit dem Deckakt, dann ist auch mit Sicherheit mit einem guten Wurf zu rechnen. Wir hatten nach 21 Deckakten 21 Würfe; dabei haben wir nie am nächsten Tag »nachdecken« lassen.

5. Kapitel

TRÄCHTIGKEIT

1. Beobachtungen bei Hündinnen

Eifersucht

Bevor ich nun über die Pflege der Hündin und allerlei wichtige Vorbereitungen vor dem Wurf berichte, muß ich auf ein wirklich ernstes Problem eingehen, auf das jeder Züchter, wenn er mehr als eine Hündin im Haus hat, früher oder später stößt. Es ist die Eifersucht.

Man darf sich nicht täuschen lassen: So lieb und anhänglich Hündinnen sind — jeder Züchter wird immer wieder davon berichten, wieviel Anschmiegsamkeit besonders Hündinnen zeigen — diese findet ihre Grenze da, wo es um die Machtkämpfe innerhalb der Meute geht!

Leider hat uns während unserer Anfangszeit dies niemand richtig gesagt; sonst hätten wir sicher nicht gleich aus dem ersten von uns gezüchteten Wurf eine zweite Hündin behalten. Später hatten wir dann drei, die Mutter Trixi und zwei Töchter. Trixi war immer noch die Meuteführerin und Respektsperson. Aber die beiden Töchter, Aja und Eos, vertrugen sich — seit die Kleine das erstemal läufig war, also »reif« wurde — überhaupt nicht mehr, und es erschwerte unsere ganze Arbeit ungeheuer, daß wir diese beiden Hündinnen gar nicht mehr allein zusammenkommen lassen durften. Dabei war jede für sich mit der Mutter und mit uns reizend und liebevoll.

Erst viel zu spät lasen wir in einem Buch, daß man nie mehr als zwei erwachsene Hündinnen zusammen halten könne (es sei denn, man steckt sie in feste Zwinger), und wenige Monate später kam die erste schwere Rauferei zwischen Aja und Eos, der dann noch zwei weitere gefolgt sind. Danach waren wir natürlich sehr darauf bedacht, daß das nicht noch einmal vorkam.

Je kräftiger die Junghündin wurde, um so schwerer waren die Verletzungen, die sie sich gegenseitig beibrachten — und nachgeben wollte keine! Das tun wohl die Rüden, von denen sich der Unterlegene eben ergibt — aber bei den »Frauen« geht es weiter bis zum bösen Ende. Und unser Eingreifen wurde immer schwieriger. Für einen allein war es überhaupt unmöglich, die rasenden Tiere zu trennen; sogar zu zweit hatten wir Mühe damit.

Tragische Feindseligkeiten

Tragisch wurde die Sache, als beide Hündinnen 1965 gleichzeitig trächtig waren! Unsere Katze sprang auf die Türklinke, die Tür ging auf, und schon waren die zwei feindlichen Schwestern ineinander verbissen, die wir bis dahin so sorgfältig voneinander getrennt gehalten hatten. Es war furchtbar! — Aja, die ältere, hatte in der Nacht und am nächsten Tag starke Blutungen und dann eine regelrechte Fehlgeburt. Eos trug ihre Kinder noch die restlichen acht Tage aus. Aber das erste lag falsch und mußte geholt werden. Von einer Wehenspritze unterstützt, warf sie dann noch neun Welpen — davon drei weitere tot, und zwar zwei mit gebrochenem Kreuz und einer mit deformiertem Kopf, und das schon im Mutterleib! Unter diesen Umständen war es direkt erstaunlich, daß die anderen sechs (vier Rüden und zwei Hündinnen) gesund und kräftig waren. Wie diese Angelegenheit ausging, werde ich an anderer Stelle berichten.

Daß das kein Einzelfall war, haben uns einige Jahre später Orla und Purzel bewiesen. Nach zwei friedlichen Kinderjahren fingen auch sie an, um die Rangordnung zu streiten, vor allem, als Trixi mit 11 Jahren starb, und damit der Platz der Meuteführerin frei wurde. Hat man mehrere erwachsene Hündinnen, muß man also aufpassen — es geht wirklich um Leben und Tod, teils direkt, teils indirekt.

Eifersucht kennen auch bereits die Welpen!

Natürlich ist die Eifersucht auch bei den Welpen schon recht ausgeprägt: Von einem gewissen Alter an will jeder am allernächsten bei Frauchen sein, und aus lauter Liebe fressen sie dann dieses Frauchen halbwegs auf, demolieren es zumindest stark. Ich mußte dann jeweils — mit einigen Kratzern und leicht lädierter Kleidung — schnellstens das Feld räumen, um zu verhindern, daß sie sich immer noch mehr gegenseitig aufstacheln. Denn man kann — und darf — die kleinen Kerle ja nicht ernsthaft für etwas strafen, das sie noch gar nicht verstehen — und das im Grunde sogar gut gemeint ist.

In einem solchen Augenblick die Welpen zu bestrafen, sie nur zurechtzuweisen, wäre sogar ein schwerer Fehler: Sie würden auf diese Weise sehr schnell das Vertrauen zu ihrem Züchter verlieren und ängstlich und unsicher werden. Die Folgen sieht man dann später, wenn der Hund schwer erziehbar wird oder dazu neigt, unsicher vor allem Unbekannten zurückzuweichen! Gerade im vertrauensvollen Spiel wird ein wichtiger Grundstein für die so wichtige Sozialisierung gelegt!

2. Pflege der Hündin

Die Trächtigkeit dauert normalerweise 63 Tage — neun Wochen. In dieser Zeit sollte man sich mehr denn je um seine Mutterhündin kümmern; sie ist dann für Liebe und guten Zuspruch besonders dankbar. Das ist kein sentimentales Geschwätz, sondern echte Erfahrungstatsache. Ich freue mich immer wieder, wenn ich merke, wie meine Hündinnen sich nach dem Decken noch enger an mich anschließen und überhaupt nicht außer Sichtweite gehen.

Das Wesen der Hündin verändert sich

Dazu gleich noch eine eigene Erfahrung: Als ich anfing zu züchten, wurde mir gesagt, man könne erst nach der 6. Woche mit Sicherheit sagen, ob die Hündin aufgenommen habe; und das werden Sie auch in den meisten Büchern lesen. Als meine erste Hündin mit 17 Monaten zum erstenmal gedeckt wurde, habe ich nach 5 Tagen behauptet: Trixi hat bestimmt aufgenommen. Natürlich wurde ich ausgelacht: Das wisse niemand.

Ich war aber damals überzeugt und habe es auch bei allen anderen Trächtigkeiten jeweils schon in der ersten Woche gewußt und mich nie geirrt: Meine Hündinnen veränderten innerhalb von ein paar Tagen ihr Wesen, wurden etwas fauler (sonst platzten sie vor lauter Temperament und Übermut schier aus den Nähten!) und vor allem zeigten sie sich noch zärtlicher und anschmiegsamer als sonst. Sie schauten plötzlich mit ihren großen dunklen Augen ganz anders in die Gegend als vorher. Wer das nicht merkt, der weiß halt wenig vom Seelenleben seiner Hündin... — und ob man das alles bemerken und individuell darauf eingehen kann, wenn man mehrere Zuchthündinnen im Zwinger hält? Ich kann mir das nicht vorstellen.

Zunächst: Nicht mehr Futter

An der Lebensweise und Fütterung der Hündin ändert sich zunächst kaum etwas. Vor allem darf sie *nicht mehr* Futter bekommen! Es ist einer der größten Irrtümer, anzunehmen, daß die in der Hündin schnell wachsenden Jungen größere Futtermengen brauchen. Die gedeckte Hündin muß nur mehr Flüssigkeit als gewöhnlich bekommen, weil sie durch erhöhte Nierentätigkeit die Abfallstoffe der sich entwickelnden Welpen mit ausscheiden muß. Und sie braucht besonders *gutes* Futter. Also sollte man qualitativ zulegen — aber nicht quantitativ!

Auch nach dem Decktag an die Leine

Nach dem Decktag gehört die Hündin noch eine weitere Woche an die Leine, bis die Läufigkeit, die auch nach einem Deckakt die üblichen drei Wochen dauert, ganz vorbei ist — sonst kann es »gemischte« Würfe geben ... Um es ganz deutlich zu sagen: Mit dem — wie erwünscht erfolgten — Deckakt mit dem gewünschten Vater, ist die Hündin keinesfalls, wie vielfach angenommen, sozusagen vollständig belegt. Kommt sie nämlich danach noch, weil nicht genügend aufgepaßt wurde, mit irgendeinem anderen Rüden, gleich welcher Rasse, in innige Berührung, kann es tatsächlich passieren, daß die Hündin von beiden Vätern Junge zur Welt bringt. Dann bekommt der gesamte Wurf keine Papiere, und man wird seine Unkenntnis oder Unvorsichtigkeit bitter bereuen, besonders dann, wenn sich herausstellt, daß gerade dieser Wurf besonders schön ausgefallen wäre — soweit er vom richtigen Vater stammt!

Viel Bewegung im Freien

Ist diese gefährliche Zeit endgültig vorbei, muß die Hündin viel Bewegung im Freien haben, eher mehr als sonst! Sie soll frisch und aufgeweckt, möglichst drahtig, keinesfalls fett, den letzten Wochen der Trächtigkeit und der Anstrengung des Wurfs und der Kinderaufzucht entgegengehen. Eine fette Hündin hat in den meisten Fällen Schwierigkeiten beim Wurf — wenn sie überhaupt aufnimmt!

Ebenso kann es Komplikationen geben, wenn die einzelnen Welpen durch zu reichliche Fütterung der Mutter schon vor dem Wurf recht groß werden. Mir ist es lieber, die Welpen kommen etwas kleiner, aber ohne Beschwerde auf die Welt, als daß sich die Hündin mit der Geburt übergroßer Früchte abplagen muß. Ein kleiner, aber ohne Komplikationen geworfe-

Langhaar Chihuahua, drei Monate alt

(Aufnahme: Weinberg)

ner, gesunder und von Anfang an »lebendiger« Welpe gleicht in ein paar Tagen nach meiner Erfahrung das niedrigere Geburtsgewicht spielend aus.

Für die ersten vier Trächtigkeitswochen gelten also folgende Grundsätze:

Keinesfalls *mehr* Futter, dafür aber immer hochwertiges Futter. Die Hündin darf keinesfalls fett werden! Keinesfalls darf man denken: »Sie muß jetzt für viele fressen!« Der gesamte Stoffwechsel der Hündin darf gerade jetzt nicht gestört werden. Eine gesunde, lebenslang richtig gefütterte Hündin hat alles in sich, was die heranwachsenden Welpen benötigen. Es kann sogar vorkommen, daß eine Hündin zeitweilig freßunlustig wird: Man muß sie lassen, den Welpen schadet es nicht, sie holen sich aus den Reserven der Mutter, was sie benötigen

Es ist aber dafür zu sorgen, daß immer frisches Wasser in Reichweite ist. Denken Sie daran, daß jetzt die Nieren der Hündin eine gesteigerte Ausscheidungstätigkeit haben und daß auch das Fruchtwasser gebildet werden muß.

Vom Decktag an gebe ich täglich Tee aus den Blättern der wilden Himbeere oder Geburtshilfe-Tabletten (die vorwiegend aus getrockneten, pulverisierten Himbeerblättern bestehen.) Der Himbeerblätter-Tee ist ein uraltes Hausmittel für alle weiblichen Wesen — gleich ob Mensch oder Tier —, die Kinder erwarten. Er verhütet Fehlgeburten, kräftigt und reinigt die Geburtswege und hilft später beim Wurf. Ich sammelte jeden Sommer Blätter der wilden Himbeere im Wald, trocknete sie selbst.

Zwei Eßlöffel voll getrocknete und zerriebene Blätter wurden dann mit einem halben Liter kochendem Wasser aufgegossen und über Nacht stehen gelassen. Davon bekamen meine Boxer-Hündinnen vom Decktag an jeden Tag zweimal je zwei Eßlöffel voll.

Jede Hündin ist auch hier anders: Eine trinkt den Tee ohne weiteres, wie er ist, aus der Schüssel; der nächsten muß man ihn mit einer kleinen Medizinflasche einflößen oder ins Futter mischen. Aber trinken müssen sie ihn jeden Tag während der Trächtigkeit — da gibt es kein Pardon, — es sei denn, man weicht auf Geburtshilfe-Tabletten aus.

Ferner empfehle ich folgende Mittel:

Blattgrün-Tabletten, Seetang-Mischung, Knoblauch-Tabletten (oder, je nach Jahreszeit, wilde Knoblauch-Blätter aus dem Garten oder Zehen) und Baumrinden-Mischung.

Nach meiner Erfahrung sind diese auf Kräuterbasis hergestellten Mittel wirklich ausgezeichnet, und sie sind bei mir immer vorhanden. Zusammen mit dem oben erwähnten Himbeertee und der Fütterung und Haltung nach »natürlichen Methoden« war und ist das mein ganzes Rüstzeug für die Zucht. Damit habe ich die Garantie, daß das Muttertier alles bekommt, was es an die Kinder weitergibt, so daß die Hündin nicht von der eigenen Substanz abbauen muß.

Sehr wichtig ist ferner, daß man auch die trächtige und später die säugende Hündin *regelmäßig fasten* läßt! Nur fastet die Hündin dann nicht, wie sonst ein erwachsener Hund, jede Woche einen ganzen Tag, sondern nur einen halben — lediglich nach vier Wochen Trächtigkeit einmal einen ganzen Tag; ebenso wenn die Welpen dann vier Wochen alt sind. Das geht ohne jede Schwierigkeit und tut der Hündin nur gut.

Hin und wieder kommt es sowieso während der Tragzeit zu Appetitlosigkeit und Erbrechen der Hündin, meist in der dritten oder vierten Woche. Dann darf man keinesfalls zum Fressen animieren, sondern muß warten, bis sie wieder Hunger hat. Zwischendurch sollte man höchstens rohe Milch mit Bienenhonig und Himbeertee — der täglich getrunken werden muß — anbieten, was eigentlich immer genommen wird.

Milch darf, wie alle Futtermittel für den Hund, nie eiskalt (also nicht frisch aus dem Kühlschrank!) verfüttert werden; sie soll mindestens Zimmertemperatur haben, besser aber noch lauwarm sein!

Ab der 5. Trächtigkeitswoche

Mit Beginn der 5. Trächtigkeitswoche sollte man anfangen, die Hündin ein wenig zu schonen. Sie soll zwar weiterhin viel Bewegung, frische Luft und Sonne haben, aber sie darf nicht mehr zu hoch und zu weit springen und nicht stundenlang toben.

Außerdem sollte man sie, von der 6. Trächtigkeitswoche an, von steilen Treppen fernhalten — es sei denn, man kann eine zierlichere, leichtere Hündin einfach auf den Arm nehmen und eben — tragen ... Auch muß man aufpassen, daß sie sich nicht durch zu enge Durchschlupfe zwängt, wie z.B. Türen, die man gerade in diesem Moment zumachen will und durch die sie sich unbedingt schnell noch durchdrängen muß. Ebenso muß man sie vor zu temperamentvollen Artgenossen nun schützen, denn jetzt muß jede Quetschung und Zerrung — was beim Herumtoben leicht passieren kann — vermieden werden.

Mit fortschreitender Trächtigkeit werden die Hündinnen zwar meist sowieso ruhiger, denn der zunehmende Umfang behindert sie beim Laufen. Aber sehr lebendige Tiere »denken« manchmal einfach nicht an ihren Zustand. So sprang eine meiner Hündinnen noch acht Tage vor ihrem ersten Wurf über einen breiten Bach — und ich führe die Tatsache, daß sie den ersten Welpen in Steißlage brachte, auf die dadurch erfolgte Überdehnung zurück.

In der 6. Woche habe ich jeweils angefangen, der Hündin morgens eine große Tasse voll laue Vollmilch mit einem Teelöffel voll Honig (und zwei Eßlöffel voll Himbeertee!) zu geben. Da die Hündin aber nicht — wie schon betont — mehr Nahrung bekommen soll, kürzte ich dafür den mittäglichen Vollkornbrei entsprechend.

Bei der abendlichen Fleischmahlzeit gibt es nun hin und wieder etwas Leber oder Hirn, oder was sie sonst besonders gern frißt, und dreimal pro Woche wird ein frisches Ei unter die Hauptmahlzeit gemischt. Den zusätzlichen Kalk gebe ich jetzt in Form von rohem Knochenmeh!, um auch hier jeden chemischen Zusatz zu vermeiden. Fein gehacktes Grünzeug, Knoblauch und geriebene Karotte zum Fleisch sind jetzt wichtiger denn je.

In der 4. und 5. Woche wird die Hündin merklich runder, ohne daß man schon sagen könnte, daß der Bauch sichtlich dicker ist. Vor allem wird das Gesäuge größer; die Zitzen wachsen, was besonders bei einer Junghündin auffällt.

Die 7. Woche — man spürt die Bewegung der Welpen

Gegen Ende der 7. Woche gibt es dann eine *»Sensation«* — wenn man dieses Wort für etwas verwenden darf, das immer wieder ein Wunder ist: Man spürt die ersten Bewegungen der wachsenden Welpen durch die Bauchdecke der Mutter hindurch. Das ist ein Tag, auf den ich mich schon lange vorher freue, und den ich keinesfalls versäumen möchte. Es ist rührend und großartig in einem, wenn so ein kleines, noch unfertiges Lebewesen zum erstenmal innen an meine Handfläche klopft. Nun fühle ich, was ich längst wußte: In drei Wochen gibt es wieder Welpen!

Da man die Hündin während der zweiten Hälfte der Trächtigkeit nicht mehr baden kann, muß sie besonders sorgfältig gebürstet und nach einem Spaziergang im Regen sehr sorgsam abgerieben werden; das macht wieder trocken und sauber. Außerdem regt sorgfältiges Bürsten den Kreislauf der Hündin an, die Haut kann besser atmen, wenn Staub und Verunreinigungen entfernt wurden, was für die Hündin und die Welpen nur vorteilhaft sein kann.

Temperatur messen: Die Hündin daran gewöhnen

Jetzt soll man die Hündin auch daran gewöhnen, daß ihre Temperatur von Zeit zu Zeit gemessen wird — mit einem etwas eingefetteten, bruchsicheren Thermometer im Darm. Hunde haben eine höhere Normaltemperatur als Menschen; meist liegt sie bei 38 °C; es können aber auch 2 oder 3 Strich weniger sein. Meine beiden erwachsenen Hündinnen wichen genau 3 Striche voneinander ab. Es ist wichtig, dies zu wissen, damit man nicht meint, 38,5 °C seien, wie bei uns, schon Fiebertemperatur. In dieser Beziehung besteht bei Hunden erst ab 39 °C Gefahr.

Diese vorbereitenden Temperaturmessungen sind wichtig, weil man mit dem Fieberthermometer den Beginn des Wurfes am sichersten voraussagen kann — aber davon später. Jetzt soll sich die Hündin nur an die Prozedur gewöhnen, und man soll ihre Normaltemperatur kennenlernen.

3. Die Wurfkiste

Wenn man die ersten Kindesbewegungen gespürt hat und also eindeutig weiß, daß Welpen zu erwarten sind, muß man sich um die »Wurfkiste« kümmern. So heißt diese Wohnung für Hündin und Welpen offiziell, und in den meisten Hundebüchern werden Sie lesen, daß man die Hündinnen darin allein und möglichst auf dem nackten Boden werfen lassen soll. Ich habe keines von beidem getan; über die Gründe sprechen die Kapitel »Wochenbett« und »Wurftag«.

Unsere »Privatlösung«, im Laufe der Jahre erprobt und verbessert

Eine Wurfkiste kann man kaufen; es gibt sie in allen Größen. Ich habe auch hier nach und nach eine Privatlösung gefunden, die mich mehr befriedigt.

Meine Kisten sind 90 cm lang, 70 cm breit und 65 cm hoch, das heißt, die Boxer-Hündinnen können ganz ausgestreckt der Länge nach darin liegen und nehmen dann etwa die halbe Breite ein. An einer Schmalseite der Kiste ist ein Schlupfloch, 40 auf 25 cm groß, untere Kante 20 cm über dem Boden.

Es ist also ausreichend Platz für die Hündin und später auch noch für die trinkenden Welpen. Dieser Hinweis dürfte es ermöglichen, die richtigen Maße für größere oder kleinere Rassen zu bestimmen.

Diese Kinderstube hatte bei mir keinen festen Deckel, sondern wurde oben mit einer dicken Wolldecke »verschlossen«. Das ist praktischer, als wenn man jedesmal den Klappdeckel aufstellen muß. (Oben muß die Kiste offen sein für Pflege und Kontrolle; siehe auch unter »Welpen im Nest« und »Sauberkeit«). Außerdem ermöglicht die Decke eine ausreichende Lüftung, falls es in der Kiste zu warm werden sollte. Dann schlägt man die Decke einfach an einer Ecke auf, und es ventiliert durch das Schlupfloch. Bei den üblichen Wurfkisten muß man zwecks Lüftung den ganzen Klappdeckel offenstehen lassen, was die Hündin gar nicht gern hat, denn sie will ja ihre sichere »Höhle«. Mittels der Decke, die natürlich ausreichend groß sein muß, kann man auch das Schlupfloch noch je nach Bedarf zuhängen, z.B., wenn man mit der Hündin Gassi geht und bei noch sehr jungen Welpen unbedingt die Wärme im Nest erhalten will. Diese Art Wurfkiste läßt sich natürlich nur innerhalb des Hauses oder in einem ganz ausgebauten, heizbaren Zwinger verwenden.

Soll die Hündin mit den Welpen in einem ungeheizten Raum oder Zwinger untergebracht werden, muß die Kiste unbedingt doppelwandig, mit guter Isolierung sein; sie braucht dann auch einen Windfang, also einen Vorplatz, von dem das eigentliche Schlupfloch rechtwinklig abgeht — und vor allem ein richtiges Dach, das aber auf alle Fälle aufklappbar sein muß.

Wohin mit der Wurfkiste — Kälte und Zugluft meiden

In diesem Zusammenhang sei gleich vermerkt: Welpen brauchen mindestens 20 °C Wärme im Raum — besser sind 22 °C. Unterkühlung führt nicht nur mit Sicherheit zu Durchfall, sondern bei sehr jungen Welpen oft auch zum Tode. Daran soll man denken, wenn man den Platz für die Wurfkiste aussucht.

Ferner ist wichtig, daß die Wurfkiste nicht in einem Durchgangszimmer stehen darf, überhaupt nicht in einem ständig benutzten Zimmer und keinesfalls in einem Raum mit Durchzugsgefahr! Die Hündin braucht Ruhe und das Gefühl absoluter Sicherheit für die Jungen — sonst ist sie kaum gewillt, die Welpen in der ersten Zeit allein zu lassen. Aber sie muß ja regelmäßig Gassi gehen!

Das Schlupfloch der Kiste soll vom Fenster abgekehrt stehen, damit die Welpen im Halbdunkel liegen; nötigenfalls muß man den Raum etwas abdunkeln. Andererseits ist die Möglichkeit ausreichender Beleuchtung sicherzustellen, damit man die Wurfpflege einwandfrei durchführen kann.

Die Innenausstattung der Kiste sah bei mir, nach allerlei Versuchen, so aus: Nachdem die ganze Kiste, vor allem Ecken und Ritzen, gründlich mit Insektenpulver ausgestreut sind (ein mildes, *ungiftiges* Mittel nehmen), kommt eine dicke Lage Papier auf den Boden, z.B. aus alten illustrierten Zeitschriften, die mit ihrem dicken Papier sehr gut isolieren. Darauf legt man eine vierfach zusammengefaltete Steppdecke (es kann natürlich auch ein Matratzenteil oder ein gut, das heißt flach gestopfter Strohsack sein), und darüber kommt noch ein Stück von einem alten Teppich. Selbstverständlich wird alles vorher gereinigt oder gewaschen und gelüftet.

Wichtig ist, daß es nirgends eine »tote« Ecke gibt; das wäre in den ersten Tagen sehr gefährlich, da sich ein junger Welpe dort einklemmen könnte, was Erstickungsgefahr bedeutet! Auf diese »Polsterung« kommt ein Gummituch, das sorgfältig, das heißt ganz glatt, rundherum eingeschlagen wird. Hierauf legt man dann die eigentlichen »Bettücher«.

Ich kann jedem neuen Züchter nur raten, möglichst alles an altem Bett- und Tischzeug, was es in seinem Haushalt oder bei Bekannten gibt, zu sammeln; davon kann man nie zuviel haben. Die oberen Tücher — bei mir sind es jeweils zwei bis drei Lagen — braucht man dann nur auszuwechseln, damit es die Kleinen und die Hündin immer trocken und sauber haben (darüber s. auch unter »Sauberkeit«).

Die Hündin an die Wurfkiste gewöhnen

Die Wurfkiste soll etwa zwei Wochen vor dem Wurftag an Ort und Stelle sein, damit sich die Hündin mit ihr befreunden kann. Meist weiß die trächtige Hündin sogleich, daß diese Kiste, die innen so schön dunkel ist, ihr gehört und wird sie sofort untersuchen und abriechen. Ich habe gelernt, dem Rechnung zu tragen, das heißt, zunächst steht die Kiste leer, ohne Einrichtung, in der für die Hundefamilie bestimmten Zimmerecke. Die Hündin würde sonst Polster, Teppich und Tücher wieder und wieder »umgraben« — wohl aus dem alten Instinkt heraus, selbst die Höhle für den Wurf herrichten zu müssen, oder auch aus Mißtrauen gegenüber unbekannten Dingen: Da unten wird doch nicht irgend etwas sein, was meinen Kindern schaden könnte? Jeden Tag wird sie ein paarmal in die Kiste schauen, wird hineingehen, sich vielleicht auch hinlegen — dann wird sie sehr gelobt —, und so gewöhnt sie sich an diesen neuen Aufenthalt, was sehr wichtig ist.

4. Die letzten zehn Tage vor dem Wurf

Nun fängt es an, dramatisch zu werden! In der Hündin zappeln die Jungen so sichtbar, daß ich immer sagte: »Jetzt marschieren sie dem Ausgang zu.« Die Hündin ist kugelrund, und manche geht gar nicht mehr gern Gassi, sondern will, sobald sie ihre Geschäftchen besorgt hat, sofort wieder heim. Aber sie muß sich nach wie vor regelmäßig und ausreichend bewegen, damit sie in guter Kondition bleibt. Auch muß man besonders darauf achten, daß in dieser Zeit die Verdauung gleichmäßig gut funktioniert, und die Hündin genug Gelegenheit hat, sich zu entleeren, eventuell auch einmal nachts!

Die Verdauung der Hündin

Zu den wichtigen Stichwort Verdauung wäre noch zu sagen, daß diese bei meinen »natürlich« gehaltenen Hündinnen immer einwandfrei funktioniert. Morgens ist der Stuhl — nach der langsamen nächtlichen Verdauung der kompakten Fleischmahlzeit vom Abend — immer gut geformt, aber nie hart. Abends gibt es meist einen mittelweichen Haufen, was ja bei dem schnelleren Verdauungsvorgang während des Wachseins und der lebhaften täglichen Bewegung, sowie nach der leichteren Breimahlzeit mit ihrem Milch- und Obstzusatz, nicht weiter verwunderlich ist.

Selten kommt es auch einmal vor, daß meine Hunde ganz dünnen Stuhl haben. Dann unternehme ich zunächst gar nichts, sondern beobachte das betreffende Tier. Ist alles am anderen Morgen wieder »normal«, so braucht man sich keine Gedanken mehr zu machen. Der Hund hat dann nur irgendein zu stark abführendes Kraut gefunden. »Natürlich« aufgezogene Hunde fressen nämlich nicht nur Gras, »ehe es regnet«, wie der Volksmund sagt; (richtiger: wenn sie etwas im Magen drückt und sie einen Ballaststoff suchen, in den sie den Fremdkörper »einwickeln«, um ihn dann leichter ausspeien zu können!) Meine Boxer standen vielmehr oft wie ein paar Rehe in der Wiese und kauten mit Hingabe und sichtlicher Freude an allem möglichen Grünzeug, das sie meist sehr sorgfältig aussuchten. Meine Kenntnisse reichen leider nicht aus, um das Rätsel zu lösen, warum sie mal das eine, mal das andere Kraut bevorzugen.

Erbrechen der Hündin

Wenn sich eine Hündin gelegentlich erbricht, rege ich mich auch nicht mehr auf, denn das kommt ziemlich oft vor. Erstens, wenn sie einen Knochen zu wenig gut kaut (aus Freßgier und Futterneid: die Nachbarin könnte ihn stehlen!) und ihr also zu große Knochenstücke im Magen liegenbleiben; dann kommen eben diese Knochenbrocken wieder zutage, meist nach dem Fasttag, wie ich anderweitig erwähnte.

Zweitens speien sie alle sonstigen unverdaulichen Dinge aus: Meine Hunde haben schon Wellpappe und Lumpen, Holzstückchen und Knöpfe und wer weiß was noch alles erbrochen. Besonders Welpen versuchen — wie kleine Menschenkinder — alles auf seine Freßbarkeit zu prüfen!

Drittens kommt am Fasttag auch ohne sichtbaren Grund Erbrechen vor; die Tiere geben dann nur einen hellgelben, schaumigen Schleim von sich. Die gleiche Erscheinung beobachtet man ziemlich regelmäßig bei läufigen und trächtigen Hündinnen. Bei trächtigen kommt Erbrechen als Schwangerschaftsbeschwerde in den ersten vier Wochen ziemlich häufig vor, belastet die Hündin offensichtlich wenig und regt, wie schon gesagt, auch mich nicht mehr auf.

Nur in den letzten Wochen vor dem Wurf beuge ich dem Erbrechen möglichst vor und gebe also einer hochträchtigen Hündin zum Beispiel keine Knochen mehr, wenn sie auch noch so sehr darum bettelt. Ich habe einmal wirklich Blut und Wasser geschwitzt, als meine Trixi sich am 60. Trächtigkeitstag mit einem Knochenrückstand so plagte, daß ich fürchtete, sie würde ihre Kinder vorzeitig verlieren!

Im allgemeinen sind also Durchfall und Erbrechen gute Reinigungsvorgänge, solange es sich dabei nicht um wirkliche Krankheit handelt. Aber das merkt ein aufmerksamer Züchter sehr schnell, wenn er seine Tiere halbwegs kennt und richtig beobachtet.

Hat aber ein Wurf junger Welpen mit zwei bis vier Wochen Durchfall, dann ist es ernst, und man muß sehr achtgeben. Wenn auf ausgesprochene Wärmebehandlung und Fütterung mit rohem Knochenmehl nicht innerhalb von zwei Tagen eine Besserung eintritt, braucht man sofort einen guten Tierarzt und kann eine entsprechende Fütterung nach Juliette de Bairacli-Levy's Methode folgen lassen.

Hier möchte ich noch berichten, wie ich kürzlich einem Spaniel zugesehen habe, der sich unter offensichtlichen Schmerzen lange herumquälte, um seinen Kot abzusetzen. Das ganze Tier war ein Krampf, eine verzweifelte Anstrengung, sich zu lösen; minutenlang plagte es sich und brachte schließlich nur ein paar steinharte Knollen ans Licht. Und ich dachte an meine Tiere, bei denen das immer und unter allen Umständen völlig mühelos vor sich geht!

Äußere Veränderung der Hündin

Zurück also zu den letzten Tagen vor der Geburt! Jetzt kommt die gute Dicke wieder nur an der Leine nach draußen, und man geht mit ihr mindestens viermal am Tag 10 bis 15 Minuten spazieren. Die Leine ist in dieser Zeit besonders zum Schutz der Hündin wichtig, um zu verhindern, daß sie übermäßig herumtobt oder mit anderen Hunden aneinandergerät.

In der letzten Trächtigkeitswoche verändert sich die Figur der Hündin erneut. Die Last fängt an sich zu senken; der ganze Wurf hängt nun im Unterbauch, und sie hat oben in der Kreuzgegend hüben und drüben ein paar tiefe Löcher — vorausgesetzt natürlich, daß sie einen guten, d. h. großen Wurf bringt. Nur ein oder zwei Welpen kann sie »verstecken«, ohne daß man diese Zeichen wahrnimmt.

5. Beobachten der Körpertemperatur der Hündin

Vom 55. Tag an mißt man täglich dreimal die Temperatur. Die Hündin ist schon so daran gewöhnt, daß sie sich von selbst geduldig und erwartungsvoll zurechtstellt, sobald man nur das Thermometer einfettet.

Alle gemessenen Werte schreibt man genau in den Kalender. Diese Eintragungen sind gewissenhaft und regelmäßig vorzunehmen, denn nur damit kann man den wahrscheinlichen Wurfbeginn am ehesten rechtzeitig vorher ermitteln.

Die normale Körper-Innentemperatur der Hündin ist zwischen 38,2 °C und 38,4 °C. *Die Normaltemperaturen unserer Hündinnen lagen zwischen 37,9 °C und 38,2 °C.*

Wenn die Temperatur plötzlich deutlich zu fallen beginnt — normalerweise geschieht das **am 61. oder 62. Tag** —, muß man alle drei Stunden messen, auch ein- oder zweimal nachts und feststellen, **wann die Tiefsttemperatur** erreicht ist: **Sie lag bei uns zwischen 36,4 und 36,8 Grad.**

Wenn es bei Hunden so weit ist, und **die gewohnte Temperatur fällt** ab, kann man im allgemeinen damit rechnen, daß **die Geburt innerhalb der nächsten 3 Tage** zu erwarten ist! **Unsere** Hündinnen warfen **immer** am nächsten Tag.

Sobald nun das Thermometer wieder klettert, hat man den Zeitpunkt, auf den es ankommt:
Nach der Tiefsttemperatur wirft die Hündin normalerweise innerhalb von 24 Stunden.
Varianten: Eine fing schon nach sechs Stunden mit dem Wurf an, die andere erst nach 23 Stunden.

Gerade als ich dies niederschrieb, erhielt ich den Bericht über den ersten Wurf einer Junghündin und damit Kenntnis von weiteren Unterschieden, wie ich sie noch nicht hatte. Die Temperatur der kerngesunden Hündin, die dann auch leicht einen Wurf von 7/5 brachte, pendelte in der Woche vor dem Wurf zwischen 37,5 und 38,4 °C hin und her! Am Tag vor dem Wurf sank die Temperatur dann aber ganz richtig auf 36,6 °C ab!

Es gibt natürlich — vor allem unmittelbar vor dem Wurf — noch andere Kennzeichen (siehe später), aber solange die Hündin eine Temperatur von 37,5 °C oder mehr hat, kann man sie ruhig noch ein paar Stunden allein lassen, ohne daß inzwischen etwas passiert — auch wenn sie gelegentlich schon stärkeren Ausfluß hat. Solange er farb- und geruchlos ist, hat es noch nichts zu bedeuten.

6. Die Fütterung in der letzten Trächtigkeitswoche.

Die Fütterung in der letzten Trächtigkeitswoche ist sehr wichtig! Ich hatte davon in dem schon mehrfach zitierten Buch Juliette de Bairacli-Levy's gelesen und mich auch danach gerichtet — aber doch zuerst nicht konsequent genug, und das mußte ich dann büßen (s. das Kapitel »Schwierigkeiten«).

Jetzt fange ich mit dem 53. Tag an, die Hündin ausgesprochen maßvoll zu füttern. Das sieht bei mir wie folgt aus:

7 Uhr morgens: Zwei große Tassen laue rohe Vollmilch mit einem Eßlöffel voll Honig, zwei Eßlöffel voll Himbeertee und zwei Eßlöffel voll Hundeflocken.

11 Uhr mittags: Eine kleine Portion dünner gehaltenen Brei, aus über Nacht eingeweichten Futterhaferflocken und Hundeflocken oder einem anderen leichten Vollkorn-Produkt, mit je einem Eßlöffel voll Weizenkeimen, Weizenkleie und gutem Öl.

15 Uhr nachmittags: Die Hälfte der üblichen Fleischration nur mit etwas Kleie überstreut.

18 Uhr abends: Die andere Hälfte der Fleischration mit den üblichen Zutaten.

(Genau eingehaltene Fütterungszeiten sind für Zuchthunde und Welpen genauso wichtig wie für Menschenkinder!)

Die *Fleischration wird nun von Tag zu Tag verringert;* dafür gibt es jeweils mehr Honigmilch. Boxer-Hündinnen, die normalerweise täglich 625 Gramm (1 ¼ Pfund) rohes Fleisch erhalten, bekommen dann nur noch zweimal je 125 Gramm, am 58. Tag nur noch 125 Gramm Hirn oder anderes leichtes Fleisch (aber wie üblich Himbeertee, Knoblauch, Karotten, Seetang, Blattplasma, Weizenkeime, Weizenkleie!).

Vom *59. bis 60. Tag* an (man muß ja auch immer den Gesamtzustand seiner Hündin berücksichtigen!), wird *das Fleisch ganz gestrichen,* ebenso der Brei. Das heißt also, es wird nur noch flüssig gefüttert, die Honigmilch angereichert mit Baumrindenmischung, was zusammen einen milden, hellbraunen Schleim ergibt. Das bietet man der Hündin dreimal pro Tag an;

die Mengen richten sich nach ihrem Appetit, der sehr unterschiedlich ist. Sollte sie allerdings an Freßgier leiden, dann muß man streng bremsen. In diesen Tagen kann man kaum zuwenig, aber sehr leicht zuviel füttern!

Sehr wichtig: *Immer frisches Wasser in Reichweite,* auch nachts! Und selbstverständlich — wie schon mehrfach betont — zweimal täglich Himbeertee (lachen Sie mich ruhig aus — er *ist* ein gutes Hilfsmittel!) oder Geburtshilfe-Tabletten.

Will die Hündin — meist am 62. Tag — überhaupt nicht mehr fressen, dann lassen Sie sie in Ruhe. Vielleicht zeigt sie Ihnen damit an, daß sie am nächsten Tag bestimmt wirft.

Mit dieser Fütterung erreicht man, daß der Organismus der Hündin nur noch wenig mit der Verdauung zu tun hat, sich also auf den Wurf konzentrieren kann. Da die täglichen Ausscheidungen weitergehen, wird die Hündin innerlich sauber und leer, und bei dem normal reagierenden, gesunden Tier ist der Appetit sowieso nicht mehr groß.

7. Weitere Vorbereitungen

Als Hilfsmittel für Wurf und Welpenaufzucht sollte man noch drei Dinge anschaffen:

1.) Einen großen Ballen ungebleichten Zellstoff

2.) Essigsaure-Tonerde-Salbe, mindestens einen 200-Gramm-Topf (ich brauchte dieses Quantum pro Wurf etwa dreimal!), die man für die Gesäugepflege benötigt, über die ich später ausführlich berichten werde.

3.) Eine gute Taschenlampe.

Nun kann man nur noch besonders aufmerksam und liebevoll seiner Hündin gegenüber sein. Man muß ihr zum Beispiel helfen, wenn sie auf die gewohnte Couch möchte: Vorsichtig erst die Vorder-, dann die Hinterfüße hinaufstellen, nicht am Bauch drücken und jede Zerrung vermeiden. Und dann muß man eben — warten... Wann geht es los? Geht es gut? Wie viele Welpen wird sie bringen? Wie viele Rüden — wie viele Hündinnen?

Wie groß wird der Wurf sein?

Das einfachste Hilfsmittel, um festzustellen, wie groß der Wurf etwa sein wird, ist eine Waage! Voraussetzungen dafür, daß diese Probe funktioniert, sind:

1.) Die Hündin muß an regelmäßige Gewichtskontrolle gewöhnt sein und also nichts Besonderes daran finden, sich auch am 61. oder 62. Trächtigkeitstag wieder wiegen zu lassen.

2.) Man muß das Normalgewicht der Hündin kennen, und es muß halbwegs konstant sein, was bei »natürlicher« Fütterung leicht zu erreichen ist.

3.) Man muß wissen, wieviel ein Welpe mit Eihaut, Fruchtwasser und Nachgeburt etwa wiegt (bei Boxern beträgt der Durchschnitt 500 Gramm).*

Dann ist die Rechnung leicht: Hat die Hündin 5 Kilo mehr Gewicht, kann man auf 10 Welpen gefaßt sein. Unter den vorstehend genannten Voraussetzungen wird diese Rechnung stimmen, sogar genauer als eine Röntgenaufnahme! (Mein einmaliger Versuch in dieser Richtung: Sieben Welpen waren angeblich vorhanden, aber zehn kamen dann ans Licht...) Zusätzlicher Vorteil: Man braucht keine Angst vor Strahlungsschäden zu haben.

Wann ist es soweit?

Je mehr Junge in einer Hündin heranwachsen, um so früher kann man nach meinen Erfahrungen mit ihrem Erscheinen rechnen. Unser 16. Wurf, der dann 14 starke Welpen brachte, war der früheste! Durch die große Zahl ständig zappelnder Kinder wurde das erste schon am 59. Tag hinausgedrückt — sie hatten einfach keinen Platz mehr. Wir und die Hündin waren froh, als es endlich anfing, und auch dieser Wurf ging glatt vonstatten. — Um das andere Extrem auch zu berichten: Ich weiß von einer Hündin, die immer erst am 67. Tag und doch ganz normal wirft, und eine andere hat

*) Siehe auch Kapitel 24, Geburtsgewichte der Welpen!

nun schon zweimal sogar erst am 70. Tag ohne Komplikationen ihre Welpen zur Welt gebracht. Mir wäre das ja unheimlich, aber die sehr erfahrene Züchterin ließ es in allen Fällen darauf ankommen und hatte Erfolg damit.

Ich möchte jedoch eine solche Verzögerung nicht befürworten — mindestens muß man einen guten Arzt fragen, vor allem, wenn man selbst noch keine große Erfahrung hat. (Ein »guter Arzt« ist in solchen Fällen einer, der auf Kleintiere spezialisiert ist!)

Aber auch andere erfahrene Züchter raten dringend dazu, nicht über den 66. Tag hinaus zu warten und dann, auch wenn die Hündin keinerlei Zeichen einer Störung zeigt, die Welpen per Kaiserschnitt holen zu lassen. Sind durch zu langes Abwarten die Welpen in der Mutter bereits gestorben, ist dies nicht nur schade um den verlorenen Wurf, sondern auch eine riesige Gefahr für die Mutter!

Es ist schon so: Da kann man noch so oft auf einen Wurf gewartet haben; es ist immer wieder von neuem äußerst spannend und jedesmal ereignet sich etwas Neues.

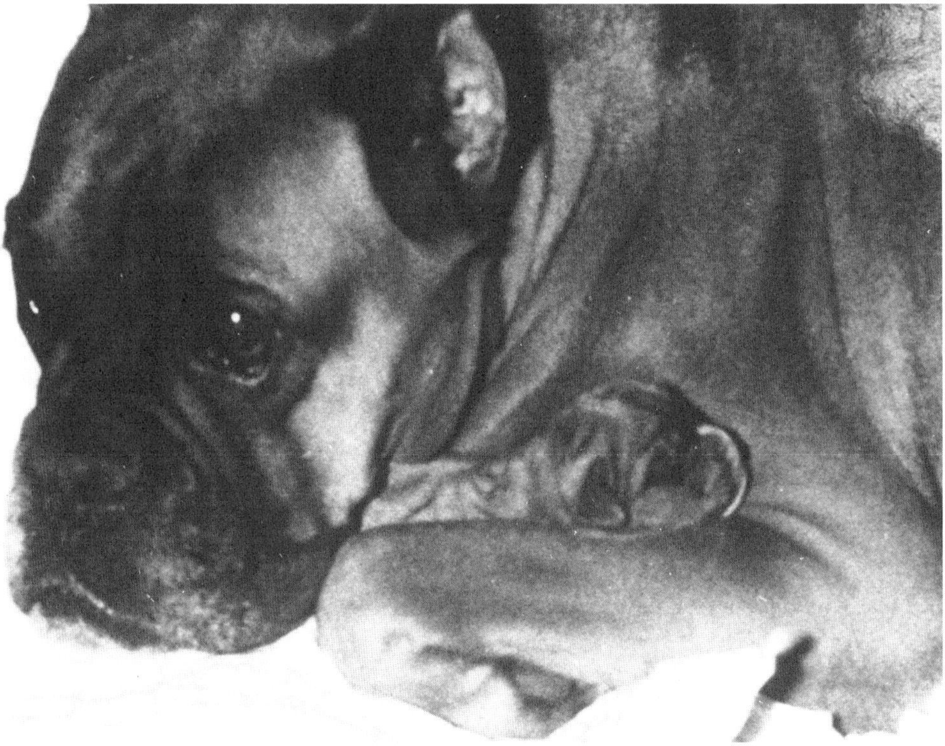

Aja vom Ilsenstein mit Sohn Mischa im Arm, dem Erstgeborenen ihres 4. Wurfes, den sie sich selbst so in den Arm gepackt hatte …

(Aufnahme: Sieber)

6. Kapitel

Das »WOCHENBETT«

Die letzten Vorbereitungen

Wenn das Fieberthermometer und das Benehmen der Hündin zeigen, daß vielleicht schon heute nacht, sicher aber morgen der Wurf beginnen wird, richtet man das Wochenbett her. Wie ich schon sagte, ließ ich meine Hündinnen weder in der Wurfkiste, noch auf dem blanken Boden, noch allein werfen. Die Welpen kamen vielmehr in dem der Hündin vertrautesten Raum — bei uns war es das Wohnzimmer — zur Welt und zwar auf der Couch, wo die Hunde abends, wenn wir gemütlich beisammen saßen, auf ihrer Decke liegen durften.

Andere Hündinnen werden nun aus diesem Zimmer ausgewiesen (sie wissen bzw. ahnen ja, was im Gange ist!). Auf die Couch kommen ein paar alte Decken, ein möglichst großes Gummituch, damit alles gut abgesichert ist und dann saubere, weiche, weiße Laken. Eine Hündin, die unter solchen Umständen schon einmal Junge bekommen hat, weiß genau, was los ist, und wird sich bald auf dieses Lager legen. Eine Junghündin vor dem ersten Wurf wird man vorsichtig hinaufheben, sobald eindeutig feststeht, daß es losgeht. Auch sie ist schon voll Vertrauen und läßt alles mit sich geschehen ...

Was man alles besorgen muß

Nun wird noch alles andere bereitgelegt, damit Sie, wenn es endlich soweit ist, nicht noch herumlaufen müssen, weil dies und jenes fehlt! Die Ruhe — aber auch die Unruhe des Züchters überträgt sich auf die Hündin!

Sie erfahren im nächsten Kapitel, wozu Sie das alles brauchen werden, nämlich:

* **Taschenlampe**
* **Halsband und Leine der Hündin**
* **Thermometer**
* **Salbe**
* **eine Uhr** *(Kontrolle der einzelnen Phasen)*
* **Zellstoff**
* **Küchenwaage** *mit einem warmen Moltontuch auf der Schale*
* **eine scharfe Schere**
* **Desinfektionsmittel**
* **Wärmflasche oder ein Heizkissen**
* **eine Schachtel oder einen Korb** *gepolstert, wohinein man die Welpen während des Werfens warm auf Heizkissen oder Wärmflasche legen kann*
* **den Zuchtkalender**
* **Notizbuch** *(eigens für die betreffende Hündin angelegt)*
* **Schreibzeug**
* **Saubere Tücher** *(Soviel man nur auftreiben kann! Während des Werfens kann man auch kleinere Stücke verwenden!*
* **Gute Beleuchtung** *(Wichtig: Man muß sie abdunkeln können!*
* **Eine Schale Honigmilch mit Himbeertee** *ist vorbereitet — der andere Himbeertee ist in Reichweite.*

7. Kapitel

DER WURFTAG

Sichere Anzeichen: Es ist soweit!

Nun ist es also soweit: Gestern hatte die Hündin nur noch 36,5 °C Temperatur; heute morgen wurde die Honigmilch verweigert — heute dürfte der große Tag sein. Zum Wurftermin im allgemeinen wäre noch zu sagen: Offiziell ist es — wie ich schon sagte — der 63. Tag; aber es kann auch jeder andere zwischen dem 60. und 65. Tag sein. Welpen, die vor dem 59. Tag zur Welt kommen, sollen nicht lebensfähig sein; meine Hündinnen haben mich aber nicht vor dieses Problem gestellt.

Spätestens am 67. Tag müßte ein Tierarzt eingreifen, weil dann sicher etwas schiefgegangen ist. Aber auch das ist bei mir nur Buchwissen: Der früheste Wurftermin war der 59. Tag, der späteste — bei einer Junghündin — der 66. Tag.

Den eigentlichen Beginn der Sache zeigt die »Renneritis« an — anders kann man das nicht nennen! Die Hündin will dringend raus, produziert dort drei Tropfen Wasser und rennt wieder rein — nach zehn Minuten wieder raus, setzt drei Batzerl Kot und rennt wieder rein — nach weiteren zehn Minuten das gleiche Spiel... Das kann den ganzen Tag und die ganze Nacht so weitergehen.

Die Erfahrung hat mich gelehrt, die Hündin nie allein hinauszulassen, weder kurz vor dem Wurf noch am Tag nach den Wurf! Also anleinen, mitgehen, bei Dunkelheit die Taschenlampe mitnehmen — und wenn es zwanzigmal nötig ist, und wenn es in Strömen gießt... Gerade eine unerfahrene Junghündin — es kommt aber auch bei späteren Würfen vor — kann sonst einen Welpen im Garten »verlieren«, ohne daß man es merkt (s. unter »Schwierigkeiten«).

Bei den häufigen Rennereien entleert sich die Hündin, zumal sie ja in den letzten Tagen nur knapp und flüssig gefüttert worden ist, vollständig. Das ist sehr wichtig, damit man nachher, beim eigentlichen Wurf, nicht auch noch diese Ausscheidungen mit im Wochenbett hat — denn dann merkt die Gute nicht mehr, woher nun diese oder jene Flüssigkeit kommt.

Die Wehen setzen ein

Sobald die Wehen einsetzen, fängt die Hündin an, pausenlos zu hecheln. Solange sie es lediglich zwischendurch einmal für kurze Zeit tut, sind es nur kleine Vorbereitungen. Da es von jeder Regel eine Ausnahme gibt, kam der erste Welpe unseres sechsten Wurfes, ehe die Hündin pausenlos hechelte! Deshalb nochmals: Ständige Beobachtung ist alles!

Hier wäre noch zu sagen, daß für uns die Hechelei das einzige Zeichen der Wehen ist, denn ich habe nie gemerkt, daß meine Hündinnen richtige »Wehen«, also Schmerzen hätten. Keine hat beim Wurf oder vorher gejault, keine vor Schmerzen Zerstörungsgelüste bekommen, wie ich es von so vielen Seiten gehört habe. Lediglich die Preßwehe, die die eigentliche Ausstoßung der Frucht bewirkt, ist zu bemerken.

Zwingerhunde werden sich zu diesem Zeitpunkt schon längst in ihre Kiste verkrochen haben. Meine Hündinnen lagen dann auf ihrem »Wochenbett«, das sie nun auch nicht mehr verlassen wollten. Für unsere mit viel Liebe als echte Hausgenossen gehaltenen Hunde war es eine Beruhigung — und eine Selbstverständlichkeit —, daß Herrchen und Frauchen dabei waren. Und wir hätten uns dieses Erlebnis, das uns jedesmal von neuem entzückte und rührte, auch keinesfalls entgehen lassen.

Die Lampe wird etwas abgedunkelt (denn in 18 von 21 Fällen erfolgte der Wurf größtenteils bei Nacht!); einer sitzt zu Häupten und einer zu Füßen des »Wochenbettes«, und dann wird weiter gewartet.

Die Geburt — Versorgung der Welpen

Vielleicht springt die Hündin nochmals auf und rennt hinaus — mitgehen, anleinen, siehe oben! Die Hechelei kann mehrere Stunden dauern. Zwischendurch kann schon dunkelgrüner Schleim abgehen und auch Fruchtwasser. Vielleicht kommt aber der erste Welpe schon nach zehn Minuten. Auch das ist bei jeder Hündin und bei jedem Wurf wieder etwas anders. Meist richtet sich die Hündin, die hechelnd halb auf der Seite gelegen hat, etwas auf, und nun sieht man, daß sie preßt. Dann schießt das Junge in die Scheide, und beim nächsten Pressen kommt der Welpe, meist in zwei kleinen Rucken, ans Licht. Allseitig große Erleichterung, wenn der erste Welpe glücklich da ist!

Normalerweise fängt die Hündin sofort mit der Kinderpflege an: Sie beißt die Eihaut auf — jeder Welpe kommt ja wie in Zellophan gewickelt auf die Welt — und leckt Eihäute und Schleim von dem Kleinen herunter; vor allem werden Kopf und Mäulchen geputzt. Dabei sieht man schon, ob der Welpe zappelt! Es ist gut, wenn man ihm gleich den Finger ins Mäulchen steckt und evtl. vorhandenen Schleim entfernt; das erleichtert ihm den ersten schwierigen und so wichtigen Atemzug. Dann nabelt die Hündin den Welpen ab. Wenn sie es richtig und vorsichtig macht, soll man das ihr überlassen.

Nur wenn eine junge Hündin das alles nicht von sich aus tut, muß man helfen: Eihaut unterm Kinn des Welpen aufreißen und über den Kopf nach hinten ziehen, Atmung in Gang bringen (siehe oben) und Nabelschnur durchreißen: Mit Daumen und Zeigefinger der linken Hand die Nabelschnur fest zusammenkneifen und mit der rechten Hand etwa zehn Zentimeter vom Bäuchlein des Welpen entfernt durchreißen, immer in Richtung von der Mutter weg auf den Welpen zu. Wenn man es so macht, braucht nichts abgebunden zu werden und nichts geschnitten zu werden. Mit Schere oder Messer durchschneiden setzt vorheriges Abbinden voraus, sonst bluten die glatten Wundränder und der Welpe könnte verbluten. Durchge*bissen* vom Muttertier oder, wie beschrieben, durchgerissen von Menschenhand schließen sich die Wunden sofort! Die Hündin leckt alles sauber, und nach zwei bis drei Tagen fällt bereits das eingetrocknete Häutchen ab.

Es kommt hin und wieder vor, daß die Hündin einen Welpen etwas länger abnabelt als die anderen, und wenn wir helfen mußten, waren die noch am Bauch des Kleinen hängenden Nabelschnurenden meistens reichlich lang. Nach einigen Stunden sieht man, daß die zwei zur Nabelschnur zusammengefaßten Stränge schon anfangen einzuschnurren. Dann kann man mit einer scharfen Schere das *zu lange* Anhängsel ohne weiteres kürzen. Man sieht ganz deutlich, wie weit man mit diesem Schnitt gehen darf: Wo das Gewebe noch rund und prall und also blutgefüllt ist, darf man natürlich nicht hinkommen!

Bei Boxern und Bulldoggen, überhaupt bei allen Rassen, die vorbeißen, muß man besonders achtgeben; es ist schon vorgekommen, daß eine Hündin, weil sie die Nabelschnur mit ihren nicht aufeinanderstehenden Zähnen nicht durchnagen konnte, an ihr weitergefressen und schließlich dem Welpen ein Loch in den Bauch gefressen hat — nicht aus bösem Willen, sondern aus Unvermögen. Hier muß man natürlich rechtzeitig eingreifen, ebenso, wenn zwei Welpen so kurz hintereinander geworfen werden, daß die Hündin mit der Putzerei des ersten noch nicht fertig ist.

Meist kommt gleich mit oder kurz nach dem Welpen die Nachgeburt, die dunkel- bis blaugrün aussieht, und die die Hündin, ebenso wie die Eihäute, auffressen soll. Das ist das natürlichste und gesündeste »Futter«, das allerlei wichtige Stoffe enthält, die man durch nichts ersetzen kann.

Die nassen und schmutzigen Unterlagen werden jeweils sofort entfernt und durch frische Tücher, die man vorsichtig unterschiebt, ersetzt, damit Hündin und Welpen von Anfang an möglichst sauber gehalten werden.

Und so geht es dann weiter: Die Hündin hechelt, preßt, versorgt ihren Welpen; der Züchter bewacht alles, hilft hier und da mit und sorgt fortwährend für trockene Unterlagen — bis die Hündin leer ist. Da ich immer große Würfe hatte, dauerte die ganze Sache bei mir nie weniger als zwölf, oft aber bis zu 18 und mehr Stunden — die meisten davon nachts.

Notieren: Geburtsverlauf, Merkmale und Gewicht der Welpen

Wenn Sie wirklich züchten wollen — und, selbst wenn Sie nur einmal einen Wurf haben möchten, sollte Ihnen alles wichtig sein, — dann sollten Sie alle Vorkommnisse des Wurfs genau aufschreiben: Wann die einzelnen Welpen erschienen, wie schwer jeder war, wie sich die Hündin benahm, welche Abzeichen (weiße Flecken o. ä. woran man die Welpen später noch sicher unterscheiden kann!) die einzelnen Welpen aufweisen und so weiter. Diese Angaben muß man später wieder und wieder nachlesen, um immer alle Variationsmöglichkeiten in Betracht ziehen zu können.

Um die Hündin nicht nervös zu machen, habe ich mit dem Wiegen der Welpen grundsätzlich erst etwa eine Stunde, nachdem der erste Welpe geboren war, begonnen. Dann ist die Hündin meist schon mit dem zweiten oder nächsten beschäftigt und nimmt es nicht so übel, wenn man ihr einen für eine Minute fortnimmt, zumal ja alles vor ihren Augen geschieht. — Bei Welpen geht, wie bei Menschenkindern, das Gewicht nach der Geburt erst einmal etwas zurück! Keine Aufregung — das ist normal und wird schnell wieder aufgeholt.

Auf die Nachgeburten ist sorgsam zu achten!

Es darf keine in der Hündin zurückbleiben, da das zu Gebärmutterentzündungen führen kann. Die Nachgeburt wird kurz nach der Geburt eines Welpen, also vor dem nächsten Welpen ausgestoßen. Wenn die letzte Nachgeburt innerhalb von zwölf Stunden nicht abgestoßen ist, muß ein Tierarzt gefragt werden. Gelegentlich hat aber — hoffentlich — die Hündin diese doch schon unbemerkt aufgefressen!

Vorbeugend gebe ich während des Wurfes noch ein paarmal Himbeertee. Je gesünder eine Hündin ist, und je vernünftiger man sie während der Trächtigkeit und auch sonst füttert und hält, um so selbstverständlicher wird sie mit allem fertig — auch wenn etwas einmal nicht ganz hundertprozentig richtig vor sich geht (s. darüber unter »Schwierigkeiten«).

Die Pausen zwischen der Geburt der einzelnen Welpen sind ganz verschieden, von fünf Minuten bis zu sechs Stunden und mehr. Bei großen Würfen — neun und mehr Welpen — pausiert die Hündin mittendrin oft noch länger und schläft erst einmal ein paar Stunden. Wenn sie dann wieder aufwacht, kann man ihr — wenn sie mag — eine Tasse laue Milch mit Honig und etwas Himbeertee geben, aber sonst nichts.

Es ist gut — vor allem bei einer Junghündin, die bei allem instinktiven Wissen doch noch keine Erfahrung hat — für die Welpen einen Korb oder eine große Schachtel vorzubereiten.

Die Welpen warmhalten

Unten kommt ein Kissen hinein, darauf eine Wärmflasche (nicht zu heiß!) oder unter einer wasserdichten Einlage ein Heizkissen, darüber ein Moltontuch. Und dann wird diese »Wiege« noch mit einer Decke zugedeckt. Da hinein tut man die Welpen, wenn sie »ausgepackt«, abgenabelt und halbwegs trockengeleckt sind: Den ersten, wenn die Hündin mit dem zweiten beschäftigt ist, auch den zweiten, wenn der dritte kommt und so weiter. Damit schließt man die Gefahr der Verletzung der Kleinen durch unbedachte Bewegungen der Hündin während des Werfens aus.

Oft wird das überhaupt nicht nötig sein, aber manchmal steht die Hündin zwischendurch auf, dreht sich mehrmals um sich selbst und denkt in diesem Ausnahmezustand nicht daran, daß sie dabei die Neugeborenen vielleicht tot-treten oder beschädigen kann. Man muß sich aber auch hier — wie in allem — sorgsam nach dem Willen der Hündin richten! Vielleicht will sie alle Kinder bei sich haben — oder wenigstens zwei: Die Wiege mit den anderen stellt man dann direkt neben ihren Kopf, damit sie die Welpen sehen und hören kann.

Auf keinen Fall darf die Hündin aufgeregt werden

Sie braucht ihre Kräfte für die Geburt und soll sich nicht mit Sorgen belasten müssen. Während die Geburt sich so dahinzog, wurde die Wohnung für die junge Familie fertig hergerichtet, wie unter »Wurfkiste« beschrieben; ich tat das in den Stunden der vorbereitenden Hechelei. Nun kann man die Welpen — die inzwischen alle gewogen und registriert sind — vorsichtig in die Wurfkiste legen, möglichst dicht zusammen. Die Hündin wird dann sofort kommen, sich »um sie herumlegen« und von da an friedlich in ihrer Kiste bei den Welpen bleiben. Sie soll nun zunächst schlafen, also kein Futter bekommen; nur frisches Wasser muß neben der Kiste stehen.

Ob die Geburt vollständig beendet ist

erkennt man — meistens! — am Benehmen der Hündin. Sie legt sich dann, nachdem sie sich erst noch geputzt hat, mit ausgestreckten Beinen flach auf die Seite. Und an ihrem Gesäuge liegen nebeneinander die Welpen und nuckeln — denn dort gibt es ja wunderbarerweise von einer zur anderen Minute Milch.

Mein H-Wurf hat jedoch wieder eine neue Erfahrung geliefert; in diesem Fall war die Milch noch nicht mit dem ersten Welpen da, sondern kam erst einige Stunden nach Beendigung des Wurfes. Es gibt also wirklich jedesmal neue Erkenntnisse.

Ich habe stets ein Weilchen dabeigesessen und immer wieder gestaunt: die kleinen Dinger, ein paar Stunden alt, sehen jetzt, richtig trocken, schon viel größer aus, stülpen ihre rosa Zunge wie einen Saugnapf um die Zitze der Mutter (die eigentlich viel zu groß für das kleine Mäulchen zu sein scheint) und trinken, wedeln dabei doch tatsächlich das erstemal mit ihrem Schwänzchen, bearbeiten Mutters Gesäuge mit ihren kleinen Pfoten und sind ganz erstes Wohlbehagen...

Vorsicht! Es dürfen keine Welpen in der Hündin zurückbleiben

Weiter oben habe ich geschrieben, wie man erkennt, ob die Hündin mit dem Werfen fertig ist. Bitte seien Sie da besonders achtsam, denn hier liegt ein Gefahrenmoment erster Ordnung! Damit hatte ich den ersten riesen-

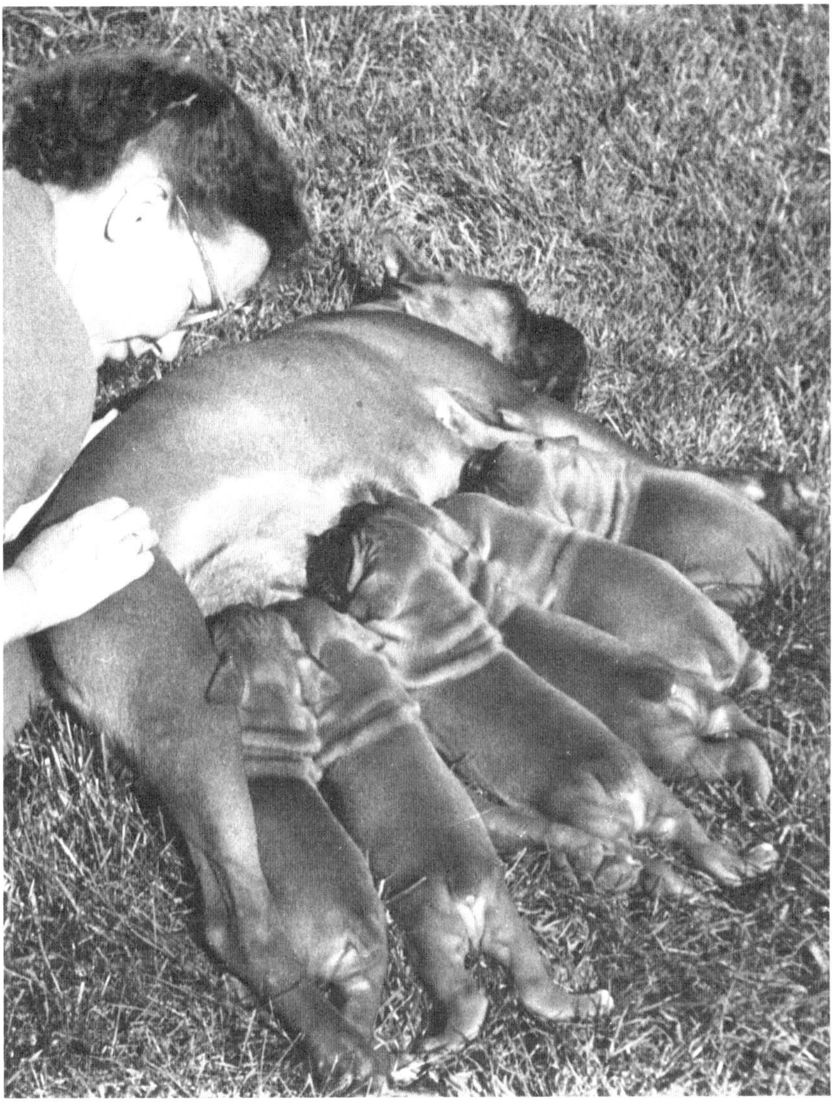

Im Nuckeln sind sie Weltmeister!

(Aufnahme: Sieber)

großen Kummer in meiner Zucht, und so ungern ich es tue — weil es mich auch heute, nach acht Jahren, immer wieder sehr traurig macht — muß ich davon berichten.

Ich möchte nicht, daß einem meiner Leser wegen Unachtsamkeit (oder zu großer Vertrauensseligkeit gegenüber einem Tierarzt!) ähnliches widerfährt. Meine schöne Eos, die im ersten Wurf 15 und im zweiten zehn gute Welpen gebracht hatte, legte mir beim dritten Mal wieder zehn gute Kinder ins Nest — davon vier tot. Bei dieser Geburt holten wir zum erstenmal einen Tierarzt, weil ich mir Sorge um die Hündin machte. Er mußte den ersten, völlig quer liegenden Welpen mit der Zange holen. Dann kamen, nach einer Wehenspritze, die anderen neun Jungen, wovon vier Rüden und zwei Hündinnen kräftig und gesund waren.

Der Arzt war überzeugt, daß der Wurf fertig sei, da das Abgreifen negativ ausfiel. Aber die Hündin lag nicht gelöst flach auf der Seite, sie betreute und säugte zwar die Kinder wie immer bestens, war aber noch unruhig. Und am zweiten Tag sah ich, daß sie plötzlich wieder Preßwehen hatte! Ich rief sofort den Arzt an — aber anstatt nun sofort einen Kaiserschnitt zu machen, meinte er nur, wahrscheinlich sei noch eine Nachgeburt drin, und es sei ja ganz normal, daß sie nun abgestoßen würde; einen Welpen hätte er einwandfrei nicht mehr gefühlt. Damit gab ich mich, erschöpft nach zwei schlaflosen Wurfnächten, leider zufrieden.

Wenn die Hündin stirbt

Drei Tage später war meine schöne junge Hündin — gerade vier Jahre alt — tot! Die Sektion ergab, daß sie noch drei ungeborene Welpen in sich hatte! Davon war einer schon in Verwesung übergegangen, was die tödliche Blutvergiftung verursacht hatte. Die beiden anderen staken noch in ihren unversehrten Eihüllen.

Ich bin wirklich nicht für unnötige oder verfrühte Eingriffe — aber hier hätte eine schnelle Operation das Leben der Hündin gerettet! (Die Vorgeschichte zu diesem Unglück finden Sie im Kapitel über die Hündinnen und ihre Eifersucht: die schwere Rauferei!)

Wunderbarerweise hatte diese todtraurige Geschichte noch einen relativ guten Ausgang: Ich stand weinend vor der toten Hündin, und in der Kiste schrien sechs kräftige Welpen, knapp drei Tage alt, denen plötzlich die Mutter fehlte. Sie bekamen sofort die Flasche (auf eine Tasse warme Vollmilch 1 Teelöffel voll Honig, 1 geschlagenes Eigelb und 1 Tropfen Vigantol, alles durch ein Haarsieb gestrichen) und nahmen sie auch gleich an.

Ich hätte die Welpen also ohne weiteres füttern können, zumal sie in den ersten Tagen ja die so wichtige Muttermilch mit ihren unersetzlichen Abwehrstoffen bekommen hatten. Aber wer konnte die Aufgabe der Hündin übernehmen, die sechs Welpen zu versorgen: sie abzulecken, die Bäuchlein zu massieren, sie sauberzuhalten?

Für diese mühevolle Arbeit, ohne die die Welpen ja keine Verdauung gehabt hätten, spannte ich nun meine alte Trixi, die Großmutter der verwaisten Welpen, ein. Sie war damals 8½ Jahre alt, also schon über das Zuchtalter hinaus. Aber sie wußte ganz selbstverständlich, was ich von ihr erwartete, als ich ihr einen strampelnden Welpen vor die Nase hielt.

Sie fing sofort an, die sechs Enkelkinder sorgfältig zu putzen, wie sie es ja bei sieben eigenen Würfen gemacht hatte. Sie lag dazu, wie gewohnt, auf der Hunde-Couch, und ich hielt ihr einen Welpen nach dem anderen hin, und sobald sie ihr Werk an ihm gründlich und gewissenhaft vollendet hatte, legte ich ihn dann dicht neben sie.

Die kleinen, noch blinden Kerlchen kuschelten sich sofort an Großmutters warmen Bauch zusammen. Nach Milch roch es da zwar nicht, aber ganz instinktiv fingen sie doch an zu saugen. Da sich Trixi das ohne jeden Widerstand gefallen ließ, hinderte ich die Welpen auch nicht daran.

Als ich die Welpen dann etwas später in die Wurfkiste legte, ging Trixi ganz selbstverständlich mit hinein und legte sich zu den sechs Waisenkindern. Sie hatte sie also sofort adoptiert!

Und nun geschah das Wunder! Ich brauchte die Welpen nur noch zwei Tage mit der Flasche zu füttern — dann hatte Großmutter Trixi, die nicht gedeckt worden und nicht scheinträchtig gewesen war, in allen Zitzen Milch! Ihr Gesäuge wurde groß und schwer, und sie hat volle sechs Wochen bei den Enkeln nicht nur die Erzieherin, sondern auch die Amme gemacht. Alle sechs Eos-Kinder wurden also mit ihrer Hilfe kräftige, gesunde Junghunde. Die Hündin Orla behielten wir als Nachfolgerin der Alten im Haus.

Für mich war das wirklich ein echtes Wunder. Erst hinterher hörte ich dann, daß es solche Fälle schon früher gegeben hat, sogar bei Hündinnen, die selbst nie geworfen hatten — und sogar bei einer menschlichen Großmutter, dies allerdings in Kapstadt...

Hoffentlich geschieht Ihnen nie ein solches Unglück; doch wenn, dann hilft Ihnen vielleicht dieser Hinweis auf Trixis gute Tat, es noch einigermaßen gut zu überstehen.

8. Kapitel

FÜTTERUNG DER HÜNDIN NACH DEM WURF

Meine Erfahrung: Zunächst maßvoll füttern

Der Fütterung der Hundemutter in der *ersten Woche* nach dem Wurf kommt meiner Erfahrung nach die allergrößte Bedeutung zu, weshalb ich in einem besonderen Kapitel davon sprechen möchte.

Oberster Grundsatz: maßvoll füttern, lieber etwas zuwenig als zuviel. Das klingt vielleicht grausam, ist aber die beste und sicherste Hilfe, um allerlei Komplikationen zu verhüten. (s. »Schwierigkeiten«).

Die Idee dabei ist: man muß vermeiden, daß die Hündin von Anfang an zuviel Milch produziert, was bei einer natürlich gehaltenen Hündin sehr leicht möglich ist, wenn sie gleich nach dem Wurf das übliche gehaltvolle Futter, das die Milcherzeugung unterstützen soll, bekommt.

Ich habe über drei Jahre gebraucht, viele Fragen gestellt und viele nicht zutreffende Auskünfte bekommen, habe vergeblich in allerlei Büchern nachgesucht, bis ich dann selbst herausfand, daß meine Zuchthündinnen einfach zuviel Milch gaben zu einem Zeitpunkt, wo die kleinen Welpen noch nicht so viel trinken!

Meine Konsequenz: Ich fütterte nicht nur die ersten zwei, sondern *volle drei* Tage nach dem Wurf nur flüssig (also Honigmilch mit Baumrinde und Himbeertee zur weiteren Reinigung)! Am vierten Tag gab es erstmals etwas Gersten- oder Hunde- oder andere zarte Vollkornflocken in die Milch, und, wenn kein Fieber festzustellen war (Temperatur also unter 39 °), als Trost 125 Gramm Hirn oder anderes leichtbekömmliches Fleisch. (Richtlinie für andere Rassen: etwa ein Fünftel der normalen Fleischration.)

Am **fünften** Tag — wenn ohne Fieber — wird langsam die Futtermenge erhöht, und der Futterplan sieht nun wie folgt aus:

Morgens: Honigmilch mit etwas Baumrinde.

Mittags: ein leichter Brei.

Abends: Etwa 250 Gramm Fleisch, wieder mit allen gewohnten Zutaten wie Grünzeug, Kleie, Knoblauch, Seetangpulver, Weizenkeimen, rohem Knochenmehl, Lebertran im Winter, gutem Öl im Sommer.

Am **sechsten** Tag die einzelnen Rationen abermals vergrößern, den Brei mittags schon etwas kompakter halten, abends 375 Gramm Fleisch.

Ist nach wie vor kein Fieber festzustellen, (das Thermometer bleibt bei mir immer in der Nähe der Wurfkiste!), ist das Gesäuge der Hündin weich (s. u. »Gesäugepflege«), und trinken die Welpen alle gut, so kann mit dem **siebten** Tag die normale Fütterung aufgenommen werden, jetzt noch angereichert mit Zutaten, die dem Milchfluß dienen:

Mittags: Einige geschnittene Datteln in den Brei
(billige Blockdatteln tun es vollauf!).

Abends: Zusätzlich eine große geriebene Karotte übers Fleisch.

Da unsere Hündinnen immer große Würfe hatten, bekam die säugende Hündin jeweils

Morgens: Während der **ersten vier** Wochen weiterhin Honigmilch, mit etwas Flocken leicht angedickt,

Mittags: Eine große Schüssel voll Brei mit Datteln
(bis zu doppelter Normalportion)

Abends: Bis zu zwei Pfund rohes Fleisch mit Zutaten —

aber eben erst dann, wenn ihr die wachsenden Welpen mehr abverlangten und wenn keinesfalls Fieber vorhanden war oder ist — die Menge richtete sich jeweils nach dem Hunger der Hündin.

Bitte, wenn Ihre Hündin in dieser ersten Zeit etwas mitgenommen wirkt, denken Sie nicht: »Die Arme, jetzt sieht sie nach dem Wurf so mager aus, überall stehen ihr die Knochen heraus, das Rückgrat gleicht einem Gebirgskamm, sie hat doch Hunger...«

Das stimmt zwar alles, aber wenn Sie die Mutterhündin schonen und den ganzen Wurf gesund und möglichst ohne jede Komplikationen aufziehen wollen, dann ist der geschilderte Diätplan meiner Erfahrung nach richtig, und die Hündin holt, wenn sie fieberfrei bleibt, diesen Rückstand schneller wieder auf, als Sie sich jetzt überhaupt vorstellen können.

9. Kapitel

DIE WELPEN MIT DER HÜNDIN IM NEST

Zunächst: Ein paar Stunden Ruhe für alle

Nun zurück zu der jungen Hundefamilie: Hat man Mutter und Kinder glücklich in die saubere Kiste gebettet, dann sind Herrchen und Frauchen meist viel erschöpfter als die Hündin! Wenigstens war es bei uns so. Wir waren keine jungen Leute mehr, und zwei schlaflose Nächte tun weh. Die Hündinnen aber bringen 10 bis 15 Welpen zur Welt, und hinterher scheint gar nichts gewesen zu sein. Eine von ihnen sprang sogar einmal unmittelbar nach dem Wurf von sich aus durch das offene Fenster, erledigte draußen eiligst ihre Geschäfte und kam auf dem gleichen Weg sofort zurück; ich konnte nur den Kopf schütteln.

Zunächst läßt man Hündin und Welpen ein paar Stunden völlig in Ruhe. Es gibt inzwischen genug aufzuräumen, die verschmutzten Tücher einzuweichen und so weiter.

Später soll man versuchen, die Hündin von den Jungen wegzulocken, denn sie muß frische Luft haben, sich recken und strecken können, und sie soll möglichst bald das ganze Geburtspech, eine kohlschwarze, breiige Masse, die jede Hündin nach jedem Wurf von sich gibt, ausscheiden.

Untersuchung der Welpen die Hündin nicht beunruhigen

Der oft gemachte Vorschlag, man solle während der Abwesenheit der Hündin den Wurf untersuchen, ist nur mit größter Vorsicht oder lieber gar nicht zu befolgen! Wer seine Hündin im Zwinger und allein werfen läßt, kommt natürlich um diese Nachschau nicht herum. Aber die Hündin riecht ja auf alle Fälle, ob jemand bei den Jungen war. Sie wird dann nur mißtrauisch und bekommt womöglich einen hysterischen Anfall, wozu unmittelbar nach dem Wurf auch die gesündesten Hündinnen neigen (s. u. »Schwierigkeiten«).

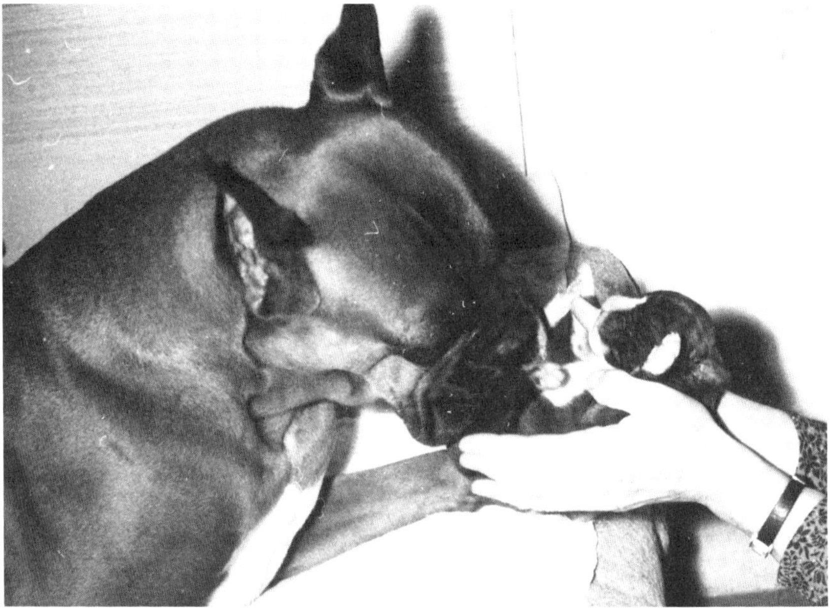

Anstrengende Mutterfreuden und -pflichten
(Aufnahme: Sieber)

Ich wußte immer genau, ob die Welpen normal und »vorschriftsmäßig« sind, ob also keine Hasenscharten und keine verbotenen Fehlfarben dabei waren, denn jeder frischgeworfene Welpe ging ja bei der Geburt durch meine Hände. Und nach der Wiegekontrolle während des Wurfes weiß man, ob vielleicht ein ausgesprochener Schwächling dabei ist. Ich brauchte niemals eine besondere Nachschau vorzunehmen, um fehlerhafte und zu schwache Welpen auszumerzen. Diese räumt man am besten schon während des Wurfes beiseite; da merkt es die Hündin am wenigsten, weil sie immer anderweitig beschäftigt ist.

Jeder Rassehund-Verein schreibt in seinen Zuchtbestimmungen genau vor, wie viele Welpen man pro Wurf aufziehen darf. Bei Deutschen Boxern kann man sechs belassen. Das ist auf alle Fälle die oberste Grenze und verlangt eine sorgfältige Pflege von Mutter und Kindern. Die Hündin hat normalerweise 10 Zitzen; da sind 6 Nutznießer schon reichlich! Und es dreht sich ja nicht nur um die Ernährung, sondern auch um die Pflege der Welpen.

Anstrengende Mutterpflichten

Meine Boxer-Hündinnen, die um die Schnauze herum schwarz sind, hatten wenige Tage nach dem Wurf immer rosa Lippen — wund und aufgescheuert von der Kinderpflege! Mit so viel Hingabe und Ausdauer werden die Kleinen geleckt und geputzt! Ich war sehr gerührt, als ich dies das erstemal entdeckte... Etwa 20 Stunden am Tag ist die Zunge der Hündin beschäftigt: Fellchen putzen und vor allem die Bäuchlein massieren, denn nur unter der Zunge der Mutter löst sich bei den Kleinen die Verdauung.

Dann riecht die empfindliche Nase der Hündin, daß einer der Welpen »duftet«, und schon wird er an seinem Hinterteilchen so lange geleckt, bis er auch sein Würstchen hergibt. Das alles beseitigt die Hündin und hält so Welpen und Nest weitgehend sauber. (Ich war überrascht, als ich beim ersten Wurf entdeckte, daß die frisch geborenen Welpen schon nach wenigen Minuten aus dem Darm ein dunkles Würstchen von sich gaben.)

Da die Putzerei der Welpen eine rechte Anstrengung für die Hündin ist, habe ich nach und nach eine Lösung gefunden, die es ihr etwas leichter macht und mir darüber hinaus eine regelmäßige, genaue Beobachtung des Wurfes ermöglicht.

Wie man der Hündin dabei helfen kann

Ich veranlaßte meine Hündin — erstmals etwa am dritten Tag nach dem Wurf —, sich wenigstens dreimal am Tag zum Säugen auf die Couch zu legen, auf der sie auch die Welpen geworfen hat, sie also nicht ausschließlich in der Kiste zu säugen.

Sie bekam ein weißes Tuch untergebreitet, und dann brachte ich ihr die Welpen einen nach dem anderen, und zwar hielt ich ihr diese mit dem Bäuchlein und dem Schwanz vor die Nase. Die kleinen Kerle lagen also in meinen Händen auf dem Rücken.

Die Hündin hatte schnellstens begriffen, daß sich auf diese Weise ihre Kinder viel leichter putzen lassen, als wenn sie das in der Kiste allein machen muß, wo die fünf anderen umherkrabbeln und niemand stillhält. Sie leckte also jedem der von mir gehaltenen Welpen Bauch und Hinterteil, und das Kleine wurde ans Gesäuge gelegt, sobald es alles von sich gegeben hatte. Nun wurde der zweite Welpe geholt, geputzt, angelegt — bis alle sechs selig schmatzend und mit den Schwänzchen wedelnd an der Mutter saugten.

Kein Welpe darf zu kurz kommen

Auf diese Weise konnte ich auch gut überwachen, ob alle tüchtig und ausreichend trinken, ob nicht vielleicht ein extra Dicker die Kleineren immer beiseitedrängt, um selbst stets die ergiebigsten Zitzen mit Beschlag zu belegen. Diese Beaufsichtigung ging so weit, daß ich die leichteren Welpen zuerst aus der Kiste nahm und sie schon ein paar Minuten trinken ließ, ehe die anderen dazu kamen. Das hilft sehr schnell und gründlich, Größe und Gewicht des ganzen Wurfes auszugleichen — vorausgesetzt, daß der Welpe nur eben etwas kleiner, sonst aber gesund und lebendig ist. Nur dann sollte er überhaupt aufgezogen werden.

Auf diese Weise kann man auch von Anfang an dafür sorgen, daß niemand »blind« saugt; das ist äußerst wichtig, denn es kann zu schweren Komplikationen führen (s. u. »Schwierigkeiten«).

Sie werden sich leicht denken können, daß man solche Dinge nur dort tun kann, wo zwischen der Hündin und dem Züchter ein sehr inniges Vertrauensverhältnis besteht!

Das Kupieren der Schwänze

Wo Schwänze kupiert werden, macht man das am zweiten oder dritten Tag. Irgendeine Nachbehandlung ist in diesem Alter nicht nötig. Die Zunge der Hündin sorgt für die schnelle Stillung der kleinen Blutung und für aseptische Heilung. (Wird allerdings die Wunde mit Jod, Chinosol oder ähnlichen Mitteln betupft, so darf man sich nicht wundern, wenn die Hündin zunächst die Wundbehandlung verweigert, sich über den fremden, ihr sehr unsympathischen Geruch aufregt und mit erhöhter Temperatur reagiert! Erst nach Stunden wird sie diese Aversion überwunden haben, sich wieder beruhigen und dann auch die Schwanzstummelchen lecken.)

Selbstverständlich muß man nach dem Kupieren der Schwänze öfter einmal nach dem Wurf schauen, weil es — wie wir allerdings nur aus Erzählungen wissen — vorkommt, daß irgendwie eine starke (und deshalb gefährliche) Nachblutung eintritt. In einem solchen Fall würde ich den fraglichen Welpen hochnehmen und ihm mit blutstillender Watte oder auch einer kleinen Abbindung zu helfen versuchen. Aber das ist eine so seltene Ausnahme, daß man keine große Furcht davor zu haben braucht. Die aufmerksame Hündin mit ihrer liebevollen und heilsam leckenden Zunge sorgt schon für einen reibungslosen Ablauf der Wundheilung. An diesem Tage braucht eben die junge Familie zweimal öfter frische Bettwäsche... Es kommen auch am nächsten Tag noch einige Blutströpfchen vor, denn die Hundemutter arbeitet mit ihrer Zunge jeweils recht nachdrücklich und verursacht so manchmal kleine Nachblutungen, die aber mit dem erwähnten lebensbedrohenden Verbluten gar nichts zu tun haben.

Zuerst blind und taub: Augen und Ohren öffnen sich

Daß Welpen blind und taub auf die Welt kommen, weiß jeder oder sieht es, wenn er erstmals einen frisch geborenen Welpen in der Hand hält: Die Augen sind zu, die winzigen Ohrläppchen hängen wie sinnlos an einer fest verschlossenen »Naht« — so kann man es wirklich nennen. Wie gut sorgt doch die Natur für die jungen Lebewesen: Augen und Ohren werden auf diese Weise ganz sicher vor eindringendem Fruchtwasser oder vor sonstiger Beschädigung während des Geburtsvorgangs geschützt!

Mit *neun bis zehn Tagen* (wir haben es aber auch schon am sechsten Tag erlebt) *öffnen sich die Augen.* Zuerst sieht man im inneren Winkel einen winzigen glänzenden Fleck; am nächsten Tag ist er größer, und am dritten

Tag ist plötzlich das ganze, bei meinen Hunden dunkel-veilchenblaue Äuglein offen — und man hat wieder einmal Grund, sich so recht von Herzen über ein Wunder zu freuen.

Von Tag zu Tag zieht sich auch die erst so fest zusammengezogene Ohr-Naht auseinander; dann ist eine kleine Öffnung da, und damit kommt nach und nach auch das Gehör.

Immer ein Alarmzeichen: Unruhe der Welpen

Wenn man in den ersten beiden Wochen wenig von den Welpen hört, ist das ein gutes Zeichen für die Mutterqualitäten der Hündin! Die Kinder sind satt und sauber und schlafen die meiste Zeit.

Welpen, die allgemein unruhig sind und womöglich schreien, haben meist Hunger oder frieren. Jetzt muß man zunächst die Temperatur im Raum und in der Wurfkiste überprüfen (Zugluft? Bodenkälte?) und für die richtige, gemütliche Wärme zu sorgen. Dann ist außerdem sofort die Milchleistung der Mutter zu kontrollieren und eventuell muß man die Welpen mit der Flasche zufüttern und früher als normal mit der Entwöhnung (s. gesondertes Kapitel!) beginnen!

10. Kapitel

SAUBERKEIT IM ZWINGER UND ERSTE ERZIEHUNG DER WELPEN

Die Wurfkisten trocken und sauber halten

Das ist ein ebenso wichtiger Punkt wie die sorgfältige und richtige Fütterung. Meine Art, die werfende Hündin immer wieder auf saubere, trockene Tücher zu betten und Flüssigkeit und Schmutz sofort mit Zellstoff zu entfernen, erübrigt das häufig empfohlene Waschen der Hündin nach dem Wurf, das ich schon deshalb ablehne, weil ich Nässe für eine Mutterhündin immer für schädlich halte. Auch nach dem Wurf besteht ein erheblicher Teil der Arbeit in der Sorge um hygienische Verhältnisse für Mutter und Welpen. Eine ständig durchfeuchtete Wurfkiste ist eine Quelle von Erkältungen und eine Brutstätte für Krankheitskeime!

Die ersten Tage hat die Hündin noch mehr oder weniger Ausfluß, zunächst blutig-braun, später heller werdend. Wenn die Hündin kein Fieber hat und der Ausfluß geruchlos bleibt, ist das ganz normal (s. auch »Schwierigkeiten«). Da sich das Muttertier während der ersten Tage kaum von den Welpen entfernt, verunreinigt diese Absonderung das Welpenlager, das man deshalb je nach Bedarf (das kann in der ersten Zeit drei-, aber auch sechsmal pro Tag sein!) mit frischen Tüchern versehen muß.

Auch für diese immer wieder notwendige Arbeit ist es praktisch, die Hündin zeitweilig unter Kontrolle außerhalb der Wurfkiste säugen zu lassen, denn dann kann man währenddessen die Kiste wieder sauber und trocken herrichten und hat Zeit, alles sorgfältig glattzuziehen. Liegt die Hündin mit den Welpen ständig darin, bleibt es immer Stückwerk — und dabei ist das saubere Nest doch so wichtig.

Ich kann mir gar nicht vorstellen, wie die nötige Hygiene gesichert werden kann, wenn man zum Beispiel ein Strohlager hat! Und wie die Kiste je sauber und trocken werden soll, wenn alle Geburtsausscheidungen dort hineingelangen und das Holz durchtränken! Man müßte dann schon für einen einwandfreien Ablauf und für Auswechselbarkeit der Bodenbretter sorgen.

Außerdem lagen in diesen Wochen in meinem Haus an allen möglichen Plätzen Zellstoff-Tupfer, damit man die Hündin ab und an ohne große Vorbereitungen von ihrem Ausfluß säubern oder den Kot der Welpen auffangen konnte.

Die in der Wurfkiste verwendeten Tücher und Laken sollten saugfähig und kochfest sein: Sind sie verschmutzt, kommen sie bei uns zuerst ein paar Stunden in kaltes Wasser und werden dann, mit einem guten Waschmittel, richtig durchgekocht und gründlich gespült. Je nach dem, wieviel Tücher man zur Verfügung hat, muß man in den ersten beiden Wochen mehrmals »große Wäsche« machen... Mit den modernen Waschmaschinen und den Wäschetrocknern, die in vielen Haushalten sind, geht alles natürlich schön schnell. Decken, Kissen, Unterlagen, die man nicht waschen kann, sollten gut gegen eindringende Feuchtigkeit abgedeckt werden. Aber auch sie müssen immer wieder gelüftet und in die Sonne gelegt werden, weil auch die Sonnenstrahlen eine desinfizierende Wirkung haben.

Das tägliche Bürsten der Hündin soll fortgesetzt werden. Meist ist sie sogar in dieser Zeit besonders dankbar dafür und stemmt sich fest und mit sichtlichem Wohlbehagen gegen die striegelnde Bürste.

Wie man eine praktische »Hunde-Ecke« einrichtet

Nachstehend möchte ich alles zusammenfassen, was zum Thema »Sauberkeit« von uns im Laufe der Jahre erprobt wurde und während der ganzen Zeit der Wurfpflege dafür nötig ist:

Die ersten drei Wochen, bei sehr schlechten Wetterverhältnissen auch länger, bleiben die Welpen mit der Hündin im Haus in ihrer immer saubergehaltenen Wurfkiste.

Um diese herum ist der »Laufstall«, etwa zwei bis drei Quadratmeter groß. Da unser Zimmer einen Holzboden hatte, wurde die ganze Hunde-Ecke zunächst mit einem Stück Stragula (man kann dies mit jedem guten PVC-Belag tun!) abgedeckt. Am besten, man stellt die Wurfkiste auf einen Lattenrost, damit die warme Luft des Raumes auch unter der Kiste zirkulieren kann, denn eine Unterkühlung vom Boden her muß unbedingt vermieden werden! Hat der Raum aber gar einen Steinfußboden, muß die Isolierung von unten ganz besonders sorgfältig sein.

Fangen Sie rechtzeitig an, alte Illustrierte und Zeitungen zu sammeln, Sie werden Ihnen nun gute Dienste tun: Die ganze Hunde-Ecke — also der Laufstall und der Platz für die Wurfkiste, bekommt einen dicken »Teppich« — einfach aber wirkungsvoll — aus mehreren Lagen alter Illustrierter, darauf mehrere Lagen Zeitungspapier. Dieses saugt Flüssigkeit gut auf, und man kann die verschmutzten Bogen leicht wegräumen und durch neue ersetzen.

In jedem Fall müssen die Zeitungen in ausreichend dicker Schicht gelegt werden, damit sie nicht durchweichen und auch nicht zu leicht unter den Welpen verrutschen. Wenn die Welpen hin und wieder einmal auf den Zeitungen den Boden unter den Füßen und das Gleichgewicht verlieren, war das bei unseren Welpen in diesem Alter noch kein Unglück. Bei den ersten Spielen kugeln sie ja auch durcheinander.

Wenn die Welpen etwa zwei Wochen alt sind, ist es soweit: Sie fangen an, aus der Kiste herauszukrabbeln!

Jetzt beginnt für die Welpen ein wichtiger Abschnitt ihres Lebens und schon zu diesem frühen Zeitpunkt setzte bei mir die Erziehung zur Reinlichkeit ein. Natürlich ist es anfänglich mühevoll und zeitraubend, macht sich aber bezahlt: Sehr schnell hat man die Hygiene im Haus und bald auch die im Zwinger im Griff.

Die neuen Besitzer sind sehr dankbar dafür, wenn sie Welpen erhalten, die mit acht bis zehn Wochen schon so an Sauberkeit gewöhnt sind, daß sie in einem neuen Heim innerhalb von zwei Tagen »stubenrein« sind. Das wurde mir von vielen Käufern bestätigt, die darüber sehr erstaunt waren. (Man muß den Käufern noch genau erklären, daß sie sich in den beiden ersten Tagen wirklich ständig um die Welpen kümmern müssen und sie möglichst nicht aus den Augen lassen dürfen.)

Deshalb möchte ich hier aufschreiben, welches Verfahren ich im Laufe der Jahre nach und nach erprobt habe, nachdem ich während der ersten Zeit mit dem Ergebnis meiner Maßnahmen, die ich, zunächst völlig unerfahren, ausprobierte, gar nicht recht zufrieden war.

Erste Erziehung zur Sauberkeit im Welpenalter

Mit geduldigem Beobachten kam ich bald hinter die Gewohnheiten der Hundebabys: Genau wie kleine Menschenkinder müssen auch junge Welpen immer, wenn sie aufwachen, sofort ihre Geschäftchen machen. Diesen Zeitpunkt muß man eben erwischen; dann erspart man sich bald ein gut Teil der vielen Wäsche.

Ich kannte genau die Zeiten, wann man die Hundekinder wieder hinaussetzen mußte, und bald meldeten sie es sogar selbst an. Sobald nur *einer* quietschte, eilte es schon bei *allen!* Sofort *diesen* Schreier hinaussetzen auf das Zeitungspapier und gleich hinterher alle anderen, die vielleicht noch schlafen, ebenfalls aufwecken und *hinaus* — dann hat man in kürzester Zeit die kleinen Seen auf dem Zeitungspapier.

Die »Würstchen« produzieren die Welpen in den ersten Wochen während des Säugens. Dabei werden diese entweder durch die Hündin entfernt (Schmutz in der Kiste gibt es eigentlich nur, wenn sich mehrere zur gleichen Zeit lösen und Mutter nicht so schnell mit allen fertig wird!) — oder ich wickelte, wenn ich es sah, die Bescherung gleich in Zellstoff ein.

Hunde haben, wie alle Höhlenbewohner, das natürliche Bestreben, ihr Nest sauber und trocken zu halten; sie begreifen also sehr schnell, worum es geht. Sobald sie halbwegs krabbeln können, etwa mit zwei Wochen, streben sie selbst dem Ausgang zu; das ist die Zeit, wo es im hinteren Teil der Kiste Schmutz und Feuchtigkeit nicht mehr gibt, dafür manchmal innen kurz vor dem Schlupfloch — da sind sie dann nicht mehr schnell genug hinausgekommen!

Sind die Welpen — je nach Wetterlage — mit drei Wochen im Freien, haben sie im gedeckten Zwinger auch eine Lage Zeitungspapier, die sie schon kennen und entsprechend »benutzen« und die schnell ersetzt werden kann; im äußeren Raum werden Sägespäne aufgestreut, die sie ebenfalls gern als Unterlage benutzen. Der Grasauslauf des Zwingers, der immer kurz abgemäht sein sollte, wird mindestens zweimal am Tag nach Häufchen abgesucht, und diese werden dann mit Schaufel und Spachtel entfernt.

Je älter die Welpen werden, um so lästiger ist ihnen Unsauberkeit, und kommt man nicht schnell genug gelaufen, dann machen sie ein Höllenkonzert, um anzumelden, daß sie entweder hinausgesetzt werden wollen, oder daß man ihnen ihren Auslauf — im Haus oder draußen — schnellstens wieder reinigen möge.

Ein nützlicher Tip: Beobachten Sie die Welpen

Noch ein kleiner Hinweis! Wenn ein Welpe mit 2½ bis 3 Wochen anfängt, seine Geschäftchen außerhalb des Nestes zu erledigen, kann man, wenn man die Welpen beobachtet, schon an ihren »Vorbereitungen« erkennen, daß »es« gleich passieren wird: Der kleine Kerl geht rückwärts, sehr oft so lange, bis er an einer Wand oder Kante anstößt und daran etwas Halt findet — und dann ist auch schon das Häufchen da ...

Alles dreht sich nur ums Essen...

(Aufnahme: Sieber)

Ich hatte allmählich ein gutes Training und fing sehr oft diese Dinge gleich am Ort des Geschehens mit Zellstoff ab, ehe sie den Laufstall beschmutzen konnten.

Ist die Entwöhnung der Welpen von der Natur mit acht Wochen beendet, dann sind aus den kleinen Welpen schon richtige Junghunde geworden, die fest auf ihren kräftigen Beinchen stehen. Nun gehen sie, wenn sie »müssen«, auch nicht mehr rückswärts, denn sie brauchen keine Stütze mehr. Jetzt benehmen sie sich schon wie die Erwachsenen:

Die Nase tritt in Tätigkeit, mit ihr suchen sie das passende Plätzchen aus und drehen sich meist noch dreimal um sich selbst, ehe es passiert. Das ist ein gutes Merkmal für die Zeit, wo man einen Welpen endgültig stubenrein machen will.

Jetzt schon: Die Welpen an »Befehle« gewöhnen und — loben!

In diesen Tagen muß man ihn möglichst ständig beobachten und ihn sofort hinaussetzen, wenn er anfängt, die Nase am Boden, herumzuschnuppern ... Und was danach so wichtig ist: Sofort loben, damit der kleine Kerl weiß, so war es richtig!

Am besten, Sie gewöhnen sich gleich noch folgendes an: Wenn Sie den herumschnuppernden Welpen zum Zwecke des Zweckes an den dafür vorgesehenen Platz verfrachten, sagen Sie ihm immer einen bestimmten Befehl: z. B.: »Geh und mach was« oder nur »Mach« und wenn alles zufriedenstellend erledigt wurde, immer das große Lob mit immer den gleichen Worten.

Auf diese Weise, (es ist wichtig, daß Sie immer den einmal gewählten Befehl wörtlich beibehalten!) lernt der Welpe spielend, diesen Befehl mit dieser besonderen Tätigkeit in Verbindung zu bringen. Er wird dann auch später, wenn Sie ihn mit diesem Befehl nach draußen schicken, sofort wissen, was er nun tun soll und dies auch tun.

Das ist auch für den späteren Besitzer des Hundes eine unschätzbare Hilfe; man kann auf diese Weise die Zeiten, zu denen der Junghund sich lösen soll, etwas regulieren, und ihn zu bestimmten Zeiten, die man sich einteilt, mit entsprechenden »Anweisungen« an die Luft zu befördern, anstatt zu warten, bis es dringend (und eben manchmal zu dringend) war.

Außerdem ist dies bereits zu diesem frühen Zeitpunkt eine sehr wirkungsvolle, weil sich im Laufe eines Tages häufig wiederholende, Gelegenheit, den Welpen erkennen zu lassen, daß es bestimmte Worte und Anweisungen gibt, auf die er achten muß. Er wird dies sehr bereitwillig und eifrig tun, wenn er hinterher gründlich dafür gelobt wird. Viele harte Erziehungsmethoden werden ganz und gar überflüssig, wenn ein Welpe aus einer guten und verständnisvollen Kinderstube kommt!

Ständig überprüfen:
Sauberkeit von Welpen, Zwinger, Futterschüssel

Sobald die Kleinen mit etwa drei Wochen der ständigen Fellpflege durch die Zunge der Mutter entwachsen sind, brauchen sie unsere Pflege mit der Bürste, oft auch mit einem feinen Staubkamm, besonders wenn sie sich während der Entwöhnungszeit gegenseitig mit Honigmilch eingeschmiert haben und entsprechend verpappt sind!

Bei dieser Gelegenheit merkt man auch, ob sie vielleicht irgendwo einen Floh aufgefangen haben. Dann werden sofort die Lager im Haus und im Zwinger erneut gründlich mit einem guten milden Insektenmittel eingestreut oder eingesprüht, vor allem Ecken, Ritzen und unter den Decken.

Zur Sauberkeit gehört auch, daß alle Futterschüsseln für große und kleine Hunde nach jeder Mahlzeit mit heißem Wasser abgespült werden, ebenso die Wasserschüsseln. Auch nach jedem Entwurmen muß die gesamte Umgebung der Hunde gründlich gereinigt werden, damit sie sich nicht neu infizieren.

Ebenso gehört hierher die Forderung, den Zwinger, wenn der Wurf aufgezogen ist, frisch zu kalken und eventuell den Grasauslauf zu erneuern. Die Wurfkiste ist gründlich zu reinigen, sobald sie nicht mehr gebraucht wird. Am besten wird sie innen und außen frisch lackiert, das schließt die Poren des Holzes, in denen sich sonst Ungeziefer sehr lange hält.

Bei mir war der »Zwinger« für die erwachsenen Hunde gesperrt; er wurde nur während der Aufzucht der Welpen benutzt. Da die Anlage also jeweils monatelang leerstand, war bis zum nächsten Ereignis alles wieder in Ordnung, und Infektionsmöglichkeiten waren weitgehend vermieden.

Eine seltene Hunderasse: Chinese Shar-Pei Welpen, drei Monate alt

(Aufnahme: Weinberg)

11. Kapitel

SICHERHEIT

Vorsicht vor eingeschleppten Krankheiten

Die Hündin, die sich und ihre Kinder voll Vertrauen in unsere Hände ausliefert, hat jeden Anspruch auf Hilfe und Unterstützung. Dazu gehört u. a. auch, daß man für die Sicherheit der Welpen sorgt.

Ich habe schon im Abschnitt »Wurfkiste« vermerkt, was zu berücksichtigen ist, wenn man den besten Platz für die Hundefamilie aussucht. Nun kommen noch folgende Punkte hinzu:

Mindestens in der ersten Woche sollten keine fremden Menschen in die Nähe der Kiste kommen, ebensowenig andere Hunde oder die Katze, auch wenn das die vertrautesten Hausgenossen sind. Einerseits ärgert das alles die Hundemutter, und sie soll ja Ruhe und das Gefühl absoluter Sicherheit haben. Andererseits können von außen Krankheitskeime eingeschleppt werden — man merkt es erst, wenn es schon zu spät ist.

Leider bin auch ich einmal im Interesse anderer Züchter von diesem Grundsatz abgewichen, habe Besuch gegen meine Überzeugung zugelassen und dies später bitter bereut!

Zwei Würfe fielen im November 1967. Mit 3½ Wochen starben die beiden kräftigsten Welpen scheinbar grundlos, nach nur zwei Tagen Unpäßlichkeit, und obwohl beide Mutterhündinnen gesund waren. Es war eine eingeschleppte Infektion, die von drei Tierärzten nicht erkannt, nicht einmal vermutet worden war. Erst die Untersuchung der toten Welpen in der Tierklinik erbrachte das Resultat: Frühstaupe! Durch sofortige Impfung konnten die anderen 10 Welpen gerettet werden, und es sind kräftige, gesunde Hunde geworden.

Es geht nicht ohne Schutzimpfungen

Aber ich habe auch gelernt, daß meine Überzeugung, möglichst wenig »Chemie« an die Hunde heranzulassen, wobei ich auch meinte, ohne Impfungen auskommen zu können, sich künftig nicht uneingeschränkt halten ließe. Bei dieser Gelegenheit mußte ich einsehen, daß man unter den heutigen Umständen nicht mehr ohne Schutzimpfungen auskommt. Die Infektionsgefahr nimmt auf allen Gebieten zu, und bei Welpen, die man verkaufen will, kann man das Risiko, sie im Zwinger noch nicht impfen zu lassen, nicht mehr auf sich nehmen. Auch wenn die Infektion erst im neuen Heim erfolgt ist, wird immer der Züchter die Vorwürfe bekommen.

Ich habe nach diesem Unglück meine Welpen jeweils mit drei Wochen erstmals impfen lassen, und zwar mit dem Baby-Impfstoff MHL — wobei das M für Masern steht. Das Masern-Virus gleicht dem Staupe-Virus so sehr, daß man gegen beide Krankheiten den gleichen Impfstoff mit gleich gutem Erfolg verwendet. Mit zwölf Wochen müssen die Welpen dann — entweder noch beim Züchter oder schon beim neuen Herrn — die SHL-Schutzimpfung bekommen; SHL: Staupe, Hepatitis, Leptospirose = Staupe, ansteckende Leberentzündung, Weilsche Krankheit (Stuttgarter Hundeseuche). Neuerdings gibt es sogar einen Vierfach-Impfstoff, in dem auch noch der Schutz gegen Tollwut enthalten ist. Den habe ich bisher aber noch nicht ausprobiert. Hierbei müssen Sie sich vom Tierarzt genau beraten lassen, denn es gibt immer wieder neue Impfstoffe und neue Vorbeugemaßnahmen, über die Ihnen nur der Tierarzt ganz genau Auskunft geben kann.

Ich habe nie ein Hehl daraus gemacht, daß ich kein Freund der vielen Spritzen und Impfungen bin, und meine eigenen Zuchthündinnen sind auch ohne sie nicht krank geworden. Aber man kommt leider nicht mehr darum herum, und ich kann bestätigen, daß bei mir alle Welpen die Impfungen bestens vertragen haben. So konnte ich also guten Gewissens auf den »Impfpaß« hinweisen.

Kommt später, wenn die erste kritische Zeit vorbei ist, jemand, um die Welpen anzusehen, sollte die Hündin dabei sein, um sie keinesfalls mißtrauisch zu machen. Wie ich schon früher schrieb, gingen sogar wir selbst in der ersten Woche nicht »heimlich« zu den Welpen. Die Hündinnen vertrauten mir schrankenlos — in ihrem Beisein konnte ich jederzeit alles mit den Welpen tun —, und dieses Vertrauen ist für die ganze Züchterarbeit so wichtig, daß man es keinesfalls aufs Spiel setzen sollte.

Warum Nachtlicht — im Hundezimmer

Als in unserem zweiten Wurf ein Welpe mit vier Wochen verendete (s. u. »Schwierigkeiten«), zog ich auch hier die Konsequenz: Seither brannte im Hundezimmer, solange Welpen in der Wurfkiste wohnten, ein Nachtlicht — eine kleine Lampe mit einer nur 15 Watt starken Birne und außerdem in eine Ecke gerückt, nur gerade so viel Helligkeit verbreitend, daß die Hündin die Welpen, wenn sie außerhalb der Kiste herumkrabbeln, sehen kann, und daß diese selbst das ihren Auslauf umgebende Bett erkennen können. Das ist ein gutes Hilfsmittel, auf das niemand verzichten sollte.

Gefahrenquellen für Verletzung der Welpen

Da der Ausschlupf der Wurfkiste 20 cm über dem Boden liegt, wird eine schräge, weiche Unterlage angebracht, um die noch täppischen Welpen bei ihren ersten Krabbelversuchen vor einem möglicherweise schmerzhaften oder gar gefährlichen Fehltritt zu bewahren. Je bequemer dieser Weg heraus und hinein ist, um so früher und öfter wird er benutzt, um so schneller bleibt also das Nest sauber.

Auch das ist eine Gefahrenquelle: Zunächst sind die den »Laufstall« bildenden, die Wurfkiste umgebenden Bretter nur 25 bis 30 cm hoch. Die Hündin kann die Einfriedung also auch mit schwer herabhängendem Gesäuge leicht übersteigen, und als Zaun genügt dies für die Welpen bis zur dritten Woche.

Muß man sie aber dann noch länger im Haus halten, ist die Einfriedung aufzustocken, denn die Welpen versuchen natürlich bald, dieses Hindernis zu überklettern. Das sollte man unbedingt vermeiden.

Erstens können sie sich verletzen, wenn sie von da oben ungeschickt hinunterfallen, und zweitens hätte man die Brut dann im Zimmer, was aus keinem Grund erstrebenswert, vor allem aber gefährlich für die Kleinen wäre. Wenn sich einer in diesem Alter zum Beispiel unter einen großen Schrank oder eine niedrige Couch verkriecht, kann es sehr mühsam und schwierig werden, ihn da heil wieder herauszubekommen!

Ungefährliches Spielzeug für Welpen

In dieses Kapitel von der Sicherheit gehört auch noch die Forderung nach geeignetem Spielzeug für die Welpen! Haben sie einen kleinen Ball, einen Gummiknochen, ein Stück richtiges Hartholz, einen alten Sack, vielleicht sogar eine abgelegte Lederhose (auf alte Schuhe als begehrtes Spielzeug verzichte man besser aus erzieherischer Überlegung!) — und natürlich frische große Kalbsknochen nicht zu vergessen, — dann sind sie und ihre Zähne beschäftigt. Sie fressen dann — wenn man nur etwas aufpaßt — auch keine Dinge in sich hinein, die ihnen schädlich sind (Nylonstrümpfe!) und beschädigen auch nicht mehr, als bei Hundezucht eben unvermeidlich ist...

Dürfen bei Ihnen die Welpen im Garten herumlaufen, so denken Sie an die Gefahren, die ein Schwimmbecken oder eine in den Boden eingelassene Regentonne bedeuten! Sogar über die Größe und Tiefe der ersten Wasserschüssel für die kleinen Kerle muß man sich Gedanken machen!

Wie ein Kind braucht auch ein Welpe möglichst früh eine zwar liebevolle, aber konsequente Erziehung. Das fängt mit der Erziehung zur Stubenreinheit an (s. u. Sauberkeit), man kann aber auch z. B. beim täglichen Füttern beiläufig üben, daß ein Welpe auf einen Lockruf herbeikommt ... er wird dies schnell lernen, weil immer etwas Gutes auf ihn wartet.

Auch die Hundemutter, Sie werden es selbst beobachten, erzieht ja ihre Kinder: Sie schubst und knufft ihre Brut gelegentlich gehörig, wenn sie zu aufdringlich wird und die Mutter ihre Ruhe haben will.

Je folgsamer ein junger Hund ist, um so weniger Gefahren bedrohen ihn. Das beste mir bekannte »Hilfsmittel« dazu ist das Buch von Frederik Reiter: »So erzieht man seinen Hund zum Hausgenossen. Weil es den Rahmen meines Buches leider sprengt, kann ich nicht näher auf dieses wichtige Thema eingehen, aber ich möchte doch hier ganz nachdrücklich sagen, daß die richtige, d. h. frühzeitige Erziehung die beste und sicherste Grundlage zur Sicherheit jedes Hundes ist.

12. Kapitel

SCHWIERIGKEITEN

Komplikationen unvermeidbar?
Aus den Erfahrungen anderer lernen

Wenn man anfängt zu züchten, ist man meist voller Zuversicht: Man hat sich ein oder mehrere Bücher zu diesem Thema gekauft und durchgelesen und meint zu wissen, worauf man achten muß. Dann kann — so glaubt man — schon nichts schiefgehen.

Und dann passiert, auch wenn man alles ganz sorgfältig befolgt hat, so allerlei, worüber man verzweifeln könnte. Und erst nach und nach erfährt man, gesprächsweise, von anderen Züchtern, daß sie auch hier und da ziemliche Schwierigkeiten hatten — nur: Davon hat in all den klugen Büchern, die man gelesen hat, nichts gestanden, oder besser: Es wurde dort zwar so nebenher erwähnt, aber nicht so deutlich beschrieben, daß der blutige Laie, und als der fängt ja jeder Züchter eben an, wirklich alles verstanden hat!

Auch bei der sorgfältigsten Pflege und der natürlichsten Haltung und Fütterung geht es nie ganz ohne Zwischenfälle ab. Jedes Tier ist anders; es gibt Unglücksfälle; es gibt Infektionen von außen, und es gibt vor allem für den Anfänger allerlei Klippen, die ihm nur deswegen schwer zu schaffen machen, weil er nichts darüber weiß. Jedenfalls habe ich in all den Jahren kein Handbuch gefunden, in dem alle diese Punkte zusammenhängend dargestellt worden wären.

So will ich hier einmal von all den Schwierigkeiten berichten, die mir im Laufe der Jahre so viel Kopfzerbrechen bereitet haben. Vielleicht helfen Ihnen gerade diese einfach am Beispiel erklärten »Fälle«, allerlei Komplikationen von vornherein vermeiden zu lernen. Auch ohne »Unfälle« muß ein Züchter so viel Mühe, Zeit, Geld, Liebe und — Verstand aufwenden, wenn er sein Ziel erreichen will: Und das sind am Ende eben vor allem gesunde, lebensvolle und wesensfeste Hunde!

Mit etwas Umsicht vermeidbar: Gefahren für Welpen

Wie schon wiederholt betont, kann und will ich nur aus eigener Erfahrung reden; und wirkliche Krankheitsgeschichten gibt es bei mir kaum zu berichten; es waren vielmehr alles Fehler, die wirklich vermeidbar gewesen wären! Man merkt eben leider immer erst, daß man besser aufpassen oder vorsorgen muß, wenn z. B. so etwas passiert: *Die Hündin hatte doch noch nicht alle Welpen geworfen — und unterwegs draußen einen verloren!*

Als unsere zweite Welpenschar geworfen wurde, war ich eigentlich enttäuscht, daß es insgesamt nur sieben Welpen waren, obwohl die Hündin eher umfangreicher ausgesehen hatte als vor dem A-Wurf, der neun Welpen brachte.

Zwei Tage später fand ich im Feld neben unserem Haus das achte Junge, zur Hälfte aufgefressen! Die Hündin hatte es, als ich sie nach — wie wir glaubten! — der Beendigung des Wurfes ohne Leine bei Dunkelheit hinausließ, dort verloren ... Ich glaube zwar, daß es sich um eine bereits tote Frucht gehandelt hat, da meine sehr sorgsame Hündin den Welpen sonst sicher heimgetragen hätte.

Aber seither kamen bei mir die trächtigen bzw. werfenden Hündinnen keinen Schritt mehr ohne Leine und allein aus dem Haus (bei Dunkelheit nicht ohne Taschenlampe!) — wie ich unter »Wurftag« schon wiederholt als wichtige Vorsichtsmaßregel angegeben habe.

Die Hündin verletzt versehentlich einen Welpen lebensgefährlich!

Im Kapitel »Sicherheit« habe ich erwähnt, daß mir — ebenfalls aus dem zweiten Wurf — ein fast vier Wochen alter Welpe starb.

Ich konnte mir nicht erklären, warum diese reizende kleine Hündin, die sich bis dahin ausgezeichnet entwickelt hatte, plötzlich nicht fraß, auf einem Vorderfüßchen zu hinken anfing, am zweiten Tag leise vor sich hinjammerte und schon am Abend verendete. Ich hatte den Tierarzt angerufen, der eine Verstauchung vermutete und zu Umschlägen riet, aber das half nichts.

Wir haben dann den toten Welpen selbst aufgeschnitten, und ich bin heute noch froh, daß wir das über uns brachten, denn der Befund war auch für einen Laien absolut eindeutig: eine Lungenquetschung, ein Bluterguß über dem Herzen, und das Bein war nicht nur geschwollen, sondern auch vereitert. Es war also einwandfrei ein Unfall gewesen — keine Krankheit.

Ich habe daraufhin jede Möglichkeit durchdacht, wie es zu dieser schweren inneren Verletzung gekommen sein könnte, und schließlich fand ich die einzige Lücke in unseren, wie ich bis dahin dachte, sorgfältigen Sicherheitsvorkehrungen: Die Dunkelheit im Hundezimmer. Ohne jede Sicht ist die Mutterhündin bei Nacht über die nach vier Wochen schon ziemlich aufgestockte Einfriedung in den Laufstall gesprungen und wohl direkt auf den einen Welpen, der gerade für ein Geschäftchen außerhalb der Kiste saß. Nur so kann die tödliche Quetschung zustande gekommen sein. Seither brannte das erwähnte Nachtlicht, und ich hatte keinen solchen Unfall mehr.

Immer ein Alarmzeichen: Unruhe der Welpen

Seit damals schliefen wir auch — immer umschichtig — in »Rufweite« unserer Welpen! Das war nicht immer erholsam, aber eine große Hilfe bei der Aufzucht. Man lernt schnell die »Sprache« der Kleinen und kennt genau am Ton, ob sie nur träumen, ob ihnen kühl ist oder ob sie Hunger haben (auf diese beiden jämmerlich klingenden Laute reagiert die Hündin sofort und geht in die Kiste, um die Welpen zu wärmen oder zu säugen), ob sie für ein Geschäftchen hinausgesetzt werden wollen, oder ob sie tatsächlich aus einer Notlage heraus schreien. Wenn man dann sofort aufsteht und hingeht, kann man viel vermeiden und noch mehr helfen.

Wenn zum Beispiel die Welpen so lange in ihrer Schlafkiste herumwirtschaften, daß einer von ihnen, trotz aller Mühe, die man sich mit einem ordentlichen Lager gegeben hat, unter den Decken vergraben ist — dann kreischt er, und man tut gut, ihn schnellstens zu befreien, bevor er erstickt!

Oder die Welpen wollen durchaus schon über die Abgrenzung ihrer Bucht klettern und hängen dann oben hilflos über dem Rand und wissen nun nicht mehr, was sie tun sollen, wie es vorwärts und wie es zurückgeht. Auch in solchen Fällen ist ihr Jammerton unverkennbar ernst und sehr durchdringend.

Eingreifen kann man natürlich nur, wenn man in der Nähe ist ... Das schlimmste Kreischkonzert hat bei mir einmal ein 19 Tage alter Rüde geliefert, und ich weiß heute noch nicht genau, was ihm gefehlt hat. Vielleicht eine Kolik — aber woher? Die Welpen tranken noch ausschließlich bei der Mutter, und die anderen vier waren auch friedlich und vergnügt.

Der kleine Kerl fing ganz plötzlich an zu schreien (so daß ich zunächst an einen Wespenstich dachte) und kreischte dann unentwegt weiter, und versetzte damit auch die Hündin und meine anderen Tiere in Panikstimmung!

Ich nahm ihn also aus der Kiste, brachte ihn in dem entferntesten Raum des Hauses in einem Korb unter und versuchte ihm zu helfen. Ich tat das, was ich auch bei einem Menschenkind getan hätte: Ich gab ihm einen Einlauf mit lauwarmen Seifenwasser, massierte sein Bäuchlein, das etwas prall war, und flößte ihm mit einer Pipette lauwarme Honigmilch mit Knoblauchsaft ein. Nach und nach (der ganze Anfall dauerte 7½ Stunden, natürlich bei Nacht!) wurde das Kreischen leiser. Und am nächsten Tag war der Welpe wieder genauso vergnügt wie vor dem unbegreiflichen Anfall!

Der Mutterhündin gab ich sofort fünf Knoblauch- und fünf Blattplasma-Tabletten — die nie schaden und immer gut tun —, und es hat sich auch nichts Ähnliches mehr gezeigt. Heute glaube ich am ehesten, daß der kleine Kerl einfach Zahnbeschwerden hatte, denn die ersten Zähnchen waren gerade im Durchbruch! Und diese Zeit ist wohl für jedes Lebewesen etwas kompliziert. Ich komme später nochmals darauf zurück.

Ein wichtiges Stichwort: Rechtzeitig entwurmen

Bei meinem C-Wurf traten Würmer auf, mit denen ich sonst nur wenig Sorgen hatte. Eine kleine Hündin fraß morgens plötzlich nicht; da sie einen Trommelbauch hatte, mir für eine Wurmkur aber noch zu jung schien, griff ich wieder zu meinem alten Hausmittel und machte ihr warme Seifenklistiere. Vier kleine Gummibällchen voll waren nötig — dann kam die Bescherung: ein Knäuel von 28 Spulwürmern . . . Die kleine Hundedame schwänzelte erleichtert davon, fraß sofort wieder und war quietschvergnügt. In den folgenden Tagen wurden alle anderen fünf Welpen des Wurfes in der gleichen Weise behandelt. Sobald einer morgens nicht fraß, bekam er den Einlauf und brachte danach die Würmer zutage!

Das war die einzige wirkliche Verwurmung, die meine Welpen hatten. Bei allen anderen Würfen hat die tägliche Fütterung der Mutter mit Knoblauch und geriebenen Karotten den kaum zu vermeidenden Befall immer in erträglichen Grenzen gehalten.

Als ich meinen G-Wurf — genau acht Wochen alt — entwurmte, kamen aus allen sechs Welpen zusammen weniger Würmer zutage als damals aus der einen Hündin!

Interessant ist in diesem Zusammenhang vielleicht noch, daß bei jenem C-Wurf die Mutterhündin nur vier Wochen gesäugt hat (den Grund finden Sie später bei »Milchfieber«); die Welpen gekamen also nur bis zu diesem Zeitpunkt über die Milch der Mutter die Abwehrstoffe geliefert. — Im all-

Tervueren Welpe (Belg. Schäferhund), sechs Wochen alt

(Aufnahme: Furth)

gemeinen ließen meine Hündinnen die Jungen bis zur Abgabe mit acht oder neun Wochen immer wieder noch trinken, da sie stets sehr viel Milch und meist auch den Willen hatten, die Welpen möglichst lange zu säugen.

Vorsicht bei Wurmmitteln

Kaufen Sie nie einfach in einer Apotheke oder Drogerie ein Wurmmittel; es kann für den Welpen tödlich sein, mindestens seine Entwicklung hemmen, auch wenn man Ihnen guten Glaubens sagt, es sei für alle Hunde geeignet und ganz unschädlich. Eine von uns gezüchtete Hündin wurde von ihrem Besitzer, als sie bereits ein Jahr alt war, mit einem auf diese Weise erworbenen Mittel behandelt. Gewiß, es gingen Würmer ab — aber der Hund fühlte sich tagelang elend, fraß schlecht und verlor alle Haare! Er brauchte Wochen, bis er sein schönes glänzendes Fell wiederbekam. So lange sah er krank und struppig aus. Nicht auszudenken, was mit einem sieben oder acht Wochen alten Welpen auf eine solche »Kur« hin passiert wäre . . .

Es gibt verschiedene Arten von Darmparasiten, der Tierarzt kann — und sollte — regelmäßig den Kot Ihrer Hunde untersuchen, er wird Ihnen dann auch die geeignete, für den Hund unschädliche Behandlung vorschlagen, je nachdem, ob es sich um Bandwürmer, Spulwürmer, Hakenwürmer, Peitschenwürmer oder Kokzidien handelt. Einige sind »nur« für die jungen Hunde gefährlich, andere wiederum können auch auf den Menschen übertragen werden. Davon soll aber hier nicht die Rede sein.

Ich habe seit Jahren »Piperazin-Paste« für meine Welpen verwendet, die sich sehr gut bewährt hat. Sie wird zur Behandlung gegen Spulwürmer verwendet, die in nahezu jedem Zwinger auftreten.

Auch ich habe sie bereits für noch saugende Welpen ab drei Wochen eingesetzt.

Erste Entwurmung mit 18 Tagen — warum?

Aus einem ganz bestimmten Grund wird die Entwurmung der Welpen mit 18 Tagen empfohlen: Vielfach wundert es Anfänger, daß ihre Welpen von Spulwürmern befallen sind, obwohl ihre übrigen Hunde seit Jahren wurmfrei sind. Erst wenn man darüber nachliest, wird man erfahren, daß Hunde mit mehr als zwölf Monaten kaum noch Spulwürmer beherbergen, bzw. sie gleich wieder abstoßen, d. h. resistent dagegen sind. Dennoch können Larven dieser Würmer in den Blutkreislauf der Hunde gelangen, von dort in die Muskulatur und andere Organe und sich dort lebenslänglich verkapseln.

Erst bei trächtigen Hündinnen können sie, von den Hormonen der Hündin, sozusagen wieder »erweckt« werden und so in den Kreislauf der Welpen gelangen, um sich im Darm des Hundebabys zu entwickeln. Dazu brauchen die Würmer aber etwa bis zum 22. Lebenstag des Welpen, und wenn nun die Welpen mit 18 Tagen entwurmt werden, und nochmals eine Behandlung nach weiteren 2 — 3 Wochen erfolgt, ist die Gefahr — bevor sie erst richtig zum Durchbruch kommt — gebannt.

Die zu verabfolgende Menge des Wurmmittels richtet sich nach dem Gewicht der Welpen, das man vorher genau feststellen muß. Es ist besser, das angegebene Quantum nicht auf einmal, sondern je zur Hälfte an zwei aufeinanderfolgenden Tagen zu geben! Den drei Wochen alten Welpen streicht man die kleine Portion auf die Zunge oder an den Gaumen, damit man sicher ist, daß sie sie auch richtig fressen.

Wenn bei der Wiederholung der Wurmkur (bei mir mit acht Wochen, vor der Abgabe an die Käufer) die Mengen schon größer sind, habe ich das Mittel, zusammen mit etwas Honig, mit dem Finger von einem Teelöffel in das Schnäuzchen geschoben. Das ging tadellos. Die ersten Würmer, die evtl. mit drei Wochen abgehen, sind nur wie kräftige Zwirnfäden — bei größeren Welpen wie Spaghetti!

Daran sieht man, wie wichtig gründliche Entwurmung ist, denn das Wachstum dieser Parasiten geht ja auf Kosten der Welpen, sie können echte und schwere Erkrankungen hervorrufen, zu Durchfällen, Abmagern, ja bis zur Lungenentzündung führen! — »Piperazin-Paste« kann man nicht einfach im Laden kaufen, man muß sie sich vom Tierarzt holen.

Beachten Sie auch, ich habe es bereits früher gesagt, daß nach jeder Entwurmung das gesamte Terrain der Hunde gründlich desinfiziert werden muß.

Eine große Gefahr: Verschlucken von Schaumgummi, Nylon und sonstigem »Spielzeug«

Wie schon im Kapitel »Sicherheit« kurz angedeutet: Hüten Sie Ihre Welpen vor Nylonstrümpfen (auch vor Schaumgummi und allen synthetischen Geweben) — und umgekehrt! Die Welpen arbeiten jeden Strumpf mit Zähnchen und Krallen schnellstens auf, wenn Frauchen oder eine Besucherin sich damit zu ihnen wagt. Das ist allerdings eben nur ärgerlich!

Erwischen die Welpen aber einmal einen Strumpf, ohne daß ein Bein darin steckt, kann es sehr gefährlich für sie werden: Nylon — und auch Schaumstoff — fressen die Welpen, wo sie es erreichen können, und alle diese synthetischen Dinge lösen sich im Magensaft nicht auf, der sonst so ziemlich mit allem fertig wird. Der Strumpf zieht sich dann in dem kleinen Darm lang und länger und kann den Tod des Welpen verursachen.

Bei Freunden von uns fraß eine vier Monate alte Boxer-Hündin einen Nylonstrumpf; sie mußte daraufhin schnellstens in die Klinik, wo man ihr das Bäuchlein aufschnitt. Glücklicherweise konnte durch Darmmassagen erreicht werden, daß schließlich ein Zipfel des Strumpfes im Hundepopo erschien, so daß er vorsichtig herausgezogen werden konnte.

Ebenso bedeuten heruntergefallene Flaschenkorken eine große Gefahr, wenn der Welpe sie erwischt; auch Holzstücke, die zerkaut werden, führen oft zu ernsthaften Verletzungen.

Auch mit der Hündin kann es allerlei Aufregungen geben

Nachdem ich bisher immer von den Welpen und den bei ihnen möglicherweise auftretenden Unregelmäßigkeiten und Gefahren berichtet habe, muß ich zurückblenden zur Hündin und zwar bis in die Zeit vor dem Wurf.

Komplikationen bei der Geburt

Am 53. Tag der Trächtigkeit vor der Geburt unseres D-Wurfes fand ich im Schlafraum der Hündinnen morgens einen großen nassen Fleck am Boden, der sonderbar schleimig war. Ich dachte sofort an bereits abgegangenes Fruchtwasser und machte mir große Sorge um den Wurf, obwohl die trächtige Hündin frisch und aufmerksam wie immer war.

Auch die Temperatur, die ich sofort kontrollierte, war normal. Vorsichtshalber wurde die Hündin nun schon alle paar Stunden gemessen; die Temperatur sank auch um einige Striche ab, zeigte aber noch nicht die Tendenz nach unten, wie es vor dem Wurf üblich ist. Ich kürzte ihr sofort die Fleischration, gab mehr Honigmilch, die doppelte und dreifache Himbeertee-Menge und täglich drei Blattplasma-Tabletten, sowie eine doppelte Portion Knoblauch.

Mit jedem Tag wurde meine Sorge etwas kleiner, denn die Hündin blieb mobil, und in ihr zappelte es so heftig wie immer. Als der 60. Tag glücklich erreicht war, hoffte ich wieder auf einen normalen Verlauf.

Am 61. Tag gab es dann mittags mit 36,8 °C die Tiefsttemperatur, und ich erwartete für die kommende Nacht den Wurf. Die Hündin war abends sehr unruhig und fing um 22 Uhr mit der Hechelei an. Sie stöhnte auch vor sich hin — was ich von früheren Würfen nicht kannte, — und gegen 23 Uhr

Neufundländer Welpe acht Wochen alt
und Cairnterrier-Welpen, sechs Wochen alt
(Aufnahme: Toppius)

ging der erste grüne Schleim ab. Aber dann war wieder Ruhe. Morgens um 4.45 Uhr erneutes Hecheln, aber nur eine halbe Stunde lang; sie lief ein paarmal in den Garten und keuchte dann wieder so vor sich hin. Um 8 Uhr erbrach sie Schleim, hechelte etwas, rannte wieder hinaus und keuchte.

Ich war, obwohl todmüde von der durchwachten Nacht, voll Mitleid für die Gute, und sie drückte ihre samtige Schnauze fest in meine Hand.

Irgendwelcher Grund zu einem Eingriff schien nicht gegeben, denn wirkliche Wehen hatte sie noch nicht gehabt, und vor allem war sie völlig fieberfrei. So ging es weiter . . .

Um 4 Uhr nachmittags sprang sie auf, wollte wieder hinaus, kam aber nicht weit — sie blieb stehen und stand so sonderbar da, daß ich sofort ein Stück Zellstoff packte und ihr gerade noch meine Hände unterbreiten konnte — da glitt auch schon der erste Welpe, beziehungsweise das, was davon noch übrig war, in den Zellstoff. Es war eine Hündin, noch nicht fertig entwickelt, ohne Eihäute, schon ganz schmierig und wie halb verwest — also zweifellos das Junge, dessen Fruchtwasser am 53. Tag bereits abgegangen war! Sonderbarerweise stank der tote Welpe überhaupt nicht! Ich vermute, hier hat die stark desinfizierende Wirkung der Blattplasma-Tabletten, zusammen mit der reinigenden Kraft von Knoblauch und Himbeertee, geholfen!

Nun war der Bann gebrochen. Die Hündin hatte zwar fast 24 Stunden gebraucht, um den toten Welpen auszustoßen, aber sie hatte es selbst zustande gebracht und warf dann anschließend noch weitere neun gesunde Welpen!

Ich habe das so ausführlich berichtet, weil man allerlei daraus lernen kann.

Erstens ist es sicherlich ein Beweis dafür, wie gesund und widerstandsfähig eine »natürlich« gehaltene Hündin ist, die hier mit einer Situation allein fertig wurde, welche in den meisten anderen Fällen wohl eine Operation erfordert hätte.

Zweitens sieht man daraus, daß man die Geduld nicht verlieren darf, und daß ein Wurf durchaus, wie dieser, zwei Tage und zwei Nächte, also volle 48 Stunden dauern kann. So lange hat die Hündin gebraucht, bis die zuletzt noch fehlenden zwei Nachgeburten auch da waren.

Drittens möchte ich an dieser Stelle dringend empfehlen, daß man eine hochträchtige Hündin nicht im Hundezimmer oder Zwinger mit anderen Hunden zusammen schlafen lassen soll. Im hier beschriebenen Fall kann nur unsere andere Hündin die werdende Mutter nachts einmal getreten haben — denn tagsüber, wo ich die Tiere immer beobachten konnte, ist nie etwas Besonderes mit ihr passiert.

Am besten, man nimmt die trächtige Hündin auch nachts mit in seine Nähe, so kann man sofort merken, wenn etwas nicht in Ordnung ist und Verletzungen in unbewachten Augenblicken werden ausgeschlossen.

Lebensschwache oder tote Welpen

Bei mir kam auch in Würfen, die an sich ganz normal verliefen, ab und zu einmal ein toter Welpe zur Welt. Dann war es aber nicht wie im geschilderten Fall der erste, der die ganze Prozedur aufhielt, sondern es war einer von den letzten, wenn schon sechs oder sieben da waren und die Hündin mit den Wehen pausierte. War dem fraglichen Welpen vorher schon die Eihaut gerissen, und kam er dann erst Stunden später ans Licht, so war er erstickt.

Die toten Welpen, die in den anderen Würfen dabei waren, sind immer erst während des Wurfes gestorben, denn sie waren völlig normal ausgebildet und frisch, d. h. keineswegs schon in Verwesung übergegangen wie jener erste, der acht Tage ohne Fruchtwasser und ohne Eihäute in der Hündin war — und abgesehen von dem bereits im Kapitel Eifersucht beschriebenen Fall.

Dauert die Wurfpause nach einem Welpen mehr als drei Stunden, gebe ich der Hündin zusätzlich wieder eine Portion Himbeertee; desgleichen, wenn die Nachgeburten nicht schnell und vollzählig kommen. Auf diese Weise reinigen sich die Hündinnen, auch wenn es einmal länger als normal dauert, ganz sicher und ohne jedes andere Mittel.

Wenn ich hier von Totgeburten spreche, so meine ich wirklich tote Welpen, nicht etwa solche, die nur keinen rechten Lebensgeist haben und die man angeblich mit einem kalten Wasserguß zum Leben erwecken kann. Das ist bei uns nicht vorgekommen. Entweder haben sich die Welpen sofort nachdrücklich gerührt, haben geniest und gemaunzt — oder sie waren wirklich tot. Wenn man neben acht oder zehn quicklebendigen Welpen noch einen toten hat, dann ist das kein großes Unglück, weil man ja doch nicht alle aufziehen kann und darf.

Vor einiger Zeit hörte ich aus wirklich berufenem Munde, daß es tatsächlich scheinbar leblose Welpen gibt, die nach einer Stunde Arbeit noch zum Leben erweckt werden können.

Es gibt einige erprobte Methoden, von denen ich nur ganz kurz folgende anführen möchte: Anregung der Atmung durch kräftiges Reiben der Haut, besonders der Rückenpartie, auch ein kalter Wasserstrahl, einige Sekunden auf Hinterkopf und Nacken des Welpen, erweckt u. U. die Lebensgeister. Die verstopften Atemwege werden frei durch »Ausschlagen«, wobei der ganze Welpe, bei festgehaltenem Kopf und Körper, in Zentrifugalbewegung gebracht wird, um so den Schleim aus Nase, Rachen, vielleicht sogar aus der Luftröhre zu entfernen. Ich würde das jedoch nur versuchen, wenn ich in einem Wurf weniger als sechs lebendige, einwandfrei entwickelte Welpen hätte.

»Steißlage«

Hin und wieder kommt ein Welpe in Hinterendlage, wie es richtig heißt, also zuerst mit den Hinterbeinen ans Tageslicht und nicht, wie es normal wäre, zuerst mit dem Kopf. Ist er nicht zu groß, wird ihn die gesunde Hündin auch so ohne Mühe werfen. Bleibt er aber stecken, dann muß man helfen. Wenn die Hündin preßt — und nur dann! — zieht man vorsichtig, aber nachdrücklich mit einer leichten Drehung den Welpen heraus. So ist bei meiner zweiten Hündin ihr allererster Welpe geboren worden und war von Anfang an frisch und gesund.

Bei allen Hündinnen sind außerdem in den großen Würfen ein paarmal Steißlagen vorgekommen. Waren die Wehen zu dieser Zeit kräftig (obwohl ich nie etwas davon gemerkt habe!), wurden auch diese Jungen schnell und lebend geboren. Gab es gegen Ende des Wurfes aber größere Pausen, so ergaben diese Steißlagen die oben erwähnten Totgeburten. Das liegt vermutlich daran, daß in dieser Lage die Nabelschnur des Welpen während der Geburt leicht zusammengedrückt wird und die Verbindung zur Mutter abgeschnürt ist. Wenn dann die Geburt sich noch hinauszögert, ist eben das Unglück passiert.

Sie sehen, daß es besser ist, wenn man bei der Geburt mit dabei ist. Muß die Hündin allein im Zwinger werfen, kann natürlich ein falsch liegender großer Welpe den ganzen Wurf kosten . . .

Nachgeburt

Ich habe schon früher betont, wie wichtig es ist, daß alle Nachgeburten ausgestoßen werden, und daß man mit wiederholten Gaben von Himbeertee bzw. Geburtshilfe-Tabletten gut nachhelfen kann. Aber es ist ja unmöglich, in die Hündin hineinzuschauen und gerade bei großen Würfen, oder wenn etwa zwei oder drei Welpen in ganz kurzen Abständen kommen, ist man plötzlich nicht mehr sicher, ob nicht doch noch etwas in der Hündin zurückgeblieben ist.

Es ist darum auf alle Fälle gut, die erste Woche nach dem Wurf immer wieder für die innere Reinigung durch Himbeertee und viel frisches Trinkwasser zu sorgen. Unsere ältere Hündin hat nach dem Wurf, der mit der so lange schon abgestorbenen Frucht anfing, volle acht Wochen Ausfluß gehabt, meist unverändert blutig oder dunkelbraun, und ich war oft ratlos und machte mir große Sorge. Da sie aber ausreichend Milch, kein Fieber, wie immer gute Laune und ein seidenglänzendes Fell hatte und ihre Welpen wie eh und je bestens betreute, habe ich mich auf sie und ihre gute Gesundheit verlassen — und mein Zutrauen zu ihr war gerechtfertigt. Sie hat in diesem Wurf fünf sehr schöne, kräftige Rüden bestens aufgezogen! Ich habe dazu nichts weiter getan, als wie immer für gutes Futter, regelmäßiges Fasten, Sauberkeit und ausreichende Bewegung zu sorgen; lediglich ein paar Scheidenspülungen habe ich gemacht (mehr zu meiner eigenen Beruhigung) und gegen eine vielleicht mögliche Infektion täglich mehrere Blattplasma-Tabletten gegeben.

Dazu wäre nochmals zu betonen: Man muß eben seine Hunde kennen, man muß ihnen ansehen, ob sie sich wohlfühlen oder ob etwas nicht stimmt. Ist man dessen nicht sicher, muß man rechtzeitig zu einem guten Tierarzt gehen — dem aber die intime Kenntnis der einzelnen Hundepersönlichkeit natürlich fehlt! Also lieber vorbeugen — wenn es auch nicht immer gerade bequem ist — und aus den eigenen Erfahrungen die Konsequenzen ziehen.

Milchfieber und Gesäugeentzündung und was man dabei tun kann

Die meisten Sorgen habe ich in den ersten Jahren mit Milchfieber und Gesäuge-Entzündungen gehabt!

Beim A-Wurf hatte die Hündin am dritten Tag nach dem Wurf plötzlich eine Temperatur von 40,2 °, also Fieber. Das war der Tag, an dem normalerweise die Milch richtig einschießt, wobei also die Temperatur ohnehin immer etwas ansteigt; aber natürlich soll sie nicht über 39 ° klettern! Ich entdeckte, daß eine Zitze der Hündin dick geschwollen war und doch keine Milch absonderte. Also wurde das Gesäuge sorgfältig mit warmen Öl eingerieben und die verstopfte Zitze so lange massiert, bis sie wieder Milch gab. Dann legte ich dort den stärksten Welpen an. Abends wurde die Prozedur wiederholt, und damit war das Fieber überwunden.

Aber am fünften Lebenstag entdeckte ich bei allen sechs Welpen einen borkigen Ausschlag — offensichtlich Milchschorf. Ich habe die Fellchen lediglich mit einem Aufguß von Brombeerblättern abgetupft und alles übrige meiner Hündin überlassen. Die Entwicklung der Welpen hat nicht darunter gelitten; sie waren kugelrund und lebendig. Nur sahen sie für etwa drei Wochen scheckig und ungepflegt aus.

Konsequenz: Beim nächsten Wurf wurden die Diätvorschriften der Hündin für die letzten Tage vor und die ersten Tage nach dem Wurf schon genauer eingehalten, so daß die Welpen nicht wieder von überhitzter Milch Ausschlag bekamen.

Beim zweiten Wurf gab es kein Milchfieber und also auch keinen Milchschorf mehr — aber nach fünf Wochen bekam die Hündin wieder Fieber und hatte einen dicken Knollen im Gesäuge. Das Gesäuge wurde täglich dreimal massiert, jeweils so lange, bis ich den Eiter aus der Zitze abgedrückt hatte und wieder saubere Milch hervorkam. Das war eine nicht ganz leichte und langwierige Arbeit, die mich eine volle Woche in Anspruch genommen hat.

Auch nach dem dritten Wurf — das war der erste unserer zweiten Hündin — waren nach sieben Tagen Gesäuge-Massagen nötig... Obwohl die Hündin sehr viel Milch hatte, fing sie dann gegen Ende der dritten Woche an, sich möglichst vor den Jungen zu drücken — die natürlich mit den scharfen Krallen und Zähnchen um diese Zeit die Mutter schon recht plagten!

Genau fünf Wochen nach dem Wurf dann große Aufregung: Die Hündin hatte 40,4 °, also Fieber, und die hintere große Zitze war sehr geschwollen. Wie üblich wurde massiert, aber mit aller Mühe brachte ich den Milchfluß nicht wieder in Gang. Dadurch wurde die Geschwulst immer größer (wie ein kleiner, glänzender, straff gefüllter Luftballon) und natürlich auch empfindlicher, so daß mich die Hündin schließlich nicht mehr daranließ. Die Temperatur pendelte unentwegt um 40 °.

Deshalb brachten wir die Hündin am nächsten Morgen in die Tierklinik, wo sofort ein Entlastungsschnitt in die kranke Zitze gemacht wurde. Es kam aber nicht, wie ich es mir vorgestellt hatte, eine Flut Eiter heraus, sondern es tropfte nur langsam allerlei Brühe hervor. Da die Hündin auch etwas Ausfluß hatte — aber erst seit zwei Tagen —, fürchtete die Ärztin weitere Komplikationen und machte eine Röntgenaufnahme.

Großer Schreck: angeblich ganzer Bauch voll Eiter. Diagnose also: Schwere Gebärmutter-Entzündung. Aber das schien mir ausgeschlossen. Ich wandte ein, daß die Hündin bis vor zwei Tagen frisch und bei Appetit gewesen sei, daß ich also an eine innerliche Krankheit nicht glauben könne. Auch das Aussehen der Hündin — glänzendes Fell, klare Augen, gar nicht mager — sprach dagegen.

Schließlich stellte sich heraus, daß die Flüssigkeit auf der Röntgenaufnahme nur gestauter Urin war, da sich die Hündin infolge der Schmerzen und des Fiebers seit fast 24 Stunden nicht mehr entleert hatte! Damit war die größte Sorge vorbei, und ich konnte meine Hündin wieder mit heimnehmen.

Das Fieber ging etwas zurück, und in der darauffolgenden Nacht fraß sie sich selbst einen riesigen Bluterguß heraus, der unter der Haut zwischen den beiden großen Zitzen gesessen hatte! Es blieb ein scheußliches Loch im Bauch, aber die Hündin fühlte sich sichtlich erleichtert.

Jetzt wurde mir plötzlich klar, woher diese böse Entzündung gekommen war: Die Welpen hatten, vor lauter Gier und mit der Kraft ihrer vier Wochen, an der freien Haut am hinteren Teil des Gesäuges *blind* gesaugt, also nicht ordnungsgemäß an den dafür vorgesehenen Zitzen! Sie hatten versucht, durch die Haut hindurch an die Milch zu kommen! Dadurch hatte sich ein großer Bluterguß unter der Haut gebildet, und die geringfügigen Verletzungen durch Zähnchen und Krallen hatten dann genügt, eine schwere Entzündung mit hohem Fieber hervorzurufen.

Nachdem die Wunde offen war, fiel die Temperatur weiter. Aber nach drei Tagen waren wir erneut bei 40,8 ° angelangt, denn es hatte sich ein neuer Entzündungsherd auf der anderen Seite, mehr zur Mitte hin, gebildet. Also wieder in die Klinik, wo die Hündin einen tiefen Schnitt mit Gefäßnaht, sowie eine Penicillinspritze bekam. Mit der Tierärztin sprach ich dann über meine Version für den Grund dieser Komplikation, und sie mußte nach nochmaliger Untersuchung zugestehen, daß auch sie sich keinen anderen Grund vorstellen könne. Vermutlich würde ja die Wunde bei der sonst völlig gesunden Hündin wieder gut verheilen, aber ich mußte damit rechnen, daß sie bei späteren Würfen aus diesen beiden Zitzen keine Milch mehr gäbe. (Um es vorwegzunehmen: es war wie ein Wunder — innerhalb einer Woche war die große Wunde fast verheilt, und beim Wurf des nächsten Jahres gaben alle Zitzen Milch ...)

Als die Welpen des D-Wurfes drei Tage alt waren, hatte ich wieder einen geschwollenen Strang im Gesäuge zu massieren. Jetzt ließ ich es allerdings nicht mehr dazu kommen, daß die Hündin Fieber bekam, sondern leitete die Behandlung rechtzeitig ein.

Gelegentlich schießt die Milch zu früh ein

Einen Tag vor dem offiziellen Termin für den nächsten Wurf bekam meine zweite Hündin — welche die schwere Gesäuge-Komplikation im C-Wurf gehabt hatte — plötzlich wieder hohes Fieber und ein hart geschwollenes Gesäuge! Schnellstens damit zur Ärztin, und erst dort erfuhr ich — was mir kein Buch gesagt hatte! —, daß es bei Hündinnen öfter vorkommt, daß ihnen die Milch schon vor dem Wurf einschießt, was selbstverständlich mit einer Temperaturerhöhung verbunden ist. (Daß es bei Scheinträchtigkeit zu Milchabsonderung kommt, kann man überall lesen ...)

Ich bekam eine kühlende Essigsaure-Tonerde-Salbe mit der Anweisung, das Gesäuge gut damit einzufetten und die noch nicht benötigte Milch nach Möglichkeit abzudrücken. Das war wieder eine mühsame Arbeit, aber da das Fieber zurückging und auch die Schwellung des ganzen Gesäuges sich auf zwei kleine Stellen an der äußeren Bauchseite, fünf Zentimeter oberhalb der Zitzen konzentrierte, war ich erleichtert.

Nachdem am nächsten Tag das Werfen gut verlaufen war (sechs Rüden, vier Hündinnen, davon ein Rüde tot), gingen die beiden Abszesse, die sich gebildet hatten, auf und heilten dann schnell, ohne daß die Welpen damit in Berührung kamen. Ich habe natürlich sehr aufgepaßt und vor dem Säugen die Wunden immer wieder gesäubert.

Nach diesen Erfahrungen, für die ich nirgends entsprechende Anweisungen gefunden habe, und die mir so viel Arbeit und Sorgen machten, fing bei mir die systematische Gesäugepflege an, über die ich im nächsten Kapitel berichte.

Noch ein Ausflug ins Psychologische —
Oder: Die Hündin ist manchmal schon merkwürdig ...

Beim ersten Wurf, von dem ich bereits berichtete, hat mir die Hündin gleich noch eine eindeutige Lektion erteilt: Am Morgen des fünften Tages, als sie das erste Mal wieder richtig außerhalb »Gassi« ging, wollte ich sie noch etwas im Garten lassen, um die Couch für die Massage und das Anlegen der Welpen vorzubereiten. Ich wollte also vermeiden, daß sie sofort in die Kiste ging und für die nächste Zeit nicht behandelt werden konnte.

Als ich ihr daher einfach die Haustür vor der Nase zumachte, bekam sie einen solchen Schreck, daß sie mir richtig in Ohnmacht fiel: Durchs Fenster

Groenendael Welpe (Belg. Schäferhund), sieben Wochen alt)

(Aufnahme: Schaller)

sah ich sie am Fuß der Haustreppe auf der Seite liegen ... Wir trugen sie sofort auf die Couch, worauf sie sich nach Sekunden erholte und gleich zu ihren Kindern stürzte. Ich habe nie wieder den Versuch gemacht, in den ersten acht Tagen nach dem Wurf einer Hündin meinen Willen aufzuzwingen ... Ich respektiere vielmehr ihre Wünsche soweit es irgend geht, weil sie ja in dieser Zeit die Hauptperson im Hause ist.

Nun möchte ich noch auf zwei Punkte hinweisen, die mich anfangs doch ziemlich irritiert haben: Fallen Sie nicht darauf herein, wenn einmal eine Hündin simuliert! Das können Hunde ausgezeichnet, besonders dann, wenn man mehrere Tiere im Haus hat und eines davon aus bestimmten Gründen (Trächtigkeit, Säugezeit) besonders betreuen muß. Dann kommt es leicht vor, daß man sich völlig unnötig aufregt, weil einem eine der anderen Hundedamen einen Streich spielt.

Hier ging das so: Trixi wollte morgens nicht aufstehen, konnte überhaupt nicht laufen, verweigerte die Treppe, blieb oben stehen und winselte kläglich! Sie schaute mich traurig und vorwurfsvoll an, stand als Bild des Jammers auf drei Beinen auf der oberen Diele. Also nahm ich die für mich recht schwere Hündin auf den Arm, trug sie vorsichtig nach unten, setzte sie im Garten in eine Ecke, damit sie sich lösen konnte — was sie auch sofort tat —, half ihr dann vorsichtig ins Haus und auf eine Couch. Die gleiche Prozedur war noch zweimal an diesem Tage nötig, und ich machte mir ernstliche Sorgen und seufzte: Immer wenn ich allein bin! (Mein Mann war morgens geschäftlich weggefahren.) Als er abends heimkam, wollte ich ihm gerade von dieser »Krankheit« unserer guten Alten erzählen, da kam sie laut jubelnd angebraust und begrüßte das geliebte Herrchen so freudig und temperamentvoll wie eh und je! ...

Vielleicht (aber nur sehr vielleicht!) hatte sie wirklich von einem ausgesprungenen Gelenk den ganzen Tag über starke Schmerzen, und nun war das durch die Freude und das plötzliche Aufspringen wieder zurückgeschnappt! Wahrscheinlich aber hat sie — wie schon früher — ganz einfach bei mir Mitleid und Betreuung geschunden!

Und noch etwas, das zwar nicht so sehr mit der Psyche zu tun hat, aber unbedingt wissenswert ist: Erschrecken Sie nicht, wenn Ihre Hündin schon ein paar Tage nach dem Wurf auf einem Hinterfuß hinkt!

Ich habe ein paar Jahre gebraucht, bis ich dahinterkam, daß das lediglich eine Ausweichbewegung ist. Eine Hündin, die viel Milch und ein ent-

(Aufnahme: Klub ungarischer Hirtenhunde M. Schleu)

sprechend schweres Gesäuge hat (meine sehen von hinten immer wie Milchziegen aus!), wird davon beim Laufen behindert. Da sie nicht immer langweilig im Schritt gehen mag, sondern wieder traben will, kommen diese Zwischenhupfer dabei heraus, die wie Hinken aussehen, aber gar nichts mit einer Verletzung oder Krankheit zu tun haben. Sobald in der sechsten oder siebenten Woche das Gesäuge wieder kleiner wird, vergeht es von selbst.

Auch die Tatsache, daß manche Hündin nach dem Absäugen anfängt, schäbig auszusehen und die Haare zu verlieren, braucht Sie nicht zu beunruhigen. Gerade bei solchen Hündinnen, die sehr gute Mütter sind und den Welpen alles geben, kommt das oft als Übergangserscheinung vor. Nach wenigen Wochen haben sie dann schon wieder ihr gewohnt schönes, glänzendes und volles Fell.

13. Kapitel

GESÄUGEPFLEGE

Gesäugeentzündung — (K)ein unvermeidbares Problem

Damit komme ich zu dem Kapitel, das meines Erachtens eines der wichtigsten in diesem kleinen Leitfaden ist. Ich habe viele Erkundigungen eingezogen und in zahlreichen Hundebüchern nachgelesen, um zu erfahren, warum ich mit meinen sonst kerngesunden Hündinnen immer wieder die geschilderten Schwierigkeiten hatte. Ich bekam jedoch keine brauchbare Auskunft, und so habe ich schließlich den Weg zur Lösung selbst finden müssen.

Von einer Seite wurde mir, als ich fragte, gesagt, ich hätte wahrscheinlich eine Streptokokken-Infektion in meinem Zwinger. Aber alle genannten Voraussetzungen wie: Überfüllung des Zwingers, Unsauberkeit, unnatürliche Haltung mit zu wenig Bewegung, unbekömmliches Futter trafen in keiner Weise zu. Hündinnen und Welpen strotzten jeweils von Gesundheit! Es mußte also ein anderer Grund für diese sich wiederholende Gesäuge-Entzündung vorhanden sein.

Und ich glaube, daß ich ihn gefunden habe: Meine Hündinnen hatten einfach jeweils zuviel Milch! Also besteht die Aufgabe darin, unbedingt einen zu starken Milchfluß in der ersten Zeit, wo die jungen Welpen noch nicht so viel wegtrinken, zu vermeiden. Darum habe ich in den Kapiteln über die Fütterung der Hündin vor und nach dem Wurf so genaue und strikte Anweisungen aufgeschrieben.

Seit ich diese Diätvorschriften ganz streng einhalte und außerdem regelmäßige Gesäugepflege treibe, habe ich keinerlei Schwierigkeiten mehr gehabt. Das ist mir eine große Erleichterung und Beruhigung, und für die Hündin und den Wurf bedeutet es einen weiteren Vorteil.

Vorbeugende Maßnahmen bereits während der Trächtigkeit

Ich fange schon in den beiden letzten Trächtigkeitswochen damit an, die Hündin an die Behandlung ihres Gesäuges zu gewöhnen. Wenn sie auf der Couch liegt, inspiziere ich die einzelnen Zitzen und säubere sie durch vorsichtiges Einfetten und Abtupfen. So kann mir das Gesäuge keine »Überraschung« mehr bereiten.

Unmittelbar vor dem Wurf fette ich wieder die ganze Bauchhaut mit der erwähnten Essigsaure-Tonerde-Salbe ein. Natürlich darf man nur wenig Salbe nehmen und muß sie ganz fein verteilen, gerade so viel, daß die Haut geschmeidig ist und etwa vorhandener Schmutz entfernt wird. Die Öffnungen der einzelnen Zitzen sind ja häufig — wie etwa Mitesser bei uns — mit kleinen Fettpfropfen verschlossen, die ihrerseits Staub aufnehmen. Und es kann doch für die Welpen nicht gut sein, wenn sie mit den ersten Tropfen Muttermilch auch gleich eine solche Verunreinigung schlucken müssen!

Ständige Gesäugekontrolle nach dem Wurf

Bei meiner älteren Hündin konnte ich diese Pflege ohne jede Schwierigkeit vom ersten Tag nach dem Wurf an regelmäßig fortsetzen, weil sie, wie ich schon schrieb, daran gewöhnt war, ihre Welpen mehrmals am Tag auf der Couch zu putzen und zu säugen.

Schliefen dann die Kleinen wieder in der inzwischen mit frischen Laken versehenen Kiste, dann legte sich die Hündin regelrecht auf den Rücken und streckte mir ihr pralles Gesäuge entgegen. Sie empfand es offensichtlich als sehr angenehm, wenn Zitze für Zitze sorgfältig eingerieben und jede ebenso sorgsam auf ihr einwandfreies Funktionieren geprüft wurde. Auf diese Weise kann es mir zum Beispiel nicht passieren, daß ich über die Milchleistung einer Hündin auch nur den geringsten Zweifel hätte. Ich weiß genau, ob alle Zitzen Milch geben, und wie viel es ist; ob ich nun schon mehr füttern kann oder weiterhin bremsen muß; ob vielleicht einmal die Milch ausbleibt — was bei meinen Tieren aber nie passiert ist.

Fand ich am Gesäuge auch nur den kleinsten Knollen (diese treten meist an den vier hinteren großen Zitzen auf) oder gar einen geschwollenen Strang (häufig zwischen den kleineren Vorderzitzen und den üppigeren hinteren, also etwa zwischen dem dritten und vierten Zitzenpaar von vorn gerechnet), dann wurde diese Stelle zusätzlich gut eingefettet und solange massiert, bis sie weich wurde und die dazugehörende Zitze die Milch ganz

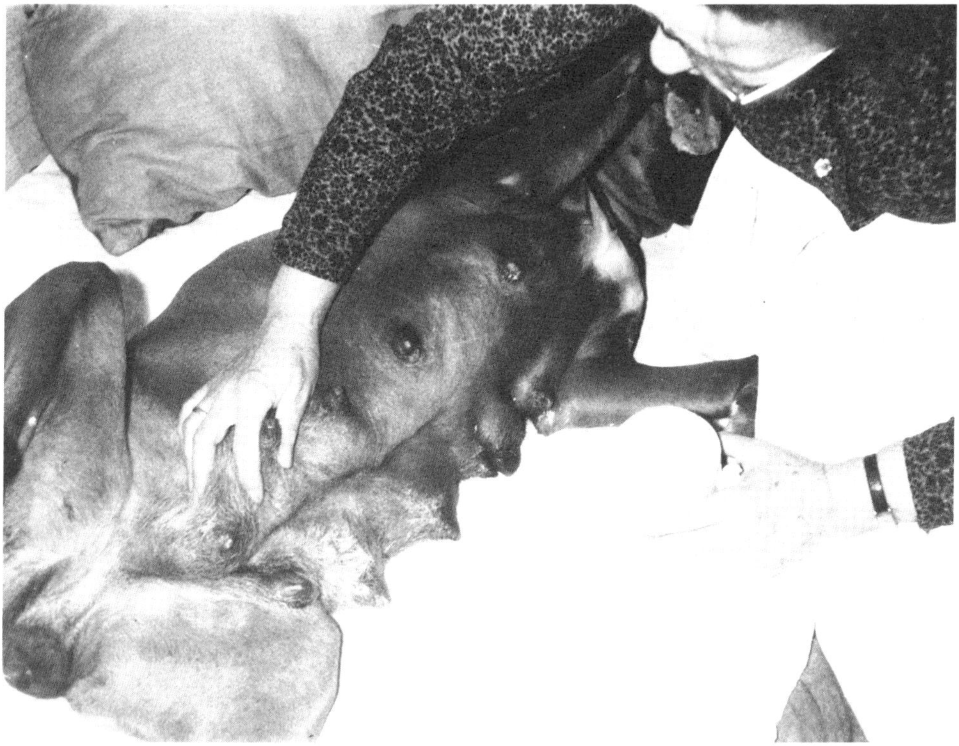

Wichtig: Sorgfältige Gesäugepflege

(Aufnahme: Sieber)

mühelos hergab. Nötigenfalls legte ich nach und nach mehrere Welpen an die gleiche Stelle und ließ diesen Teil ganz gründlich leertrinken.

Selbstverständlich mußte aber vor jedem Anlegen der Welpen möglichst jeder Salbenrest gründlich mit Zellstoff entfernt werden.

Das alles erfordert ständige Aufmerksamkeit und oft viel Arbeit. Aber ich finde, beides lohnt sich in hohem Maße, denn man kann doch seinen Welpen nichts Besseres mitgeben, als daß sie — noch über die eigentliche Entwöhnungszeit hinaus — sieben bis acht Wochen lang einwandfreie Muttermilch bekommen.

Auch meine zweite Hündin, die zunächst den Schock der schweren Gesäugeentzündung nicht ganz überwunden hatte, war bei ihrem zweiten Wurf, nachdem ich sie ebenfalls mit Geduld und Konsequenz an diese Behandlung gewöhnt hatte, viel eher geneigt, die Welpen lange und gut zu säugen.

Der Ordnung halber will ich noch berichten, daß eine meiner Hündinnen statt zehn paarig angeordneter Zitzen deren elf hatte! Auf der einen Seite waren es sechs. Zwei davon standen dicht nebeneinander, und ich nahm an, eine davon würde »trocken« bleiben. Aber diese kleine Anomalität hat nichts geschadet; auch diese Doppelzitze gab jeweils richtig Milch, und gerade dort hatte ich keine größeren Schwierigkeiten. Allerdings habe ich hier von Anfang an besonders aufgepaßt, weil ich mißtrauisch war.

Wichtige Zeitpunkte für die Gesäugekontrolle

Wichtige Zeitpunkte für die Gesäugepflege sind also zunächst die erste Woche und dann die dritte, vierte und fünfte, wo die immer kräftiger werdenden Welpen, mit ihren nadelspitzen Zähnen (die jeweils zwischen dem 17. und 19. Tag durchbrechen) und den scharfen Krallen, die Hündin sehr plagen.

Wir haben den Welpen deshalb grundsätzlich mit etwa drei Wochen die Krallen an den Vorderfüßchen geschnitten. Das ist mit einer Nagelschere leicht zu machen; man muß nur aufpassen, daß man nicht an den Kern kommt — aber den sieht man deutlich.

Später helfen sich die Hündinnen gegenüber den schließlich ziemlich groben und rücksichtslosen Kindern dadurch, daß sie sich zum Säugen nicht mehr hinlegen, sondern die Welpen im Stehen trinken lassen.

Die tägliche Gesäugepflege führe man aber immer bis zur Entwöhnung der Welpen regelmäßig durch — jedoch genügt es von der sechsten Woche an, wenn man es einmal abends tut. Sobald man der Hündin — gegen 21.30 Uhr — die Welpen noch einmal angelegt hat, wird das Gesäuge kontrolliert und vorsichtig mit der Salbe eingekremt (nicht reiben!), jetzt ruhig etwas fetter als in den ersten Wochen. Einerseits strapazieren es die Welpen mit Zähnen und Krallen immer mehr (oft sind blutige Kratzer in der feinen Bauchhaut!), und andererseits läßt ja die Hündin die Kinder nicht mehr alle zwei bis drei Stunden trinken wie am Anfang. Die Salbe hat also genügend Zeit, langsam einzuziehen und zu wirken.

Die Hündin schläft längst nicht mehr bei den Welpen in der Kiste, ist allerdings immer auf dem Sprung, sofort zu den Kindern zu stürzen, wenn sie etwas brauchen und geht nach wie vor ganz regelmäßig hinein, um sie zu säugen.

Neufundländer Hündin mit Welpen, fünf Wochen alt

(Aufnahme: Toppius)

14. Kapitel

AN DER FRISCHEN LUFT

Lebenswichtig: Frische Luft und Sonne

Frische Luft und Sonne gehören zur Hundeaufzucht genauso wie gutes Futter. Bei mir kamen die Welpen mit drei Wochen — bei sehr günstigem Wetter auch schon früher — in den Garten, je nach Wetterlage den ganzen Tag oder für einige Stunden. Bei tagelang anhaltenden Regengüssen hält man sie besser im warmen Haus...

Unsere ersten Würfe blieben zusammen mit den Müttern bald Tag und Nacht draußen. Davon bin ich abgekommen. Die Gründe dafür erläutern die Kapitel »Schwierigkeiten« und »Gesäugepflege«.

Sind die Welpen schon etwas an ihren Zwinger gewöhnt, kommen sie morgens ins taunasse Gras. Sie können sich ja jederzeit zu einem nachträglichen Schläfchen in eine der verschiedenen Kisten des Zwingers zurückziehen; sie können sich in die Sonne legen oder in den Schatten, je nach Laune, Wind und Wetter.

Sie lieben ihren Auslauf bald sehr und fangen nach wenigen Tagen schon an, jeweils das gleiche Plätzchen für ihre Geschäfte zu benutzen, was einen weiteren Schritt zur erstrebten Sauberkeit bedeutet.

Wie soll ein Zwinger eingerichtet sein

Der Zwinger sollte so eingerichtet sein, daß die Welpen ihn nicht verlassen können, daß aber die Hündin — wenn es ihr nicht ausdrücklich verwehrt wird — jederzeit heraus- und hineinkann. Das ist für alle Teile praktisch; sie braucht sich nicht unentwegt von den Welpen plagen zu lassen, kann aber immer zu ihnen, um sie zu säugen oder um sich zu überzeugen, daß alles in Ordnung ist.

Da ein Zwinger oft Zuschauer anlockt, die sich an den quicklebendigen jungen Hunden erfreuen, will die Hündin unbedingt die Möglichkeit haben, in solchen Fällen bei den Welpen zu sein, was auch einen einwandfreien Schutz der Jungen gegen unvernünftige Menschen bedeutet. Dann wagt sich kein Fremder direkt an das Gitter heran; man ist also sicher, daß im Beisein der Hündin kein Welpe mit unzuträglichen Dingen gefüttert oder geneckt wird ...

Und bei dieser Gelegenheit lernen die Welpen von ihrer Mutter auch gleich, wie man bellt und das Haus verteidigt. Man soll es der Hündin also nie verwehren, in ihrem Beisein fremde Leute anzubellen; das fördert den angeborenen Schutztrieb der Junghunde.

Sobald die Welpen im Zwinger sind, haben auch sie immer eine Steingutschüssel mit frischem Wasser zur Verfügung. Am liebsten lecken sie aber den Tau von den Gräsern!

15. Kapitel

WINTERWÜRFE

Leider nicht immer zu umgehen: Der Winterwurf

Wenn man nach »natürlichen Methoden« züchtet, sollte man eigentlich keine Winterwürfe aufziehen, denn so etwas kommt bei wildlebenden Tieren nicht vor. Aber wenn man systematisch züchten will, kann man es nicht ganz vermeiden.

Erstens verschiebt sich bei jeder Hündin durch Trächtigkeit, Wurf und Säugezeit die nächste Läufigkeitsperiode etwas; bei meiner »pünktlichsten« Hundedame waren es jeweils zwei Monate.

Wenn man nun — wie es gut und richtig ist — immer eine Hitze nach einem Wurf ungenützt vorübergehen läßt, dann verschiebt sich schon dadurch der Wurftag von Jahr zu Jahr. Zuerst etwa vom April auf den Juni; im nächsten Jahr auf den August, und dann kommt man schon in den Oktober, in unseren Breiten also praktisch in den Winter. Wollte also jeder Züchter konsequent an Frühlingswürfen festhalten, müßte er wiederholt zwei Läufigkeitsperioden überspringen. Und von einer gesunden, fruchtbaren Hündin will man doch einmal im Jahr einen Wurf haben!

Wenn man zweitens mehr als eine Zuchthündin hat, wird sich ein Winterwurf überhaupt nicht umgehen lassen. Ich bin zu meiner ersten diesbezüglichen Erfahrung auf folgendem Wege gekommen: Ich habe schon erzählt, wie eine Hündin in einem kalten Winter die Läufigkeit drei Monate vertrödelte, und dann hat sie mit der zweiten Hündin am gleichen Tag geworfen. Es waren also gleichzeitig zwei Würfe mit je sechs Welpen aufzuziehen — und das war sehr schwierig, weil es nämlich nicht nur die doppelte, sondern die drei- und vierfache Arbeit bedeutet.

Also wollten wir im folgenden Jahr einem Doppelwurf aus dem Wege gehen, ließen deshalb — bei wieder gleichzeitiger Läufigkeit — nur eine Hündin decken, die andere bis zur nächsten Hitze warten. Und die legte uns die Kinder dann in der zweiten Novemberhälfte ins Nest.

Hätte ich gewußt, daß dieser Wurf den längsten und strengsten Winter seit Menschengedenken zu überstehen haben würde (1962/63), hätte ich wahrscheinlich in diesem Fall doch noch ein halbes Jahr gewartet, denn die Sache wurde nicht nur schwierig, sondern auch kostspielig. Allerdings muß ich betonen, daß die Welpen selbst sich genauso gut entwickelt haben wie alle früheren Hundekinderscharen; sie waren ebenso groß und kräftig und frech — aber für uns gab es viele zusätzliche Scherereien.

Erfahrungen mit Rotlicht

Das Wärmebedürfnis der Welpen erforderte nicht nur Tag und Nacht gute Heizung, sondern wir schafften auch noch ein Siccatherm-Rotlicht an, das jeweils viele Stunden am Tag gebrannt hat. Entgegen den Angaben der Herstellerfirma, die eine Dauerbestrahlung als das ideale Hilfsmittel hinstellt, gehen meine Erfahrungen dahin, daß Welpen, die ja von Natur Höhlenbewohner sind, zwar die Wärme des roten Lichtes lieben, sich aber, sobald sie richtig durchgewärmt sind, jeweils in die entfernten, dunkleren Ecken der Kiste verkriechen.

Also: während des Säugens und während der ersten Krabbelspiele und solange die Welpen darunter liegenbleiben, das Nest in der Kiste bestrahlen; sobald sich aber die kleine Brut — oft dicht aneinandergedrängt — zum Schlafen hinlegt, das Rotlicht abstellen und wieder die gute warme Wolldecke über die Kiste breiten.

Anders mag es natürlich sein, wenn die Wurfkiste nicht im Haus, sondern in einem Zwinger draußen steht. Dann muß man gründlich überlegen, wie man, u. U. mit einem Thermostaten, die Wärme sicher regulieren kann.

Wir brauchen einen Auslauf für Winterwürfe

Wenige Züchter, am allerwenigsten Anfänger, werden einen heizbaren Zwinger haben, in dem sich die Welpen auch im Winter ausgiebig tummeln können. Sie brauchen aber von der dritten Woche an mehr Platz als die zwei oder drei Quadratmeter »Laufstall« um die Kiste herum.

Also haben wir den Winterkindern unser Eßzimmer geopfert, das am leichtesten entsprechend auszuräumen war. Der ganze Boden wurde mit Stragula ausgelegt. Von Woche zu Woche mußten mehr Dinge, die zunächst auf einer Eckbank, dann auf einer Truhe und zuletzt auf dem Tisch

»unerreichbar« waren, weggeräumt werden, weil die schnell wachsenden, neugierigen Welpen von einem Tag zum anderen neue Dummheiten ausheckten ... Dazu habe ich im Kapitel »Sicherheit« schon aufgeführt, an was alles man unbedingt denken muß!

Zuerst durften sie drei- oder viermal am Tag in diesen großen Raum herumlaufen, die kleinen Beine üben und so immer sicherer werden. Die übrige Zeit waren sie noch in Kiste und Laufstall. Als der frechste der kleinen Burschen soweit war, daß er die auf Kistenhöhe aufgestockte Umfriedung überkletterte, blieben sie den ganzen Tag im großen Zimmer — wo sie neben dem Ofen eine Decke für ihre Ruhepausen hatten — und kamen nur noch nachts zum Schlafen in die Kiste.

Hernach — ich hatte damals nach vier Monaten noch zwei Junghunde in Pension — wurde die Kiste gar nicht mehr benützt, sondern die Welpen lagen auch nachts zusammen mit ihrer Mutter auf einer Couch.

... häufig an die frische Luft — aber aufpassen!

Natürlich kamen die Welpen — je nach Wetter — um diese Zeit schon häufig in den Garten. Ich ließ sie sogar schon mit acht Wochen bei 20 ° Kälte mittags hinaus, sobald es nur windstill und sonnig war, worauf sie mit sichtlichem Vergnügen im hohen Schnee tobten, was ihnen nur gut tat.

Aber man mußte natürlich bei ihnen bleiben und aufpassen; solange sie spielen und umherlaufen, ist es gut; sobald sich *einer* hinsetzt — die jungen Tiere ermüden noch sehr schnell — müssen sofort *alle* wieder ins warme Haus.

Die Beseitigung der Ausscheidungen ist im Winter im Haus auch unbequemer als im Sommer draußen im Zwinger — aber sogar wichtiger, damit man das Haus von unangenehmen Düften frei hält... Mit ausreichenden Lagen von Zeitungspapier, die man immer schnell beseitigen und durch frische ersetzen kann, geht auch das. Selbstverständlich muß man, je nach der Häufigkeit der Verunreinigung, den Boden oft gründlich putzen und viel lüften.

Erziehung zur Sauberkeit — besonders wichtig im Winter

Hier ist noch etwas Wichtiges anzufügen: Welpen bevorzugen für ihr »Geschäftchen« einen Platz, wo es schon entsprechend duftet. Wenn man also die Stelle, wo sie nicht »dürfen« regelmäßig gründlich verwittert, z.B.

mit Sagrotan oder Essigwasser, kommen sie an den Stellen, wenn sie herumschnüffelnd nach dem geeigneten Fleckchen suchen, nicht so schnell in Versuchung. Man kann also auch so die Welpen ohne große Mühe regelrecht erziehen und das in einem sehr frühen Stadium!

Kann man die Welpen mit acht bis zehn Wochen verkaufen, so ist also auch ein Winterwurf bei entsprechender Pflege durchaus zu vertreten. Er macht aber mehr Unkosten im Hinblick auf Heizung und Licht, sowie auch bezüglich des Futters, denn Obst und Petersilie, Karotten und Eier sind im Winter teurer — und den guten billigen Löwenzahn findet man ja nicht unterm Schnee.

Die echten Ärgernisse tauchen auch hier erst auf, wenn die Burschen mit drei und vier Monaten anfangen, sich wie die Lausbuben für alles und jedes zu interessieren ... Obwohl unsere Welpen immer mit ausreichendem Spielzeug versorgt waren, haben sie mir doch die Vertäfelung hinter der Couch, einen Geschirrschrank und eine Diwandecke mit Genuß und stiller Ausdauer angeknabbert!

Aber eine durchaus positive Feststellung konnte ich auch machen: Dieser Winterwurf hatte fast keine Würmer! Anscheinend war schon die Infektion über die Hündin viel geringer; der immer wieder frisch fallende Schnee, der alle alten Unreinlichkeiten zudeckte, trug sicher sehr viel zur Sauberhaltung bei! Und da die Welpen selbst auch bis zu vier Monaten wegen der dicken Schneelage überhaupt nicht mit Erdreich in Berührung kamen, war diesmal der »Erfolg« der Wurmkur auf ein halbes Dutzend unterentwickelte Würmchen (bei allen sechs Welpen!) beschränkt.

16. Kapitel

ENTWÖHNUNG DER WELPEN

Ab der 3. Woche: So stellt man langsam um

Wenn die Hündin genug Milch hat — und eine »natürlich« gehaltene hat jeweils genug —, dann bekommen die Jungen frühestens nach Ablauf der *dritten* Woche die ersten Tropfen *Honigmilch,* also frische *rohe Kuhmilch,* (noch besser wäre Ziegenmilch; aber woher nehmen?) angereichert mit einem *Teelöffel voll Bienenhonig* pro Tasse.

Die Hündinnenmilch hat eine andere Zusammensetzung als etwa Kuhmilch.

> **Hundemilch** *enthält etwa 8 % Eiweiß, 9 % Fett, 3,5 % Milchzucker, 0,3 % Calcium und 0,2 % Phosphor. Vergleicht man sie mit*
> **Kuhmilch,** *diese enthält 3,3 % Eiweiß, 3,8 % Fett, 4,7 % Milchzucker, 0,1 % Calcium, 0,1 % Phosphor*

kann man sofort feststellen, daß normale Kuhmilch viel *zu mager ist für die Welpen,* und der erhöhte Milchzuckeranteil verursacht obendrein noch leicht Durchfall.

Es ist mir unklar, womit die immer wiederkehrende Behauptung, man müsse Kuhmilch vor der Verfütterung an die Welpen mit Wasser verdünnen, um Durchfälle zu vermeiden, begründet werden soll. Nach meinen Erfahrungen ist die Sache gerade umgekehrt, und die Zahlen oben beweisen es: *Kuhmilch muß angereichert werden!*

Bienenhonig * — nutzen Sie preiswerte Sonderangebote aus, so oft sie nur können, und schaffen Sie sich rechtzeitig einen Vorrat — ist das beste aller Zusatzmittel; man kann die Milch aber auch mit einem frischen, gut geschlagenen *Eigelb* vermengen, ein Eigelb auf eine große Tasse Milch.

Das erste Beifutter — wie man die Welpen daran gewöhnt

Haben die Welpen nach ein paar Tagen alle gelernt, wie man aus einer Schüssel trinkt, dann kommen einmal am Tag schon ein paar zarte Vollkornflocken in die Honigmilch (Gerstenflocken oder Hundeflocken oder als beste Möglichkeit Baumrindenmischung).

*) Siehe auch im 2. Teil dieses Buches!

Dieses allererste Beifutter ist — bei einer gesunden Hündin mit reichlicher Milchproduktion und bei normalen Verhältnissen — weniger zur Ernährung nötig, als einerseits zur *langsamen Vorbereitung* der Futterumstellung und andererseits vor allem *zur Übung:* Die Kleinen müssen ja erst lernen, wie man aus einer Schüssel trinkt und frißt; nur das Saugen ist ihnen angeboren.

Bei mir hat sich nach und nach folgende Handhabung ergeben: Die lauwarme Honigmilch kommt in ein kleines Schüsselchen mit senkrechtem Rand. Dann stelle ich den ersten Welpen auf einen Tisch oder dergleichen, auf den man auch eine rutschfeste Unterlage legen kann, (Vorsicht, daß der Welpe nicht rückwärts geht und hinunterfällt!) und halte ihm die Milch vor die Nase. Er wird daran riechen.

Dann kommt mein Finger, taucht ein und reibt ihm das süße Getränk ums Schnäuzchen. In den meisten Fällen wird sofort die kleine Zunge erscheinen und die Feuchtigkeit ablecken. Dann erfolgt gleich dieselbe Prozedur noch einmal. Nun tauche ich ihm das ganze Mäulchen vorsichtig in die Milch (es soll ihm nichts in die Nase kommen!), worauf besonders intelligente Welpen sofort begreifen, daß man nun wieder lecken muß. Die meisten heben den Kopf aber wieder und lecken sich nur das Mäulchen ab.

Dann drücke ich ihnen mit der rechten Hand das Köpfchen abermals knapp über den Milchsee und bringe ihre Zunge durch den Zeigefinger der Linken, an dem sie sofort zu saugen beginnen, wenn ich ihn ihnen überlasse, mit der Milch in Berührung. Diesmal funktioniert es meist sofort, weil sie die Milch an meinem Finger entlang hochschlürfen.

Für den ersten Tag genügt das, und es kommen die anderen kleinen Kerle dran. Am zweiten Tag werden ein paar Welpen bereits mit Begeisterung schlecken; nach drei Tagen können sie es alle. Nun bekommen sie schon zweimal am Tag ihre Honigmilch. Natürlich brauchen sie zunächst nur wenig, und für meine sechs jungen Boxer genügte in den ersten Tagen eine Tasse Honigmilch vollauf.

Wenn alle gut trinken können, kommen einmal am Tag — wie oben schon erwähnt — die ersten Vollkornflocken in die Milch; aber da sind die Welpen bei mir bereits vier Wochen alt.

Ausnahmsweise habe ich auch schon ein paar Tage früher mit dem Beifutter angefangen, aber nur, wenn ich mit der Hündin Sorgen wegen des Gesäuges hatte (s.u. »Schwierigkeiten«). Damit erreicht man, daß es keine besondere Aufregung zu geben braucht, wenn die Hündin wirklich schon mit fünf Wochen aufhört zu säugen. Die Welpen sind dann so weit, daß

Nach ein paar Wochen ist das Gedränge groß!

(Aufnahme: Sieber)

man sie nötigenfalls ohne jede Schwierigkeit — die Mühe und die Arbeit, die es erfordert, rechne ich ja nicht zu den »Schwierigkeiten« — auch von heute auf morgen absetzen kann.

Wie aus den meisten meiner Ausführungen sieht man auch hier wieder, daß die Hundezucht nie langweilig werden kann, denn ein Wurf spielt sich nie genau wie der andere ab.

Kein Hund reagiert genauso wie sein Artgenosse, und innerhalb jedes Wurfes ist sogar jeder Welpe schon eine kleine Persönlichkeit, auf die man achtgeben sollte. Einer ist vielleicht ein ausgesprochener Fresser; der nächste »speist« vom allerersten Bissen an mit Anstand; der dritte trödelt unwahrscheinlich! Während der eigentlichen Entwöhnung habe ich auf diese Eigenheiten Rücksicht genommen, damit alle Welpen zu ihrem bestimmten Quantum Futter kommen.

Sobald aber mit sieben bis acht Wochen alle richtig fressen können, geht es mit der Erziehung los: die Übergierigen werden nach kurzer Zeit zurückgehalten, den Trödlern aber wird nach zehn Minuten die Schüssel weggenommen; sie halten sich dann bestimmt beim nächstenmal mehr dazu!

Nach vier Wochen: Allerlei Rezepte gesund und wohlschmeckend

Der richtige, steife Vollkornbrei, den ich nach Ablauf der vierten Woche gegeben habe, wird wie folgt und möglichst jeden Tag etwas anders zubereitet. *Die Haferflocken werden immer über Nacht eingeweicht.*

Man kann nun variieren: Einmal nimmt man rohe Milch mit zarten Hundeflocken oder mit Haferflocken. Das nächstemal verwendet man angesäuerte Milch, mit etwas Weizenkleie und Weizenkeimen, jeden zweiten Tag noch mit einem großen Eßlöffel voll Honig (für alle sechs gerechnet). Dann wieder mischt man ganz fein geschnittene Rosinen oder Datteln unter und etwas gutes Öl — aber zunächst nur wenig, damit sich der Welpe daran gewöhnen kann! Im Winter nimmt man, wegen seines Vitamin D-Gehaltes, Lebertran; im Sommer, wenn die Welpen genügend Sonne bekommen, Oliven- oder Sonnenblumenöl.

Kalk, am besten rohes Knochenmehl, kommt auch darüber, und für die notwendigen Vitamine sorgen eventuell frisches, zerdrücktes Beerenobst oder ein geriebener Apfel. Im Winter gebe ich auch gerne frisches Leinsamenschrot.

Diesen Brei bekamen meine Welpen *gemeinsam* in einer flachen Schüssel vorgesetzt, die aber nicht einfach auf den Boden gestellt wurde, sondern immer etwas erhöht, damit die Kleinen von Anfang an aufrecht stehend fressen, was für ihre Haltung und die Entwicklung des schönen Halsschwunges gut ist.

Bei dem vehementen Wachstum der Welpen muß der »Tisch« alle paar Tage erhöht werden: erst genügen zwei Dachplatten, dann ein Ziegelstein, bald muß es schon ein Schemel sein.

Die Futteraufnahme soll man immer beobachten! Verweigert ein Welpe den Brei, liegt meist Verwurmung vor, die sofort behandelt werden muß.

Je »nach Lage der Dinge« bekamen meine Welpen zwischen dem 28. und 31. Tag das erste Fleisch. Hier brauchte keiner Nachhilfeunterricht: Die erste Portion, ein Eßlöffel voll geschabtes mageres Fleisch, war sofort mit zwei Happsern weg. Nach zwei Tagen wird der Eßlöffel aufgehäuft voll gegeben; nach weiteren zwei Tagen bekommt jeder Welpe schon etwa 50 Gramm. Bestes Schabefleisch ist zwar sehr teuer, bekommt den Welpen aber ganz bestimmt.

Futterplan ab der 7. Woche

Mit Beginn der *siebten Woche* wird aus der täglichen Fleischration die erste richtige Mahlzeit, und mein Futterplan sieht dann, abgesehen von der Muttermilch, die nun nach und nach weniger wird, so aus:

Morgens: Für alle Honigmilch mit wenig leichten Flocken, dünnflüssig als Getränk aus einer gemeinsamen Schüssel.

Mittags: Für alle ein steifer Vollkornbrei (s. o.) aus einer gemeinsamen flachen Schüssel. Wenn Sie aus dem Brei kleine Knödel drehen, können die Welpen dieses »Mittagessen« leicht aufnehmen!

Abends: Für jeden Welpen *einzeln* angerichtet: etwa 75 g Fleisch (nun nicht mehr geschabt, sondern in ganz feine Streifen und Bröckchen geschnitten, weil der kräftige kleine Magen anfangen soll, sich an richtige Verdauungsarbeit zu gewöhnen!),
dazu je eine Prise Weizenkleie, Weizenkeime, rohes Knochenmehl, Seetangpulver, fünf Tropfen guter Lebertran (im Winter) und Olivenöl im Sommer.

Der erste Versuch gelingt hier manchmal nicht so leicht wie bei dem allerersten Fleisch, das sie »naturell« bekamen. Aber mit etwas Geduld gewöhnen sie sich schnell an den neuen Geschmack.

Die Welpen — immer in Aktion; die Hündin — immer gelassen!

(Aufnahme: Sieber)

Gesund und abwechslungsreich: Allerlei Grünzeug und Gemüse

Nach zwei Tagen kommt dann noch das erste Grünzeug hinzu, womit dann auch für ausreichend Vitamine und Mineralien gesorgt ist: Eine Messerspitze voll fein gehackte Petersilie oder grüne Sellerieblätter oder Minze, auch Löwenzahnblätter oder Borretsch — am besten etwas gemischt und wirklich breifein gehackt, da die Hunde die Zellulose sonst nicht ausreichend verdauen und auswerten können. Ab und zu auch ein paar Tropfen reiner Zitronensaft, immer eine Knoblauchtablette oder eine fein zerdrückte Zehe. Täglich eine ganz fein geriebene Karotte. Wenn Ei, Karotte, Knoblauch und alles Grünzeug im Mixer fein püriert werden, nehmen es die Welpen zusammen mit dem Fleisch widerspruchslos an.

Innerhalb dieses Rahmens sind der Phantasie keine Schranken gesetzt; Abwechslung ist auch bei jungen und erwachsenen Hunden beliebt. *Alle paar Tage, je nach Appetit, werden die Rationen erhöht.*

Mit 7½ Wochen: Vier Mahlzeiten —
die Welpen sind vollständig entwöhnt

Mit etwa 7½ Wochen kommt dann nachmittags noch eine vierte Mahlzeit hinzu, damit das Abendessen nicht zuviel auf einmal für den kleinen Verdauungsapparat wird.

Das Fleisch — nun sind es je Welpe schon 150 g pro Tag — gibt es zur Hälfte nachmittags, lediglich mit ein paar rohen Flocken und Kleie, die als Ersatz für das fehlende Rauhfutter (unsere Haushunde fressen ja nicht mehr Beutetiere mit Haut und Haaren!) darübergestreut werden, die andere Hälfte abends mit allen genannten Zutaten, die von der anfänglichen »Prise«, über eine Messerspitze voll, einen gestrichenen und einen gehäuften Teelöffel voll, bis zum Eßlöffel voll beim erwachsenen Hund, anwachsen, soweit es sich um Weizenkleie, Grünzeug, Öl und rohes Knochenmehl handelt.

Seetangpulver sowie Weizenkeime werden bis auf höchstens einen gestrichenen Teelöffel voll erhöht. Karotten kann man kaum zuviel geben, wenn der Hund sie mag. Dreimal die Woche kommt zum Abendfleisch noch ein frisches Eigelb hinzu.

Sobald die Fütterung mit vier Mahlzeiten pro Tag richtig funktioniert, ist der Welpe vollständig umgestellt und entwöhnt. Es hängt aber natürlich von der Hündin ab, ob er zwischendurch auch noch Muttermilch bekommt. Wenn die Hündin von sich aus immer wieder zu den Welpen will und sie auch in der achten Woche noch trinken läßt, so ist das nur gut für die Welpen und schadet der Hündin gar nichts. Nur zwingen darf man sie natürlich in keiner Weise mehr dazu.

Nach der Entwöhnung ist einiges zu beachten

Bekommen die Welpen schon Fleisch, soll man die Hündin mindestens zwei Stunden von ihnen fernhalten, das heißt, sie soll nicht im Anschluß an die Fleischmahlzeiten die Welpen gleich auch noch säugen.

Andererseits muß man auch verhüten, daß die Hündin nach ihrer eigenen Fütterung sofort zu den Welpen stürzt, was jede normale Hundemutter mit Vorliebe tut. In den ersten sieben Wochen ist das zwar gut und richtig — aber sobald man mit der Entwöhnung anfängt, muß man achtgeben. Die Kleinen betteln die Mutter richtig an, sobald sie riechen, daß sie etwas gefressen hat, indem sie ihr den Fang lecken und immer wieder an ihrem Kopf hochspringen.

Die Hündin hat — als natürliche Instinkthandlung aus dem früheren Leben der Hunde in freier Wildbahn — das Bestreben beibehalten, auch ihrerseits die Welpen zu »entwöhnen«, das heißt ihnen festes Futter anzubieten. Da unsere Haushunde nicht — wie ihre wilden Vorfahren — ihren Jungen einen gerissenen Hasen oder dergleichen heimbringen können, im übrigen aber durchaus ein Wissen davon haben, daß junge Welpen noch nicht alles verdauen können, speien sie ihnen, als ganz normales Verhalten, ihr eigenes, bereits angedautes Futter nach einiger Zeit vor — und zwar meist sofort nach der oben geschilderten Bettelaktion der Kleinen!

Wenn das mit dem Mittagsbrei geschieht, regt es mich nicht weiter auf, denn die Mahlzeit der Hündin ist der der Welpen sehr ähnlich, nur etwas gröber. In diesem Fall bin ich nur deswegen dagegen, weil die Hündin ihr Futter für sich behalten soll, nachdem sie durch Wurfpflege und Säugezeit sowieso genügend in Anspruch genommen worden ist. Ich mußte oft lachen, wenn die Welpen, die ihren eigenen Brei noch ohne große Begeisterung und nur langsam fraßen, sich plötzlich wie die Wilden auf diesen mit Mutters Magensaft durchtränkten Haufen stürzten — der viel weniger appetitlich aussah als ihre eigene Mahlzeit in der sauberen Schüssel! Jeder Grashalm wurde dann abgeleckt ... Nachteil für den Zwinger: die Magensäure der Hündin ist so scharf, daß an den betroffenen Stellen das Gras stets verbrennt!

Ungünstig schien es mir jedoch — und ich versuchte es immer unbedingt zu verhindern — wenn die Hündin den Welpen auch ihre Fleischportionen vorlegt! Für die Welpen sucht man doch immer das beste und magerste Fleisch aus, schneidet es in kleine Bröckchen, entfernt alle Sehnen und Häute. Die erwachsenen Hunde dagegen erhalten ihr Fleisch in mindestens hühnereigroßen Brocken, und es macht gar nichts, wenn auch mal etwas Fett und zähe Dinge dabei sind. Aber für den Verdauungstrakt der Welpen wäre diese Anstrengung womöglich doch noch zu groß.

Kalbsknochen zur Zahnpflege bekommen die Welpen schon mit drei Wochen, sobald die Zähnchen richtig durchgebrochen sind. Das ist dann ihr schönstes Spielzeug — und man muß nur aufpassen, daß die Mutter den Kindern diesen Leckerbissen nicht sofort stiehlt ... Wenn die Welpen sich stundenlang damit vergnügt haben, darf die Alte den Knochen sowieso fressen.

Anfänglich hat es keinen Zweck, jedem Welpen einen Knochen zu geben; sie würden sich doch immer zu mehreren um einen raufen und die anderen unbeachtet liegenlassen! Bei mir gab es zunächst jeweils zwei Knochen für die ganze Brut; der schlaueste Bursche entführte dann einen in einen sicheren Winkel, während die anderen fünf um den zweiten rauften. Dann geht es wild zu, und man steht wieder einmal mit Freude im Herzen dabei und schaut ...

Ab etwa zehn Wochen braucht aber jeder Welpe seinen eigenen Knochen; wenn die Möglichkeit gegeben ist, sollte man sogar jeden mit seinem Knochen an einen gesonderten Platz bringen, sonst werden die Raufereien schon zu ernsthaft.

Die Hündin »trocken« füttern

Hat die Hündin nach sieben Wochen, wenn die Umstellung der Welpen schon weit fortgeschritten ist, noch sehr viel Milch, muß man sie »trocken« füttern, damit bei Angabe der Welpen die Milchproduktion sicher beendet ist!

Deshalb dann für die Hündin:

Morgens: Keine Honigmilch mehr geben;
Mittags: Brei ausgesprochen trocken halten;
Abends: Fleischportion wieder auf normales Quantum herabsetzen.

Hört allerdings die Hündin schon früher auf zu säugen, dann müssen die Welpen natürlich auch früher entwöhnt werden und jeweils entsprechend größere Portionen bekommen!

Man könnte wirklich stundenlang zuschauen ...

(Aufnahme: Sieber)

17. Kapitel

VERKAUF DER WELPEN

Wichtig: Rechtzeitig zum neuen Herrn — warum?

Im Kapitel »Das leidige Geld« werde ich nochmals darauf hinweisen, daß es erstrebenswert ist, Welpen mit acht bis zehn Wochen abzugeben, um die sowieso erheblichen Kosten der Zucht und einer erstklassigen Welpenpflege möglichst nicht über die Einnahmen hinaus wachsen zu lassen. Außer dieser praktischen Begründung gibt es dafür aber noch zwei gefühlsmäßige Gründe, die für einen echten Tierfreund noch viel wesentlicher sind.

Erstens: Je älter unsere Junghunde werden, um so mehr lieben wir sie — nicht nur den reizenden Welpen als solchen, sondern schon die kleine Hundepersönlichkeit; um so schwerer wird es dann, sie noch wegzugeben!

Zweitens: Es ist für den Welpen selbst ungeheuer wichtig, möglichst früh in sein endgültiges Heim zu kommen! Wir haben immer wieder die Erfahrung machen müssen, daß Tiere, die wir erst mit etwa sechs Monaten verkaufen konnten, schon so fest und herzlich an uns hingen, daß ein Einleben in der neuen Familie und in fremder Umgebung mit allerlei Komplikationen verbunden war.

Sogar die seit Monaten bestehende Stubenreinheit funktioniert oft zunächst nicht mehr; der Junghund weiß einfach nicht, wohin er an dem unbekannten Platz gehen darf! — Ein scharfer Jungrüde verlor für Monate seine Stimme; er bellte überhaupt nicht mehr, und bei uns hatte er schon seit langem besonders gut gemeldet! Erst ganz allmählich, als er zu der neuen Herrin Vertrauen faßte, vergingen diese Nachwirkungen der späten Verpflanzung. — Ein anderer frecher Bursche zeigte sich vorübergehend ausgesprochen menschenscheu!

Das sind alles Probleme, die bei einem jungen Welpen überhaupt nicht auftreten. Er wird die neuen Besitzer sofort als Herren akzeptieren und lieben; bei allen schon etwas älteren Junghunden bleiben für lange Zeit noch wir der Mittelpunkt der Sehnsucht, und erst wenn wir allmählich in Vergessenheit geraten, schließen sie sich ganz an die neue Umgebung an. Die Eingewöhnung wird also für ein älteres Tier nicht leichter, sondern vielmehr von Woche zu Woche schwerer, auch wenn viele Menschen das nicht glauben und es uns Züchtern vielleicht sogar als Profitgier auslegen, wenn wir versuchen, die Welpen möglichst mit acht bis zehn Wochen aus der Hand zu geben.

Sind also die Welpen mit acht Wochen vollständig entwöhnt und entwurmt, sind sie — je nach Rasse — fertig kupiert und geimpft, ist der Wurf vom zuständigen Zuchtwart abgenommen, so sind die Welpen zum Verkauf freigegeben.

Vielerlei Überlegungen bei Abgabe der Welpen

Zu den bisher nicht behandelten Voraussetzungen für die Abgabe wäre noch folgendes zu sagen: Wir entwurmten unsere Welpen, wie schon früher im Kapitel »Schwierigkeiten« angegeben, noch einmal mit 8 Wochen mit Piperazin-Paste und rieten den Käufern, etwa vier Wochen später eine Nachkur zu machen und eine weitere während des Zahnwechsels durchzuführen. Mehr zum Thema Zahnwechsel im Kapitel: »Was der Käufer wissen muß«.

Züchten Sie eine Rasse, die wie unsere Boxer kupierte Ohren trägt (Boxer, Schnauzer, Pinscher, Doggen), so wenden Sie sich rechtzeitig an Ihren Rassezuchtverein, der Ihnen sagen kann, welcher Spezialist in Ihrer Gegend — unter Berücksichtigung der entsprechenden Tierschutz-Vorschriften — diesen kleinen Eingriff etwa in der siebten Woche vornimmt und wie Sie die Nachbehandlung durchführen müssen.

Sehr wichtig: Ordnungsgemäße Papiere für Ihre Welpen

Die Abnahme des Wurfes durch den Zuchtwart ist wichtig und unerläßlich, weil man nur auf Grund der ordnungsgemäß ausgefüllten Unterlagen (Deckurkunde und Wurfmeldeschein sowie Beurteilung und Bestätigung des Zuchtwartes) die Ahnentafel bekommt. Diese Vorschriften stehen natürlich in allen Zuchtbestimmungen, auf die ich schon früher hingewiesen habe und die jeder Züchter gewissenhaft beachten sollte!

Hunde ohne diese Papiere oder gar Mischlinge zu züchten, hat keinen Sinn. Man würde nie einen auch nur halbwegs die Kosten deckenden Preis bekommen, und kein Käufer hätte auch nur annähernd die Sicherheit, ein Tier nach seinem Geschmack zu erhalten.

Als Welpen sind alle Hunde — auch die tollsten Mischungen — reizende Wesen, die alle Herzen erobern, aber was kommt später dabei heraus? Und die Haltung eines Rassehundes ist ja keineswegs kostspieliger als die eines Bastards, der genausoviel Steuern kostet und genausoviel Hunger hat. Lediglich der Anschaffungspreis eines wirklich guten Hundes ist höher; warum er höher sein muß, ergibt sich aus allem, was in diesem Büchlein steht ...

Es ist immer von neuem ein Lotteriespiel, wenn man einen jungen Welpen abgibt oder kauft: Welcher Käufer hat vielleicht einen künftigen »Sieger« bekommen, und wer hat womöglich ein Tier erhalten, bei dem ein längst aus der Rasse herausgezüchtetes, uraltes und unerwünschtes Merkmal wieder durchschlägt — was vielleicht erst beim völlig ausgewachsenen Hund erkennbar sein wird?

Es gehört unendlich viel Erfahrung, wohl jahrzehntelange Züchtertätigkeit und außerdem noch Fingerspitzengefühl dazu, um einem Welpen mit acht Wochen anzusehen, wie er sich wirklich entwickeln wird; ich kann es jedenfalls noch lange nicht! Gewiß, es gibt einige Grundregeln, die man schnell lernt — aber das ist auch alles.

Ich konnte jedoch, wie ich schon früher schrieb, jedem Käufer zusichern, daß er ein gesundes, bestens aufgezogenes Tier mit guten Anlagen und mit einem guten Charakter bekommt! Außerdem habe ich jedem jungen Hund einen genauen Futterplan mitgegeben und den neuen Besitzern wärmstens die hier so oft zitierte »natürliche Methode« empfohlen. Leider halten sich nur wenige Menschen an diese recht aufwendig erscheinende Art der Fütterung — aber wer es tut, der schwört allmählich darauf.

Außer der Futteranweisung, den »Papieren« und dem Impfpaß bekommt jedes Hundekind ein ungewaschenes Stück Bettuch aus der Schlafkiste mit. So nimmt es den vertrauten Geruch des Nestes mit in die neue Heimat, was für die ersten zwei oder drei Tage ein Trost ist. Dann hat sich jeder Hund, so er liebevoll aufgenommen wurde, schon eingewöhnt und findet es herrlich, nicht mehr nur ein Mitglied einer Meute, sondern plötzlich gehätschelter Mittelpunkt einer eigenen Familie zu sein ...

Sommerliche Badefreuden: Trixi und Eos
(Aufnahme: Sieber)

Durch wiederholte Rückfragen der Käufer bin ich nach und nach auf einige Fehler in der Haltung junger Welpen gestoßen, die ich Ihnen nicht vorenthalten möchte. Sie finden sie im nächsten Kapitel zusammengefaßt. Bitte weisen Sie bei der Abgabe Ihrer Hundekinder die Käufer ausdrücklich auf die darin aufgeführten Punkte hin, weil diese Fragen immer wieder auftauchen.

Eine kleine Warnung: Lassen Sie nie die Mutterhündin und jene Jungtiere, die bei Ihnen im Haus bleiben sollen, zusehen, wenn ein Welpe abgeholt, in ein Auto gehoben und davongefahren wird! Ich habe diesen Fehler beim ersten Wurf gemacht; darauf ging mir die Hündin, die sonst so gern Auto fuhr, und auch die Schwester des kleinen Rüden, die wir als zweite Zuchthündin behielten, für zwei Jahre in kein Auto mehr ... Ein Beweis mehr für die Tatsache, daß man auf das Seelenleben seiner Zuchthunde sorgfältig achten muß.

Da wir keinen »Hundehandel« betrieben haben — was ja auch mit einem, zwei oder allerhöchstens drei Würfen im Jahr gar nicht möglich ist —, sondern wirklich aus Liebe zu unseren Boxern und aus Freude am Wunder des werdenden Lebens Züchter geworden sind, ist es immer unser Bestreben gewesen, mit allen unseren Hundekindern, das heißt also auch mit ihren neuen Besitzern, in Verbindung zu bleiben. Bis auf wenige Ausnahmen ist das auch gelungen, und es haben sich durch die jungen Hunde viele gute menschliche Beziehungen ergeben, die ich nicht mehr missen möchte.

Es gehört zu meinen besonderen Freuden, wenn plötzlich ein Wagen vor dem Haus steht und ein inzwischen erwachsener Hund unserer Zucht herausspringt — stutzt — wittert — und dann wie in alten Zeiten mit einem Juchzer auf mich zustürzt und die alte Heimat erkennt! Auch auf Ausstellungen, wo ich manchmal eines »meiner Kinder« wiedertreffe, erkennen sie mich nach Jahr und Tag – am heimatlichen Geruch, an der aus den ersten Welpentagen vertrauten Stimme? Ich weiß es nicht.

Aber viel Arbeit und Sorge sind vielfach belohnt, wenn plötzlich ein großer dreijähriger Rüde, den ich mit acht Wochen aus der Hand gegeben habe, mir seine großen Pfoten auf die Schultern legt (ich bin ziemlich kurz geraten!) und den traditionellen Kuß aufs Ohr wiederholt ...

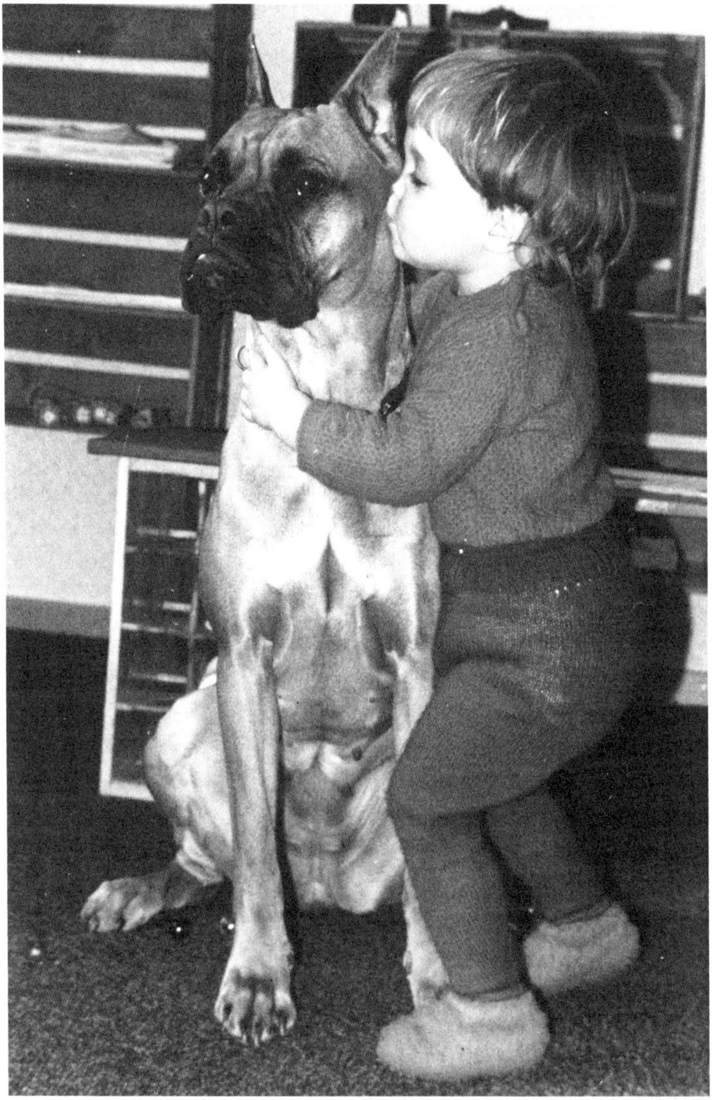

Freundschaft, die ein ganzes Leben hält: Vilja vom Ilsenstein (sie wurde 13½ Jahre alt) mit Michèle

(Aufnahme: Sieber)

18. Kapitel

WICHTIGE HINWEISE FÜR DEN KÄUFER

Wie schon im Kapitel »Verkauf« erwähnt, wird der neue Hundebesitzer, wenn er seinen Welpen mit nach Hause nimmt, mit allem Notwendigen ausgerüstet. Dennoch gibt es einiges, das die weitere Aufzucht der Hunde betrifft, was man jedem Käufer besonders sagen sollte bzw. was man auch selbst beachten muß, wenn man zum ersten Mal einen jungen Hund aufziehen oder in die Familie aufnehmen will.

Warum vor allem Wärme so wichtig ist

Einer der wichtigsten Punkte, auf den jeder, der einen Welpen ins Haus nimmt, nachdrücklich aufmerksam gemacht werden muß, ist Wärme! Ich habe zwar schon früher darauf hingewiesen, daß möglichst 22 °C sichergestellt sein sollten. Aber damit war der ganze Wurf im Nest gemeint.

Jetzt dreht es sich um die 8 bis 13 Wochen alten Tierchen. Bis zur Abgabe leben sie mit Mutter und Geschwistern zusammen in der geschützten Wurfkiste. Die Hündin hat rund 38 °C Körpertemperatur — ist also eine vollendete Zentralheizung. Ist sie für kurze Zeit abwesend, kuscheln sich die Geschwister sogleich eng zusammen und halten sich gegenseitig warm.

Aus diesem warmen Heim kommt nun ein Welpe — mit acht Wochen und allein — in eine neue, fremde Umgebung, womöglich in einen Raum mit Steinboden, (wegen der noch zu befürchtenden Pfützchen!) und meist in einen für ihn zunächst viel zu großen (auf Zuwachs berechneten), offenen Korb. Nur für Schoßhündchen werden vielleicht Kugelkörbe mit nur einem Schlupfloch angeschafft.

Ich wette 100 gegen 1, daß der Welpe gelegentlich weint, daß er viele Pfützchen macht, bald schlecht frißt und womöglich Durchfall bekommt. Dafür werden dann der Züchter, der Futterplan oder eine Infektion verantwortlich gemacht, und häufig wird der Tierarzt bemüht.

Was aber fehlt dem jungen Tier wirklich? In den meisten Fällen nichts als Wärme! Winselt der kleine Kerl in der ersten Nacht, wird er entweder, obwohl er ganz unschuldig ist, unberechtigt bestraft oder aber, das andere Extrem, vielleicht ins Bett gehoben — wo er keinesfalls hingehört. Natürlich ist er dort sofort still und zufrieden, denn da ist es genauso schön warm wie daheim bei der Hundemutter ... In jedem dieser Fälle hat der Welpe zwei unrichtige Erfahrungen gemacht: Die ungerechte Bestrafung stört das Vertrauensverhältnis zum neuen Herrn — oder im anderen Falle bekommt der Hund später noch fortwährend Schelte, wenn er eben das warme Bett immer und immer wieder so schrecklich gern mitbenutzt!

Wer also einen Welpen bekommt, überlege sich vorher genau folgende Punkte:

> *1.) Ist der ihm zugedachte Schlafplatz zugfrei? (An Schwingtüren denken!)*
>
> *2.) Ist der Raum nicht fußkalt? (Auch die dickste Schaumgummimatratze gehört noch auf ein Holzgestell, damit warme Luft darunter kann.)*
>
> *3.) Ist der Platz (Kiste, Korb, Hütte) klein genug, damit ihn der Junghund mit seiner Körperausstrahlung erwärmen kann?* (Daran krankt die Sache meistens!)

Es ist leicht, mit ein paar Latten, die man mit Draht zusammenbindet und einer darüber gebreiteten Decke aus dem ungemütlichen Lager ein Himmelbett zu machen.

Denken Sie auch nicht, daß der Raum ja 20 °C hat — messen Sie erst einmal die *Temperatur am Boden neben dem Hundekorb* nach! Wir haben das getan: es bestehen immer Unterschiede von 5 °, meist aber 7 ° zwischen der Wärme in Augenhöhe — wo meist das Thermometer hängt — und dem Fußboden. Und 15 ° oder weniger sind für ein Jungtier einfach zuwenig.

Für den Anfang: Ein richtiges »Hundebett« bauen!

Machen Sie Ihrem Hundekind für die ersten Wochen oder Monate (das richtet sich nach Rasse und Jahreszeit) am besten zunächst ein »Baby-Bett« für die Nacht. Der Welpe kommt in eine Schlafkiste, deren Wände höher sind, als er sie bei seiner derzeitigen Größe ohne Anlauf überspringen kann. Er soll nur bequem darin liegen können. Unten hinein kommt ein Kissen, und oben wird sie zu etwa Dreiviertel mit einem Deckel verschlossen, der jeden eigenmächtigen Ausflug verhindert.

So wird das Hundelager nachts einfach *neben* das Bett des neuen Herrn gestellt. Erstens hat es der Welpe dort warm genug — für die Erwärmung des kleinen Raumes reicht ja seine eigene Körpertemperatur aus —, und zweitens meldet er sich sofort, wenn er nachts mal »muß«, denn sein eigenes Bett beschmutzt ein gesunder Welpe nicht, vielmehr versucht er, es unbedingt zu verlassen. Davon wird man wach und kann ihn schnell hinaussetzen. Damit ist beiden Teilen geholfen, denn auf diese Weise wird er schnellstens stubenrein. (Selbstverständlich muß man ihn hinaus*tragen* — sonst passiert das Malheur sofort neben der Kiste im Schlafzimmer ...)

Mancher junge Hund ist schon gestraft worden, weil er nur langsam sauber wurde — und dabei war eine leichte Blasen- oder Darmerkältung die Ursache. Oder er bekam Schelte und einen Klaps, wenn er, anstatt auf seinem Schlafplatz, morgens in einem Polstersessel angetroffen wurde! Bitte messen Sie die Temperatur an seinem Lager nach, und vergleichen Sie die Möglichkeit, sich dort selbst zu erwärmen, mit der geradezu »vernünftigen« Lösung, sich einen dreiseitig geschützten, viel höher gelegenen Platz zu suchen ...

Mißverstehen Sie mich nicht: Man soll Junghunde nicht verweichlichen, sondern sogar planmäßig abhärten. *Aber der Schlaf- und Ruheplatz muß nicht nur trocken und zugfrei, sondern bei jungen Tieren auch ausreichend warm sein!* Ich rate also allen Züchtern, *sich nicht nur selbst danach zu richten,* sondern auch *jeden Käufer ausdrücklich darauf hinzuweisen!*

Geduld und Konsequenz führen sicher und schnell zur Sauberkeit

Außerdem sollte man vernünftigerweise von einem Welpen und Junghund nichts verlangen, wozu er physisch einfach noch nicht in der Lage ist. Die Blase ist noch klein — muß sich also oft entleeren können! Die Schließmuskeln sind noch schwach — er kann also das große Geschäftchen noch nicht so lange zurückhalten, wie es sein Besitzer oft schon viel zu früh von ihm verlangt ...

Man muß aber immer wieder darauf hinweisen, daß es dem Hund von Natur aus selbstverständlich ist, das Haus rein zu halten. Er muß eben nur einerseits erst einmal selbst soviel »Fassungsvermögen« haben, daß er es längere Zeit aushalten kann, zweitens die örtlichen Gegebenheiten hinreichend kennen. Drittens hat er es, wenn Sie ihn im Welpenalter, wie bereits beschrieben, rechtzeitig daran gewöhnt haben, auch beim neuen Besitzer bald gelernt, sich rechtzeitig zu melden. Wenn man selbst am Anfang seine Anzeichen immer richtig deutet und ihn dann unverzüglich hinaustut, in der ersten Zeit am besten hinaus*trägt*, ist er in wenigen Tagen stubenrein.

Haben Sie jedoch den Welpen bereits an einen bestimmten Satz gewöhnt, mit dem Sie ihn nach draußen schicken, um sich zu lösen, sollten Sie alle entsprechenden Sätze aufschreiben und dem neuen Besitzer mitgeben, er wird sie vielfach und gern beibehalten!

Überanstrengung vermeiden — Lebenslange Schäden sind oft die Folge

Ebenso sollte man vor Überanstrengungen des noch nicht ausgewachsenen Hundes und vor Verletzungsmöglichkeiten warnen. Vieles davon steht im Kapitel Sicherheit. Je länger man sich mit Hundezucht und -haltung beschäftigt, um so mehr kleine Fehler fallen einem auf, die sehr nachteilige Folgen haben können.

So sind glatte Fußböden und vor allem gebohnerte Treppen (womöglich Wendeltreppen!) ausgesprochen gefährlich. Die kleinen Pfoten finden keinen Halt, der junge Körper beherrscht sein Gleichgewicht noch nicht richtig — da gibt es unbeobachtete Stürze, die eine Verrenkung als Folge haben können; es gibt überdehnte Bänder — und eines Tages zeigt sich dann irgendein kleiner oder auch großer Schaden am Knochengerüst, der durchaus nicht immer ererbt, sondern sicher in ebensoviel Fällen im frühen Welpenalter erworben ist.

Zahnwechsel — Anlaß für allerlei Unpäßlichkeiten

Im Alter von drei Monaten, wenn er also meistens bereits beim neuen Besitzer ist, beginnt beim Welpen der Zahnwechsel — er verliert die Milchzähne und bekommt sein endgültiges Gebiß. Auch in diesen Wochen gibt es möglicherweise einige kleine Unregelmäßigkeiten: Manchmal einen Tag Durchfall, manchmal etwas schlechte Laune oder leichte Appetitlosigkeit.

Bei Hunden mit Stehohren — gleichviel ob natürliche oder kupierte, also zum Beispiel Deutscher Schäferhund einerseits und Boxer andererseits —

fallen die vorher schon tadellos stehenden Öhrchen oft nochmals für einige Tage oder auch eine Woche um. Das ist keine Ohrenkrankheit, das braucht keine Behandlung (höchstens als kleine Hilfe für einige Tage einen Pflasterring darumlegen). Wenn die Ohren vorher schon gestanden haben, dann werden sie es nach Beendigung des Zahnwechsels bestimmt wieder tun. Ich erwähne diese Erscheinung ausdrücklich, weil sie so häufig vorkommt und manchmal zu völlig unnötiger Aufregung führt.

Vor allem ist während des Zahnwechsels, der sich ja über viele Wochen hinzieht, auf *besonders gute, kräftige Ernährung* zu achten. Rohes Knochenmehl oder Calcipot sind jetzt sehr wichtig. Auch die Portionen müssen in dieser Zeit immer größer werden. Die rasant verlaufende Entwicklung braucht das nun mal zum gesunden Aufbau, der erst etwa mit einem Jahr abgeschlossen ist. Erst wenn der Hund wirklich ausgewachsen ist, d. h. etwa mit 12 Monaten, wenn er anfängt, sehr sichtlich »Speck« anzusetzen, muß man die Portionen wieder auf ein normales, der Rasse des Hundes entsprechendes Maß herabsetzen. Ein gesunder Hund ist niemals fett!

Kleine Hinweise zur Ernährung des Junghundes

Natürlich braucht ein heranwachsender Hund nicht weiterhin ausschließlich Tartar, Rinderherz und gutes Muskelfleisch! Wenn er von Anfang an gut und kräftig ernährt worden ist, kann man später — etwa ab vier Monaten — sehr wohl zu Pferdefleisch und billigerem Kopffleisch und vor allen Dingen zu Pansen (Hauptteil des Rindermagens) übergehen. Aber bitte, nur rohen Pansen verfüttern! Auch Blättermägen, möglichst ungewaschen, sollte ihr Hund hin und wieder fressen. Damit bekommt er das schon vorverdaute Grünfutter der Rinder in einer Form, die er aufnehmen und verwerten kann. Pansen und Blättermägen müssen dunkelgrün aussehen! (Was man in Metzgerläden schön sauber und weißlich hängen sieht und dort als Hundefutter kaufen kann, ist bereits gekocht und damit praktisch wertlos.) Es wird vielleicht einige Mühe machen, an dieses vorzügliche Hundefutter heranzukommen.

Nur auf einem Schlachthof oder in einer größeren Metzgerei, die noch selbst schlachtet, werden Sie Erfolg haben. Aber versuchen Sie es — Sie können Ihrem Hund kaum etwas Besseres anbieten, und es ist — selbst wenn Sie für diese »Abfälle« scheinbar gut zahlen — immer noch billiger als alle modernen Konserven und »Vollnahrungen« aus der Packung.

Herz, Leber, Hirn, Milz vom *Rind* sind für die Aufzucht gute und nicht zu teure Fleischsorten. Beachten Sie aber, daß man Leber nur in kleinen Portionen dem anderen Fleisch beimischen soll. Bei der Milz müssen Sie ausprobieren, ob Ihr Welpe sie verträgt. Möglicherweise gibt es schwärzlichen Durchfall. Dann läßt man das lieber ...

Ernährungsumstellung — bitte schrittweise

Noch etwas ist sehr wichtig: Wenn Sie den Welpen abgeben, sollte er beim Käufer in der ersten Zeit das gewohnte Futter beibehalten. Jede Ernährungsumstellung muß langsam und mit Geduld durchgeführt werden. Dabei ist die Verdauung des Welpen genau zu beobachten. Durchfall oder Verstopfung sind Zeichen dafür, daß der kleine Organismus sich eben erst an die neuen Umstände gewöhnen muß.

Also bitte — nicht nur die eigentliche Zucht, sondern dann *auch die Aufzucht mit Liebe und Verstand machen ...*

19. Kapitel

DAS LEIDIGE GELD

Viel Begeisterung und wenig Geld — und trotzdem allerbeste Aufzucht

Daß Rassehunde-Zucht ein Sport, ein Hobby und kein Gewerbe ist — daß man damit keine goldenen Berge verdienen kann, haben sogar die Finanzämter zugeben müssen. Da auf die Dauer und im Durchschnitt kein nennenswerter Verdienst herauskommt, ist diese Freitzeitbeschäftigung gewerbesteuerfrei.

Aber ich finde, man soll ruhig auch einmal über die finanziellen Fragen sprechen. Überall heißt es, man brauche viel Idealismus, Zeit, Platz und vor allem auch Geld für eine Zucht.

Das stimmt alles — aber oft haben gerade die größten Idealisten keine dicke Brieftasche, und es wäre doch schade, wenn Sie sich dadurch abhalten ließen. Darf ich also auch zu diesem so oft totgeschwiegenen heiklen Punkt etwas aus meinen Erfahrungen berichten?

Ich selber habe von Anfang an viel Begeisterung und sehr wenig Geld gehabt. Also mußte ich einen Weg finden, die allerbeste Aufzucht meiner Welpen nach »natürlichen Methoden« mit meinen beschränkten Mitteln in Einklang zu bringen. Und nach und nach ist das ganz gut gelungen.

Erstens haben wir uns darauf eingestellt, daß die Hunde zwar keine Verdienstmöglichkeit, wohl aber eine Sparkasse darstellen. Das Jahr über wird Mark für Mark in die Hundemütter, die Zwingeranlagen, die vielen Gebühren und die Aufzuchtkosten hineingesteckt. Sind dann die Welpen abgabereif, bekommt man die kleinen Beträge auf einmal in einer größeren Summe zurück.

Meine Hunde haben nie Hunger leiden oder auch nur auf eines der guten Hilfsmittel, die ich für wichtig halte, verzichten müssen; oft haben wir lieber *uns* eingeschränkt.

Dafür ermöglichten sie mir dann — nach Verkauf der Welpen — Rechnungen zu zahlen und eine größere Anschaffung zu machen, die ich sonst nicht hätte bezahlen können — einfach deshalb nicht, weil nie mehr als das Nötigste da war und also nichts gespart worden wäre.

Hat man »Glück«, beziehungsweise sorgt man für Hündinnen und Welpen so, wie es in diesem Buch geraten wird, dann verzinst sich das »gesparte Kapital« vielleicht sogar etwas, und man hat noch unendlich viel Freude dazu!

Das »Hundesparbuch«

Um eine Pechsträne — vor der niemand sicher ist — auffangen zu können, hatte ich zweitens folgende Vorbeugungsmaßnahme entwickelt: Von dem Erlös aus dem Welpen-Verkauf kam zuallererst eine ziemlich genau errechnete Summe auf ein »Hundesparbuch«. Davon konnte ich dann im Laufe des kommenden Jahres, bzw. bis zum nächsten Welpen-Verkauf

Hundesteuern,	*Arztkosten,*
Haftpflichtversicherung,	*Ahnentafel,*
Gebühren,	*neues Deckgeld*
Klubbeiträge,	*mit Fahrtspesen,*
Zuchtbuch, Anzeigen,	*Wurfgebühren und so weiter*

bezahlen. War der Ertrag nach einem besonders guten Wurf günstig, so erhöhte ich die Rücklage, um gegen Überraschungen etwas abgesichert zu sein.

Vorratswirtschaft betreiben

Drittens betreibe ich für meine Hunde Vorratswirtschaft! Honig zum Beispiel, der nicht verdirbt, wird bei mir immer dann gekauft, wenn es ein billiges Sonderangebot gibt; zwei Gläser, zehn Gläser — wie es mein Geldbeutel gerade gestattet. Dann bin ich zur Zeit der Welpenaufzucht nicht gezwungen, in wenigen Wochen einen halben Zentner Honig zu kaufen, der vielleicht gerade besonders teuer ist. Und dieses Quantum braucht man etwa bei einem Wurf Boxer für Hündin und Welpen!

Ebenso werden die guten, aber nicht billigen Zusatzmittel wie Seetang, Baumrinde usw. immer dann besorgt, wenn ich es mir leisten kann, und nicht erst, wenn ich sie schon brennend nötig brauche.

Und dann bin ich sogar dazu übergegangen, das Fleisch für die Welpenaufzucht zu »hamstern«, d. h. es wurde in der Tiefkühltruhe eingefroren. Ich konnte auf diese Weise die billigeren Fleischsorten, zum Beispiel Rinderherz und Schaffleisch, schon Monate vorher nach und nach anschaffen und brauchte nicht alles auf einmal zu kaufen, wenn ich während der Welpenaufzucht sowieso für frische Milch, Eier usw. mehr Geld als gewöhnlich ausgeben mußte.

(Es ist wohl unnötig, extra zu betonen, daß das gefrorene Fleisch natürlich mehrere Tage vor Gebrauch langsam aufgetaut wird, damit es warm und auch etwas »reif« wird.)

Wenn Sie Ihre eigene Finanzlage und die verschiedenen Möglichkeiten und Notwendigkeiten durchdenken, werden Sie viele Punkte finden, wo man hier weiterbauen kann. Es ist also nicht erforderlich, daß ich alle kleinen Hilfsmittel aufzähle.

Mit vernünftiger Planung die Kosten decken

Gerade wer rechnen muß, sollte, durch sorgfältigste Fütterung und Pflege der Hündinnen und später der Welpen, dafür sorgen, ausreichend große und gesunde Würfe aufzuziehen. Wenn nur drei Welpen zum Verkauf stehen, deckt man damit nicht einmal die tatsächlichen Unkosten des Wurfes! Das kann jeder leicht nachprüfen, der einmal ein Jahr lang »Hunde-Buchführung« macht ...

Und noch etwas: Wer nicht aus dem Vollen wirtschaften kann, gleichviel ob mit Zeit, Platz oder Geld, der sollte lieber nicht zwei Würfe zur gleichen Zeit aufziehen! Wir haben das 1961 getan.

Damals ergab sich aus der früher geschilderten dreimonatigen »Verspätung« der einen Hündin, daß beide am gleichen Tag laufig wurden, am gleichen Tag gedeckt werden mußten (eine früh in Stuttgart, eine nachmittags in Augsburg) und pünktlich am gleichen Tag warfen: 12 Welpen in einem Zimmer ...

Aber das Schlimmere kam dann bei der Entwöhnung und Aufzucht: jeden Tag sechs Liter Vollmilch und anderes, und wenn ich beim Metzger fünf Kilo Rinderherz verlangte, bekam ich höchstens eins und mußte teures anderes Fleisch kaufen — denn für die jungen Welpen ist das Beste gerade gut genug. Dazu kommt noch, daß 12 Welpen sehr viel schwerer zu verkaufen sind als sechs ...

Jedenfalls war alles so schwierig und kostspielig — von der vielen Arbeit gar nicht zu reden —, daß ich das möglichst nicht wiederholen wollte. Im nächsten Jahr mußte deshalb eine Hündin warten, worüber sie allerdings beleidigt und traurig war und so offensichtlich Minderwertigkeitskomplexe bekam, daß ich sie immer trösten mußte! Traurig und außer sich war auch die andere, als sie beim nächsten Wurf der Tochter »aussetzen« mußte!

Wo allerdings mit mehr als zwei Hündinnen regelmäßig gezüchtet werden soll, werden sich Doppel-Würfe nicht vermeiden lassen. Dann lieber am gleichen Tag, als mit Abständen von fünf oder zehn Tagen ... zwölf Welpen gleichartig füttern ist leichter, als sechs mit der ersten Honigmilch und sechs schon mit dem ersten Fleisch ...

Welpen rechtzeitig abgeben

Außerdem möchte ich nochmals darauf hinweisen, daß man Welpen mit acht, höchstens mit zehn Wochen verkaufen sollte. Muß man sie länger füttern, fressen sie langsam aber sicher den möglichen Nutzen wieder auf — es sei denn, man kann von dem Käufer die Futterkosten ersetzt bekommen. Aber gerade einem Anfänger dürfte es kaum gelingen, den Käufer von dieser Notwendigkeit zu überzeugen.

Die Aufzucht ist vom dritten bis siebten Monat am kostspieligsten, weil *noch das allerbeste Futter und jetzt schon in beträchtlichen Mengen nötig ist.* Wenn man also nur die bar ausgelegten Beträge berechnet, kommt schon eine ganz hübsche Summe pro Woche heraus, von deren Berechtigung sich Uneingeweihte nur schwer überzeugen lassen ...

Vor allem fehlt dann das Geld, wenn es beim nächsten Wurf dringend benötigt wird oder bei einer Krankheit oder Komplikation, wo Tierarzt, Arzneimittel usw. viel Geld verschlingen können.

Hat man mehrere gute und vor allem gesunde Würfe gehabt und in gute Hände weitergeben können, so wird der Absatz nach und nach immer leichter werden. Bei uns jedenfalls »verkaufte immer ein älterer Hund einen jungen«. Die Welpen der letzten Würfe wurden uns auf diese Weise aus dem Haus geholt, und ich glaube, daß das die beste und »natürlichste« Art der Werbung ist ...

20. Kapitel

ALLERLEI ERGÄNZUNGEN UND ANMERKUNGEN

Um den chronologischen Ablauf der Beschreibung des Zuchtgeschehens nicht zu oft durch Einschaltungen zu stören, habe ich bisher allerlei Überlegungen, Beobachtungen und Anmerkungen unberücksichtigt gelassen, auf die ich nun in diesem Schlußkapitel noch eingehen möchte.

Auch darüber sollte man, wenn man züchten will, vorher nachdenken: Die Lebensweise verändert sich

Eine Züchterin muß sich darüber klar sein, daß abgebrochene Fingernägel, Kratzer und Bisse, zerrissene Strümpfe und Dreiangeln in den Kleidern nicht zu vermeiden sind. (Am besten wäre zu Schaftstiefeln ein hochgeschlossenes Lederkostüm!) Deshalb kommen gute Kleider und modische Eleganz für das Hundefrauchen — zumindest innerhalb ihrer Hundeschar — nicht in Frage.

Auch wer von Natur ein ausgesprochener Langschläfer ist, wird sich, wenn er züchtet, ziemlich schnell ganz erheblich umstellen und einige liebgewordene Angewohnheiten opfern müssen ... denn die Tiere — ob erwachsene Hündinnen oder Welpen — wollen und sollen möglichst früh an die frische Luft. Hierbei wird deutlich, daß nicht nur der Herr den Hund erzieht, sondern daß auch die Tiere eine oft ganz erhebliche »Verhaltensänderung« ihres Herrn herbeiführen werden!

Allerdings: Wer wirklich mit ganzem Herzen bei der Sache ist, wird bald feststellen, daß die in vielfacher Weise veränderte Lebensweise eigentlich recht gut zu ihm paßt und dies keinesfalls bedauern. Wer aber immer noch das Wort »Unbequemlichkeiten« denkt und alles so empfindet — der sollte sich dann doch besser ein Hobby aussuchen, das besser zu ihm paßt ...

Im Sommer kamen unsere Welpen morgens um 5 Uhr in den Zwinger ins taunasse Gras, und mit den Hündinnen liefen wir gleich anschließend, vor dem Frühstück, mindestens eine Stunde in den frischen Morgen hinaus. Im Winter geschieht das natürlich später, aber immer mit Tagesbeginn.

Und abends war die allerletzte »Arbeit«, ehe wir ins Bett stiegen, noch ein Rundgang mit den erwachsenen Hunden durchs Dorf, dann folgte ein kleiner Ausflug in den Garten für die Jungtiere.

Danach sind dann alle müde und schlafen gut. Außerdem konnten sie sich abends nochmals richtig lösen, und es gibt keine Störung, weil in der Nacht doch nochmal einer »muß«. Man findet dann auch seltener in der Frühe ein »Malheur«, weil es eben so lange nicht auszuhalten war ... Junge Tiere beschmutzen dann einfach den Innenraum, denn sie sind ja physisch noch nicht in der Lage, sich über lange Zeit sauber zu halten. Aber auch für die ausgewachsenen Tiere, die es natürlich notfalls länger aushalten können, weil sie ausgezeichnete Schließmuskeln und ein größeres »Fassungsvermögen« haben, ist dies nicht gut. — Und von den Hunden abgesehen: Wir wollten die morgendlichen Gänge auch nicht missen.

Ein Züchterhaushalt kann nicht steril sein — es sei denn, man hätte Geld und Personal im Überfluß, oder man hält bemitleidenswerte Zwingerhunde, die nie ins Haus dürfen... Die landläufige Redensart von der guten Hausfrau, »bei der man vom Boden essen kann«, pflege ich mit der Feststellung zu beantworten, daß es bei mir für diesen Zweck Teller gibt...

Es ist so schön, mit seinen Hunden zusammenzuleben, daß man es bald selbst gar nicht mehr beachtet, wenn es im Haus hier und da eben nicht mehr überall so vollkommen ist.

Natürlich ist es schön, wenn man einen Garten hat...

Aber, leider ist Hundezucht mit einem gepflegten Garten kaum zu vereinbaren! Man kann zwar *einen* Hund dazu erziehen, daß er weder den Garten verschmutzt, noch von den Wegen abweicht. Mit unserer ersten Hündin ging das auch noch ganz leicht. Aber sobald man mehrere hat und vor allem Jungtiere, gibt es immer wieder Verdruß.

Selbst wenn, wie bei uns, eine zweiteilige Zwingeranlage vorhanden war, schützt sie den Garten nicht völlig. Ehe man es sich versieht, haben die Welpen unter dem Zaun hindurch einen Eingang in den »verbotenen« Garten gegraben und tollen selig zwischen blühenden Blumen oder ernten die

Eurasier Welpen

(Aufnahme: Jentzsch)

mühsam behüteten Erdbeeren ab! Und wenn man, durch Schaden klug geworden, unten herum alles dicht gemacht hat, versucht es sicher früher oder später einer, über den Zaun zu steigen; irgendeinen Weg finden sie mit der Zeit bestimmt!

Jetzt wird aber wichtig:
Ein richter Zwinger und ein ordentlicher Zaun

Am besten ist es natürlich, man weiß das alles vorher: Dann kann man seinen Zwinger eben *durchgrabsicher* machen und ihn außerdem von vornherein mit einem so hohen Zaun umgeben, daß auch ein ausgewachsener Hund nicht darüber springen kann. Haben Hunde nämlich ersteinmal entdeckt, daß sie sich unten durchgraben können, werden sie es immer wieder probieren! Es ist besser, sie entdecken auch nicht, wie hoch sie tatsächlich springen können: Wenn einem ausgewachsenen Hund ein Sprung über einen hohen Zaun auch meistens nichts ausmacht (aber es kann auch böse Verletzungen geben!), die Junghunde, die es den Alten nachtun, sind tatsächlich gefährdet.

Es kommt auch vor, besonders wenn eine freche Hündin in einer Schar von Hundebrüdern aufwächst, daß so ein kleines Frauenzimmerchen sehr bald die Rüden gegeneinander aufputscht! Dann wird so bös gerauft, daß Blut fließt und man die Bande trennen muß, damit nicht einem ernsthafter Schaden geschieht. Wohin nun mit so einem Streithansel, wenn beide Zwingerabteilungen bereits besetzt sind?! Also doch in den »richtigen« Garten?! Dann toben die hinter den Gittern erst recht und machen immer neue Ausbruchsversuche...

Und falls Sie es sich nicht längst gedacht haben: Um den Garten — der nun völlig neue gärtnerische Höhepunkte aufweist, weil eben abgekaute Blumen, zahlreiche, mit zähem Fleiß in Wiese oder Beete gewühlte Krater stumme Zeugen wackerer, beseligter Gartenarbeit der — Hunde — sind, *um den Garten gehört auch ein ordentlicher Zaun,* um Ärger mit den Nachbarn zu vermeiden und die Hunde vor Verkehrsunfällen zu schützen.

Ein paar Bemerkungen zum Kupierverbot
und zum Tierschutz...

Ganz zum Schluß möchte ich noch ein paar Fragen anschneiden, die zwar mit der Zucht nicht direkt im Zusammenhang stehen, die aber durch meine Art der natürlichen Fütterung einerseits und durch das bei Boxern übliche Kupieren der Ohren andererseits bedingt sind und auch schon früher berührt wurden.

Ich glaube, daß mir jeder Leser zugestehen wird, daß ich mit meiner Züchterarbeit und mit diesem Büchlein — das ja »zu Nutz und Frommen« der treuesten Vierbeiner geschrieben wurde — meine Tierliebe bewiesen habe. Darf ich nun also noch einiges sagen, was mir fanatische »Tierschützer« bestimmt übelnehmen werden, zumal sie meine Argumente und Erfahrungen kaum sachlich widerlegen können?

Immer wieder einmal sind Bestrebungen im Gange, auch bei uns, wie schon in England und den skandinavischen Ländern, ein allgemeines Kupierverbot einzuführen. Die Hauptgründe, die genannt werden lauten:

Erstens sei das ein Eingriff in die von Gott gewollte Natur;
zweitens sei es Tierquälerei;
drittens begünstige es Ohrenkrankheiten.

Schon Punkt eins ist bei einiger Überlegung ganz und gar nicht stichhaltig! Die wilden Formen der Caniden — Wolf, Schakal, Dingo, Fuchs — haben Stehohren; *diese* sind also die natürliche Ohrenform! Das Schlappohr beim Hund ist eine Folge der Domestikation. (Der erste nachgewiesene Haushund, der Torfspitz, hatte noch die natürlichen Stehohren, wie auch seine Nachfahren sie besitzen.)

Außerdem kann niemand im Ernst behaupten wollen, daß Boxer und Pekingese, Dogge und Mops, Dobermann und Zwergpinscher und wie sie alle heißen, »von Gott gewollte Formen sind«! Es sind Zuchtprodukte des Menschen! Wollte man nur die der natürlichen Zuchtwahl entstammenden Tiere dulden, müßte die ganze Rassehundzucht verboten werden...

Tierquälerei?

Ebenso ist die zweite Behauptung »Tierquälerei« nicht richtig, mindestens sehr übertrieben. Schon seit längerem besteht bei uns die Vorschrift, daß Hundeohren nur noch in Vollnarkose kupiert werden dürfen. Damit geht es unseren vierbeinigen Freunden besser als vielen von uns beim Zahnarzt!

Dazu möchte ich hier ein Erlebnis aus meinem Zwinger berichten: Als wir den B-Wurf kupieren ließen, gab es die oben erwähnten Vorschriften noch nicht. Wir selbst verstanden zu wenig von der Sache; also kam ein erfahrener Spezialist des Boxer-Klubs und nahm den kleinen Eingriff vor.

Er und mein Mann waren mit vier Welpen schon fertig; beim fünften sollte ich helfen, weil der kleine Kerl, sowieso der lebhafteste des Wurfs, nicht stillhalten wollte. Ich war nicht erfreut über dieses Ansinnen, drücke mich aber nie um eine nötige Hilfeleistung. Also nahm ich den sechs Wochen alten »Balu« auf den Schoß, wo er sofort ruhig wurde und hielt ihn nach Anweisung fest. Um selbst nicht nervös zu werden und meine Unruhe nicht auf den Welpen zu übertragen, schaute ich seitwärts, nicht auf die Manipulation der beiden Männer. Balu zappelte — wie es jeder gesunde und kräftige Junghund tut, wenn man ihm länger, als ihm paßt, vorübergehend die Bewegungsfreiheit nimmt; ich mußte also gut zupacken.

Darum fragte ich nach vielleicht einer Minute, ob es noch lange dauere. Da kam die lachende Antwort: »Ist ja schon vorbei!« Davon hatte ich überhaupt nichts gemerkt, es war so schnell und schmerzlos gegangen, daß der Welpe nicht einmal gequietscht hatte! Und das wurde damals noch ohne jede Betäubung gemacht...

Es gab allerdings nicht viele Menschen, die so schnell und gewandt kupieren konnten (der ganze Wurf war nach kaum 20 Minuten fertig!); darum habe ich die Narkose-Vorschriften durchaus begrüßt, denn ich will ja meinen Hundekindern jeden unnötigen Schmerz ersparen.

Für ein generelles Kupierverbot fehlt aber nach meinen Erfahrungen jeder berechtigte Grund. Die Nachbehandlung veranlaßt die Welpen gelegentlich zu einem kleinen Geplärr — das aber um kein Haar jämmerlicher klingt als das Geschrei, das sie bei ihren häufigen Raufereien um einen Knochen oder um die Rangordnung in der Meute von sich geben.

Die dritte Begründung, daß Ohrenkrankheiten hervorgerufen werden, weil durch das Kupieren das empfindliche Ohr seines »natürlichen Schutzes« beraubt wird (so zu lesen in einer Veröffentlichung des Tierschutzvereins 1963), ist nach meinen Erfahrungen auch falsch.

Die Schwierigkeiten mit Ohrenentzündungen und dergleichen haben gerade solche Rassen, die Schlappohren tragen. Von meinen Zuchthündinnen und Welpen hat keines jemals ein wehes Ohr gehabt. (Wo nehmen Fuchs, Wolf usw. den Ohrenschutz her?)

Über Geschmacksfragen läßt sich streiten — aber mir gefallen die ausdrucksvollen Gesichter meiner Boxer mit den kecken Stehohren unendlich viel besser als Tiere der gleichen Rasse mit Hängeohren. Der schmale kantige Oberkopf, der von einem vorzüglichen Hund verlangt wird, der nicht breiter sein soll als der volle Fang, kommt eben gar nicht mehr zur Geltung, wenn er durch Schlappohren verdeckt und damit verbreitert wird. Aber das will ich gar nicht als Gegengrund anführen; ich meine, die vorher genannten Argumente sind sowieso eindeutig.

Nun möchte ich aber gern einmal den Spieß umdrehen und meinerseits eine Attacke reiten: Warum wird Rücksicht auf das Tier, warum wird wirklich tätige Tierliebe nicht dort gepredigt, wo es tatsächlich nötig wäre?

Das ist in meinen Augen Tierquälerei

Tierquälerei ist, wenn man einem Hunde *nicht* den seiner Größe und Art entsprechenden *Auslauf ermöglicht!*

Tierquälerei ist in meinen Augen auch, wenn man ein hochsensibles Lebewesen, wie es der Hund in ganz besonderem Maße ist, *Tag und Nacht in einem Zwinger unterbringt,* fernab von seinen Menschen. Nur der Ausflug auf den Übungsplatz bietet gelegentliche Abwechslung. Ob das dann auch immer ein freudiges Ereignis für den Hund ist?

Tierquälerei ist es wohl auch, wenn man Zuchthunde wie Nutzvieh hält, oft allerdings unter noch viel schlechteren Bedingungen als dieses, und *die Hunde zu nichts anderem gehalten werden, als möglichst viele Welpen zu produzieren,* die dann für reichlich Geld verkauft werden.

Tierquälerei ist es auch, wenn man sich der Verantwortung aus Bequemlichkeit und Gedankenlosigkeit entzieht, die man für jedes Lebewesen, das man zu sich nimmt, zu tragen hat: Dazu gehört nicht nur die richtige Unterbringung, sondern auch die tiergerechte, rechtzeitige Erziehung. Allzuoft wird dies unterlassen: Das dann zweifelsohne sehr lästige Tier wird zunächst mit drakonischen Maßnahmen zu »erziehen« versucht. Wenn dies nichts nützt, wird das Tier dann entweder ausgesetzt, getötet — oder aber bestenfalls in einem Tierasyl untergebracht.

Tierquälerei ist vor allem auch, (und gerade dies geschieht oft aus unverständlicher »Liebe« und der daraus erwachsenden »Vermenschlichung« der Hunde) wenn die armen Wesen ständig überfüttert und mit ihnen unzuträglichen Dingen vollgestopft werden! *Jedes Tier hat Anrecht auf ein möglichst tiergerechtes Dasein!* Die Schlagworte wie Tierschutz, Naturschutz und Humanität, so leicht und wirkungsvoll in aller Munde, sind oft nichts anderes, als billige Floskeln, mit denen manches andere, tieferliegende Fehlverhalten zugedeckt werden soll...

Tierliebe? Kommentar überflüssig

Mir dreht sich oft das Herz um, wenn ich Dackel sehe, die den Bauch auf der Erde schleppen vor lauter Fett; Spaniels, die wie prall gestopfte Würste aussehen; Boxer oder andere größere Hunde, die jeden Schwung der Körperlinien und auch das echte Temperament verloren haben.

Zuviel unbekömmliches Futter und zuwenig Bewegung im Freien — das sind die häufigsten Sünden gegen den Hund, das ist die häufigste und nie bestrafte Tierquälerei, das sind die jahrelangen Leiden, denen gegenüber die vorübergehenden Beschwerden beim Kupieren Lappalien sind.

Aber sagen Sie einmal einem Menschen, der eine Schlummerrolle auf vier Beinen hinter sich herzieht, er solle doch seinen Hund nicht so sinnlos überfüttern, solle ihn regelmäßig und vernünftig fasten lassen, wie es jedes auf Beute angewiesene Wildtier in der Freiheit selbstverständlich tun muß, weil es nicht täglich Gelegenheit zum Reißen hat. Dann bekommen Sie bestimmt zur Antwort: »Das bringe ich nicht übers Herz; dazu habe ich meinen Hund viel zu lieb!...«

Ist das Tierliebe? Nein — das ist Egoismus, Bequemlichkeit und — Verzeihung — Unverstand!

Wir kannten einen Boxer-Rüden, der täglich drei Pfund Fleisch bei wenig Bewegung erhielt. Er war entsprechend fett und formlos — und zur Belustigung der Gäste bei häufigen Besuchen gab es für ihn Schnaps... Aber der Hund wurde sehr geliebt!

Ein Pekinese hier in der Gegend kann nur noch liegend fressen; die Beine tragen den fetten kleinen Körper nicht mehr. Ein Langhaardackel wird von der Liegestatt heruntergehoben und vor die Futterschüssel gesetzt; laufen kann er nicht mehr. Stolz berichtete ein Hundezüchter, seine Hündin fresse von der sauren Gurke bis zur feinsten Praline alles...

Möglicherweise sind die Besitzer solcher Tiere im Tierschutzverein und kämpfen mit um ein Kupierverbot... Kommentar überflüssig!

Tierliebe — ein neues Lebensverständnis

Aber — vielen Hundefreunden, die es ernst meinen, wird etwas Wunderbares geschenkt: Je mehr sie sich um Wissen und Verstehen ihrer Hunde bemühen, werden sie nach und nach ein anderer Mensch, der die »Liebelei« mit allem, was das Leben bedeutet, aufgibt. Eines Tages bemerken sie erstaunt, daß sie ein ganz neues, sehr viel tieferes und schöneres Lebensverständnis dafür eingetauscht haben — und das nicht nur in Bezug auf den Hund.

Unsere Hunde wurden wirklich geliebt und auch sehr verwöhnt — aber im Hinblick auf das, was ihnen gut tat! Meistens war es für uns keineswegs besonders bequem — was ja aus jedem Kapitel dieses Buches wieder und wieder hervorgeht. Aber sie waren gesund und vergnügt, und das wiederum machte mir Freude.

Ein Versprechen an meine Hunde

Ich habe allen meinen Hunden auch feierlich versprochen: Wenn sie einmal alt und wirklich hoffnungslos krank sind, wenn sie keine Freude mehr an ihrem Hundeleben haben — dann sollen sie nicht leiden; dann gönne ich ihnen vielmehr ein friedliches Ende.

Noch heute wird mir das Herz schwer, wenn ich daran denke, daß es seit dem 7. 10. 1967 die gute Trixi nicht mehr gibt. Das gegebene Versprechen brauchte ich nicht zu halten. Denn dieses Tier, das so unendlich viel Freude in unser Haus gebracht und selbst so viel Freude an seinem natürlichen Hundedasein hatte, starb so anständig, wie es gelebt hatte. Mit elf Jahren, nach nur ein paar Tagen Schwäche, setzte ihr treues Herz aus. An diesem Tag sah ich meinen Mann das einzige Mal weinen.

Trixi hatte ich ein zweites Versprechen gegeben: daß immer einer ihrer Nachkommen neben mir laufen solle, solange ich in der Lage sei, einen Hund zu halten. So ist jetzt eine Urenkelin unserer Alten — gleichzeitig die Tochter ihres schönen Sohnes Bingo — mein Kamerad. Gerade erscheint Recha neben meiner Schreibmaschine, legt mir ihre Pfote aufs Bein, schaut mich mit den großen dunklen Augen an, die den gleichen Ausdruck haben wie die ihrer Ahnin und bettelt um den heute etwas verspäteten Nachmittagsspaziergang. Und wenn ich nun mit ihr durch Wald und Wiese laufe, dann wird sie — die jetzt auch schon 6½ Jahre alt ist — wie ein Junghund durch die Gegend rasen, den Ball apportieren und in großen und kleinen Kreisen um mich toben — selig, gesund und natürlich.

Sie wird meine letzte »Ilsensteinerin« sein, denn ich bin nicht mehr jung und nicht mehr gesund genug, um meine Zucht — allein — weiterhin mit »Liebe und Verstand«, d. h. wie hier niedergeschrieben, zu betreiben. Ich finde, ein Mensch muß seine Grenzen kennen — und ehe ich es schlechter mache als früher, habe ich lieber aufgehört mit der eigenen Zucht und begnüge mich damit, anderen Hunden und Züchtern im Rahmen meiner Kräfte zu helfen.

Um aber die zweite Zusage, die ich unserer »Ahnfrau« gab, möglichst halten zu können, habe ich im vorigen Herbst eine Ur-Ur-Enkelin meiner

Trixi, die typmäßig — trotz vieler Einkreuzungen anderer Linien — ganz auf meine Eos und somit auf die »Ilsensteiner« herauskommt, aus dem hintersten Burgenland geholt. Jetzt lebt sie in einem der besten derzeitigen Boxerzwinger, und ich habe die Zusage, daß ich eine ihr ähnliche Tochter bekommen werde, wenn ich sie einmal brauche...

Hoffentlich werde ich noch lange nicht vor diese Notwendigkeit gestellt, denn an Recha hänge ich jetzt genauso wie seinerzeit an der Alten.

1984 — und ein unveränderter Epilog

1984: Vor über zwanzig Jahren ist dies Buch zum ersten Mal erschienen und seit der letzten Auflage sind schon wieder zehn Jahre vergangen! Im Haus wäre es still, wäre jetzt nicht Dido von Otterloh, eine schöne, intelligente und lebhafte Boxer-Hündin mein Begleiter.

Jeden Besucher begrüßt sie schon von weitem: Mit hohen Sprüngen versucht sie über die Mauer zu schauen, wer da draußen ist; sie muß es unbedingt wissen, bevor ich das Tor öffne. Vielleicht ahnt sie, daß ich nicht so oft, wie ich möchte und so schnell mit ihr zur Tür kann — ist das Fenster geöffnet, springt sie, zum Vergnügen der Besucher, im hohen Bogen einfach direkt in den Garten... oder sie steht auf dem Sofa und blickt ernst und interessiert aus dem Fenster auf die Straße...

Wie schon oft gesagt: Es ist schön, mit einem Hund zusammenzuleben. Aber nur dann, wenn er gesund, lebensfroh und gut erzogen ist. Das alles fängt beim Züchter an und dafür, daß es ihnen, den Hunden und den Menschen, gut miteinander geht, habe ich diesen kleinen Leitfaden geschrieben.

Epilog

Scheinen Ihnen alle meine Zuchtvorschriften übertrieben?

Haben Sie nun plötzlich Angst vor der vielen Arbeit, von der großen Verantwortung?

Dann fangen Sie bitte keine Hundezucht an. Sie wird Ihnen keine Freude machen...

DER GROSSE TAG

Eine Hundegeburt

fotografiert von der Sheltie-Züchterin Martina Ilbeck.

Bild 1

GESCHAFFT!

Bis es soweit ist, muß einiges geschehen, Sie sehen es auf den folgenden Seiten.

Die Bilder zeigen:
Bild 2 = Schemazeichnung: Uterus der Hündin und Lage der Welpen
Bild 3 u. 4 = Die Fruchtblase wird sichtbar; sie platzt auf.
Bild 5, 6, 7, 8, 9, 10 = Ein Welpe auf dem Weg ans Tageslicht.
Bild 11 = Nachgeburt.
Bild 12 = Die Hündin leckt.
Bild 13 u. 14 = Die Hündin zerbeißt die Nabelschnur.
Bild 15 = Kurze Verschnaufpause.
Bild 16 = Anlegen des Welpen.
Bild 17 = Es geht weiter.
Bild 18 = Ein Welpe kommt, einer schläft, einer wird angelegt.
Bild 19 = Das Mäulchen des Welpen säubern, damit er atmen kann.
Bild 20 u. 21 = Die Hündin leckt die Welpen.

Schemazeichnung Uterus der Hündin

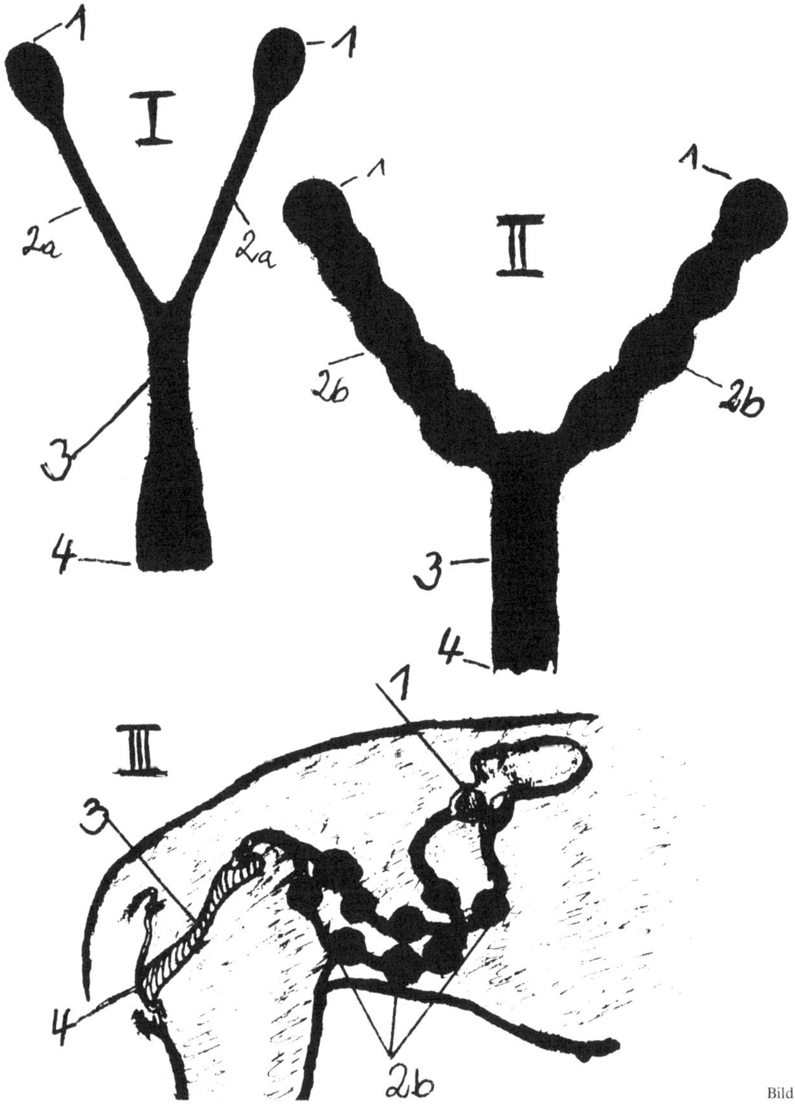

Bild 2

I = Schemazeichnung Uterus der Hündin

II = Uterushorn mit Welpen
1 = Ovarien (Eierstöcke); 2a = Uterushorn (Gebärmutterhorn); 2b = Uterushorn mit Welpen; 3 = Gebärmutterkörper; 4 = Scheide;

III = Lage der Welpen in der Hündin (ca. 4.—5. Woche)

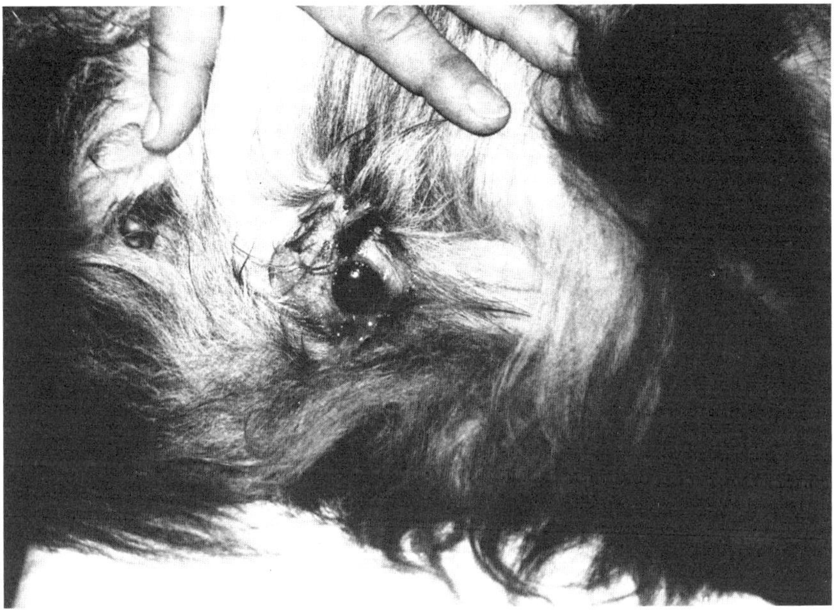

Bild 3

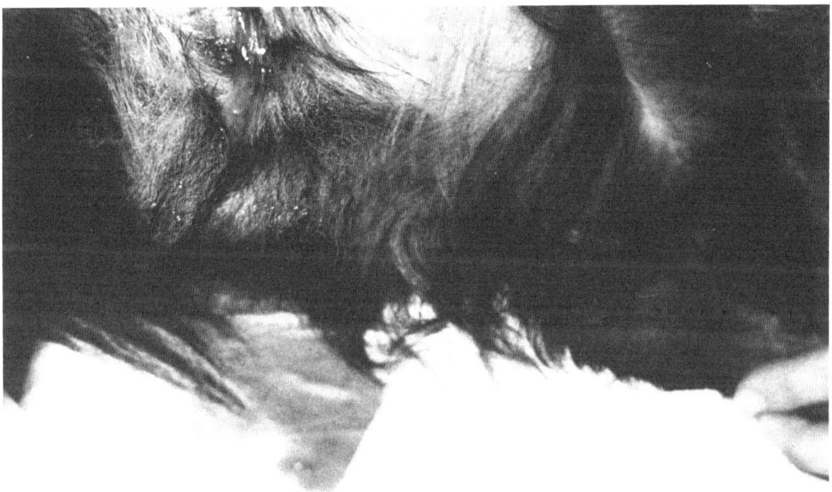

Bild 4

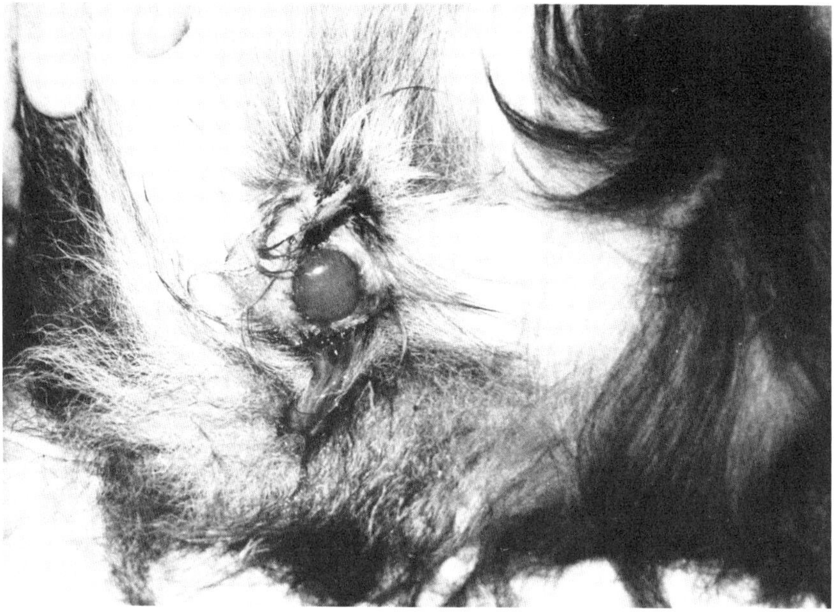

Bild 5

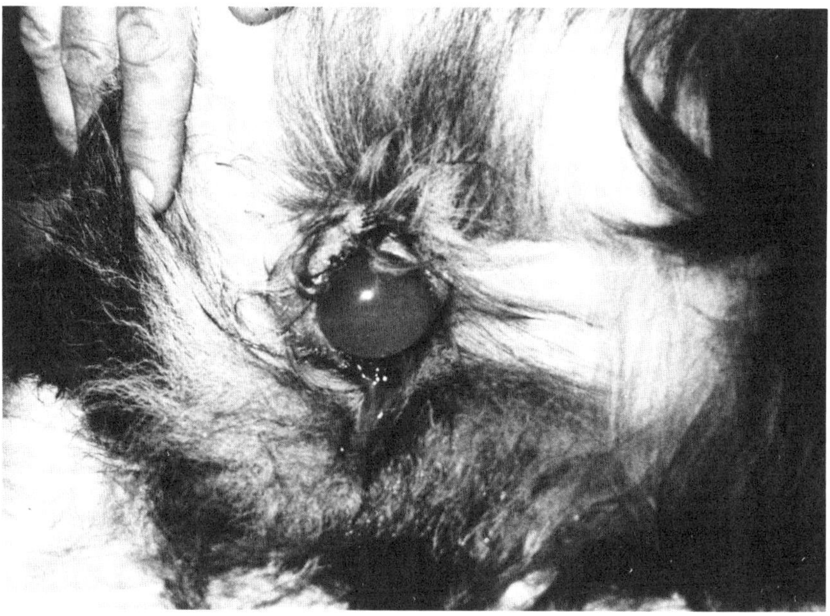

Bild 6

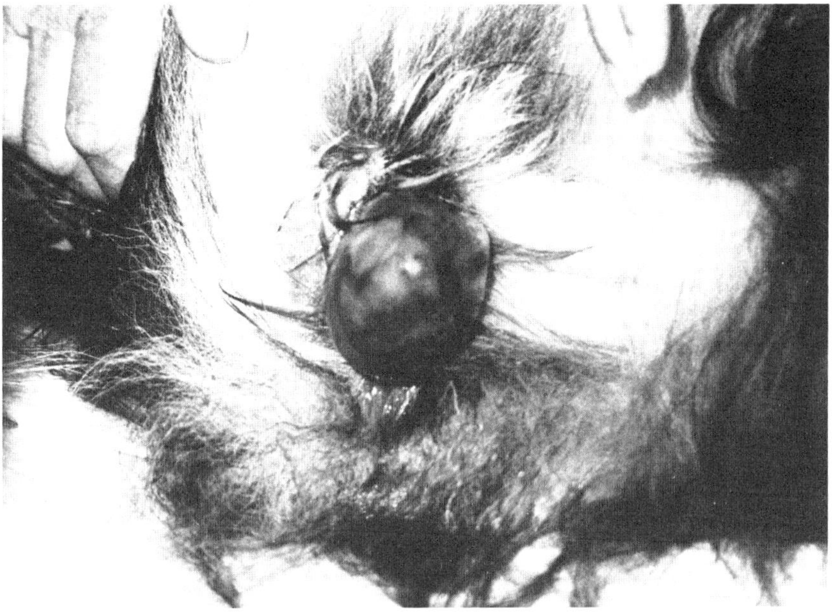

Bild 7

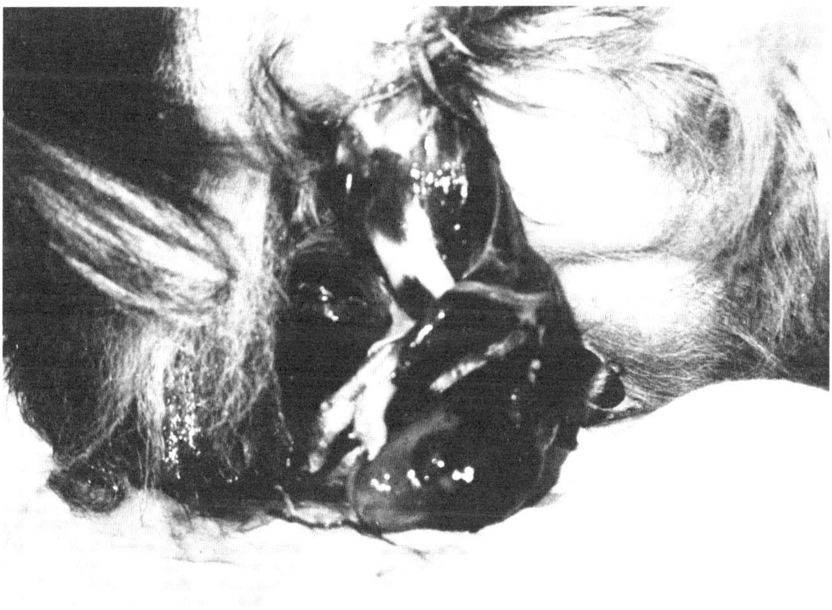

Bild 8

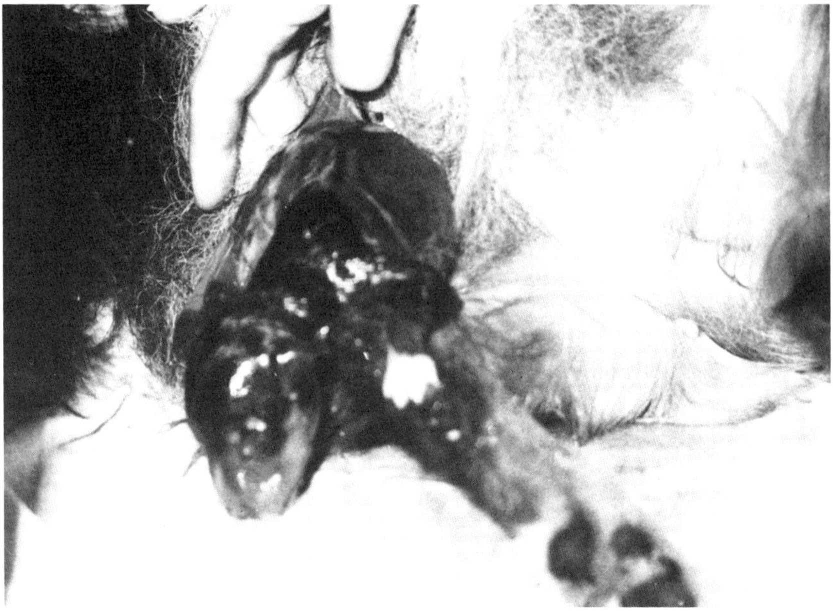

Bild 9

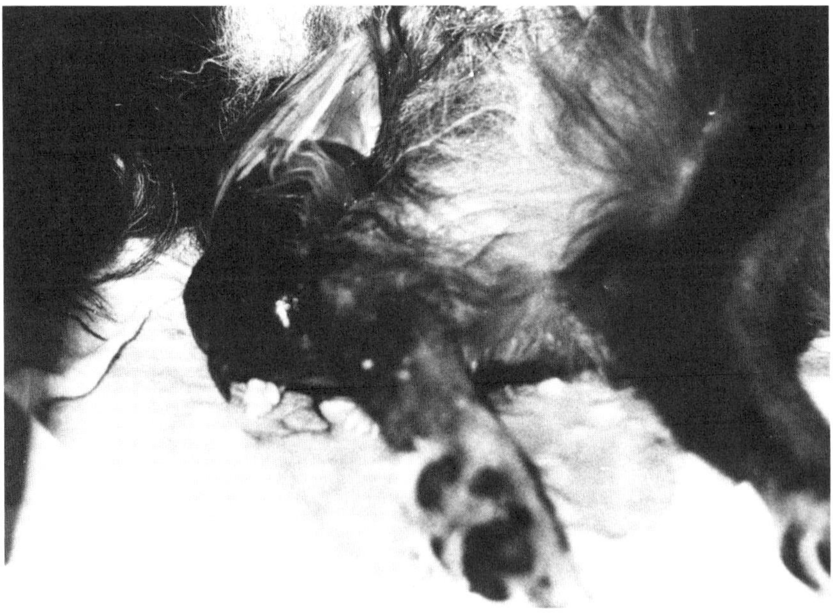

Bild 10

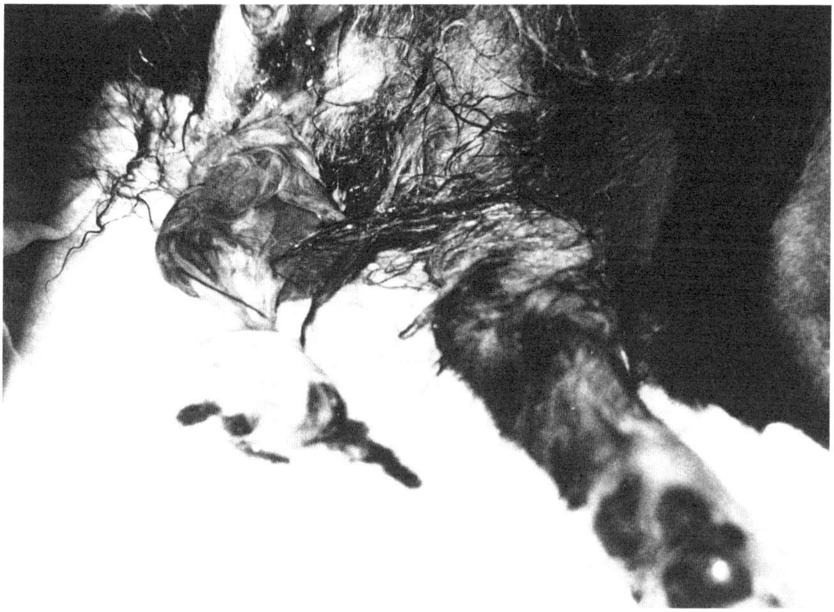

Bild 11

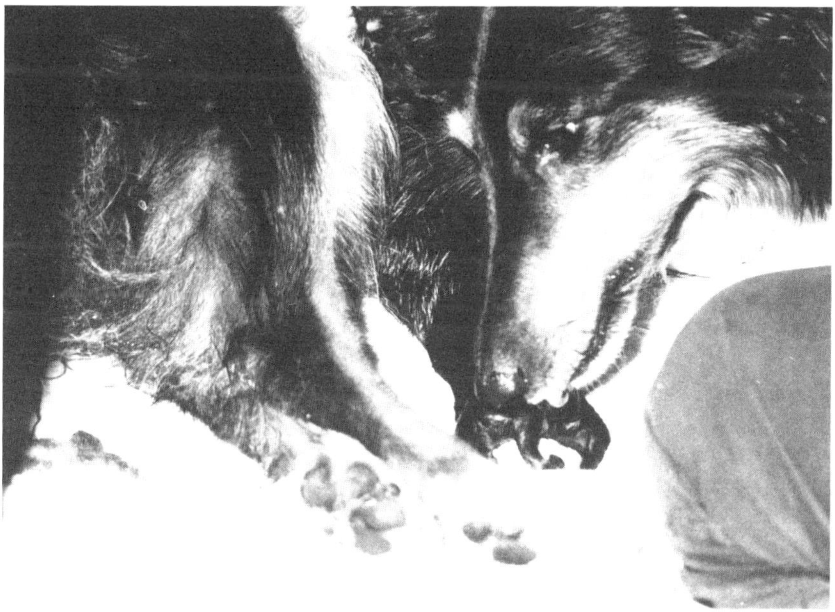

Bild 12

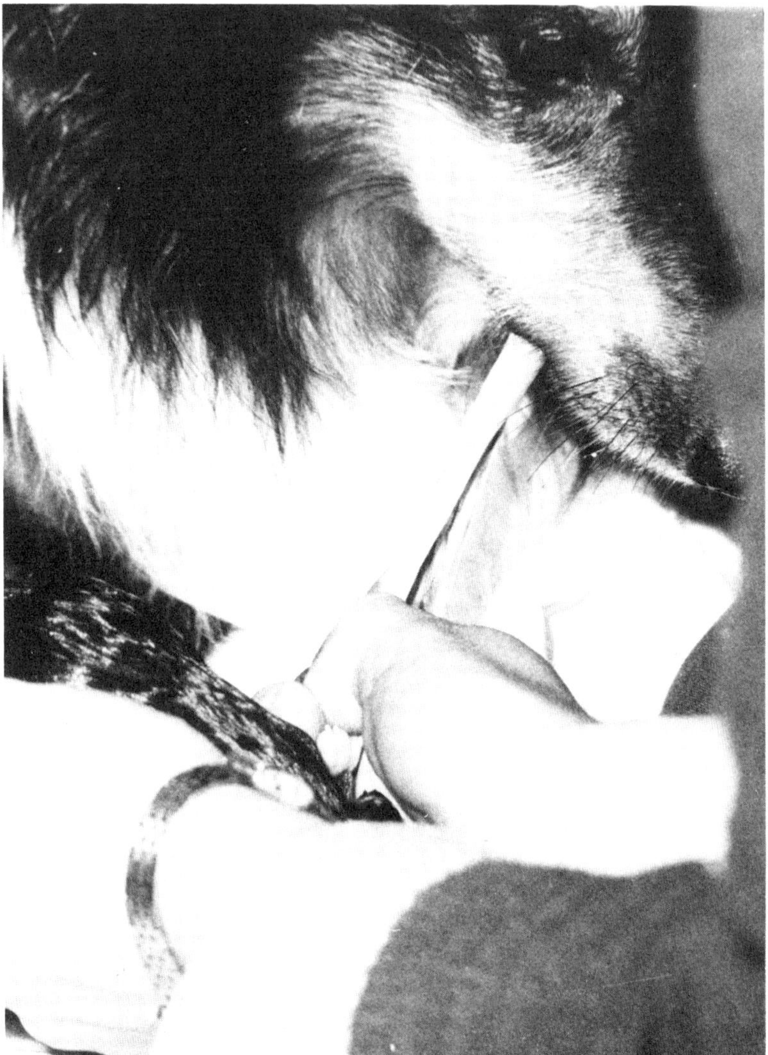

Bild 13

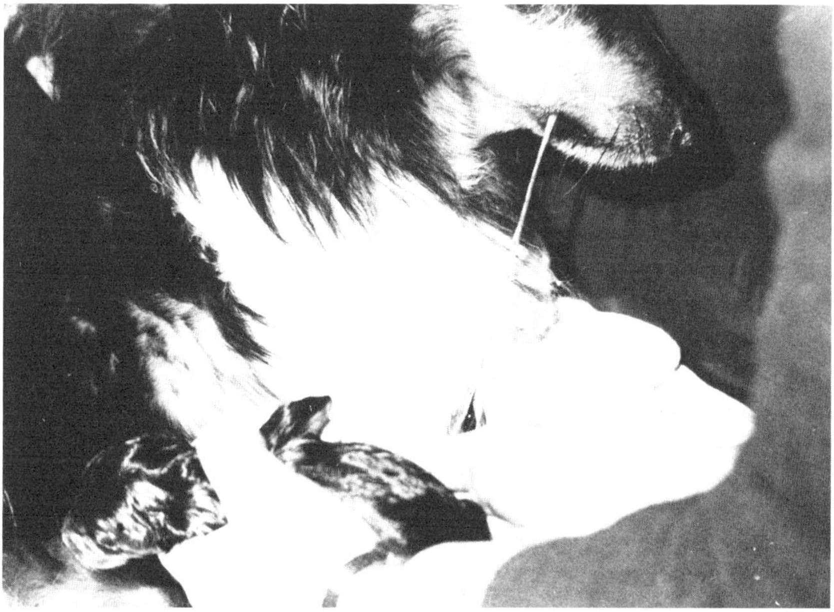

Bild 14

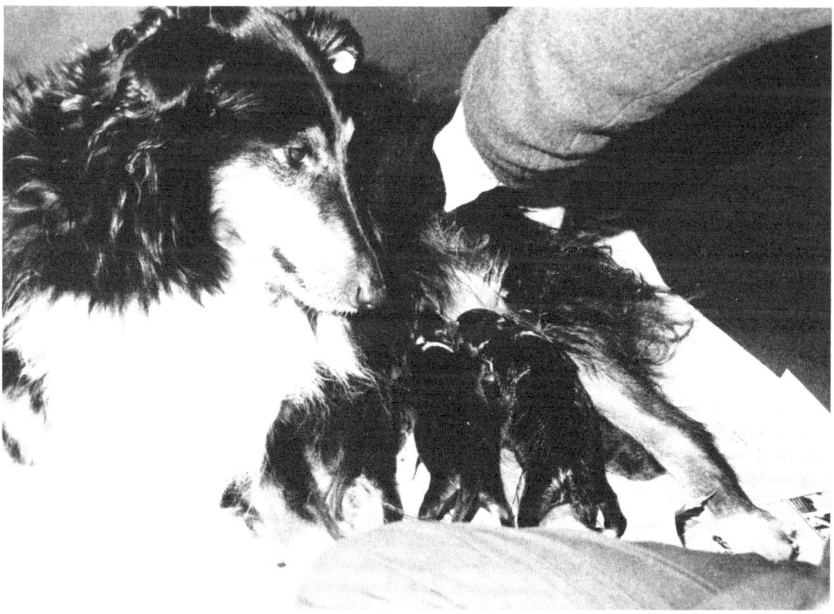

Bild 15

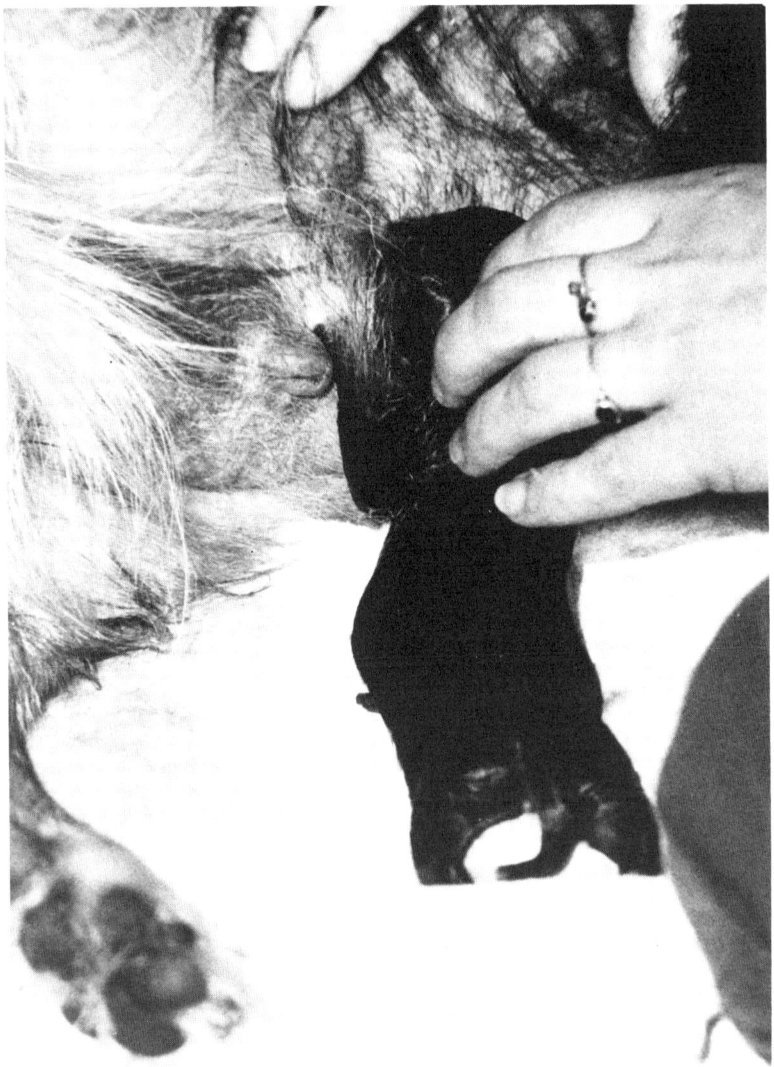

Bild 16

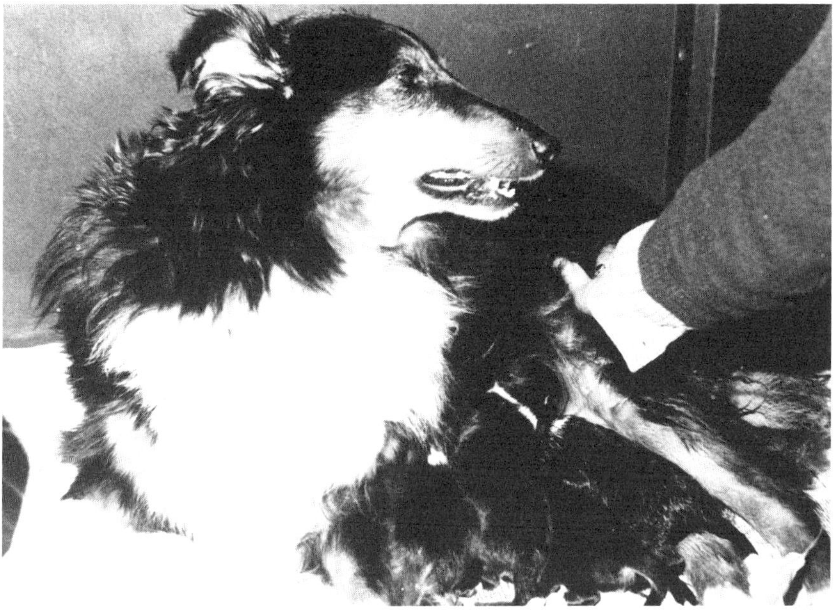

Bild 17

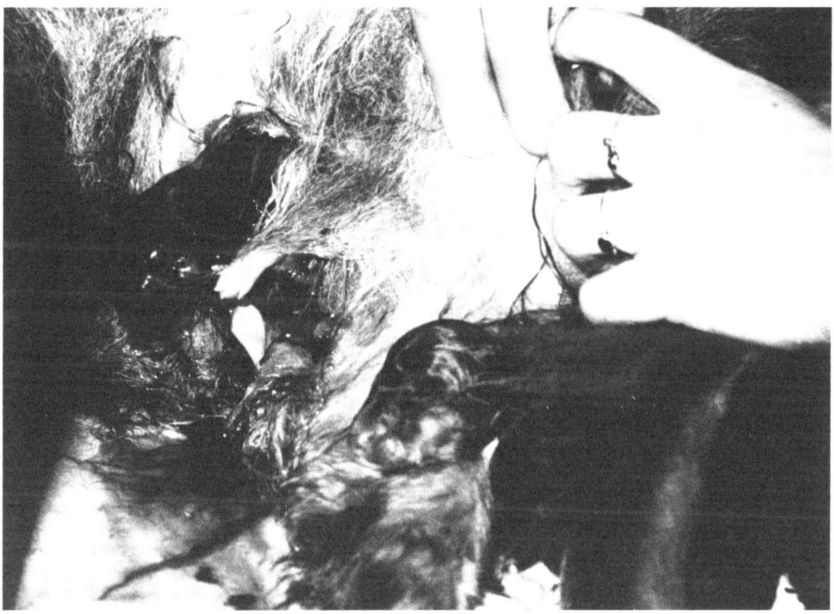

Bild 18

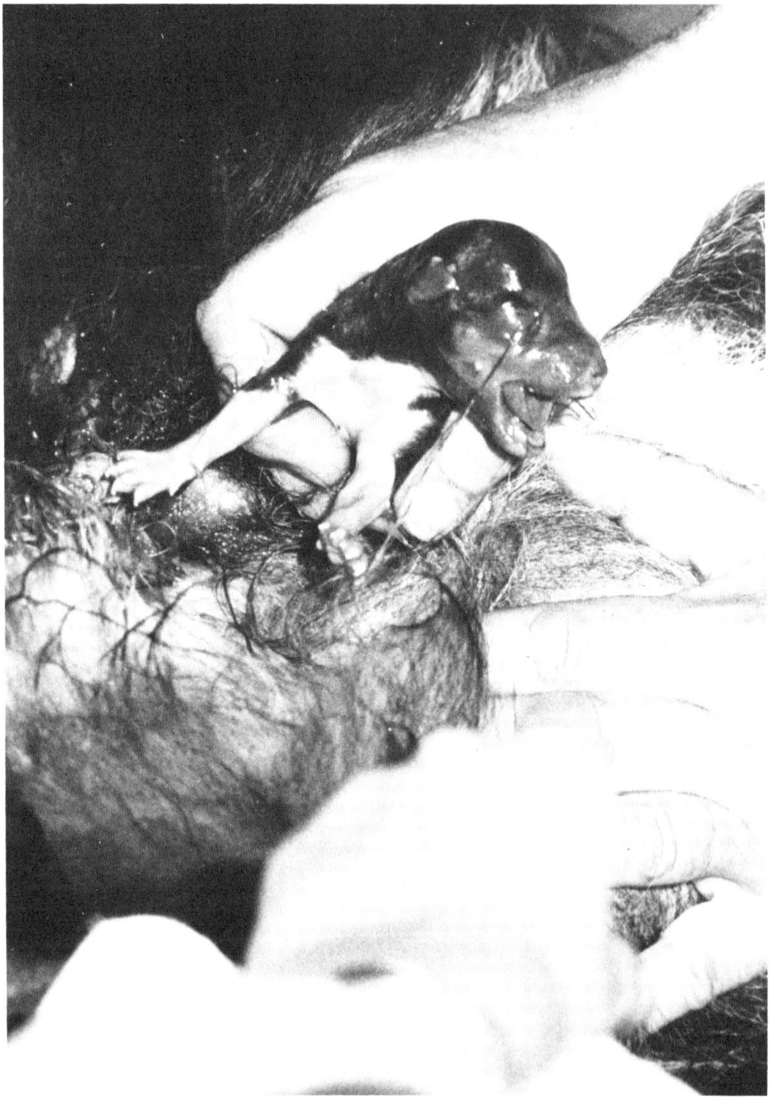

Bild 19

Bild 20

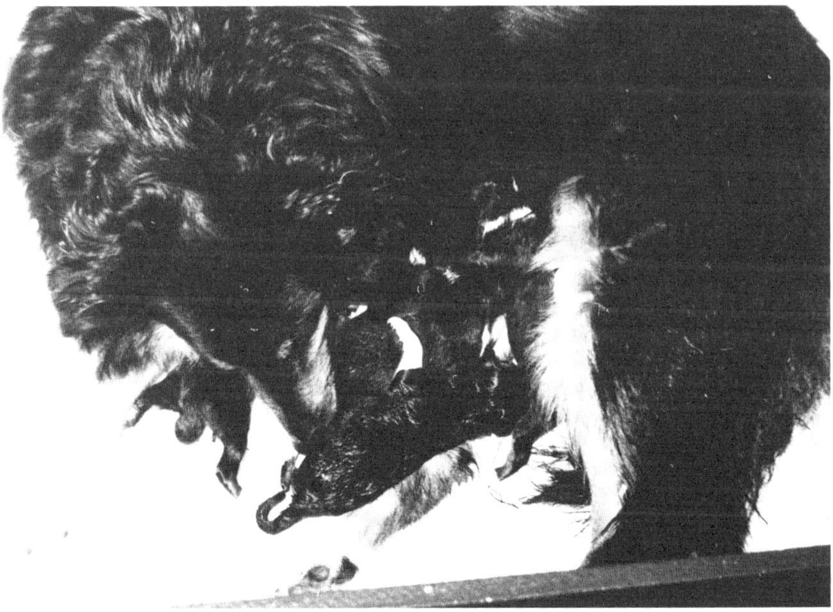

Bild 21

II. TEIL

ERIC H. W. ALDINGTON

HUNDEZUCHT NATURGEMÄSS

21. Kapitel

WISSENSWERTES ODER: PRAKTISCHE THEORIE

Vielleicht wird jetzt mancher, der sich dieses Buch kaufte, nach der Lektüre nachdenklich und meinen, er wolle es sich, wenn er züchtet, denn doch lieber einfacher machen. Andererseits — so fragen Sie sich — es sind Tausende von Züchtern und Hundehaltern, die das Loblied der Methode von J. de Bairacli-Levy singen und ebenso viele, die immer wieder dieses Buch von Ilse Sieber empfehlen.

Naturgemäß — keinesfalls eine fixe Idee

Nun soll, in dieser erneuten Ausgabe, noch einiges mehr von den Hintergründen stehen: Es ist nämlich nicht etwa eine fixe Idee, sich über die Hundeernährung so viel Gedanken zu machen, sondern tatsächlich eine *dringend notwendige Forderung.*

Hunde benötigen andere Nahrung als Menschen, weil ihr gesamtes Verdauungssystem eben ganz anders gestaltet ist. Insbesondere der Hundezüchter ist in viel größerem Maße verantwortlich, als es der nichtzüchtende Hundebesitzer ist: Jeder Zwinger ist die Quelle einer Vielzahl Hunde, die dann als Haushunde, Arbeitshunde und Zuchthunde in andere Hände übergehen. Alle diese Hunde sollen ja, von den Forderungen, die der Standard an jede Rasse stellt, ganz abgesehen, in *allererster Linie gesund* und sachgerecht aufgezogen sein!

Ein sicherer Weg, sich Kenntnisse anzueignen

Ganz anders, als in früheren Jahren, wo es verhältnismäßig schwer war, sich die nötigen Kenntnisse anzueignen, gibt es heute ausreichend Möglichkeiten, sich grundlegend zu informieren. Auf die weiterführende Literatur wird am Schluß verwiesen.

Daher ist es heute die allererste Pflicht eines jeden Züchters, sich *Grundkenntnisse* über die Ernährung des Hundes und Grundkenntnisse über die spezifischen Bedürfnisse des Hundes anzueignen, und, um dies auch gleich vorweg zu sagen: Es ist eine rundherum lohnende Beschäftigung! Sie werden auf viele interessante Dinge stoßen und bemerken, daß sich sehr viele scheinbar unlösbare Probleme Ihres Zwingers schließlich doch beheben lassen.

Als ich vor vielen Jahren versuchte, mir die entsprechenden Unterlagen zusammenzustellen, war dies ein mühsames Unterfangen. Ich hatte mir zwar, was ich in Erfahrung bringen konnte, jeweils notiert. Aber es war oft eine zeitraubende Sucharbeit, wenn ein ganz bestimmtes Problem auftauchte, in den vielen Heften herumzublättern, bis ich die entsprechenden Notizen gefunden hatte.

Systematisch vorgehen!

So kam ich zu dem System, ohne das ich die Anmerkungen und Ergänzungen zu diesem Buch niemals hätte zusammenstellen können: Der Inhalt der Hefte wurde, diesmal aber auf Karteikarten, umgeschrieben und immer, wenn noch etwas zu dem jeweiligen Stichwort auftauchte, wurde es gleich an der richtigen Stelle notiert.

Ich kann heute dieses System jedem, der ernsthaft züchten will, sehr nachdrücklich empfehlen: Legen Sie sich eine *Kartei* an, in die Sie alles gewissenhaft eintragen, was Sie erprobt oder als brauchbare Hinweise erfahren haben. Taucht dann später das gleiche oder ein ähnliches Problem auf, werden Sie froh sein, wenn Sie nachsehen können, wie Sie oder irgendjemand anderes dieses Problem bereits einmal gelöst haben.

Ebenso gehören in diese Kartei die Beipackzettel der Medikamente, die Sie verwenden, und auf einer weiteren »Gegen«-Karte notieren Sie, bei welchen Krankheiten Sie diese eingesetzt haben. Machen Sie sich auch Vermerke, wie sich das Medikament, wozu ich auch Heilkräuter etc. zähle, ausgewirkt hat, damit sich nicht schlechte Verträglichkeit wiederholt. Notieren Sie auch, wo Sie mit anderen Heilmethoden einen ebensoguten, wenn nicht sogar nebenwirkungsfreien Erfolg hatten, damit Sie es dann später gleich wissen, und schreiben Sie auf, welche Mengen Sie in jedem einzelnen Fall gegeben haben.

Sie werden feststellen, daß Sie in ziemlich kurzer Zeit eine Menge Informationen, die Sie sonst schnell vergessen hätten, nun immer griffbereit haben. Tragen Sie gewissenhaft alles nach, wenn Sie in Büchern oder Zeitschriften Ergänzungen finden, was besonders bei Impfungen, wo häufig neuere Erkenntnisse zu beachten sind, wichtig ist; aber auch im Hinblick auf Ernährungsempfehlungen oder Hausmittel, die Sie hier und da »entdecken«, Heilmittel u. v. a. m., ist eine gewissenhafte »Buchführung« das beste, was ein Züchter, der ja gewohnt ist, seine Zuchtunterlagen ohnehin auf dem Laufenden zu halten, für eine gute Zwingerführung tun kann.

Wenn Sie nun das Buch der Frau Sieber gelesen haben und meinen, das alles sei zu aufwendig und früher hätten die Leute das auch alles nicht so gemacht, und andere Züchter hätten auch viel einfachere Methoden ... dann sollten Sie es sich lieber noch ein paarmal überlegen, ob Sie wirklich züchten wollen ...

Krankheit? Anlage? Ernährungsbedingt?

Denn, und dies kann und muß ich Ihnen mit allem Nachdruck versichern: Der überwiegende Teil aller Erkrankungen (wozu ich auch viele der angeblich genetisch bedingten zähle), sind sehr oft nichts weiter als die Folgen *unsachgemäßer* Aufzucht, Ernährung und Haltung der Hunde! Zumindest aber wird der Ausbruch einer Krankheit begünstigt, wenn das Tier nicht im richtigen Gleichmaß ist, während andererseits ordnungsgemäß und richtig aufgezogene Tiere ganz einfach widerstandsfähiger Infektionen gegenüber sind und auch weniger gute (genetische) Anlagen aus eigener Kraft irgendwie überbrücken können.

Natürlich sollen und können meine Notizen kein Fachbuch über Ernährung, Physiologie und Therapie des Hundes sein. Vielmehr enthalten sie das, was sich besonders in der *täglichen Praxis eines Züchters* als Problem ergeben hat, und die Antworten, Erklärungen und Hilfsmöglichkeiten, deren Kenntnis sich im Laufe der Jahre als nützlich erwiesen hat.

Die Debatte über die richtige Ernährung der Hunde ist seit einigen Jahren heftig im Gange. Grundsätzlich teilt sich die Züchterschaft in zwei Lager: Die einen schwören auf ihre Hausmahlzeiten, haben Patentrezepte entwickelt; die anderen sind Anhänger der Fertignahrung, die bequem und oft auch preiswert all das enthalten soll, was ein Hund braucht.

Ein besonders wichtiger Gesichtspunkt

Ich meine, die Wahrheit oder die richtige Methode liegt, wie bei vielem, irgendwo dazwischen. Es ist ebenso möglich, mit selbstzubereiteten Menues Hunde fabelhaft aufzuziehen, wie auch schreckliche Fehler dabei zu machen. Aber auch mit Fertigfutter kann es Pannen geben: Vor allem sollte man immer bei diesen sicherlich nach neuesten Erkenntnissen zusammengesetzten Futtermitteln eines bedenken: *Notwendige Nahrungsmittel kann man nur zusetzen, wenn man sie kennt!* Auf meinen Karteikarten kann ich es ablesen, wieviele Kenntnisse erst im Laufe der Jahre erwachsen sind, von wievielen Dingen niemand gewußt hat, daß und wozu sie gebraucht werden, und die also auch erst von diesem Zeitpunkt an dem Fertigfutter beigemengt werden konnten.

Unsere Fütterpraxis: Niemals einseitig!

So hat es sich bei uns in der Praxis bewährt, im Normalfall, wenn die Zeit es zuläßt, ein möglichst vielfältiges Ernährungsprogramm für die Hunde aufzustellen. Fehler, die die eine oder andere Zusammenstellung u. U. hatte, konnten dann ein andermal wieder ausgeglichen werden. Dieses System hat verschiedene weitere Vorteile: Erstens werden die Hunde nicht an *eine* Futtersorte gewöhnt und verweigern dann eine andere Futterzusammenstellung nicht. Zweitens ist auch ihr Verdauungsapparat nicht einseitig auf bestimmte Nahrungsmittel eingestellt, und es gibt, bei geringfügigem Futterwechsel, niemals Verdauungsprobleme. Drittens kann man auf diese Weise unbesorgt Vorräte dann einkaufen, wenn man sie preisgünstig beziehen kann und ist nicht auf wenige Spezialitäten angewiesen.

Für Zeiten großer Eile, oder wenn wir vielfach unterwegs waren, oder wenn ich, monatelang im Ausland, keinem die Mühe aufbürden mochte, die ja das zusätzliche Kochen, Einkaufen etc. mit sich bringt, wurde dann das Fertigfutter eingesetzt. Die laufende Entwicklung auf dem Futtermittelmarkt beobachte ich ständig und notiere gewissenhaft alle Veränderungen. Dabei habe ich dann schnell gelernt, Neuerungen und Unterschiede der Fertigfutter zu erkennen. — Zu all dem aber muß man doch wenigstens kleine Grundkenntnisse haben, — von denen soll nun die Rede sein.

Hunde benötigen andere Nahrung als Menschen, weil ihr gesamtes Verdauungssystem anders gestaltet ist!

Vorwiegend wird der Hund mit Fleisch ernährt, das sowohl Kohlenhydrate und Fette, wie auch die wichtigsten Vitamine und Mineralsalze enthält. Dazu erhält der Hund noch Hundeflocken, Gemüse, Kräuter und ... und ... und ... warum?

Manchmal wird ein Hund krank. Bei Verletzungen und Unfällen kann man den Grund erklären; bei einer Vielzahl anderer Erkrankungen heißt es aber dann: Mangelerscheinungen, Aufzuchtfehler, Überfütterung ...

In den letzten Jahren sind die Kenntnisse über die sachgerechte Hundefütterung sehr erweitert worden. Es sind zahlreiche Bücher zum Thema erschienen. Aber wenn man anfängt, benötigt man eben erst einmal eine *Übersicht:* Worauf muß ich achten? Im Geheimen beneidet man die Leute, die alles schon wissen und die so viele praktische Tips, Hinweise, Verfahren kennen ...

Die von Kohlenhydraten, tierischem und pflanzlichem Eiweiß, Vitaminen, Mineralen, Spurenelementen reden — die schaden oder nützen, die nicht zu viel und nicht zu wenig gegeben werden dürfen ... und man hört sich das alles an, und versucht, hin und wieder mit möglichst kenntnisreichem Nicken an der Diskussion teilzunehmen ..., obwohl man im Stillen überzeugt ist, daß es einem selbst niemals gelingen wird, die Geheimwissenschaft, als die einem die Hundeernährung erscheint, zu begreifen.

Hunde-Ernährung ist (k)eine Geheimwissenschaft

Es ist hier nicht der Ort, um in aller Vollständigkeit die Regeln der Hundeernährung bis in alle Einzelheiten zu erklären, dazu gibt es, wie gesagt, eigene Bücher.

Aber, was tut man, wenn etwas nicht in Ordnung ist? Das ist der Augenblick, wo Sie sich sagen: Wenn ich doch wenigstens das Notwendigste wüßte ... Einen Feind, den man kennt, kann man auch besiegen — und so ist es auch mit den Fehlern, die aus Unwissenheit passieren: Man würde sie eben gar nicht erst machen. Als ich anfing, mich mit einzelnen, immer wieder auftauchenden Problemen auseinanderzusetzen, war ich erstaunt, daß alles gar nicht so schwierig und unbegreiflich war, wie ich befürchtet hatte. Es stellte sich vielmehr heraus, daß man eigentlich nur wenige Dinge wissen und beachten muß. Und außerdem, Sie werden es bald selbst sehen, *ist es überhaupt keine Geheimwissenschaft, sondern sehr einfach, sehr logisch und sehr leicht zu begreifen!*

Zunächst, um die — wie ich es nenne — »Praktische Theorie« zu beginnen, finden Sie auf dieser folgenden Tabelle zusammengefaßt, was eben notwendig, wichtig und für die »Praktische Theorie« unerläßlich ist. Werfen Sie einen Blick darauf und lesen dann weiter. Sie können, im Verlauf der nächsten Kapitel, immer wieder einmal darin nachlesen.

Nährstoff-Mineralstoff- und Vitaminbedarf des Hundes je Tag und kg Körpergewicht (kg/KG) *)

(in Klammern stehende Zahlen bedeuten, daß in den einzelnen Quellen stark abweichende Mengen angegeben wurden.)

	Erhaltungsbedarf erwachsener Hunde	**Zuchthündinnen (Lakt.) wachsende Hunde (WA)**
Energie (kcl)	nach Größe und	meist doppelte Menge
Nährstoffe	Gewicht	wie erwachs. Hunde
Protein min. (g)	3,7 (ält. 4,5)	9.9
Kohlehydr. max. (g)	17.6 (10.1)	32.3 (15.8)
Fett (g)	1.3	2.4
Mineralstoffe		
Kalzium (mg)	264 (100)	528 (160)
Phosphor	220 (85)	440 (140)
Eisen (mg)	1.320 (1.2)	1.320 (3.0)
Kupfer (mg)	0,165 (0.10)	0.165 (0.110) /Lakt 0.600 /WA 0.250
Kobalt (mg)	0.055	0.055
Kochsalz (mg)	374	528
Kalium (mg)	220 (80)	440 (95)
Magnesium (mg)	11	22
Mangan (mg)	0,110	0,220
Zink (mg)	0.110 (1.0)	0.220 1.4—2.8 Lakt 2.0 WA
Jod (mg)	0.033 (0.012)	0.066 (0.025)
Natrium (mg)	— (80)	(105/125 Lakt/ 160/110 WA.)
Chlor (mg)	— (120)	(150/200 Lakt./ 240—135 WA.)
Selen	— (0.005)	— (0.010)
Vitamine		
Vit A (IE)	99 (100)	198 (150)
Vit D (IE)	6.6 (10)	19.8
Vit E (mg)	— (2.0)	2.2
Vit K (mg)	0 (0.03)	0
Vit B_{12} (mg)	0.0007 (0.0004)	0.0001
Vit B_1 Thiamin (mg)	0.018	0.033
Vit B_2 Riboflavin (mg)	0.044	0.088
Vit B_6 Pyridoxin (mg)	0.022	0.044
Pantothen (mg)	0.055 (200 μg)	0.099 (400 μg)
Niacin (mg)	0.242 (200 μg)	0.396 (400 μg)
Cholin (mg)	33	66
Folsäure (mg)	0.004	0.009
Biotin	(2 μg)	(4 μg)

*) Nach verschiedenen Unterlagen (Niemand, Meyer, Grünbaum u.a.) im Laufe der Jahre zusammengestellt.

Wenn Sie sich die Tabelle mit der Zusammenstellung des Nährstoff-, Mineral- und Vitaminbedarfes des Hundes ansehen, werden Sie feststellen, daß noch eine ganze Menge »Zutaten« dazugehören, zum Teil allerdings in sehr geringfügigen Mengen. Und dennoch, wird die Ausgewogenheit nicht eingehalten, wird der Hund krank. Wo aber oder in welchen Nahrungsmitteln kommen sie denn eigentlich vor, die Mineralstoffe, Vitamine, Proteine, Kohlenhydrate, Fette ... Fangen wir also mit den Vitaminen an

VITAMINE und was man davon wissen muß

Vitamine sind *organische* Nährstoffe, die in kleinen Mengen lebensnotwendig sind, die aber entweder gar nicht oder in nicht ausreichenden Mengen vom Tier synthetisiert (d. h. im Körper des Tieres nicht selbst hergestellt) werden können und daher mit dem Futter zugeführt werden müssen.

Sie sind unersetzlich für den Stoffwechsel, weil sie am Aufbau beteiligt sind und Zellvorgänge regeln. Um es ganz einfach — stark vereinfacht — zu sagen: Ohne Vitamine gäbe es keine Verdauung, keine Nerventätigkeit, keine Atmung — kein Leben. Man unterteilt sie in »fettlösliche« und »wasserlösliche« Vitamine. Gebräuchlich ist aber auch die Einteilung nach ihrer Funktion: »Co-Enzym-Funktion« bzw. »Co-Hormon-Funktion«.

»Fettlösliche Vitamine« — Bedeutung und Besonderheiten

Fettlösliche Vitamine (A, D, E, K) können nur in Verbindung mit Fett zugeführt und verwendet werden.

Sie werden im Organismus gespeichert, wodurch es auch möglich ist, eine kurzfristige Unterversorgung auszugleichen; dafür kann aber auch eine Überfütterung mit diesen Vitaminen zu Vergiftungserscheinungen führen.

Der Zusatz »fettlöslich« ist auch hinsichtlich der Zubereitung und Aufbewahrung von Bedeutung. So können Vitamine zerstört werden, wenn das Öl (Lebertran z.B.) ranzig wird. Aber auch eine Störung der Fettverdauung des Hundes kann zu Vitamin-Mangelerscheinungen führen.

»Wasserlösliche Vitamine« — Bedeutung und Besonderheiten

Wasserlösliche Vitamine (z.B. Vitaminkomplex B und Vitamin C) wirken im intermediären Stoffwechsel innerhalb der Zelle; sie werden, außer Vitamin B_{12}, in sehr geringem Maße gespeichert, so daß eine fortgesetzte Zufuhr notwendig ist. Sie werden im Darm resorbiert, so daß z. B. Durch-

Kuvasz-Welpe, acht Wochen alt

(Aufnahme: Klub für Ungarische Hirtenhunde, M. Schleu)

fälle oder eine Störung der Darmflora zu einer Vitamin-Unterversorgung führen können, da diese zwar ausreichend zugeführt, dann jedoch nicht aufgenommen und verwertet werden können.

Wasserlösliche Vitamine gehen leicht verloren: Durch zu langes Wässern, Kochen, durch Luftsauerstoff. Viele Vitamine sind hitzeempfindlich, d. h. es sollte, was irgend möglich, roh genossen werden. Auch gegen Luftsauerstoff (bei Mahlen, Auspressen, Trocknen) ist Vorsicht geboten, d. h. also möglichst immer frisch zubereiten.

Hunde sind einem Vitaminmangel aus leicht erklärbarem Grund stärker ausgeliefert als der Mensch: Hunde bekommen eben nur die Nahrung, die der Mensch ihnen vorsetzt, und dabei ist meistens recht wenig Abwechslung, man bleibt beim einmal gewählten Futter. Aus dem gleichen Grund kommt aus Unkenntnis eben leicht eine Vitamin-Unter- oder -Überversorgung der Hunde vor.

Da, wie gesagt, der Hund nicht alle Vitamine selbst synthetisieren kann, weiß man heute, daß bei einigen die Zufuhr mit der Fütterung erfolgen muß. Dies sind die Vitamine B_1, B_2, B_6, B_{12}, Nikotinsäure, Pantothensäure, Cholin, Biotin.

Ein *erhöhter Bedarf* entsteht besonders bei *Magen-Darm-Erkrankungen, Endoparasitenbefall* und bei *Sulfonamid-Gaben,* — da hierbei der Hund zu wenig Vitamine aus dem Verdauungskanal aufnehmen kann. Ebenso entsteht ein Mehrbedarf bei *Nierenerkrankungen,* weil zu viel ausgeschieden wird und bei *fieberhaften Erkrankungen,* weil dem erhöhten Stoffwechselumsatz nicht ausreichend die vermehrt verbrauchten Wirkstoffe gegenüberstehen.

Bei den Züchtern, wenn man ihnen so zuhört, ist es zunächst Vitamin D, welches sich besonderer Beliebtheit zu erfreuen scheint, weil »der Hund es braucht«, damit er den ausreichenden Knochenbau bekomme. Es wird sowohl in allerlei Vitaminmischungen, wie auch als Einzelgabe, dann in den Futtermischungen, mit dem Lebertran und in Vigantol etc. — und leider ziemlich oft in allen Variationen auf einmal gegeben — und ist ohnehin in allen möglichen Nahrungsmitteln vorhanden! Obendrein wird es, besonders im Sommer, bereits unter Sonneneinwirkung im Tier selbst synthetisiert. Wundert es Sie jetzt noch, daß dabei nicht wenige Hunde krank werden? (In Niemand, Praktikum der Hundeklinik, wird eine Überdosierung von Vitamin D, wie auch von Vitamin A unter »Vergiftungen« geführt!) Ähnlich komplexe Vorgänge lassen sich eben bei sehr vielen Dingen feststellen.

Sehen wir uns also die Vitamine etwas näher an

Vitamin A *Name: »Retinol, Retinal«*
löslich in: Fett
Tägl. notwendige Menge zur ausreichenden Versorgung **je kg/KG Erhaltung 100 IE,**
ältere Hunde mehr
Hündin/Welpen 200—300 IE /
laktierende Hündin 500—600 IE
Sollte in Fertigfutter je 100 g Trockenmasse 500—1000 IE enthalten sein. Bei diesem Vitamin ist bei Überdosierung Vorsicht geboten. Wichtige Vorstufen des Vitamin A sind die Karotine, sie können vom tierischen Organismus in Vitamin A umgewandelt und in der Leber gespeichert werden. **Sie sind enthalten z. B. in:** *Möhren, Petersilie, Tomaten, Chicoree, Hagebutten, Kohlrabiblättern, Spinat und Blattgemüse, Löwenzahnblättern.*

Vitaminreich sind: *rohe Leber, Milch, Fisch, Eidotter, Lebertran, Butter.* Besonders hoch ist der Vitamin A-Gehalt der *Hundemilch,* was man bedenken muß, wenn man einen Milchersatz zusammenstellt. Außerordentlich wichtig ist es daher bei der Aufzucht von Junghunden. *Als Heilmittel findet es u. a. Verwendung bei:* Hauterkrankungen, Augen- und Darmkrankheiten, Infektionsanfälligkeit, Wachstumsstörungen. Da es in einer ausgewogenen Nahrung ausreichend vorhanden ist, sollte es nur auf ärztlichen Rat zusätzlich verabfolgt werden. *Schäden bei Überdosierung:* Bewegungsstörungen, Schmerzhaftigkeit, Wachstumsstörungen, schuppiges, stumpfes Fell.

Der Vitamin B-Komplex:

Vitamin B_1 *Name: »Thiamin, Aneurin«*
löslich in: Wasser
Täglich notwendige Menge zur ausreichenden Versorgung **je kg/KG Erhaltung 20μg** /
Hündin/Welpen 40 μg
Sollte in Fertigfutter je 100 g Trockenmasse 0,1 mg enthalten sein. Fehlt Vitamin B_1, was bei einseitiger Ernährung, z. B. hoher Kohlenhydratanteil der Nahrung, leicht geschehen kann, kommt es zu nervösen Störungen, Angst- und Aufregungszuständen, Krämpfen, Muskelschwäche. Ebenso ist Zucker ein Vitamin B_1-Räuber, weil er für seine Verarbeitung im Körper sehr viel Vitamin B_1 benötigt.

Wichtige Vitaminquellen für Vitamin B_1 sind: *grüne Gemüse, Getreidekörner, Weizenkleie, Weizenkeimlinge, Hirn, Herz, Leber, Milch, Reis, Hefe, Kleie, Nüsse, Fleisch, Sojabohnen.*
Als Heilmittel u. a. bei: Gehirnerkrankungen, Lähmungen, Krämpfen, Entgiftung.

Vitamin B_2 *Name: »Riboflavin, Lactoflavin«*
löslich in Wasser
Tägl. notwendige Menge zur ausreichenden Versorgung **je kg/KG Erhaltung 40 μg** /
Hündin/Welpen 100—250 μg
Sollte in Fertigfutter je 100 g Trockenmasse 0.2—0.5 mg enthalten sein. Fehlt Vitamin B_2 kommt es zu Störungen des Nervensystems, des Wachstums und der Stoffwechselvorgänge, Haut- und Schleimhautschäden.

Wichtige Vitaminquellen für Vitamin B_2 sind: *Milch, Fisch, Fleisch, Leber, Hefe, Kleie, Wurzelgemüse, Mandeln, Haselnüsse, Walnüsse.* Als Heilmittel u. a. bei Haut- und Darmerkrankungen, nervösen Störungen, Nervenentzündungen.

Vitamin B_5 *Name: »Pantothensäure«*
löslich in Wasser
Tägl. notwendige Menge zur ausreichenden Versorgung **je kg/KG Erhaltung 200 µg / Hündin/Welpen 400 µg**
Sollte in Fertigfutter je 100 g Trockenfutter 1.0 mg enthalten sein. Fehlt B_5, kommt es zu Wachstumsstörungen, Hautentzündungen, Haarausfall, Magen-Darmschleimhaut-Entzündung, Bewegungsstörungen. Ist auch u.U. für mangelhafte Leistungen bei Arbeitshunden verantwortlich.
Wichtige Vitaminquellen für Vitamin B_5 sind: *Fleisch, Milch, Leber, Hülsenfrüchte, Gemüse, Hefe, Vollgetreide.*

Vitamin B_6 *Name: »Pyridoxin«*
löslich in: Wasser
Tägl. notwendige Menge zur ausreichenden Versorgung **je kg/KG Erhaltung 25 µg Hündin/Welpen 50 µg**
Sollte in Fertigfutter je 100 g Trockenmasse 0.125 enthalten sein. Eiweißreiche Rationen und ein Mangel an essentiellen Fettsäuren steigern den B_6-Bedarf. Fehlt B_6, kommt es zu Wachstumsstörungen, Krämpfen, Lähmungen, Anämie, Hautentzündungen, Haarausfall, Nervosität, Muskelschwäche.

Wichtige Vitaminquellen für Vitamin B_6 sind: *Hefe, Kleie, Vollgetreide, Vollmilch, Sojabohnen, Eidotter.*

Vitamin B_{11} *Name: »Folsäure«*
löslich in Wasser
Tägl. notwendige Menge zur ausreichenden Versorgung **je kg/KG Erhaltung 4 µg / Hündin/Welpen 8 µg**
Sollte in Fertigfutter je 100 g Trockenmasse 0.02 enthalten sein. Fehlt Folsäure, kommt es zu Schleimhautveränderungen, Anämie. Der Appetit ist vermindert, die Gewichtszufuhr gering, verzögerte Antikörperbildung, d.h. größere Krankheitsanfälligkeit.

Wichtige Vitaminquellen für Folsäure sind: Hefe, Milch, Leber, Blattgemüse.

Vitamin B_{12} *Name: »Kobalamin«*
löslich in: Wasser
Tägl. notwendige Menge zur ausreichenden Versorgung **je kg/KG Erhaltung 0.5 µg / Hündin/Welpe 1.0 µg**
Sollte in Fertigfutter je 100 g Trockenmasse 0.0025 mg enthalten sein. Fehlt Vitamin B_{12}, das der Hund an sich ausreichend synthetisiert, insbesondere bei fleischarmer oder fleischloser Ernährung, kommt es zu Wachstumsstörungen, Blutarmut, erhöhtem Fettgehalt in der Leber; Ursache für Nervenerkrankungen. Vitamin B_{12} fördert die Verwertung von pflanzl. Eiweißstoffen, sorgt für die Normalisierung der roten Blutkörperchen, reguliert den Leberstoffwechsel.

Wichtige Vitaminquellen für Vitamin B_{12} sind: *Fisch- und Lebermehl, Milch, Eier, Leber.*

Niacin *Name: »Nicotinsäure«*
löslich in: Wasser
Tägl. notwendige Menge zur ausreichenden Versorgung **je kg/KG Erhaltung 200 µg / Hündin/Welpen 400 µg**
Sollte in Fertigfutter je 100 g Trockenmasse 1.0 enthalten sein. Fehlt Niacin, kommt es bei Hunden zu Geschwüren der Maulschleimhaut, dunkler Verfärbung der Zunge. (Einseitige Maisfütterung). Vielfache Störungen sind die Folgen von Niacin-Mangel: Vor allem sind die Eingeweide betroffen, die nun die erhaltenen Nährstoffe nicht ausreichend aufnehmen können und daraus ein erheblicher weiterer Vitaminmangel mit bösen Folgen entsteht.

Wichtige Vitaminquellen für Niacin sind: *Muskelfleisch, Milch, Leber, Vollgetreide, Eidotter, Hefe.*

Vitamin C *Name: »Askorbinsäure«*
löslich in: Wasser
Normalerweise keine Zufütterung nötig, da der Hund es selber in der Leber aufbaut. Nur während Trächtigkeit, Säugezeit, Wachstum und fieberhaften Erkrankungen, nach Operationen und bei Ausfallerscheinungen am Skelett ist u. U. Vitamin C gelegentlich zuzufüttern, wobei auch hier eine Überdosierung gefährlich werden kann. *Vitamin C wird in besonderen Mengen bei allen Streßsituationen vom Körper verbraucht!* Wenn es dann nicht ausreichend vorhanden ist, sinkt die Widerstandskraft des Körpers rapide. Als Heilmittel u. a.: Bei Darmstörungen, Infektionskrankheiten und zur Vorbeuge.

Vitaminreich sind: *Zitrusfrüchte, aber besonders Hagebutten, Petersilie, Rosenkohl, Spinat, Milch.*

Vitamin D *Name: »Calcipherol«*
löslich in: Fett
Für den Züchter ist es besonders wichtig, zu beachten, daß eine Überdosierung von Vitamin D (das leider in vielen Vitaminpräparaten mit enthalten ist) ernsthafte Entwicklungsstörungen nach sich zieht. Im Sommer, wenn genügend Sonne scheint, bildet es sich durch ultraviolette Bestrahlung im Körper selbst. Im Winter, d. h. der sonnenarmen Zeit, gibt man besser Lebertran; das Vitaminpräparat selbst aber nur auf ärztliche Anordnung.

Wichtige Vitaminquellen für Vitamin D sind: *Lebertran, Eidotter, Butter, Vollmilch, Rahm.*
Als Heilmittel wird es verwendet u. a. bei: Vorbeuge gegen Rachitis, Störungen des Kalzium-Stoffwechsels, Knochenerweichung, Verzögerung der Zahnbildung, verbessert Kalzium-Aufnahme aus dem Darm.
Schäden bei Überdosierung u. a.: Gefahr von Nierenschädigungen. Verkalkung von Niere, Lunge, Herz; Erbrechen, Appetitlosigkeit, Durst.

Vitamin E *Name: »Tocopherol«*
löslich in: Fett
Tägl. notwendige Menge zur ausreichenden Versorgung **je kg/KG Erhaltung 1.0 µg / Hündin/Welpen 2.0 µg**
Sollte in Fertigfutter je 100 g Trockenmasse 5—10 mg enthalten sein. Bei Vitamin E-Mangel (bei Hunden selten bei ausreichender Fütterung) Fruchtbarkeitsstörungen und schlechte Entwicklung der Junghunde.

Enthalten ist es in: *Getreidekeimlingen und den Ölen daraus, Erdnuß- und Kokosölen, Grünpflanzen, Butter.* Als Heilmittel findet es vor allem bei verschiedenen Hautkrankheiten, Fortpflanzungsstörungen (»Antisterilitätsvitamin«), Muskelschwäche und Bindegewebsschwäche Anwendung.

Vitamin H *Name: »Biotin«*
löslich in: Wasser
Tägl. notwendige Menge zur ausreichenden Versorgung **je kg/KG Erhaltung 2 µg**
Hündin/Welpen 4 µg
Sollte in Fertigfutter je 100 g Trockenmasse 0.01 enthalten sein. *Mangel kann durch Verfütterung von rohem Hühnereiweiß,* aber auch durch Störungen der Darmflora verursacht werden. Fehlt Biotin, kommt es zu glanzlosem Fell, Haarausfall, Hautentzündung, Juckreiz, Verminderung der Fruchtbarkeit, schwachen Welpen.

Wichtige Vitaminquellen für Biotin sind:
Eidotter, Hefe, Leber, Reiskleie, Melasse, Milch. Synthese erfolgt durch Darmbakterien.

Bereits jetzt sind Sie nachdenklich geworden, und einiges aus dem Futterplan »nach natürlicher Methode« kommt Ihnen nicht mehr ganz so übertrieben vor... (Wobei hier ganz nebenbei auch der Hinweis erlaubt ist, daß die entsprechenden Wirkungen, bzw. Ausfälle nicht nur beim Hund, sondern auch bei anderen Tieren und auch — beim Menschen so aussehen... Man lernt eben nie aus!)

Außerdem haben Sie mit einem Blick auf die Tabelle festgestellt, daß noch immer kein Wort vom Fleisch und von den Kohlenhydraten gefallen ist — worauf Sie warten und was doch erst etwas später kommt. Es warten noch einige überraschende Erkenntnisse auf uns, wenn wir mit unserer kleinen Nahrungsmittel-Betrachtung fortfahren...

MINERALSTOFFE
und was man davon wissen muß

Wir fahren erst einmal mit dem fort, wovon man »fast nichts weiß« und wenden uns den Mineralstoffen zu. Während sich früher die Ernährungskenntnis auf Eiweiß, Fett und Kohlenhydrate beschränkte, hat man zunehmend die Bedeutung der Mineralstoffe, die man in *Mengen-* und *Spurenelemente* unterteilt, erkannt und ist zu erstaunlichen Erkenntnissen gekommen, die man viel mehr beachten sollte.

Zunächst muß man wissen, daß Mineralstoffe lebensnotwendige *anorganische* Stoffe sind, die, in Form von Salzen, von den Pflanzen dem Boden entnommen, im Leben der Pflanzen von großer Bedeutung sind und durch deren Verzehr oder in anderer Form konzentriert in den Körper gelangen, also auch in das Fleisch der Schlachttiere, und somit auch auf diesem Wege mit der Nahrung aufgenommen werden.

Alle Mineralstoffe werden nach ihrer Aufnahme im Körper zerlegt, um mit Wasser Lösungen zu bilden, die je nach ihrer Art sauer oder basisch sind und für den so wichtigen Säure-Basenausgleich des Körpers von Bedeutung sind:

Säurebildner sind:	*Basenbildner:*
Nichtmetalle z. B.	*Metalle z. B.*
Chlor	*Aluminium*
Fluor	*Eisen*
Jod	*Kalium*
Phosphor	*Kalk*
Schwefel	*Magnesium*
Silizium	*Natrium*

Wenn der Hund zuviel säurebildende oder basenbildende, also einseitige Nahrung erhält und sein Stoffwechsel auf diese Weise aus dem Gleichgewicht gerät, sind ernsthafte Störungen die Folge.

Da es inzwischen sehr umfassende Fachbücher gibt (s. Literaturanhang), würde eine detaillierte Darstellung zu diesem Punkt den Umfang dieser Notizen ungebührlich und unnötig anwachsen lassen. Wer sich in aller Ausführlichkeit informieren will, kann dies inzwischen ohne Schwierigkeiten tun. Daher soll es hier bei den notwendigsten, für den Züchter wesentlichsten Hinweisen bleiben.

Was bedeutet eigentlich »Stoffwechsel«?

Wenn man die Zusammenhänge und Ursachen der außerordentlich komplexen Vorgänge von Verdauung und Stoffwechsel betrachtet, kommt man zu einer — zunächst recht überraschenden — Entdeckung:

Alle Lebensvorgänge, wobei es ganz gleich ist, welches Stadium des Lebens Sie, von der ersten Zellteilung bis in die Lebensvorgänge im hohen Lebensalter, eingehend in seinem Ablauf betrachten, kurz: *alles Leben schlechthin beruht darauf, daß fortlaufend entstehende Ungleichgewichte von entsprechenden Gegenanstrengungen des Körpers wieder in ein neues Gleichgewicht gebracht werden.* Aus diesen ständigen Bewegungen entstehen all die Reaktionen, die insgesamt das Leben ausmachen. So sehr auch das Ausgewogene und Gleichgewichtige das im Leben Erstrebenswerte sind, ist ihre Vorbedingung immer Unausgewogenheit, Ungleichheit, Unvollkommenheit — Leben ist Bewegung, Aktion, Reaktion, Konstruktion.

Wenn Sie die Nahrungsaufnahme betrachten, die ein entsprechendes im Körper entstandenes Defizit wieder ausgleichen soll, werden Sie feststellen, daß die Nahrungsbestandteile erhebliche Unterschiede aufzeigen zu dem, was im Körper letztlich benötigt wird. Eine Vielzahl chemischer Reaktionen laufen im Körper ab, bis schließlich alles soweit verändert, umgewandelt und zu Neuem geworden ist.

Besonders wichtig ist der »pH-Wert«

So ist auch z. B. der pH-Wert der Nahrung, während sie den Verdauungskanal passiert, in unterschiedlichsten pH-Werten anzutreffen, die dann wieder von den entsprechenden Körpersäften, Enzymen, Bakterien umgewandelt werden, bis am Ende des Vorganges z. B. im Blut immer leicht alkalische, in Harn und Kot leicht saure Verhältnisse geschaffen sind, und ein Zeichen dafür, daß alle Aufgaben nunmehr ordnungsgemäß abgewickelt sind.

Ebenso ist der pH-Wert der Hundemilch leicht sauer. Die Milch einer gesunden Hündin hat etwa einen pH-Wert von 6,3. Steigt der Wert bis auf 7 und darüber hinaus an, also in den basischen Bereich (z. B. bei fieberhafter oder entzündlicher Erkrankung der Hündin), sind die Welpen sofort abzusetzen und erst, wenn die Milch wieder in Ordnung ist, wieder zur Hündin zu lassen. (S. auch im 24. Kapitel: »Die Muttermilch ständig überprüfen«!)

Wird aber die mit der Nahrung zugeführte Menge in ein vom Körper nicht mehr aufzuarbeitendes Übermaß gesteigert, entstehen in allen *Stoffwechselvorgängen Entgleisungen,* die, als eine *Kettenreaktion, den gesamten Organismus stören.* Wir werden später immer wieder auf dieses Prinzip stoßen, wenn wir uns den Grundsätzen zuwenden, um zu erkennen, was ist einerseits das notwendige Maß, wonach dann eigentlich nichts schiefgehen kann und was sind andererseits die Ursachen der vielfachen Entgleisungen?

Daher an dieser Stelle gleich noch ein paar Nahrungsstoffe, die zu einem Säure- oder Basenüberschuß führen:

Säureüberschuß u. a. gebildet v.:	*Basenüberschuß* u. a. gebildet v.:
Ei	Gemüse
Fette und Öle	Kartoffeln
Fisch	Kräuter
Fleisch	Milch - roh
Gebäck/Brot	Obst
Getreide und Getreideerzeugnisse	Gemüse
Nüsse	Früchte
Samen	Blattsalat

Welche Bedeutung dem Begriff »Ausgewogenheit« zukommt, und welche Voraussetzungen vorgegeben sein müssen, damit der Körper überhaupt angeregt wird, das für ihn notwendige Gleichgewicht wieder herzustellen, wird besonders deutlich, wenn später das für den Hund zentral wichtige Geschehen des Kalzium-Phosphor Stoffwechsels besprochen wird.

Pomeranian (Zwergspitz) Welpe

(Aufnahme: Weinberg)

Zurück zu den Mineralstoffen

ohne die, was Sie jetzt gleich auch genauer wissen, nichts funktioniert: Mineralstoffe sind lebensnotwendige *anorganische Stoffe,* die im gesamten Organismus, überwiegend aber in den Knochen enthalten sind und mit der Verdauung ständig ausgeschieden werden. *D. h. sie sind daher laufend in den bedarfsgerechten Mengen zu ersetzen. Bei trächtigen Hündinnen, bei säugenden (laktierenden) Hündinnen, bei im Wachstum begriffenen, aber auch bei alten Tieren ist der Bedarf besonders hoch.* Gegen diese Erkenntnisse wird leider vielfach und laufend — aus Unkenntnis — verstoßen.

Man unterscheidet *Mengenelemente,* die im Grammbereich je kg Körpergewicht liegen und *Spurenelemente,* die im µg-Bereich je kg KG liegen, also nur in sehr geringen Mengen vorkommen.

Mineralstoffe regeln den Elektrolyt- und Flüssigkeitshaushalt im Organismus, haben Anteil an der Erregungsleitung in Nerven und Muskeln, sind Bestandteil u. a. von Blutkörperchen und Knochen.

Kalzium und Phosphor, die für den Hund von zentraler Bedeutung sind, werden mit der Nahrung aufgenommen, im Dünndarm resorbiert und im Skelett gespeichert.

Bei dem *üblichen Futtermitteln* wird der Hund meist nicht *ausreichend mit Kalzium versorgt,* dieses muß daher zugefüttert werden; *anders bei Phosphor,* wovon *leicht ein Überschuß verfüttert* wird, da es in den überwiegend verfütterten Nahrungsmitteln in — im Verhältnis zum gleichzeitig vorhandenen Kalzium — zu großen Mengen, die nicht den Bedürfnissen des Hundes entsprechen, enthalten ist.

Was ist die »Mineralisierung« des Skeletts?

Kalziumphosphat wird zunächst in die Kollagenfasern des Knochens in Form von Kristallen (»Hydroxylapatit«) unter Mitwirkung von Vitaminen und Hormonen eingelagert. Diesen Vorgang nennt man die *Mineralisierung* des Knochens, d. h. das Skelett erhält so seine notwendige Stützfestigkeit.

Eine ausreichende Knochenbildung kann nur dann erfolgen, wenn Kalzium und Phosphor erstens ausreichend und zweitens im richtigen Verhältnis mit der Nahrung aufgenommen werden. Darüberhinaus ist hierzu eine bestimmte Menge Vitamin D notwendig, die aber ebenfalls niemals über- oder unterschritten werden darf.

Das Skelett hat nicht nur Stützfunktion!

Das Skelett hat außerdem *Depotfunktion,* eine Art *Vorratshaltung,* die zur Aufrechterhaltung einer gleichmäßigen Kalzium- und Phosphorkonzentration im Blut zur Verfügung steht. Von der Zusammensetzung des Blutes aber gehen wiederum Impulse aus, die die notwendigen Vorgänge anregen, die dazu führen, daß die für das Blut notwendige ausgewogene Zusammensetzung wieder hergestellt wird. (Mehr dazu siehe später im Kapitel HD.)

An die mineralisierten Knochenfasern wird, auch wenn die Knochen sozusagen fertig sind, weiterhin Kalziumphosphat, das mit der Nahrung aufgenommen wurde, angelagert. Dieses angelagerte Kalziumphosphat ist die »mobile«, d. h. jederzeit verfügbare Kalziumreserve des Körpers, die fortlaufend wieder in das Blut zurückgeführt und dort bei vielerlei Stoffwechselvorgängen ständig sozusagen aufgebraucht wird.

Wußten Sie, daß sich Knochen fortwährend neu bilden?

Weil man es von außen nicht bemerkt, hat man normalerweise keine Vorstellung davon, daß ununterbrochen eine Neubildung der Knochensubstanz erfolgt. Im Wachstum ist die Neubildung höher, als der immer gleichzeitig erfolgende Abbau; im Erwachsenenstadium halten sich beide Vorgänge die Waage. Aber Sie können sich vorstellen, daß jede Störung im Zustrom des dafür benötigten »Baumaterials« zu erheblichen Mißbildungen führen kann, die dann später auch sichtbar werden, weil der Hund, z. B. an Bewegungsstörungen, Verformungen des Skeletts etc. leidet.

Besonders stark sind diese Stoffwechselvorgänge bei jungen Hunden, aber auch bei trächtigen und laktierenden Hündinnen. Ein Absinken des Kalziumspiegels führt bei Hündinnen die Ihnen bekannte »Eklampsie« herbei, später davon mehr. Andererseits führen auch Krankheiten und längere Immobilität zu Kalzium- und Phosphorverlusten aus dem Skelett.

Sinkt der Blutkalzium-Spiegel ab, infolge fortlaufend unzureichender »Auffüllung« aus der Nahrung, oder weil dem Körper bei hohem Verbrauch (Trächtigkeit, Laktation) nicht vermehrt Stoffe zugeführt werden oder wenn bei ernährungs- oder krankheitsbedingten Störungen die aufgenommenen Stoffe nicht genügend verwertet werden können, beginnt der Körper sofort, alle nur erreichbaren Reserven zur Hilfe zu holen: Zunächst wird die mobile Kalziumreserve aufgebraucht, und im Anschluß daran greifen Enzyme die mineralisierten Kollagenfasern an, entziehen ihnen Kalziumphosphat, und *es kommt zum Abbau von Knochenzellen.* Ganz besonders häufig kommt der Blutkalziumspiegel aus der Balance, wenn Kalzium, Phosphor und Vitamin D nicht in der ausgewogenen Mischung vorhanden sind.

Mangelerscheinungen trotz ausreichender Kalzium-Zufuhr

Wissenswert ist auch, daß nicht nur eine ungleichgewichtige Nahrung der Auslöser ist. Vielmehr kann, trotz ausreichender Kalzium-Fütterung, ein Kalzium-Mangel auftreten, wenn z. B. Getreide und Getreidenachprodukte in großen Mengen Nahrungsbestandteile sind: In einigen Getreiden ist eine Säure vorhanden, durch die die Verwertung von Kalzium gehemmt wird.

Auch hat es sich in vereinzelten Fällen — unter welchen Umständen ist noch nicht gesichert festgestellt —, wenn eine hohe Aufnahme und Einlagerung von Kalzium erwünscht ist, günstig ausgewirkt, wenn gleichzeitig Ascorbinsäure (Vit. C) gegeben wird. Da dieses Vitamin, wie Sie wissen, im Prinzip ausreichend vom Hund selbst hergestellt wird, kann man über die Zusammenhänge nur mutmaßen: Ob u. U. eine bislang in ihren Ursachen nicht geklärte verminderte Eigenproduktion von Vitamin C vielleicht Auslöser gewesen ist; ob, bedingt durch fortwährende Streßsituationen (dazu siehe später), ein Vitamin-C-Mangel sich auch auf die Kalziumverwertung negativ ausgewirkt hat ... Man weiß so vieles noch nicht, aber so manche Beobachtungen, die man sich nicht erklären kann, werden sich im Laufe der Jahre noch klären lassen und zu überraschenden Einsichten führen.

Kalzium und Phosphor — wichtig ist das richtige Verhältnis

Infolge der (sehr komplizierten und komplexen) Wechselwirkung von Kalzium und Phosphor entstehen bei einer Entgleisung z. B.: Beeinträchtigung der Knochenstabilität (»Osteodystrophie«), daraus folgen Lahmheit, Knochenverbiegungen, Knochenauftreibungen. Auch innere Erkrankungen, z. B. chronische Nierenentzündungen kommen gelegentlich vor. Osteodystrophie kommt zustande, wenn überwiegend phosphorreiches Fleisch (siehe dazu später in den Tabellen), bzw. Innerei gefüttert werden, d. h. *daß übermäßige Fleischfütterung zu vermeiden ist,* da sie durch Phosphorüberdosierung und relativen Kalziummangel zur Osteodystrophie führt, die aber auch ausgelöst werden kann, wenn übermäßige Vitamin-D-Gaben bei gleichzeitigem Kalziummangel verabfolgt werden. Wird Vitamin D bei ausreichender oder zu hoher Kalziumversorgung verabfolgt, entsteht eine Vitamin-D-Vergiftung, (wie bereits notiert).

Von besonderer Bedeutung ist daher das Verhältnis von Kalzium und Phosphor zueinander:

Es soll für den Hund 1,2 : 1,0 betragen.

Aus diesem Grund wird oft empfohlen, ein *Kalzium-Präparat, das Kalzium und Phosphor im Verhältnis 2:1* enthält, zu füttern: Jetzt verstehen Sie den Grund: Auf diese Weise kann man erreichen, daß der mit der Nahrung aufgenommene Phosphor-Überschuß, dem nicht in entsprechenden Gegengewicht Kalzium gegenübersteht, ausgeglichen wird, indem man einen *Kalzium-Überschuß* zuführt.

Bitte beachten Sie in der Tabelle die stark abweichenden Werte. Sie können sehen, daß noch längst nicht restlos ausdiskutiert ist, was nun richtig ist. Man wird sich auch weiterhin darum bemühen müssen, seine Informationen auf dem neuesten Stand zu halten.

Ausgewachsene Hunde benötigen nach neueren Berechnungen:
pro kg/KG etwa 100 mg Kalzium und 85 mg Phosphor!

Trächtige Hündinnen in der *2. Trächtigkeitshälfte*
benötigen etwa die *1½fache Menge Kalzium/Phosphor.*

Säugende Hündinnen benötigen
etwa die *3—4-fache Menge Kalzium/Phosphor!*

Hierbei wurde in neueren Zahlen (s. Literaturanhang) berücksichtigt, daß die Welpen — im Gegensatz zu vielen anderen Tieren — bis zu ihrer Geburt noch kein mineralisiertes Skelett haben, also die trächtige Hündin nicht mit übermäßigen Mengen gefüttert werden muß. Dafür werden während der *Säugezeit von den Welpen nun große Mengen* benötigt, so daß im *ersten Monat die Hündin die 3—4fache Menge* aufnehmen muß, da sonst das mit der Milch abgegebene Kalzium-Phosphor aus den Reserven der Hündin genommen wird, die dabei schwere Mangelzustände erleiden kann.

Welpen *benötigen je kg/KG in den*
ersten beiden Monaten *etwa das* **4fache**
im 3. Monat *etwa das* **3—4fache**
im 4. Monat *etwa das* **2—4fache**
im 5.—6. Monat *etwa das* **2—3fache**
im 7.—12. Monat *etwa das* **1½fache**

der Mengen Kalzium/Phosphor für den »Normalhund«, d. h. je nach der Rasse, der sie angehören.

Damit Sie auch wissen, womit Sie zufüttern können und wieviel Sie dabei, unter Anrechnung der im Futter enthaltenen Menge, von den unterschiedlichen Möglichkeiten benötigen:

pro 100 g enthalten jeweils g:	*Kalzium*	*Phosphor*	*Natrium*	*Jod*
Kohlens. Futterkalk	*37*			
Kalziumzitrat	*21*			
Kalziumlaktat	*13*			
Knochenfuttermehl	*30*	*15*		
Knochenschrot	*20*	*11*	*0.6—1*	
Eierschalen geschrotet	*36.6*	*0.2*	*0.1*	*0.1µg*

(nach Meyer, Ernährung)

Ein Blick noch auf die weiteren Mengenelemente:

Kalium (ist beteiligt an der Übermittlung von Nervenimpulsen), sorgt für den osmotischen Druck in den Zellen.

Natrium (regelt zus. mit Kalium den osmotischen Druck von Blut- und Körperflussigkeit), steuert die Erhaltung und Funktion der Muskeln und Nerven, sorgt für die wichtige Erhaltung des Säure-Basen-Gleichgewichtes. Bei Durchfall und Erbrechen kommt es oft zu hohem Natrium-Verlust. Als Folge der Unterbrechung ergibt sich: Trockene Haut, verringertes Blutvolumen, schnelle Ermüdbarkeit, die Geruchsorgane sind in ihrer Leistung eingeschränkt (weil zu trocken). Eine Überversorgung wird vom Tier toleriert, wenn es genügend Flüssigkeit zur Verfügung hat. Bei überwiegender Fleischfütterung und auch bei einigen pflanzlichen Produkten wird oft nicht genügend Natrium aufgenommen, daher muß man — entgegen vielfacher Meinung — u. U. etwas Kochsalz zufügen.

Magnesium (zusammen mit Kalium und Kalzium wichtiger Teilfaktor im Eiweiß- und Kohlenhydratstoffwechsel). Bei Unterversorgung: Schlechte Futteraufnahme, Bewegungsstörungen, nervöse Erscheinungen; Überversorgung: Durchfälle, schlechte Kalzium- und Phosphor-Verwertung. Der Magnesium-Bedarf wird bei normaler Fütterung erreicht.

Die Spurenelemente und ihre Bedeutung

Eisen, Kupfer, Kobalt, Mangan, Zink, Jod. Sie werden nur in kleinsten Mengen — aber benötigt. Ihr Mangel, der erst langsam sichtbar wird, bedeutet vermindertes Wachstum, reduzierte Leistung, geringere Widerstandsfähigkeit.

Eisen, das wissen Sie, ist auch beim Menschen Bestandteil des Blut- und Muskelfarbstoffes. Eisenmangel spielt bei Hunden unter normalen Fütterungsverhältnissen keine erhebliche Rolle. Nur bei starken Blutverlusten, bei Parasitenbefall und beim Haarwechsel kann Eisenmangel auftreten: Er äußert sich in einer Verminderung des Blutfarbstoffs, Wachstumsstillstand und erhöhter Infektionsanfälligkeit. Trächtige Tiere haben einen erhöhten Eisenbedarf, laktierende nicht. Die Eisenverwertung aus der Nahrung (hierbei sind tierische und pflanzliche Produkte gleichwertig) kann durch die gleichzeitige Verabfolgung von Ascorbinsäure (Vit. C) verbessert werden, was man im entsprechenden Fall beachten sollte.

Jod ist als Bestandteil des Schilddrüsenhormons für den Stoffwechsel sehr wichtig. Unterversorgung führt zu einer Vergrößerung der Schilddrüse, allgemeinem Leistungsabfall, Wachstumsstörungen; trächtige Hündinnen haben unterentwickelte Welpen. Der notwendige Futtergehalt wird in vielen Futtermitteln nicht erreicht, insbesondere bei überwiegender Fleischfütterung. Man kann nach ärztl. Anweisung Lugolsche Lösung geben. Man kann auch dem Futter Blutmehl, Fischmehl, Meeresalgenpulver oder -tabletten zufügen. Eine Jodüberversorgung ist allerdings unbedingt zu vermeiden, da sie eine verminderte Arbeit der Schilddrüse zur Folge hat, und so wieder zu Jodmangel führt.

Zink fördert die biologische Leistungsfähigkeit und ist für den Aufbau körpereigenen Eiweißes unentbehrlich. Zinkmangel zeigt sich bei Jungtieren als Wachstumsverzögerung, auch vorzeitiges Ergrauen oder schlechtes Fell können eine Folge von Zinkmangel sein. Völliges Fehlen von Zink führt zum Tode, eine Überdosierung (Vorsicht, wenn z. B. Zinksalben aufgeleckt werden!) ist toxisch (giftig).

Kobalt ist für den körpereigenen Aufbau von Vitaminen durch Dickdarmbakterien unerläßlich, aber bei einer ausreichenden Versorgung mit Vitamin B_{12} ausreichend vorhanden.

Das alles ließe sich sehr viel ausführlicher und sehr viel komplizierter und vollendeter aufführen, — doch soll es genügen, denn Sie wissen jetzt, daß diese »Zutaten« tatsächlich außerordentlich wichtig und sorgsam zu beachten sind.

EIWEISS, FETT UND KOHLENHYDRATE

Sie stehen an allererster Stelle und in der Reihenfolge ihrer Bedeutung in unserer Tabelle:

Eiweiß — es gibt tierisches und pflanzliches, was muß man beachten?

Bei Eiweiß (Protein) unterscheidet man zwischen tierischem und pflanzlichem Eiweiß. Beide setzen sich aus verschiedenen sog. Aminosäuren zusammen. Man kennt bisher 20, die im Organismus vorkommen und weiß, daß *zehn von ihnen für den Hund »essentiell«* sind. Es sind dies: Arginin, Histidin, Leucin, Isoleucin, Lysin, Phenylalanin, Methionin, Threonin, Tryptophan, Valin.

»Essentiell« bedeutet:

1.) Sie sind lebensnotwendig.
2.) Sie werden nicht vom Körper selbst aufgebaut.
3.) Sie müssen also von außen zugeführt werden.

Leider ist der Begriff Eiweiß oder Protein für viele eine etwas nebulöse Bezeichnung, weil darunter von verschiedenen Leuten alles mögliche vermutet wird und eine ziemliche Verwirrung festzustellen ist, wenn man den Debatten über »Eiweiß«, »Eiweißbedarf«, »Eiweißträger« zuhört. Eine umfassende Erklärung, was Eiweiß, der Grundstoff alles Lebens, ist, soll hier unterbleiben, sie füllt inzwischen Bibliotheken und die Erkenntnisse sind immer noch im Fluß.

Allein wichtig sind die Aminosäuren

Für den Hundezüchter ist es aber wichtig zu wissen, daß es nicht schlechthin einfach »Eiweißmangel« ist, der die schweren Mangelzustände hervorruft, *sondern einzig und allein das Fehlen der oben genannten zehn*

Kurzhaar-Chihuahua Welpen, fünf Tage alt

(Aufnahme: Weinberg)

Aminosäuren, die der Hund nicht selber aufbauen kann. Eiweiß wird *nicht* zur *Energie*gewinnung benötigt, sondern für *Erhaltung* und *Aufbau* von *Körpersubstanz*. Die Eiweiße gehören zu den wichtigsten Bauelementen von Geweben und Körperflüssigkeiten.

Wann ist ein Eiweißträger für den Hund »hochwertig«?

Die verschiedenen Eiweißträger (Fleisch, Eier, Milch, Pflanzeneiweiß) sind aus unterschiedlichen Aminosäuren in unterschiedlichen Mengen zusammengesetzt. Man nennt dies das »Aminosäurenmuster«.

»Hochwertig« heißt:

1.) Alle benötigten Aminosäuren sind enthalten.
2.) Sie sind in den ausreichenden, ausgewogenen Mengen enthalten.

Was ist die »Verdaulichkeit« eines Nahrungsmittels?

Bei dieser Gelegenheit soll auch gleich noch ein anderer, oft mißverstandener Begriff erklärt werden: Die »Verdaulichkeit« eines Nahrungsmittels. Meistens stellt man sich irrtümlich vor, jene Exkremente, die wir als Ergebnis der Fütterung täglich begutachten können, wären das Anzeichen dafür, daß der Hund die Nahrung »verdaut« habe. Gerade das Gegenteil ist der Fall: Was der Hund uns auf diese Weise abliefert, ist das Unverdaute, Nichtverarbeitete, Nichtverdaute. Das tatsächlich Verdaute hat längst seinen Weg in den gesamten Körper gefunden und verrichtet dort seine vielfachen Aufgaben.

Wenn also ein Nahrungsmittel »hochverdaulich« ist, bedeutet dies, daß ein hoher Anteil seiner Bestandteile vom Hund verwertet und nur ein geringer Teil davon wieder mit dem Kot ausgeschieden wird. Auch dies ist ein Gesichtspunkt, den Sie in Ihre Überlegungen, wie Sie am preiswertesten füttern können, einmal einbeziehen sollen: Kaufen Sie große Mengen zwar preiswertes, aber in seiner Verdaulichkeit geringwertiges Futter, haben Sie als Ergebnis einen starken, häufigen Kotabsatz: Ihr »preiswertes«, weitgehend nicht verdautes Futter hat den Hund passiert und nur geringe Teile davon sind tatsächlich vom Hund verwertet = verdaut worden. Womöglich sind ihm obendrein, trotz großer Futtermengen, nicht einmal alle notwendigen Nahrungsbestandteile verabfolgt worden!

Eiweißmangel — Eiweißüberschuß

Eiweißmangel führt zu schlechtem Fell, Anfälligkeit bei Hautinfektionen, Infektionskrankheiten, Durchfällen, Parasitenbefall. Welpen sind träge und temperamentslos, Hündinnen haben lebensschwache Welpen. Eiweißüberschuß, also eine höhere Menge als der Hund verbrauchen kann, schadet jedoch ebenso und führt zu Stoffwechselstörungen, dem Ansteigen harnpflichtiger Stoffe.

Es ist ein sehr häufig anzutreffender Irrtum, durch überhöhte Proteingaben die Leistung steigern zu können: Das Gegenteil ist der Fall: Sie belasten nur. Hierbei ist es wichtig, zu wissen, daß *durch Muskelkontraktion, also z. B. beim Hundetraining, zwar ein höherer Energiebedarf entsteht, nicht aber ein höherer Proteinbedarf!*

Da der Hund Eiweiß zum Aufbau von Körpersubstanz braucht, kann er tierisches Eiweiß besser verwerten als pflanzliches. Wenn man herausfinden will, wieviel Fleisch man benötigt, um die benötigte Eiweißmenge zuzuführen, kann man in den Nahrungstabellen der Bücher (s. Literaturverzeichnis am Schluß des Buches) die enthaltenen Eiweiß-Grammzahlen, z. B. bei Muskelfleisch mit 5, bei Schlachtabfällen mit 7.5 (enthält weniger Eiweiß) multiplizieren.

Aus unserer Tabelle am Anfang des Kapitels sehen Sie, daß *ein Hund pro kg/KG etwa 3.7—4.5 g Protein benötigt, wachsende Hunde die doppelte Menge.* Dies sind jedoch nur Faustzahlen, denn die benötigte Menge variiert mit der Belastung des Hundes, jahreszeitlich, und ist von der Güte des verwendeten Futters abhängig. Wer die für seine Hunde benötigte Menge exakt ermitteln will, kommt ohne die im Anhang aufgeführten Bücher auf die Dauer nicht aus.

Der Eiweißbedarf z. B. bei älteren Hunden, Fellwechsel, bei verschiedenen Rassen, trächtigen bzw. säugenden Hündinnen muß sorgfältig berechnet werden

Etwas ist auch noch interessant und wichtig zu wissen: Ältere Hunde sind nicht mehr in der Lage, die aufgenommenen Nahrungsmittel so gut zu verarbeiten, da ihr Stoffwechsel insgesamt etwas langsamer geworden ist. Sie benötigen den doppelten bis 4fachen Proteingehalt der Nahrung. Jedoch sollte *nicht die Futtermenge, sondern die Qualität des Futters* erhöht werden, damit der alternde Organismus nicht unnötige Belastungen aushalten muß.

Auch müssen besonders langhaarige Hunde z. Zt. des Fellwechsels reichlicher damit bedacht werden.

Man kann aus den Tabellen ermitteln, daß der Proteinbedarf der Hunde mit steigendem Körpergewicht — also je nach Rasse! — je kg/KG umgekehrt *proportional abnimmt.*

Je hochwertiger (oder höher verdaulich, wie Sie jetzt wissen) der Eiweißträger, je geringere Mengen müssen davon gefüttert werden und umgekehrt. Hochwertige Eiweißträger sind also höher verdaulich und verursachen überdies bei ihrer Bearbeitung im Körper weniger Abfallprodukte (die den Stoffwechsel belasten würden), so daß man z. B. bei älteren oder kranken Tieren, um eine übermäßige Nierenbelastung oder Leberbelastung zu vermeiden, zum *besseren Futter* greift und *nicht* die Futtermenge erhöht.

Auch *trächtige Hündinnen,* bzw. die entstehenden Welpen, deren Körper ja nun aufgebaut werden müssen, haben, was für Züchter besonders wichtig ist, einen erhöhten Proteinbedarf; dabei ist

bei kleineren Rassen etwa 40 % mehr,
bei größeren etwa 70 % mehr
anzunehmen, als man normalerweise füttert.

Säugende Hündinnen benötigen *je nach Welpenzahl,*
kleine Rassen etwa die 3fache,
größere Rassen die 4—5fache Menge

Auch hier gilt es besonders, den ohnehin stark beanspruchten Organismus der Hündin nicht noch übermäßig zusätzlich zu belasten: Besser also die *Qualität,* als die Quantität *des Futters steigern!*

(Kuh)Milch und Milchprodukte

Milch steht an erster Stelle der Eiweißträger. Sie enthält alle notwendigen Aminosäuren in idealer Zusammensetzung. Denken Sie dabei auch an Milchprodukte, z. B. Quark! Allerdings ist zu der Verwendung von Kuhmilch noch einiges anzumerken: Viele von Ihnen wissen aus eigener Erfahrung, wenn Sie z. B. einmal Schaf- oder Ziegenmilch getrunken haben, daß »Milch« offensichtlich keinesfalls immer »Milch« ist, sondern erhebliche Unterschiede, die man sogar sehr deutlich schmecken kann, möglich sind.

Auch zwischen Kuhmilch und Hundemilch bestehen ganz erhebliche Unterschiede in der Zusammensetzung. Man kann dies auch aus der Notwendigkeit heraus erklären, daß der Lebensmechanismus einer Kuh ja völlig andere Bedürfnisse hat, als der andersgeartete des Hundes. Darüberhinaus ist ein neugeborenes Kalb sehr viel »fertiger«, als es ein Hundewelpe ist, der eine Vielzahl seiner Körperfunktionen nach und nach erst in den ersten Wochen *nach* seiner Geburt aufbaut.

Nicht nur äußerlich ist der Welpe blind, taub und kann noch nicht herumlaufen, auch innerlich muß noch viel geschehen, bis er etwa den Stand erreicht, den das Kalb bereits bei Geburt erreicht hat. Davon wird später nochmals die Rede sein.

Hundemilch übertrifft in vielen Punkten
die Kuhmilch weit:

Sie ist fetter, hat einen hohen Anteil an ungesättigten Fettsäuren (in den für Hunde notwendigen Mengen, also anders als Kuhmilch), enthält einen höheren Anteil an Kalzium und Phosphor (im richtigen Verhältnis für Hunde), der noch dazu im Verlauf der Säugezeit ansteigt, da ja die Mineralisierung des Welpenskeletts erst nach seiner Geburt beginnt! Hierfür muß die Hündin erhebliche Vorräte haben, um sie mit der Milch an die Welpen weitergeben zu können.

Entstehendes Leben hat immer Vorrang: Wird der Hündin nicht genügend Mineral zugeführt, wird dieses aus der Substanz der Hündin abgebaut. Auch enthält die Hundemilch einen hohen Vitamin A- und B_2-Gehalt, auch der Vitamin C-Gehalt ist höher als in Kuhmilch, um nur einige Unterschiede aufzuzeigen.

Das alles bedeutet, um auch gleich mit einem weiteren Vorurteil mancher Züchter aufzuräumen, daß Kuhmilch, wenn man sie anstelle Hundemilch geben muß, nicht etwa verdünnt, sondern *umfassend angereichert* werden muß.

Probleme beim Verfüttern von Kuhmilch

Trotzdem bleibt das Verfüttern von Kuhmilch, wenn die Welpen dann schließlich einige Wochen alt sind, bei diesen und auch bei Junghunden, wie auch ausgewachsenen Hunden, problematisch: In der Kuhmilch ist ein erheblicher höherer Milchzuckergehalt, für den der Verdauungsapparat des Hundes nicht eingerichtet ist: Die *Folge sind oft gravierende Durchfälle, zumindest aber ein dünnerer Kot.* (Allerdings ist es hier und da ganz eifrigen Verfechtern von Milchfütterung gelungen, ihre Hunde an Kuhmilch zu gewöhnen: Dabei hat sich aber der gesamte Verdauungsvorgang der Hunde stark umgestellt, was jedoch zu Komplikationen führt, wenn wieder anders gefüttert wird.)

Im Prinzip, darauf werden wir immer wieder zurückkommen, sollte man, soweit möglich, alles so lassen, wie es die Natur im Laufe ihres langen Geschehens eingerichtet hat. Alle, aber auch alle unsere »Verbesserungsversuche« haben, wenn nicht gleich, dann doch im Laufe der Zeit zu Ergebnissen von fragwürdigem Wert geführt und sind, ganz im Gegensatz zur Natur, die sich im Bedarfsfall tatsächlich korrigieren kann, nicht mehr reparabel!

Trotzdem muß man nicht auf Milchprodukte verzichten

Kuhmilch ist ein hochwertiger Eiweißträger, den Sie keinesfalls außer acht lassen sollten: Wenn Sie den Hunden u. U. anstelle der Fleischration gelegentlich *Magerquark* füttern (den Sie mit Sonnenblumenöl verbessern können), haben Sie einen preiswerten, hochverdaulichen Eiweißträger, *der sogar sehr gut vertragen* wird. Das Rätsel läßt sich erklären: Der in der Kuhmilch störende, sehr hohe Milch*zucker*gehalt ist im Quark nun zu Milch*säure,* die der Hund verarbeiten kann, umgewandelt! Das Sonnenblumenöl steuert die notwendigen hoch ungesättigten Fettsäuren bei.

Wenn man hat, kann man auch die fettreichere Ziegen- oder Schafmilch anstelle Kuhmilch einsetzen und die dann noch notwendigen Zutaten nach Anweisung Ihres Tierarztes zufügen.

Milch und mutterlose Welpenaufzucht

Muß man zeitweilig oder vollständig mutterlos aufziehen, kann man im Handel befindliche Welpenmilch verwenden. *Muttermilchpräparate für Babies eignen sich nicht!* Bei mutterloser Aufzucht halte ich es aber für außerordentlich wichtig, einen Tierarzt hinzuzuziehen, der den bei solchen Gelegenheiten oft nicht besonders stabilen Gesundheitszustand der Welpen entsprechend beurteilen kann und Ihnen, wenn Nahrungsunverträglichkeiten auftauchen, helfen muß; bei Nahrungsunverträglichkeit und Durchfällen dürfen Welpen nicht — wie man es bei ausgewachsenen Hunden tut — kurzfristig einfach hungern: Vielmehr ist dringend u. a. für ausreichende Flüssigkeitszufuhr zu sorgen. Auch die verminderte Abwehrkraft Krankheiten gegenüber muß vom Tierarzt mit entsprechenden Mitteln ausgeglichen werden. (Weiteres siehe im Kapitel 24)

oben: Eurasier-Welpen, acht Wochen alt

(Aufnahme: Hoffmann)

unten: Lhasa-Apso Welpen, acht Wochen alt

(Aufnahme: Bracksiek)

Lebensretter: Kolostralmilch

Wenn man mit mehreren Hündinnen züchtet, die die Eigenschaft haben, von Anfang an viel Milch zu haben, kann man versuchen, sich einen vielleicht lebensrettenden Vorrat der wichtigen Kolostral-Milch »abzuzweigen«, mit der die Hündin am Anfang der Laktation eine Art Schutzimpfung gegen Infektionskrankheiten an die Welpen weitergibt. *Bereits kleine Mengen davon können über das Leben der Welpen entscheiden.* Wenn man eine geringe Menge davon abnimmt und sofort tiefgefriert, ist u. U., wenn bei einem anderen Wurf eine Katastrophe eintritt, diese kleine Reserve lebensrettend. Wir haben diese kostbaren Tropfen, in kleine Reagenzgläser gefüllt, in einer stabilen Styroporschachtel bruchsicher verpackt eingefroren, sie sogar gelegentlich einmal »ausgeliehen«, um dann bei anderer Gelegenheit von diesem oder einem anderen befreundeten Züchter den kleinen Vorrat wieder aufzufüllen.

Andere tierische Eiweißträger

An zweiter Stelle folgen in der Reihenfolge ihres »Wertes«, d. h. in ihrer Verwertbarkeit für den Hund:

Ei
- **Eigelb** kann roh, Ei**klar** immer nur gekocht verwendet werden. Ebenso kann man auch ganze, gekochte Eier, mitsamt der Schale zerkleinert, füttern.

Muskelfleisch, von Rind (Rindermagen), Pferd, Schaf
innere Organe (aber nur Leber, Niere, **nicht** Milz und Lunge)
Trockenfleisch,
Fleischmehl,
Fisch,
Fischmehl,
Knochenmehl.

Pflanzliche Eiweißträger

An dritter Stelle, das heißt, ihre Verdaulichkeit für den Hund ist geringer anzusetzen, stehen die pflanzlichen Eiweißarten: Getreide und Getreidenachprodukte z. B. Haferflocken, Reis, Mehl, Sojaprodukte. (Wobei wir sofort an »Hundeflocken« denken, die aus verschiedenen Zerealien, nämlich aus Weizen, Mais, Sojabohnen und Hirse zusammengesetzt sind.)

Der Nährstoff Eiweiß ist unentbehrlich für die Bildung und Erhaltung der Körpersubstanzen. Reine Fleischfütterung aber ist nicht nur unökonomisch, sondern bringt auch ein Überangebot an tierischem Eiweiß und ist stark nierenbelastend, wegen des erhöhten Anfalles von Eiweißstoffwechsel-Endprodukten (z. B. Harnstoff!)

Etwas zur »Fleisch-Fütterung«

Noch ein Wort zur »Fleischfütterung«: Auch dies ist ein gelegentlich etwas unklar benutzter Ausdruck, da es »das« Fleisch ebenso wenig gibt, wie »das« Eiweiß. Wichtig ist die Zusammensetzung des Fleisches, das heißt seine »Verdaulichkeit«: Enthält »Fleisch« grundsätzlich immer tatsächlich alle Bestandteile und die in den richtigen, ausgewogenen Mengen, wie sie der Hund braucht? Eigentlich kann man sich die Frage leicht selbst beantworten, wenn man sich daran erinnert, daß auch für den häuslichen Küchenzettel ganz selbstverständlich unterschiedliche Fleischsorten für unterschiedliche Verwendungszwecke eingekauft werden.

Der Urvater unserer Hunde, nach dessen Grundmuster der Organismus unserer Hunde heute noch gebaut ist, fraß ja nicht »Fleisch«, sondern — Tiere. (Daher hat sich der Hund bzw. sein Organismus im Laufe seiner Entwicklung auf diese, für ihn eben greifbare Form der lebensnotwendigen Nahrung »eingerichtet«.) Das bedeutet, daß mit dieser spezifischen Form der Nahrungsaufnahme alle Teile der unterschiedlichsten Beutetiere, also Muskelfleisch, Innereien, Haut, Knorpel, Fell, Sehnen, Eingeweide mit verschlungen wurden und so eine sehr sinnvolle und vielseitige Kost aufgenommen wurde, in der dann tatsächlich auch alles, einschließlich der für die Verdauung benötigten Ballaststoffe, enthalten war.

Vermutlich haben aber auch die Hundevorfahren Pflanzen, Gras, Beeren und Waldfrüchte gefressen, woran man dann unweigerlich denkt, wenn man entdeckt, mit welchem Genuß ein Hund z. B. Himbeeren, Heidelbeeren, Erdbeeren »erntet«. Vieles davon kann man, nach den Beobachtungen an gegenwärtig lebenden Wölfen, nun rekonstruieren. Dabei berichten Wolfsforscher dann u. a., daß Wölfe, wenn sie große Paarhufer gerissen haben, diese mit Haut und Haar, mit den Hinterbeinen beginnend, verschlingen, jedoch den Magen samt Inhalt übriglassen. (Eine Mitteilung, die *uns* ziemlich erfreut hat, weil wir endlich guten Gewissens auf die schrecklich stinkenden »grünen« Kuhmägen verzichten zu dürfen glaubten...)

Reine Fleischfütterung ist nicht naturgemäß

Entschließen Sie sich jetzt, dem Hund etwas Gutes zu tun, weil Sie die irrige Meinung übernehmen, der Hund sei ein Fleischfresser (die von nichts anderem herrührt, als einer gewissen Ungenauigkeit der Bezeichnung, die sehr viel zutreffender »Tier-fresser« heißen sollte,) und geben ihm liebevoll — und wegen der Kosten seufzend — bestes, mageres Rindfleisch, so beschwören Sie bereits sein Unglück herauf, denn das teure, magere Rindfleisch enthält z. B. zu wenig Fett, zu wenig ess. Fettsäuren; auch ist das Verhältnis Kalzium-Phosphor nicht ausgewogen. Ebenso verkehrt ist es, z. B. nur Innereien zu füttern, wie es auch nicht richtig ist, aus falsch verstandener Sparsamkeit, sich auf Schlachtabfälle zu spezialisieren.

Immer ist — bei so einseitiger »Fleisch«fütterung, irgendetwas zu viel, etwas anderes gar nicht enthalten, und so mancher Hundebesitzer betrachtet ratlos seinen Hund, der müde, struppig, von Durchfällen oder Verstopfung geplagt, sein Leben fristet. Betrachtet seine klapperdürre oder walzenrunde, keuchende Hündin, die entweder nicht aufnimmt oder, wenn sie schließlich wirft, kleine, weit unter der Norm liegende Würfe, darunter oft wahre Krüppel (wenn sie überhaupt die ersten Tage überleben), als Welpen zur Welt bringt... oder sich bei der Geburt mit riesigen, viel zu schweren Welpen abplagt, die dann mit ärztlicher Hilfe ans Tageslicht befördert werden müssen, um das Leben der Hündin und der Welpen zu retten.

Und, um das zur Zeit lauteste Wehgeschrei auch noch anzuführen: Die berühmte HD fände nicht derart viele Opfer, wenn sie nicht mit der HD-freundlichen Fütterung immer wieder geradezu eingeladen würde. *Kein Welpe kommt nämlich mit HD zur Welt!* Doch davon an anderer Stelle.

Fleisch — niemals ungekocht füttern!

Wenn Frau Sieber in diesem Buch noch schreibt, daß sie Fleisch immer *roh* gefüttert hat, ist es nötig, das Folgende zu betonen, denn leider haben sich die Zeiten geändert! Vor der Angabe, *rohes* Fleisch zu füttern, wird in neuester Zeit von allen Fachleuten nachhaltig gewarnt: Die Tierärztin Dr. Renate Osterberg schreibt dazu: »Fleisch und Fisch sollten nun immer gekocht werden, um eine Übertragung von Parasiten und Viren zu verhindern. *Wird jedoch die Brühe mitverfüttert, ist der Nährstoffverlust minimal!* (Die Aujeszkysche Krankheit, eine tödliche Virusinfektion, meist übertragen durch rohes Schweinefleisch, breitete sich in den letzten Jahren über ganz Deutschland aus.)«

So ist auch das Verfüttern von leicht angegangenem Fleisch, das eventuell von fleischvergiftenden Bakterien überzogen sein kann, sicherheitshalber zu unterlassen. *Niemals und unter keinen Umständen darf aber verdorbenes, gekochtes Fleisch gefüttert werden!*

Auch pflanzliches Eiweiß gehört zur Nahrung

Außer dem tierischen Eiweiß gibt es noch Eiweiße pflanzlicher Herkunft, deren Wertigkeit ebenfalls nach ihrem Gehalt an Aminosäuren bestimmt wird. Neben tierischem Eiweiß sollte auch immer pflanzliches Eiweiß im Verhältnis ⅔ zu ⅓ eingesetzt werden. Der Einsatz von pflanzlichem Eiweiß ist ja auch eine Kostenfrage, da es im Vergleich billiger ist. Insbesondere *Soja-Eiweiß* eignet sich als hochwertiges pflanzliches Eiweiß und wird daher vielfach in Fertigfuttern mit verwendet. Eine ausschließliche Fütterung mit Soja-Eiweiß bewährt sich auf die Dauer jedoch nicht, da seine Verdaulichkeit unter dem des tierischen Eiweiß liegt. Wobei auch hier wieder einmal die Bemerkung am Platze ist, daß es überhaupt *kein* Futtermittel gibt, das nicht bei *ausschließlicher* Fütterung *unvorteilhaft* würde. Pflanzeneiweiß wirkt nicht belastend wie tierisches Eiweiß und wird deshalb gern bei Diäten verwendet.

Wieviel Eiweiß wird täglich benötigt?

Zur Aufrechterhaltung des Eiweiß- bzw. Stickstoffgleichgewichts benötigen **erwachsene Hunde ca. 4,5 g je kg/KG täglich,** dabei ist der Bedarf an essentiellen Aminosäuren gesichert.

Fette und Kohlenhydrate werden zur Energiegewinnung eingesetzt

Fett steht an zweiter Stelle an Bedeutung und Wert in unserer Tabelle. Es setzt sich aus den verschiedenen Fettsäuren zusammen; einige sind, wie die Aminosäuren, essentiell = lebenswichtig.

Rein praktisch kann man die Fette nach ihrem höheren oder niederen Schmelzpunkt einteilen: Liegt der Schmelzpunkt wesentlich höher als die Körpertemperatur, so kann das betreffende Fett dementsprechend schwerer bzw. nicht voll ausgenutzt werden.

Fette, so z. B. Öle, die einen niedrigeren Schmelzpunkt haben, können besser aufgenommen werden und dienen der Aufrechterhaltung wichtiger Körperfunktionen. Man unterscheidet außerdem zwischen »gesättigten« und »ungesättigten« Fettsäuren.

Bei »Fett« gibt es große Unterschiede

Fett ist ein bedeutender Energiespender. (Auf ausreichend Vitamin B_2 bei fettreicher Fütterung achten!) Die Angaben, wieviel »Fett« ein Hund benötigt, gehen weit auseinander: Vermutlich, weil auch hier ein gewisses Mißverständnis zugrunde liegt.

Einerseits wird dabei an die benötigte Energie gedacht, die man aber sowohl als Fett, wie auch als Kohlenhydrate zuführen kann. Allerdings hat Fett einen viel höheren »Brennwert«, 1 g Fett entspricht etwa 2 Kohlenhydraten! Andererseits sind es jedoch die *essentiellen Fettsäuren,* auf die der Hund *nicht* verzichten kann.

»Gesättigte« Fettsäuren

Die gesättigten Fettsäuren dienen der Ernährung. Sie werden zur Energiegewinnung verbrannt. Wenn Fett und Kohlenhydrate zur Energiegewinnung gefüttert werden, wird zuerst das schneller verdauliche Kohlenhydrat verbraucht und das langsamer verdaute Fett, wenn es nicht mehr sofort benötigt wird, als Fettdepot gespeichert.

»Ungesättigte« Fettsäuren bzw. »Essentielle« Fettsäuren

Die ungesättigten Fettsäuren erfüllen wichtige Funktionen im Stoffwechsel. Hunde sind nicht in der Lage, einige der langkettigen (ungesättigten) Fettsäuren, die im Intermediarstoffwechsel benötigt werden, selbst zu synthetisieren. Man bezeichnet sie daher als »essentielle Fettsäuren«, die mit der Nahrung zugeführt werden müssen. Die für den Hund wichtigste ist die *Linolsäure;* daher ist bei der Zusammenstellung der Futterration immer auf den ausreichenden Gehalt von Linolsäure zu achten. Das körpereigene Fett des Hundes weist einen hohen Anteil ungesättigte Fettsäure auf, d. h. daß diese auch mit der Nahrung zugeführt werden muß. Bei übergewichtigen Hunden, die also eine »schöne« Fettschicht aufweisen, hat man überdies festgestellt, daß der Linolsäuregehalt im Körperfett zurückgegangen ist — also ein Fütterfehler zugrunde lag.

Der Fettbedarf

Wenn also vom Fettbedarf die Rede ist (wobei die Angaben weit auseinandergehen: 0,5—6 g), ist darunter wohl in erster Linie die ausreichende Versorgung des Hundes mit ungesättigten Fettsäuren gemeint. Nach Booth benötigt der Hund 2 % ungesättigte Fettsäuren.

Die übrige, für die Energiegewinnung benötigte Futterzusammensetzung richtet sich jeweils nach ihren Bestandteilen, deren Berechnung dann zeigt, ob der Kaloriengehalt angemessen oder aber — wie leider viel zu oft — überhöht ist.

Durch die Zufütterung von ungesättigten Fettsäuren lassen sich auch Störungen des Fettstoffwechsels (Erkrankungen von Haut und Haar) wieder beheben.

Fettquellen

sind für Hunde Fleisch, Fisch, pflanzliche Öle und Fischöle. Ein hoher Fettgehalt in der Nahrung verbessert den Geschmack und fördert die Futteraufnahme, sättigt aber u. U. zu schnell, so daß der Eiweiß- und Proteinbedarf nicht ausreichend abgedeckt wird; d. h. der Hund ist nur scheinbar rundherum satt, er hat viel, aber eben nicht von allem Notwendigen ausreichend zu sich genommen.

Wie man »schlechte Esser« überlistet

Obwohl wir selbst bei unseren Hunden niemals schlechte Esser hatten, haben wir — neben den unersättlichen Vielfraßen — auch einige, sehr mäkelige Hunde kennengelernt. Unser »Rezept« hatte jedesmal durchschlagenden Erfolg: Ein Teelöffel Sonnenblumenöl unter das Futter gerührt — und die Futterschüssel wurde im Nu geleert und dann noch von allen Seiten blitzblank abgeschleckt! Natürlich kann man dies auch erreichen, wenn man fettreicheres Fleisch füttert. Da aber dabei nicht unbedingt die wichtigen essentiellen Fettsäuren zugeführt werden, sondern nur kalorienträchtige Energie, ist es besser, Öl beizumengen. Allerdings muß das Futter in jedem Fall dann neu durchgerechnet werden: Wenn man den Fettgehalt der Nahrung steigert, ist auch der Eiweißgehalt zu steigern und die gesamte Kalorienmenge genau zu berechnen.

Hunde können, im Gegensatz zu Katzen, ihren Bedarf an essentiellen Fettsäuren aus Pflanzenölen decken!

Zusätzlicher Energiebedarf

Ein zusätzlicher Energiebedarf (der, wie gesagt, sowohl mit Fett wie mit Kohlenhydraten gedeckt werden kann), entsteht bei Hunden, die *große Anstrengungen* aufbringen müssen; ebenso entsteht z. B. *bei Fieber* ein höherer Energiebedarf; auch *sinkende Temperaturen, besonders aber große Kälte* fordern dem Hund einen höheren Energieaufwand ab.

Bei *trächtigen Hündinnen,* allerdings erst in der zweiten Hälfte der Trächtigkeit, steigt der *zusätzliche* Energiebedarf
bei kleineren Rassen etwa um ⅓,
größere Rassen benötigen etwa ⅔ und mehr.

Während der *Säugezeit,* wo ja hohe Mengen Energie
mit der Milch abgegeben werden, benötigen
kleine Rassen mindestens die doppelte Menge,
größere Rassen die 3—4fache Menge

dessen, was ihnen sonst »zusteht«. Hierbei muß man aber immer die Welpenzahl berücksichtigen und die Menge der abgegebenen Milch. Die ausreichende Versorgung der Welpen richtet sich nach ihrer Rasse, ihrem Alter, den Umweltbedingungen (Temperatur).

KOHLENHYDRATE — was man davon wissen muß

Die Kohlenhydrate kommen in pflanzlichen Nahrungsmitteln (gekochte Hafer- oder Weizenflocken, gekochter Reis, Brot, Zwieback, Kekse, Hundeflocken) vor und werden im Stoffwechsel zu Glykogen (tierische Stärke) umgewandelt und in der Leber, sowie in der Muskulatur als wichtige Energiespender eingelagert.

Zu den Kohlenhydraten gehören die verschiedenen Zuckersorten, z. B. Traubenzucker, Fruchtzucker, Milchzucker, ebenso die Verbindung der sog. einfachen Zucker. Von dieser Verbindung interessiert uns hier am meisten die pflanzliche Stärke (Amylase) und tierische Stärke (Glykogen) und die Zellulose (Stützsubstanz pflanzlicher Gewebe).

Nicht alles kann der Hund auch verwerten

Zellulose kann der Hund nicht verwerten. Das liegt daran, daß der Hund erstens die Nahrung, im Gegensatz zum Menschen, nicht kleinkaut und auch eine Vorverdauung durch den Speichel nicht erfolgt. Zweitens hat der Hund einen außerordentlich kurzen Verdauungskanal, dessen Darmflora für die spezielle Bearbeitung unaufgeschlossener Zellulose nicht eingerichtet ist, und den die unzerkleinerte Zellulose zu rasch unausgenutzt passiert und nicht ausreichend lange »bearbeitet« wird. Denken Sie an den komplizierten Vorgang, mit dem z. B. Kühe das Gras »verwendungsfähig« machen!

Man muß pflanzliche Nahrung aufbereiten

Daher müssen die entsprechenden Nahrungsmittel (Getreide, Pflanzen), wie es heißt, »aufgeschlossen« werden. Ein Teil der Arbeit des Zerlegens, Zerkleinerns, der nicht im Tier erfolgen kann, wird bereits *vor* der Fütterung erledigt. Gemüse, Obst, Salate, Blätter etc. muß man breifein hacken, wenn man sie roh gibt und leicht andünsten (Kochwasser aufheben), oder aber, Getreide z. B., muß gekocht oder gebacken werden, damit der Hund die darin enthaltenen Wirk- und Nährstoffe überhaupt entnehmen kann. Die fertigen Futterflocken sind entsprechend aufbereitet.

Auf »ausgewogene« Rationen achten

Kohlenhydrate sind für die Verdauung der Fette wesentlich. Bei der Rationsberechnung ist sorgfältig auf die Gesamtkalorien-Menge zu achten. Wenn Sie viel Kohlenhydrate füttern, muß der Fettanteil (z. B. im Fleisch) entsprechend berücksichtigt werden. Zur Absicherung des Linolsäurebedarfes setzen wir jeder Mahlzeit ½ — 1 ½ Tl (je nach Rasse und Größe des Hundes) Sonnenblumenöl hinzu. Berücksichtigen Sie die darin enthaltenen beträchtlichen Kalorienmengen! Da man nur wenig Sonnenblumenöl braucht, weil der Linolsäureanteil darin besonders hoch ist, fällt die *Berechnung der Kosten,* obwohl Sonnenblumenöl nicht billig ist, *günstiger aus, als Sie angenommen haben.*

Was man bei Nahrungsmitteltabellen beachten muß

Wenn Sie in den Tabellen nachlesen, werden Sie feststellen, daß die jeweils benötigte Menge der Nahrungsbestandteile immer entsprechend dem Körpergewicht des Hundes angegeben wird und zwar immer soundsoviel Gramm je kg Körpergewicht. Bei den neueren Tabellen sind die Angaben sehr viel genauer: Bei einzelnen Nahrungsmitteln wird *jetzt der Bedarf für Hunde je kg ^{0,75} metabolische Lebendmasse angegeben,* was für die Praxis bedeutet, daß nicht mehr je kg Hund soundsoviel zu rechnen ist, sondern *daß die benötigte Menge, mit steigendem Körpergewicht des Hundes, umgekehrt proportional,* in einem jeweils zu berechnenden Verhältnis, *abnimmt.* Ein 70 kg schwerer Hund braucht *je kg Körpergewicht weniger* Nahrung als ein Hund von z. B. 5 kg Körpergewicht.

Man sollte alle die Zahlen in den neuen Tabellen gewissenhaft mit den bisher bekannten vergleichen: Es haben sich, nach gründlicher Forschung, z. T. ganz erhebliche Abweichungen ergeben, die man dann auch zugrunde legen sollte.

Die Gesundheit der Hündin nach dem Wurf —
Fehlregulation und Mangelerscheinungen ausgleichen

Im Züchterhaushalt gibt es nach dem Werfen oft Probleme mit der Hündin: Nach Absetzen der Welpen findet man gelegentlich sehr magere, sehr erschöpfte, manchmal aber auch zu fette Hündinnen, was ebenfalls kein gutes Zeichen ist. Natürlich wäre dies, bei gründlicher Fütterungsplanung während Trächtigkeit und Säugezeit, zu vermeiden gewesen. Da aber kein Meister vom Himmel fällt, muß man eben diesmal die Fehlregulation schnellstens wieder ausgleichen!

Wichtige Regeln für das »Abspecken«

Besonders, wenn Ihr Hund schließlich doch Übergewicht hat, — weil er bei zu wenig Bewegung zu gut ernährt wurde, oder die älteren Hunde nachhaltig dazu neigen, zu viel Speck anzusetzen —, ist eine eingehende Kontrolle des Futters angebracht.

Aber, bitte, wenn Ihr Hund *Über*gewicht hat, müssen Sie *das für die Rasse entsprechende Maß* einsetzen, bzw. sogar reduzieren, bis Ihr Vierbeiner *langsam* soweit abgespeckt hat, bis er dem Sollzustand entspricht!

Beim »Abspecken« gilt aber die gleiche Regel wie beim Menschen: Es dürfen *nur* die *kalorienträchtigen* Nahrungsbestandteile gekürzt werden! Die Eiweiße, Wirkungsstoffe, Minerale etc. sind immer in der benötigten Menge zu geben! Überfütterte Hunde sind ohnehin, so paradox dies klingen mag, in gewissem Ausmaß »unterernährt«, d. h. sie haben meist insgesamt zu viel Fett, Kohlenhydrate, Fleisch bekommen und bei den lebenswichtigen Wirkstoffen wurde gesündigt!

Faustzahlen, woraus sich die täglich benötigte Kalorien-Menge ergibt:

Hund Gew. kg	KJou	Hund Gew. kg	KJou
4.5	1675	20.0	5230
7.0	2500	25.0	6440
10.0	3350	30.0	7640
15.0	4100	40.0	8702
		50.0	10268

Zusammenfassend kann man sagen, daß erwachsene Hunde täglich, maximal je kg Körpergewicht benötigen:

Kohlenhydratbedarf 10.1 g und Eiweiß 4.5 g

Dabei wird der Bedarf an essentiellen Fettsäuren gesichert und das Eiweiß- und Stickstoffgleichgewicht im Organismus aufrechterhalten.

Achten Sie auf die richtigen Eiweißträger

Allerdings müssen geeignete Eiweißträger eingesetzt werden. So reichen z. B. 1.25 g Hühnerei, 1.62 g Fleisch, 1.36 g Fischmehl oder 1.61 g Quark pro kg Körpergewicht aus. Jungtiere benötigen während des Wachstums erheblich höhere Eiweißmengen.

Wichtiger Eiweißlieferant ist nicht nur Fleisch

Hochwertiger Eiweißträger ist aber nicht nur Fleisch. Insbesondere an Milch (bei Jungtieren und säugenden Hündinnen) und Quark bei allen Hunden sei als wichtiger und preiswerter Eiweißträger nochmals erinnert.

Ebenso ist Sojamehl ein hochwertiger Eiweißlieferant — wenn man es z. B. mit hochwertigem Muskelfleisch vom Rind vergleicht — preiswert zu beziehen; besonders günstig ist es, wenn man es »offen« kaufen kann. Sojamehl hat den Vorteil, daß Sie es leicht lagern können und damit u. U. Zeiten überbrücken, wenn Sie nicht genügend frisches Fleisch (zu vernünftigen Preisen) beschaffen können.

Der Einsatz von Sojabohnenmehl wird im Züchterhaushalt viel zu wenig beachtet. Während mageres Rindfleisch einen Eiweißgehalt von 21 g (pro 100 g Frischsubstanz hat), hat Sojabohnenmehl 42.5 g. Weil ich sie gerade zur Hand habe und glaube, daß es Sie auch interessiert, hier eine Tabelle der

Hauptinhaltsstoffe des Sojavollmehl:

Eiweiß	ca. 40 %	Mineralstoffe	ca. 4.5 %
Fett	ca. 21 %	Lipoide (Lecitin)	ca. 2 %
Kohlenhydrate	ca. 26.5 %	Rohfaser	ca. 3,5 %
		Wasser	6 %

Durch den hohen Anteil an den ungesättigten Fettsäuren (Vitamin F) ist das Fett biologisch hochwertig.

Das Sojabohneneiweiß ist vollwertig, d. h. es enthält ebenso wie Fleisch, Eier, Milch und Fisch alle wichtigen Aminosäuren, wenn auch nicht in der günstigen Zusammensetzung, wie sie z. B. in Fleisch oder Milch vorzufinden ist.

Der Reichtum des Sojabohnenmehl an *Mineralstoffen* (hoher Gehalt an Kalzium, Kalium, Magnesium, Eisen, gering dagegen Natrium- und Chlorgehalt) und *Vitaminen* (A, B_1, B_2, B_6, Niacin, C, E) ist erheblich.

Vorsicht bei ausschließlicher Fleischfütterung

Reine Fleisch- bzw. zu hochwertige Eiweißfütterung kann zu erheblichen Störungen führen. Zuviel verabreichte Aminosäuren werden in der Leber abgebaut und verlustreich z. B. in Energie umgewandelt. Dabei fällt vermehrt Harnstoff an, der nierenbelastend mit dem Harn ausgeschieden werden muß.

Daher muß die »ausgewogene Nahrung« auch pflanzliche Eiweißträger enthalten und zwar im Verhältnis ⅔ zu ⅓. Am Schluß dieses Kapitels finden Sie ein Tabelle, die Ihnen das Nachschlagen erleichtern soll.

Ein Wort noch zum Wasser

Seltsamerweise kann man gerade hier gravierende Fehler beobachten. Oft wird den Hunden, aus unerfindlichen Gründen, nur zeitweise und viel zu wenig Wasser angeboten. Sie haben bereits gelesen, daß der Körper des Hundes zu etwa 70 % aus Wasser besteht. Denken Sie aber auch einmal darüber nach, daß für den gesamten Stoffwechsel, die Arbeit der Nieren Wasser benötigt wird.

Am besten leuchtet es allen immer ein, wenn ich, um die Diskussion: »Wieviel Wasser?« leichter klären zu können, frage, ob man sich vorstellen könne, daß die allerbeste Waschmaschine, selbst wenn man nur die allerbesten Waschmittel nimmt, ohne Wasser arbeiten könne?

Glücklicherweise trinkt der Hund, wenn ihm *laufend* Wasser zur Verfügung steht, von selbst die ausreichende Menge. (Bei Katzen funktioniert dies nicht so gut.) Daher richtet sich die Menge, die der Hund trinkt, u. a. danach, wie trocken oder feucht sein Futter war. Geben Sie z. B. nur Trockenfutter, muß der Hund erheblich mehr Wasser zutrinken, als es bei selbstzubereitetem Futter geschieht.

Ebenso braucht, wie bereits von Frau Sieber erwähnt, die trächtige Hündin mehr Wasser. Einerseits bildet sie das Fruchtwasser, andererseits aber wachsen auch die Welpen und benötigen für ihre kleinen Körper eben auch ... Wasser. Auch die säugende Hündin hat einen hohen Flüssigkeitsverbrauch, ihr Stoffwechsel muß sich regulieren und für die Milchbildung wird ebenfalls viel Flüssigkeit zusätzlich benötigt. Auch Zeiten vermehrter Wasserabgabe (Krankheit, Hitze, seelische Belastungen) erfordern, daß dem Hund immer Wasser zur Verfügung steht. *Also, bemessen Sie den Wassernapf nicht zu klein! Es ist besser, der Hund läßt Wasser über, als daß er zu wenig bekommt.*

Das richtige Fleisch kaufen

Die folgende Tabelle wird Ihnen helfen, wenn Sie — vielleicht bei Ihrer Metzgerei — einen hilfsbereiten Lieferanten finden, der Ihnen nicht nur reines Muskelfleisch, sondern auch Innereien, Pansen, Blättermagen, Kopfhaut, etc. aufhebt. Wenn Sie *möglichst unterschiedliche* Fleischsorten kaufen, vorschneiden, mischen und einfrieren, haben Sie hochwertiges, z. T. sehr preiswertes Futter und brauchen sich keine Sorgen zu machen.

Vergleich Rindfleisch / Schweinefleisch

Fleisch	Eiweiß		Kalzium/Phosphor		Fett		Energie		Linols.	
	g **Rind**	g **Schwein**	**Rind**	**Schwein**	g **Rind**	g **Schwein**	KJoule **Rind**	**Schwein**	**Rind**	**Schwein**
Muskelfleisch	20	14	17/160	10/140	4	32	512	1453		
Kopffleisch	16	—	?		26	—	1400	—	0.6	—
Leber	19	19	7/360	7/360	3	6	630	710	0.6	1.0
Pansen/Rind	12	—	80/90		7	—	550	—	0.1	—
Mag.Schw.	—	14	—	20/115	—	14	—	900	—	1.0
Blättermagen	14	—	90/80	—	5.0	—	540	—	0.1	—
Lunge	14	16	9/165	3/200	2.7	7.0	420	670	+	0.5
Herz	16	16	7/210	6/220	5	6	590	590	0.1	0.5
Milz	18	15	13/220	12/241	2.4	5.0	560	620	+	0.4
Euter	12	—	115/160	—	8.5	—	640	—	0.2	—
Kopfhaut	21	—	??	—	2.2	—	520	—	+	—
Schwarte	—	29	—	??	—	24	—	1780	—	1.7

(Nach Meyer, Grünbaum u. a. u. diversen Tabellen zusammengestellt.)

Weitere Futtermittel

Damit Sie sich rasch informieren können, einige weitere Futtermittel. Für umfassendere Informationen gibt es eigene Fachbücher.

Fleisch and. Nahrungs-mittel	**Eiweiß**	**CA/PH.**	**Fett**	**Energie**	**Linols.**	
Pferdefl.	18	15/150	4.5	630	0.1	
Trockenfl.	75	??	2.2	1660	+	
Huhn	20	15/150	5.6	710	0.7	
Fleischml.	69	3700/2100	10	2020	0.2	
Leberwurst	12	??	41	1850	2.0	
Quark/Mager	17	70/190	0.5	430	+	
Frischkäse	13	??	4.5	557	+	
Ei (Vollst.)	13	50/240	11	590	1.2	
Eigelb	16	140/590	32	1590	3.5	
Haferfl.	11	80/390	7.6	1720	—	
Roggenbrot	2.9	20/130	1.0	780	0.4	
Nudeln gek.	2.0	7/35	0.6	290	0.2	
Sojamehl	45	285/680	23	2090	12	
Reis	8.6	45/325	2.2	1430	0.9	
Weizenkleie	14	160/1100	3.9	1080	2.3	
Weizenkeime	25	70/890	7.1	1340	4.4	
Möhren	1.1	50/35	0.2	90	+	
Salat	1.7	30/20	0.3	70	+	
Apfel	0.3	9/10	0.2	150	0.1	
Sonnen-blumenöl	—		100	3810	75	
Honig	siehe im Buch!			1275	Bescheibung im Text!	
Zucker	—	—	—	1760	—	
Vollmilch Rind	3.5	115/95	3.5	310	+	näh. im Text!
Milch Hund	7.5	250/20	8.8	580	1.6	näh. im Text!
Rahm 30 %	2.4	??	31.7	1298		
Rahm 10 %	3.1	??	10.5	517		
Kond.M. 10 %	8.9	280/290	10	780	0.1	
Kond.M. 7.5 %	6.5	230/215	7.5	580	0.1	

22. Kapitel

EIN PAAR ANMERKUNGEN ZUR »HD«

Weil die HD (Hüftgelenksdysplasie) ein besonders für Züchter so außerordentlich wichtiges Thema ist, möchte ich Ihnen in grober, stark vereinfachter Darstellung einiges von ihren Besonderheiten erklären. Außerdem ist die HD recht gut geeignet, die Zusammenhänge zwischen Fütterung und Entwicklung des Hundes am praktischen Fall deutlich zu machen.

Hüftgelenksdysplasie was ist das?

In einem gesunden, normal entwickelten Hüftgelenk paßt der Kopf des Oberschenkelknochens genau und fest in die dazu gehörige Hüftgelenkspfanne. Der Hund kann einwandfrei laufen und springen. Obwohl es *viele Varianten* der HD gibt, sind sie sich *im Prinzip sehr ähnlich:* Der Kopf des Oberschenkelknochens hat — aus unterschiedlichen Gründen — in der Hüftgelenkspfanne nicht genügend Halt. Daraus können für den Hund eine ernsthafte Behinderung beim Laufen und große Schmerzen entstehen.

Die krankhafte Veränderung ist jedoch nicht — wie oft falsch zu lesen — bereits bei der Geburt vorhanden, *sondern entwickelt sich erst im Laufe der ersten Monate.* Sie kann frühestens festgestellt werden, wenn der Hund etwa 4—6 Monate alt ist, dann allerdings ist sie *nicht mehr zu korrigieren!* Bemerkenswert ist außerdem, daß vorwiegend die großen Hunderassen an HD leiden. Jahrelang hat man angenommen, daß HD eine angeborene, ererbte Fehlentwicklung sei. Beides stimmt nur sehr bedingt, und es lohnt sich, darüber nachzudenken.

Die Skelettentwicklung des Welpen

Wenn Sie einen frischgeworfenen oder auch einen bereits etwas größeren Welpen in der Hand haben, können Sie zwar fühlen, daß er warm, weich und überall beweglich und an einigen Stellen, wo Sie das Skelett vermuten, sich auch etwas derartiges zu befinden scheint. Leider können Sie nicht dem Hund unter das Fell schauen, sonst würden Sie allerlei Erstaunliches entdecken:

Bei der Geburt ist das Skelett des Hundes nicht etwa in verkleinerter Form bereits vollständig, sondern, in seinen wesentlichsten Bestandteilen, sozusagen skizziert, so wie im übrigen der ganze kleine Welpe in allen seinen Teilen erst angelegt ist, die sich erst so nach und nach zur völligen Funktionsfähigkeit entwickeln müssen.

Skelettentwicklung — ein Spiel mit wichtigen Varianten

Als vor Jahren die ersten Schreckensmeldungen über die weltweit festzustellende HD veröffentlicht wurden, wunderte man sich zunächst darüber, daß vor allem die *kleineren* Hunderassen davon *verschont* zu sein schienen. Lassen Sie mich die möglichen Zusammenhänge am folgenden »Bei-Spiel« erklären.

Stellen Sie sich ein spezielles, ganz eigentümliches Puzzle-Spiel vor, das eine vom Üblichen abweichende Spielanleitung hat: Der Spieler soll nicht, wie gewohnt, aus einem ungeordneten Teile-Reservoir, die passenden zusammenstellen, sondern nur eine sog. »Grundsubstanz« in die Mitte des Spielbrettes legen und über einen bestimmten Zeitraum hin bestimmte Mengen, z. B. von Wärme und Flüssigkeit, hinzufügen.

Wenn der Spieler, so lautet die Spielanweisung, durch sorgfältiges Beobachten die jeweils benötigte Zugabe in der richtigen Menge/Temperatur zum richtigen Zeitpunkt hinzufügt, kann, nach einer bestimmten Zeit, das vorgegebene Spielbrett vollständig und lückenlos mit dem endgültigen, gebrauchsfähigen »Produkt« ausgefüllt sein.

Das Spiel bietet mehrere Varianten: Die mitgelieferten Grundsubstanzen haben jeweils die Größe von »**1** %« des Spielfeldes, dann »**1.5** %«, eine hat »**2.5** %« und die letzte von sogar »**4** %«. Der Spieler soll, und das ist die zweite Vorgabe, durch Beobachtungen herausfinden, innerhalb welcher Zeit die Aufgabe zu lösen ist. Er kann einen Zeitraum zwischen 12 und 24 Stunden wählen und als Spieldauer bestimmen, während der er nun ausgewogene Zugaben von z. B. Wärme und Flüssigkeit hinzufügt und erprobt, ob es ihm gelingt, daß am Ende der Zeit die jeweilige Grundsubstanz den vorgegebenen Rahmen richtig und maßstabgetreu ausfüllt.

Der Spieler bemerkt, als er sich mit den Zutaten vertraut macht, daß in jeder der Grundsubstanzen alle Einzelteile des Gesamten (ein Bild ist beigefügt) im Prinzip, wenn auch stark verkleinert, aber in etwa in den richtigen Proportionen enthalten sind.

In jedem der Einzelteile ist ein erkennbarer Kern und rundherum, etwa in der Form des Endprodukts, das später daraus werden soll, ist eine zähe, gummiartige Masse.

Er beginnt also, wie es die Anleitung vorschlägt, das *Experiment mit dem* »**4‰er**«. Während er nun wartet und zusieht, wie dessen einzelne Bestandteile sich, während er Wasser und Wärme zuführt, verändern und gebrauchsfähig werden, beobachtet er, *daß der innere feste Kern jedes Bestandteils* nach und nach, aber mit unterschiedlicher Geschwindigkeit, *in seine umgebende, gummiartige Hülle hineinwächst.*

Der feste Kern einiger Teile dehnt sich in die Länge, wird in anderen Teilen breiter; andere verharren lange ohne Veränderung. Bei allem Wachstum wird die umgebende, gummiartige Masse etwas weiter ausgedehnt, dann vom inneren Kern zunehmend ausgefüllt, wobei jedes Teil aber, größer werdend, doch weitgehend *seine Grundform beibehält* und *sich, von innen her, zunehmend strukturiert.*

Schließlich ist es soweit: Der Kern hat die Umgebungsmasse vollständig aufgefüllt, die letzten Spuren der Schutzhülle lösen sich langsam auf — und alle Einzelteile füllen das gesamte Spielbrett *lückenlos und paßgenau aus.* So jedenfalls geschah es, als der Spieler mit dem größten, dem Grundteil »**4** ‰« begonnen hat. Die Spieldauer war in etwa 12 Stunden.

Nun, das war also ganz einfach, und er geht sofort daran, die Erkenntnisse, die er beim ersten Spiel gewonnen hat, auch auf die nächsten Partien zu übertragen:

Beim »**2.5‰er**« geht das auch alles ziemlich in der gleichen Weise, wie er es schon einmal erlebt hat. Er erreicht, mit nur geringfügig erhöhten Zugaben, innerhalb der 12 Stunden die Ausfüllung der Form und findet alles ganz erfreulich.

Also, schließt er, muß ich die Zugaben etwas erhöhen, wenn das Grundteil kleiner ist, und sicherlich reichen auch die 12 Stunden dann wieder aus.

In der nächsten Runde tauchen bereits die ersten Schwierigkeiten auf: *Der* »**1.5‰er**« braucht nicht nur mehr Zugaben, sondern auch *verhältnismäßig viel länger,* bis der Kern die rasch gewachsenen Hüllen ausreichend angefüllt und strukturiert hat. Der Spieler muß sogar einige Male etwas bremsen, weil er gerade noch bemerkt, daß da jetzt einiges kräftig wuchert, der Kern aber *nicht,* wie in den vorherigen Versuchen, seinen Mantel gut strukturiert ausfüllt, sondern daß ein Übermaß des Wassers alles, recht

Kopfstudie Barsoi Welpe

(Aufnahme: Gollwitzer)

sinnlos, aufgebläht hat. Also fährt unser Spieler zwar mit gleichbleibender Wärme aber mit weniger Wasser fort. Er kommt nun zwar langsamer von der Stelle, wenigstens aber entwickeln sich doch die Kerne nun gut weiter — wenn auch, wie er erkennen muß, in diesem Fall die 12 Stunden nicht mehr ganz ausreichen.

Unseren Spieler befällt nun langsam eine Ahnung, daß dieses Spiel einen tieferen, von ihm nicht vermuteten Sinn hat: Zumindest bemerkt er, *je kleiner die Grundsubstanz ist, umsomehr muß er zugeben* — und dabei obendrein doch *vorsichtig* sein, denn die einzelnen, *kleineren* Grundteile *reagieren* auf alle Zugaben *sehr viel stärker* als die großen Grundsubstanzen; sie *neigen also zu einem verhältnismäßig stärkeren Wachstum,* was aber, wenn er nicht aufpaßt, *zu Lasten der Strukturierung* geht.

Unser Spieler bemerkt sogar noch etwas: Je kleiner die Grundsubstanz ist, was ganz besonders der »**1%er**« deutlich macht, umso länger dauert es, bis sie die Form ausfüllt. Er bemerkt — mißmutig — daß er diesmal nach einigen Stunden noch immer nicht so weit gekommen ist, wie er es beim »4%er« zum entsprechenden Zeitpunkt ganz leicht erreicht hat.

Schließlich wird unser Spieler ungeduldig: Er gibt — damit es vorangeht — jetzt beim »**1%er**« einfach mehr Wasser, mehr Wärme zu, damit nach 12 Stunden alles geschafft sein soll: Und nun stellt er mit Entsetzen fest, daß sich wiederholt, was ihm beim »1.5%er« bereits aufgefallen ist: Einzelne Bestandteile des »**1%er**« machen sich selbständig, ihre Umgebungshülle dehnt sich mächtig und mit Wasser gefüllt aus, der darin enthaltene, feste Kern wächst, — nun ziemlich ungeordnet und keinesfalls die Form gut strukturierend, weiter und weiter.

Einige der Bestandteile *quellen über Gebühr auf,* andere werden, weil der Platz nicht ausreicht, *im Wachstum gehindert;* insgesamt ergibt sich ein ziemliches Durcheinander — und nach 12 Stunden hat unser Spieler, ganz anders als bei den Versuchen mit dem größeren Grundteil, nicht ein ordentlich ausgefülltes Gesamtbild, das dem mitgegebenen Muster entspricht, sondern es ist insgesamt unausgewogen, entspricht nicht überall der Form und auch die einzelnen Bestandteile passen keinesfalls überall lückenlos und paßgerecht zusammen.

Glücklicherweise hat der Spieler die Möglichkeit, jeden Versuch zweimal zu machen: Er ist nun klüger geworden, und stellt, nach den Erfahrungen der bisherigen Beobachtungen, diesmal gewissenhaft, zuvor einen Schlachtplan auf! Und siehe da: Er kommt zu dem Ergebnis, daß er *je nach Ausgangspo-*

sition sowohl die von ihm einzusetzenden Wasser- und Wärmemengen wie auch die jeweilige Spieldauer, in einem ganz bestimmten, *für jede der vier Möglichkeiten anderen Verhältnisse* einplanen muß — wenn das Spiel erfolgreich enden soll.

Es soll nun auch verraten werden, warum die Erkenntnis, zu der er am Ende dieses Spiels gelangte, ihn außerordentlich überraschte, ja, *genau das Gegenteil dessen aufzeigte, was er eigentlich vermutet hatte:* Sie werden es schon ahnen: Die beigefügten 100% Musterabbildungen, die den jeweiligen Grundsubstanzen beilagen, zeigten

bei »4 %« einen Kleinhund, bei dem das Welpengewicht etwa 4 % des ausgewachsenen Elterntieres ist,

bei »2.5 %« einen mittelgroßen Hund, dessen Welpengewicht etwa 2.5 % des ausgewachsenen Elterntieres ausmacht,

bei »1.5 %« und »1 %« einen großen bzw. einen sehr großen Hund, deren Welpen tatsächlich eine *Ausgangsposition von nur 1.5 % oder 1 % des Gewichtes ihrer Eltern haben.*

Welpe ist nicht gleich Welpe

Ohne dieses Spiel, sagte sich unser Spieler, wäre ich niemals von der irrigen Vorstellung abgekommen, daß eben Welpe gleich Welpe ist: klein, warm, hungrig. Auch ist es falsch, anzunehmen: Alles andere kommt schon von allein, wenn man nur ordentlich viel Futter zugibt. Schlimmer noch: Ganz *besonders schlecht* wird das Ergebnis, wenn man bei einer *besonders großen Hunderasse* einfach meint, daß sie in *dem* Maße besser ausfällt, je *größere Mengen Futter man hineinstopft.*

Gerade die großen Rassen sind gefährdet

Und auch das hätte er nicht für möglich gehalten: Daß gerade beim mittleren, noch mehr bei den großen Hunden erheblich mehr Zeit für ihre Entwicklung erforderlich ist und erheblich mehr Vorsicht und Umsicht aufgewendet werden müssen, und daß er gerade beim »Bei-Spiel« der großen, stabilen, kräftigen, starken Hunde die meisten Pechsträhnen zu verzeichnen hatte! (Dabei hätte er, wenn er nur etwas länger nachgedacht hätte, bzw. in einer Tabelle nachgesehen hätte, auch selbst darauf kommen können, daß eine schwächere Ausgangsposition auch eine längere Anlaufzeit benötigt... Aber, wer weiß schon, was alles unter dem Hundefell verborgen ist.

Der Welpe nach der Geburt — keine Spur von »HD«

Zurück zum Welpen, der nun gerade geboren, seinen Marsch ins Leben antritt, wobei wir ihn etwas begleiten wollen, wenn auch unser Augenmerk jetzt etwas einseitig nur auf das gerichtet ist, was uns zum Thema der HD interessiert.

Aus seinem, sozusagen im Entwurf befindlichen Skelett, das noch überwiegend aus Knorpel besteht und in dem noch fast keine Minerale eingelagert sind, entwickelt sich im Laufe der Monate nach und nach im Welpen bzw. dem Junghund das fertige Skelett.

Zunächst sind es nur winzige Knochenkerne, die von einem Knorpelgebilde umgeben sind. Dieses Knorpelgebilde ist etwas wie ein Knochenersatz und reicht für die noch geringen Anforderungen des Welpen aus. Die »Befehle«, welche Knochenkerne nun in die Länge oder in die Breite innerhalb des sie umgebenden Knorpelgebildes wachsen sollen, sind genetisch vorprogrammiert. Die Knochen entwickeln sich: wachsen, nehmen mehr und mehr ihre vorbestimmte Form an und werden gefestigt.

Wichtig sind auch Bänder und Muskeln

Auch die Bänder und Muskeln, die das ganze zusammenhalten, entwickeln sich mehr und mehr, nach einem genetisch vorgesehenen Plan. All das geschieht, ohne daß Sie besondere Kenntnisse oder Voraussetzungen mitbringen müssen, ist wohldurchdacht und wohlverpackt in jedem der kleinen Welpen enthalten.

Sie sehen es selbst, wie ein Welpe, zunächst nur zu Kriechbewegungen befähigt, zunehmend an Bewegungsmöglichkeiten hinzugewinnt. Knochenwachstum und Muskelentwicklung einerseits müssen entsprechend fortgeschritten sein; andererseits tragen aber auch die Bewegungen wieder dazu bei, daß die Muskeln einen entsprechenden Anreiz zur Weiterbildung bekommen. Erst dann werden sie genügend Kraft haben, das Knochengefüge ordnungsgemäß an den richtigen Stellen zusammenzuhalten.

Die endgültige Form des Knochens ist eine komplizierte Entwicklung

Daß die Mineralisierung des Knochens nur erfolgen kann, wenn die dazu benötigten Kalzium und Phosphor eingelagert werden können, haben Sie bereits vorher gelesen. Wir müssen uns nun vorstellen, um auf die HD, die

Verständigungsprobleme unbekannt —
Hamra, die Airedalehündin und der Sohn des Verlegers
(Aufnahme: Gollwitzer)

so viele bewegt, zurückzukommen, wie aus den sehr kleinen Knochenkernen in der Knorpelmasse nun die endgültigen Knochen entstehen können. Diese haben sehr unterschiedliche Aufgaben und Ausmaße. Sie müssen entweder erheblich in die Länge wachsen, wie z. B. der Oberschenkel-Knochen oder sich zu ganz besonders geformten Skeletteilen, wie z. B. Beckenknochen oder Gelenkköpfen entwickeln.

Jetzt können Sie sich vorstellen, daß im Laufe des Wachstums die entsprechenden Skeletteile unterschiedlich wachsen müssen, um z. B. dicker oder länger zu werden. An anderen Stellen müssen sie aber wieder abgebaut werden, d. h., *solange der Hund wächst, findet eine kontinuierliche Umformung* statt, deren ungestörter Verlauf die Voraussetzung dafür ist, daß sich die richtigen Proportionen programmgemäß entwickeln können. Schließlich soll es ja dann soweit sein, daß z. B. alle dem Becken zugehörigen Knochen die gehörige Beckenform ergeben und richtig und maßgerecht aufeinanderpassen, und daß andererseits der fertig entwickelte Oberschenkelknochen mit seinem fertig entwickelten Oberschenkelkopf richtig in die dazugehörige Mulde im Hüftknochen paßt, so daß das Hüftgelenk fehlerfrei funktionieren kann.

Ein beinahe pannensicherer Fahrplan

Es ist schon eine Freude, zuzusehen, wie aus den kleinen, ungeformten und zunächst so hilflosen Lebewesen immer mehr ein richtiger Hund wird... und es tut mir immer wieder leid, daß noch niemand es versucht hat, all die Wunder und Veränderungen, dies unglaubliche ausgeklügelte Wechselspiel, das unseren Augen verborgen bleibt, zu beschreiben.

Es ist spannend und aufregend zu verfolgen, welche Kräfte und Gegenkräfte, welche außerordentliche Vielzahl chemischer Abläufe in dem kleinen Hundekörper sich vollziehen — und dies auch ganz ordnungsgemäß tun, wenn nicht eine Störung, die genetisch bedingt sein kann, bzw. bei unseren Hunden vielfach angezüchtet wurde, oder eine Störung von außen, z. B. durch unausgewogene Fütterung verursacht, den eigentlich pannensicheren Fahrplan durcheinanderbringt.

Die normale Entwicklung des Hüftgelenks

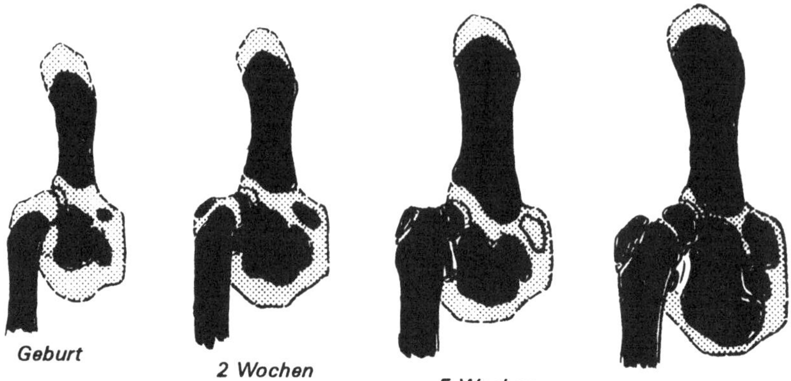

Geburt *2 Wochen* *5 Wochen* *10 Wochen*

Gepunktet sind die zunächst nur als Knorpel angelegten Teile, schwarz die Knochenkerne und die mit dem Wachstum zunehmende Verknöcherung.

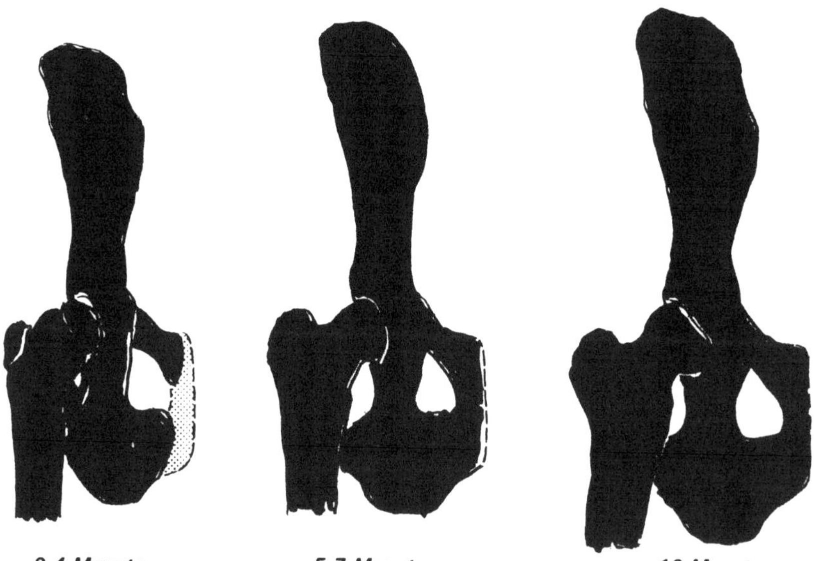

3-4 Monate *5-7 Monate* *12 Monate*

(Nach Lantig, Canine Hip Dysplasia)

Knochenwachstum: Sehr viel Chemie — einmal sehr einfach erklärt

Wenn an anderer Stelle bereits vom ausreichenden Kalzium-Phosphorspiegel im Blut die Rede war, kann man jetzt weitererklären, was noch alles passiert. Wie bereits früher beschrieben, werden die mit der Nahrung aufgenommenen Minerale nach einigen Vorbereitungen in das Skelett eingelagert. Die Signale, was jeweils vom Körper dazu getan werden muß, werden u. a. vom Kalzium-Spiegel des Blutes ausgelöst:

Sobald dieser ein bestimmtes Minimum erreicht hat, wird die Ausschüttung von Parathormon notwendig, das sofort die benötigte Mengen Kalzium aus dem Skelett mobilisiert. Sobald die Auffüllung ausreichend erfolgt ist, wird der Gegenspieler des Parathormon, das Kalzitonin, mobilisiert: Kalzitonin stoppt die Sekretion des Parathormons, so daß, da ohne dieses aus dem Skelett kein Kalzium mehr abgerufen wird, der Kalziumspiegel des Blutes wieder sinkt, da ja das Kalzium im Stoffwechsel fortwährend anderweitig verbraucht wird.

Dieser Vorgang ist notwendig, denn durch die dadurch ausgelösten Reaktionen, die im Körper, in seinem ständigen Bemühen, die immer wieder neu entstehenden Überschuß- oder Mangelzustände in das notwendige Gleichgewicht zurückzuführen, ablaufen, entsteht die *notwendige Bewegung und Veränderung,* die z. B. *zum Aufbau des Knochenskeletts notwendig ist.* Und nur über das ständige Wechselspiel — wobei sich z. B. bei der Knochenbildung Parathormon und Kalzitonin gegenseitig sowohl mobilisieren wie auch stoppen — von vielerlei chemischen Reaktionen, die von Kräften und Gegenkräften ausgelöst oder gestoppt werden, wird die lebenserhaltende Kettenreaktion in Gang gehalten.

Verhängnisvolles Endergebnis HD

Zurück zur HD: Aus den Abbildungen von HD-Gelenken wissen Sie, daß diese eben »nicht ordnungsgemäß hergestellt« worden sind, wobei es allerlei Variationen und Schweregrade gibt. Häufig kann man erkennen, daß z. B. die Pfanne, wohinein der Oberschenkelkopf ja tadellos eingepaßt sein müßte, viel zu viel Spielraum hat, ungenügend geformt ist. Oder aber der Oberschenkelkopf ist relativ unförmig, d. h. er sitzt auf dem sog. Oberschenkelhals, der nicht, wie es richtig wäre, ausreichend gewinkelt die Verbindung zum Oberschenkelkopf herstellt, sondern, oft verdickt und fast parallel zum langen Knochen, einfach nach oben weiterläuft.

Trifft der Oberschenkelkopf, wie es sein muß, *etwas gewinkelt* genau in das Hüftgelenk, ist dadurch die Hebelwirkung des langen Knochens unterbrochen. Kugel und Pfanne passen, ohne übergroßen Druck, gut ineinander und das Gelenk funktioniert.

Anders aber beim *schlecht* ausgebildeten Knochenende: Die volle Belastung des Körpers trifft, noch dazu durch Hebelwirkung verstärkt, auf die Pfanne, die nun, da ja noch alles nicht gefestigt ist, nachgibt — so daß nun die Kugel sich nicht in der sie fest *umschließenden* Schale bewegt, sondern in einer verformten, verschobenen, übergroßen, flachen Mulde sich viel zu viel Bewegungsfreiheit schaffen kann.

Aber auch die Kugel ist ja noch keinesfalls endgültig gefestigt. Sie bewegt sich in der Schale hin und her, wird dabei u. U. selbst verformt, bzw. verformt die Schale. Denn es kommt, auch das hat man bei den HD-Hunden beobachtet, bei diesen noch eine weitere Besonderheit hinzu: Auch die die Knochen haltenden Muskeln sind nicht ausreichend entwickelt, sehr oft auch, besonders bei HD-Hunden, anlagebedingt, nicht von besonderer Qualität und können keinesfalls das für dieses Entwicklungsstadium, bei HD-Hunden typische, viel zu große Gesamtgewicht des Welpen bewältigen.

»HD« — nur mangelhafte »Architektur«?

Ist also die HD nur eine Frage der mangelhaften Architektur, die durch eine genetisch bedingte Fehlsteuerung des Knochenwachstums entstanden ist? Oder aber ist diese nur das letzte, sichtbare Zeichen für einen an ganz anderer Stelle entstandenen Schaden, der sich eben erst hier offenbart?

Man hat herausgefunden, daß es Rassen gibt, dic besonders stark oder besonders gering für HD anfällig sind. Die kleineren Rassen, die kein großes Wachstumspensum haben, deren Entwicklung schneller abgeschlossen ist, Zwerghunde sind bereits mit etwa sechs Monaten nahezu ausgewachsen, die ein geringes Gewicht erreichen, werden verschont.

Unter den großen Rassen, (deren Skelettentwicklung etwa nach 8—9 Monaten beendet ist, und die man mit etwa zwölf Monaten für ausgewachsen hält), die ein sowohl absolut größeres Wachstum, im Verhältnis zu den kleinen Rassen sogar eine ganz erheblich höhere Wachstumsleistung vollbringen müssen, finden sich die HD-Hunde.

Gefährdet sind schnellwüchsige Rassen

Man hat auch herausgefunden, daß es ausgerechnet besonders schwere, sehr gut und reichlich gefütterte, besonders mächtige Vertreter ihrer Rasse (die nicht einmal fett sein müssen) sind, bei denen HD die später so schrecklichen Folgen hat. Unter dem Einfluß reichlichen Futters haben sie in einzelnen Wachstumsphasen, insbesondere in der Zeit vom 3.—6. Monat, zu ganz besonderer Schnellwüchsigkeit geneigt, was man wohl deshalb lange Zeit irrtümlich für ein Zeichen ganz besonders guter Entwicklung hielt, weil die zwar zeitweilig recht molligen Welpen und Junghunde später in ihrem Endergebnis eben trotzdem der rassespezifischen Norm entsprachen, da die genetisch programmierte Endgröße tatsächlich eben niemals erheblich überschritten wurde.

»HD« — genetisch bedingte Stoffwechselstörung?

Daß hierbei — insgesamt — dennoch schwerwiegende Ungleichgewichtigkeiten entstanden, Stoffwechsel-Störungen, Organschäden die Folge waren, erkannte man erst nach und nach. Vermutlich liegt die Erklärung, warum Hunde im Wachstum zeitweilig so große Nahrungsmengen aufnehmen und darauf zunächst lediglich mit verstärktem Wachstum reagieren, in der frühen Geschichte der Hunde, worauf ich gleich nochmals zurückkommen werde.

Eine Ausnahme ist der Greyhound, bei dem bislang niemals HD festgestellt wurde. Aber man hat dafür auch eine einleuchtende Erklärung, die zum Folgenden paßt. Bei Greyhounds, die seit undenklichen Zeiten für Rennen gezüchtet wurden, verwendete man nur *die* Hunde zur Zucht, die ausgezeichnete Rennqualitäten aufwiesen: Dabei war aber insbesondere eine besonders ausgeprägte, gute Bemuskelung der Hinterhand, die ja den Schub bringt, allerwichtigste Voraussetzung. Eben diese hervorragende Bemuskelung aber hat sich, weil unbeirrbar darauf geachtet wurde, als Erbmerkmal sicher gefestigt und sorgt dafür, daß nur der Greyhound von der HD verschont bleibt, weil seine Muskelkraft früh kräftig genug ist, den Belastungen standzuhalten.

Das Hin und Her der HD-Theorien

Man hat unzählige HD-Theorien aufgestellt, wobei man zunächst davon ausging, daß alles eine reine Sache der Genetik sei. Dann mußte man jedoch feststellen, *daß unterschiedlich aufgezogene Hunde gleicher Erbmasse jeweils entsprechend der jeweiligen Aufzucht reagierten.* Wenn man gar nicht mehr weiter weiß, redet man von multifaktorieller Vererbung oder noch ungeklärtem Erbgang.

Groenendael-Welpe, drei Monate alt

(Aufnahme: Bossi)

Trotz vielfach veränderter Ansichten — das Problem blieb bestehen und besteht, wenn auch eine gewisse Verbesserung inzwischen dadurch erzielt wurde, daß man Hunde mit schwerer HD nicht mehr zur Zucht verwendete. Andererseits ist noch immer nicht Zuchtvoraussetzung, daß die Hunde zuvor geröntgt und auf HD untersucht werden, und auch die Deutung des Röntgenbildes läßt, wie man weiß, manchen Spielraum — und Irrtümer sind niemals auszuschließen.

Eine besonders interessante HD-Theorie

Eine der Theorien aber, je länger ich mich mit diesem Problem beschäftige, leuchtet mir doch mehr ein, als alle anderen. Vielleicht deshalb, weil man sie besser erproben und berechnen kann, als das Tappen im Dunkel der Genetik — und weil sie, auch das ist in meinen Augen sehr wichtig, dem Züchter ein *gewisses Maß an Hoffnung* läßt, mit dem Problem vielleicht doch fertig werden zu können.

Wieder ist es, Sie werden es ahnen, die Sache mit dem Stoffwechsel-Gleichgewicht, das immer dann, wie schon so oft in diesem Kapitel erwähnt, immer nur aus vorausgegangenen — und daher notwendigen — Ungleichgewichten entstehen kann. Die im Kapitel Ernährung begonnene Erklärung wird nun hier — am Beispiel — fortgeführt:

Der beim Knochenwachstum ständig erfolgende Auf-, Ab- und Umbau des Knochengewebes benötigt einerseits Kalzium und Phosphor, sodann Vitamine, die das Einlagern der Minerale in den Knochen ermöglichen. Außerdem sorgt aber ein Hormon der Nebenschilddrüse, das Parathormon dafür, daß die in den Knochen bereits eingelagerten Minerale wieder »mobilisiert« werden und dem Stoffwechsel für vielerlei Aufgaben zur Verfügung stehen, d. h. daß ein Teil des Knochengewebes zu diesem Zweck wieder abgebaut wird.

Während des Wachstums werden dann — wie bereits geschildert — die neu einzulagernden Minerale nicht wieder in der gleichen Menge, sondern vermehrt und, was besonders wichtig ist, an den richtigen, im genetischen Plan vorgezeichneten Stellen, wieder angelagert. D. h., daß zwar einerseits Verluste ersetzt, darüberhinaus aber andererseits Neues geschaffen wird und zwar in der Weise, wie ich es Ihnen mit dem »Bei-Spiel« zu verdeutlichen versuchte.

Genetisch ist dafür gesorgt, daß bei jedem Knochen die richtige Menge und an den entsprechenden Teilen hinzu- oder wegkommt: Am Ende der langen Röhrenknochen z. B. befinden sich Knorpelschichten, unter und zwischen denen eine lebhafte Zellvermehrung stattfindet, in denen dann zielstrebig die Mineralanreicherung erfolgt und die nach Abschluß des Längenwachstums verschwinden. An den Längsseiten der Knochen wird gleichzeitig eine entsprechend dünnere Schicht neu angelagert, bzw., wenn der Knochen die vorprogrammierte Stärke erreicht hat, nur noch die durch den Stoffwechsel entnommenen Teile ersetzt.

Irgendwann muß hierbei, soviel ist allen klar, jenes unselige »multifaktoriell bedingte« Ereignis eintreten, das den so folgenschweren Stoffwechselirrtum auslöst, der zur HD führt.

Nun hat man festgestellt, daß HD-Hunde meistens HD-Eltern haben, aber nicht immer, auch das Umgekehrte wurde erkannt. Außerdem hatten alle HD-Fälle gemeinsam, daß die Tiere *keinesfalls krank waren oder krank wirkten,* zu mittleren oder großen Rassen gehörten und außerdem gerade *besonders gut und stark entwickelt* wirkten.

Auch hat man in Fütterungsversuchen festgestellt, daß Hunde in etwa gleicher Ausgangsposition, mit einer in der Zusammensetzung gleichen Nahrung, in der das Phosphor-Kalzium-Verhältnis stimmte, überwiegend dann zu HD-Hunden wurden (z. T. auch Hunde aus HD-freien Eltern), wenn sie im *Übermaß* gefüttert wurden. Während die Hunde aus anderen Gruppen, die entweder nach den »amtlichen« Richtlinien *oder sogar* mit eigentlich *zu wenig* Nahrung versorgt wurden, von HD *verschont* wurden.

Auch eine Untersuchung der Hunde brachte nichts zutage, was hilfreich war, denn die Annahme, daß die vielfressenden Hunde vielleicht in ihrem Skelett ein Ungleichgewicht von Kalzium-Phosphor aufweisen könnten, bestätigte sich nicht.

Übergroße Futtermengen die Quelle des Unglücks

Was war es dann? Es mußte wohl die Futtermenge sein: Die große Menge Futter hatte erstens das Wachstum und die Gewichtszunahme der Hunde erheblich beeinflußt und rapide beschleunigt. Sie waren zwar nicht immer fett, dafür aber träge und sehr schnell sehr groß und sehr schwer. Daß, ganz am Rande bemerkt, sich bei vielen dieser Riesenhunde später auch noch andere, innere Defekte herausstellten, wird Sie inzwischen nicht mehr wundern.

Zweitens aber kam man zu der — vermutlich wichtigsten — Erkenntnis, daß die gleichfalls mit dem reichlichen Futter aufgenommenen, darin (im richtigen Verhältnis) enthaltenen, aber eben zu reichlichen Mineralmengen, zu einem erhöhten Kalzium-Spiegel des Blutes führten; daß also die zuviel aufgenommenen Stoffe offensichtlich auch dann nicht sang- und klanglos einfach ausgeschieden werden, wenn sie zueinander richtig proportioniert sind, hatte man sich eigentlich nicht vorgestellt.

Die Folgen des ständig erhöhten Kalzium-Spiegels

Der ständig durch die Nahrung erhöhte Kalzium-Spiegel des Blutes hatte Folgen: Er veranlaßte, daß das oben beschriebene Kalzitonin in Aktion trat und seinen Gegenspieler, das Parathormon ausschaltete (eine eigentlich folgerichtige, aber in diesem Fall fast tödliche Logik!) Denn jetzt folgte dem ständigen, wegen des Wachstums sogar forcierten, Knochenaufbau, der ebenfalls notwendige, regulierende Abbau nicht mehr, den das Parathormon sofort in Gang setzt, wenn der Blutkalzium-Spiegel das Signal dazu gibt.

Ergebnis: Ungenügende Knochenformen

Das also war es: Knochen und Gelenke konnten sich nicht mehr den Erfordernissen und Vorgaben des Bauplanes anpassen, wurden nicht mehr an den *richtigen* Stellen geformt, umgeformt, sondern wuchsen im erheblichen Unmaß, mit ungenügenden Korrekturen und Hemmungen weiter.

Statt des wohlgebildeten, abgewinkelten Oberschenkelkopfes z. B. hatte sich ein zwar ähnliches, aber durchaus nicht funktionelles Gebilde entwickelt, das den Oberschenkel mit voller Hebelwirkung in die noch unfertige Gelenkpfanne stieß. Die Last eines ohnehin viel zu schweren Hundes traf auf ein nicht dafür eingerichtetes Gelenk, das auf diese Weise — wie jetzt ganz deutlich ist — dauerhaft und nicht mehr reparabel verformt wird.

Deformierungen — nachträglich nicht mehr zu beheben

Wenn eine solche Veränderung erst einmal eingetreten ist, wächst sie sich niemals wieder aus. Sie wird auch erst bemerkt, wenn der größere Hund sichtlich schlecht und unter Schmerzen läuft, während man bei jungen Hunden eher auf eine gewisse Unsicherheit, eine ganz natürliche Ermüdung tippt.

Daß die Störung im Knochenaufbau gerade am Hüftgelenk so dramatische Folgen haben muß, ist ohnehin klar: Sobald der Hund anfängt, auf seinen vier Beinen zu stehen, trifft sein ganzes Gewicht, jede seiner Bewegungen hier auf!

Wege zur HD-Verhütung

Was kann man tun? Auch bei Kindern kennt man die Hüftgelenksluxation, die sehr früh entdeckt und behandelt werden kann. Bei Hunden ist die Sache schwieriger. Erstens bemerkt man es immer viel zu spät, da auf dem Röntgenbild die zunächst wenig mineralisierten Knochen, also das Knorpelgebilde, nicht sichtbar gemacht werden kann. Außerdem würde eine, der Babybehandlung entsprechende, Fixierung des Hundes zwar möglicherweise sein Hüftgelenk retten — ansonsten wäre aber ein solcher Hund wohl kaum zu etwas zu gebrauchen.

Bleibt also die *Selektion nach genetischen Gesichtspunkten,* wobei ich es immer wieder für wichtig halte, weiter auch nach anderen Möglichkeiten zu suchen. Die lediglich wegen HD aus der Zucht genommenen Hunde haben ja nicht *nur* negative Eigenschaften!

Woher aber eine, u. U. einmal dringend benötigte, breitere Zuchtbasis nehmen, wenn man, weil es zunächst der einzige und denkbare Weg zu sein schien, eine Vielzahl vielleicht sonst recht wertvoller Hunde aus dem Verkehr gezogen hat? Nur, weil es mühevoll und vielleicht kostenträchtig und mit vielen Enttäuschungen verbunden ist, gegen HD — das Schlagwort der Stunde — vielleicht noch andere Mittel und Wege zu finden?

Oberstes Gebot: Vermeidung von Aufzuchtfehlern

Eine der Möglichkeiten liegt in der Vermeidung von Aufzuchtfehlern und der Verhinderung von HD-Entwicklung bei gesunden Hunden, wobei, ganz nebenbei, gleichzeitig eine Reihe anderer »Erbleiden«, Stoffwechselstörungen etc. auch mit verhindert werden könnten...

Sicher sind spätere HD-Hunde oft von Geburt an irgendwie mit dieser Anlage ausgerüstet. Vielleicht liegt aber die Wurzel dieser Stoffwechselentgleisung in der Fehlfütterung, die bereits viele Vorfahren dieser Hunde mehr oder weniger noch ausgleichen konnten, und die endlich einmal das ausgleichbare Maß überstiegen hat und sich nun — tatsächlich vererbt. Aber — wie?

Vieles von den komplexen genetischen, sowie den komplizierten Stoffwechselvorgängen ist — bei Tier und Mensch — noch nicht restlos geklärt. Wenn man jedoch weiß, daß man *mit anderen Ernährungsmethoden* — wie man es ja auch beim Menschen nach und nach erkennt — *gegensteuern* kann, sollte man dies sehr ernst nehmen.

Vielleicht, wenn sich das eine, sicherlich irgendwann »Erworbene« vererbt, kann man auch hoffen, daß man aus mit allergrößter Umsicht aufgezogenen, ursprünglich HD-gefährdeten Hunden nicht nur HD-freie Hunde erhält, sondern sich auch in der Nachzucht dieser Hunde das System bewährt und ein zu Entgleisungen neigender Stoffwechsel sich wieder festigt. Niemand weiß es.

HD — eine »Zivilisationskrankheit«

Solange die Welpen noch bei der gesunden Mutter trinken, ist ja — soweit man es jetzt weiß — noch alles in Ordnung. Glücklicherweise kann der Mensch erst mit der Zufütterung eingreifen.

In der *freien Natur* hätten die Welpen, wenn die Milch der Mutter nicht mehr ausreicht, eben so lange zu warten, bis die Eltern Futter herbeischleppen, und es kann gut sein, daß es da fette und magere Tage gibt. Es sind längere Hungerperioden zu überwinden, und dann, wenn die Jungtiere beginnen, sich selbst zu versorgen, ist nicht pünktlich alle fünf Stunden der Tisch für sie gedeckt. Dazwischen liegen dann längere Wartezeiten, größere Anstrengungen. Nicht immer sind wildlebende Welpen und Junghunde wohlgenährt und rundherum satt, wobei dann bei den wildlebenden Hunden die Fähigkeit, viel Futter aufzunehmen und sofort in außerordentliches Wachstum umzusetzen, durchaus einen lebenserhaltenden Sinn hat. (Eine Eigenschaft, die sich auch bei unseren Haushunden, obwohl bei diesen kaum noch lebenserhaltend notwendig, erhalten hat.)

Auch das von wildlebenden Hunden ergatterte Futter ist nicht immer das Feinste vom Feinen: Sicherlich nicht wochenlang Rindfleisch oder wochenlang Schlachtabfälle oder wochenlang riesige Mengen Fertigfutter... Die Schwächsten werden längerdauernde Katastrophen nicht überleben, die anderen holen bei nächster Gelegenheit schnell auf, was sie versäumt haben.

Dauerschäden entstehen nicht durch Nahrungsmangel, sondern durch ständige Überfütterung

Aus Fütterungsversuchen weiß man, daß ein Nahrungsmangel bei im Wachstum begriffenen Tieren immer zuletzt die Entwicklung hemmt: Wachstum hat, genetisch so festgelegt, — aus gutem Grund, s. o. — absoluten Vorrang, so daß Hungerzeiten nicht unbedingt zu irreparablen Störungen führen.

Aus unserer Hundezucht wissen wir, daß es eher umgekehrt ist: Die schweren Schäden kommen vom *andauernden* Über- und Unmaß, das dem Körper Leistungen abfordert, die er nicht erbringen kann.

So scheint es mir immer wieder nötig, bei der Welpenfütterung sehr viel eingehender und gewissenhafter auf das *minimal Nötige* zu achten, und sich die hierzu benötigten Kenntnisse und Unterlagen, wo sich ja ständig Neues ergibt, immer wieder anzueignen und sie, was sich immer wieder als nützlich erweisen wird, in seiner entsprechenden Kartei zu notieren; wieviele Berichtigungen habe ich im Laufe der Jahre auf meinen Karteikarten eintragen müssen!

Erst nach abgeschlossener Skelettentwicklung ist die Gefahr gebannt

Wenn das Skelett wie auch die Muskulatur des Hundes sich ordnungsgemäß und ausgewogen entwickelt und gefestigt haben, was je nach Rasse zu unterschiedlichen Zeiten der Fall ist, kann man etwas sorgloser sein: Da gleicht sich dann allerlei, was zu viel des Guten war, wieder mit ein paar mageren Tagen aus. Ebenso müssen *bis zu diesem Zeitpunkt übermäßige körperliche Anstrengungen, hohe Sprünge etc. vermieden werden.*

Es ist ja schnell passiert: Wenn die Welpen vom Züchter abgegeben werden oder aber ein Züchter sich selbst einen sehr jungen Hund ins Haus holt, mit dem er später züchten möchte, sind die Hunde gerade kurze Zeit entwöhnt und auf normale Kost umgestellt.

Wenn aber der Züchter einem weniger versierten Käufer nicht einen genauen, ausbalancierten Futterplan mitgibt, kann, innerhalb weniger Monate, ein liebevoll, aber zu reichlich und lecker gefütterter, einstmals gesunder junger Hund, ein bedauernswertes Lebewesen sein. Wenn nun noch körperliche Überforderung hinzukommt, beginnt für den Hund ein langer Leidensweg.

Wichtig für Züchter: Die gesunde Gewichtsentwicklung

Ein Merkmal (das sollte auch der Käufer — außer den Fütterungsanweisungen — erklärt bekommen), ob alles richtig verläuft, kann die *Gewichtsentwicklung* des Hundes sein. Bestimmte, rassespezifische Grenzen sollten *keinesfalls überschritten* werden, bzw. bei Hunden, deren Vorfahren HD-Verdacht oder gar mehr haben, sogar möglichst lange Zeit nicht oder nur knapp erreicht werden. Sie finden nähere Angaben dazu weiter hinten in diesem Buch.

Man kann dies mit einem Futterplan, der äußerst sparsam mit allen kalorienträchtigen Teilen ist, der aber andererseits die benötigten Grundstoffe hochverdaulich und in den richtigen Verhältnissen und Mengen enthält, durchaus erreichen. **Eine derartige Fütterung,** *Sie können es ausprobieren,* **ist keinesfalls teurer,** *als andere Methoden, weil die Hunde tatsächlich mengenmäßig erheblich weniger benötigen und sich die Kosten so ausgleichen.*

Wenn bei knapper, ausbalancierter Futtermenge der junge Hund drahtig, lebhaft, mit glänzendem Fell und nur wenig Fettschicht sich gut entwickelt, wenn sein Gewicht sich bis zum Ende der Knochenentwicklung möglichst knapp an der rasseüblichen Grenze oder darunter hält, — ja wenn...

So gut, so richtig, so sparsam wie möglich füttern

Ganz besonders ein Züchter sollte gründlich darüber nachdenken, was »HD« alles bedeutet, aber die Hoffnung, daß die Rettung von außen, von den Genetikern und deren fernen Erkenntnissen kommt, den anderen überlassen. *Er muß selbst handeln,* so gut er es dem Stand der Kenntnisse nach kann: Die genetische Vorwahl möglichst sorgfältig treffen, und die Aufzucht — auch wenn der Hund lt. Papier HD-freie Vergangenheit hat, so sorgfältig wie nur irgendmöglich planen, was nichts weiter heißt wie: *So gut, so richtig und so sparsam wie möglich füttern.*

23. Kapitel

WAS IST BEIM HUND NATURGEMÄSS oder: Verhaltensforschung aus der Sicht eines Züchters

Bemerkungen am Rande

Warum hatte Georg H. so viel »Pech« bei seiner Hundezucht?

Jedesmal, wenn in den mancherlei »Hunde-Debatten« die Rede auf die naturgemäße Haltung und naturgemäße Fütterung kommt, muß ich an unseren früheren Nachbarn Georg H. denken. Damals wohnten wir in einem Dorf in der Nähe einer Universitätsstadt in Norddeutschland. Vor allem der Hunde wegen hatten wir die Unbequemlichkeit weiter Anfahrwege in Kauf genommen und ein großes Grundstück mit Stallungen und einem alten Haus gemietet. Georg H. besaß das angrenzende Grundstück, hatte einen Betrieb in der Stadt und wie wir viel Freude am Umgang mit allerlei Getier.

Anders als wir hatte er Schafe, Hühner, Tauben, einige Volieren mit ziemlich ausgefallenen Vögeln. Er züchtete erfolgreich Kanarienvögel, die wegen ihres Gesanges vielfach ausgezeichnet waren, und auch für seine seltsam aussehenden Kaninchen, mit lang herabhängenden Schlappohren, hatte er bereits zahlreiche Ehrenurkunden auf Ausstellungen errungen. Insgesamt war es eine gute Nachbarschaft: Er benutzte die von uns nicht benötigten Stallungen für seine Futtervorräte und Werkzeuge, und was sich von unseren Abfällen in Haus und Garten eignete, erhielt er für seine »Landwirtschaft«.

Um es kurz zu machen, irgendwie hatten ihm wohl auch unsere Hunde imponiert, jedenfalls hatte er beschlossen, nunmehr auch Hunde in sein Programm aufzunehmen. Die Vorbereitungen waren bald erledigt, ein

Zwinger beträchtlicher Größe erstellt, ein daran grenzender alter Pavillon wurde zum Hundehaus umfunktioniert, — geradeso, wie er zuvor bei Schafen, Hühnern, Kaninchen und Vögeln vorgegangen war. Ebenso, wie bei diesen, kaufte er auch von den Hunden gleich »ein Männchen und ein Weibchen«, die dann »Junge kriegen sollten«, sagte er.

Spätestens hier hätte ich, wenn ich seinen Erzählungen richtig zugehört hätte, schon ahnen können, daß Georg H. offensichtlich dabei war, einen Fehler zu begehen. Zwei hübsche Schäferhunde wurden von einem Züchter aus der Nachbarschaft »angeliefert«, und Georg H. war mächtig stolz, als er mir erzählte, seine Hunde hätten eine richtig feine Abstammung, was man schon an ihren Namen, sie hießen Orlof und Lady vom Caesarenhügel*, einwandfrei erkennen könne. Wir waren zu der Zeit sehr beschäftigt und sahen nur hin und wieder die Hunde in ihrem Zwinger umherlaufen; gelegentlich beobachteten wir, daß ihnen morgens ein Eimer mit Futter gebracht und freitags Stroh im Hundehaus ausgewechselt wurde.

Kurz bevor wir einen längeren Auslandsaufenthalt antraten, erzählte uns Georg H., nun sei es bald so weit, das Weibchen bekäme nun die ersten Jungen, und es würden sicherlich Prachttiere, die sich in seiner schönen Anlage sehr gut entwickeln würden.

Fast zwölf Monate später kehrten wir zurück, räumten unser Haus wieder ein, und einige Tage später fiel uns auf, daß wir im Hundezwinger nebenan bislang nichts von den Hunden gesehen hatten.

Bald ergab sich dann auch eine Gelegenheit, mit Georg H. über allerlei, was sich in der Zwischenzeit ereignet hatte, zu reden, und dabei kam dann auch die Sprache auf seine Hundezucht. Er hatte sie, und er war sehr verbittert, als er davon sprach, wieder aufgegeben. Obwohl er, wie er sagte, doch nichts versäumt hatte, was Hunde seiner Ansicht nach brauchten, hatten sich schon bald, nachdem die Hündin geworfen hatte — allein im Hundehaus und von ihm erst später bemerkt — allerlei Komplikationen ergeben: Nur drei Junge, wie er sagte, überlebten und auch die waren, so sagte er, obwohl sie zuerst recht niedlich ausgesehen und sich auch gut entwickelt hätten, am Ende doch »nichts Rechts« geworden.

Obendrein hatte sie schließlich niemand haben wollen, denn sie waren mager, struppig und schmutzig von den ewigen Durchfällen. (Georg H. war schließlich gar nicht mehr gegen die Durchfallproduktion der fünf Hunde angekommen!) Außerdem waren die Welpen außerordentlich scheu, und auch die Alten hatten mehr und mehr struppig und mißmutig ausgese-

*) Name geändert!

hen. Noch dazu hätten sie alle miteinander so unerträglich gebellt und geheult, daß er Krach mit den Nachbarn auf der anderen Seite bekam.

Um des lieben Friedens willen hätte er sie dann weggegeben. Später erfuhr ich, daß die Junghunde hatten eingeschläfert werden müssen, weil ihr Gesundheitszustand in jeder Hinsicht jämmerlich, noch schlimmer aber ihr Benehmen gewesen war; es war völlig ausgeschlossen, diese hinfälligen und scheuen Tiere an den Umgang mit Menschen zu gewöhnen, und alle Erziehungs- und Annäherungsversuche schlugen fehl. Wohin die »Zuchttiere« gekommen waren, haben wir nie erfahren, es war wohl keine gute Geschichte.

Nun, Georg H. war äußerst erbost, die Hunde vom Caesarenhügel wären wohl der pure Betrug gewesen. Noch nie wären ihm, so lange er züchtete, derart schlechte Zuchttiere »angedreht« worden. »Richtige Krüppel«, sagte er, denn er hätte wirklich alle Voraussetzungen für einen guten Zuchterfolg geschaffen, was man daran sehen könne, daß weit und breit kein Hundezüchter zu finden sei, der für seine Hunde ein derart großartiges Gelände gebaut hätte. Sogar im Schlachthof hätten sie ihm auch immer wieder gesagt, daß er ganz ungewöhnlich großzügige Fleischmengen kaufe, andere Züchter hätten das auch nie getan, das wisse er...

»Krüppel«, sagte er, hätte man ihm angedreht, denn gute Zuchttiere hätten, in der von ihm vorbereiteten Anlage, geradezu prachtvoll gedeihen müssen... die doch viel naturgemäßer sei, als was unsere Hunde z. B. hätten, die nicht einmal in einem eigenen Zwinger lebten, im Haus verweichlicht würden und schon beinahe wie Menschen mit uns zusammenlebten. Wenn er uns zuschaue, sagte er, er wolle uns ja nicht kränken, aber es wirke schon manchmal etwas albern, zu beobachten, wie wir mit unseren Hunden reden, wie sie jeden Morgen gebürstet und gestriegelt würden, wenn wir mit ihnen herumtobten; und das Gezieh mit den »Kleinen«, an denen wir herumpäppelten, als seien es unsere eigenen Babies, hielt er natürlich auch für übertrieben.

Georg H. — ein Einzelfall?

Diese Geschichte, sie liegt nun schon viele Jahre zurück, fällt mir immer wieder ein, wenn von der naturgemäßen Haltung der Hunde die Rede ist. Wir sind dann bald darauf zunächst nach Finnland verzogen und haben von Georg H. nichts mehr gehört. Aber: Im Laufe der Jahre haben wir doch, in den verschiedensten Teilen der Welt, noch eine ganze Reihe von Hundezüchtern, aber auch von Hundebesitzern, die auch mal züchten wollten, kennengelernt. Und dabei zu unserem Erstaunen gesehen, daß die Geschichte von Georg H. sich, zwar in Abwandlungen, so doch ähnlich immer wieder einmal ereignete. Es gab dabei auch das andere Extrem, daß Hunde tatsächlich gehalten und umsorgt wurden, als seien sie Menschen, was ihnen ebenso wenig bekam, wie die betont »natürliche« Haltung.

Nun muß man besonders Georg H. zugute halten, daß es kurz nach dem Krieg für Neulinge wenig Möglichkeiten gab, sich über die Besonderheiten der Hundezucht zu informieren. Er handelte durchaus guten Glaubens, alle notwendigen Vorkehrungen getroffen zu haben, und niemand wäre auf die Idee gekommen, ihm, der so erfahren im Umgang mit Tieren zu sein schien, zu erklären, daß man *Hunde eben nicht einfach wie andere Haustiere halten und züchten* kann.

Jeder kann die Natur des Hundes erkennen und verstehen lernen!

Nicht nur Georg H., sondern auch mancher andere, der nun zum Meerschweinchen, dem Hamster und den Wellensittichen auch noch einen Hund in sein Haus aufnimmt, erliegt ähnlichen Irrtümern. Es ist, so habe ich feststellen müssen, auch gar nicht so einfach, mit wenigen Sätzen zu erklären, was für den Hund »naturgemäß« ist. Man muß doch ziemlich weit ausholen dazu — aber gerade die täglichen Erlebnisse mit dem Hund, von denen ausnahmslos jeder Hundebesitzer nicht müde wird, zu berichten, sind das beste Anschauungsmaterial! Man kann täglich selbst erkennen, daß der Hund, das älteste Haustier des Menschen (und eine ebenso lange und interessante Entwicklungsgeschichte wie dieser hat), bis heute ganz entscheidende Wesensmerkmale seiner Vorfahren unverändert beibehalten hat, die *jedermann an seinen Hund beobachten kann und beachten muß.* Tatsächlich beruht oft aller Erfolg oder Mißerfolg der Hundezucht einzig und allein darauf, ob man den Hund in den entscheidenden Stadien seiner Entwicklung richtig behandelt.

Auch Frau Sieber hat ja, wie sie schreibt, mit rechter Ahnungslosigkeit und unendlich viel Liebe und Zuneigung ihre Hundezucht begonnen — und hat, was ihr auch immer an Informationen und Hilfen erreichbar war, begierig studiert.

Eurasier-Hündin mit Welpen

(Aufnahme: Jentzsch)

Aber sie hat, im Gegensatz zu Georg H. alles richtig gemacht — wir werden es gleich am Beispiel der Wölfe erläutern! — denn sie hat ihre Hunde geliebt, gehegt, beobachtet und nicht nur gezüchtet und vermehrt.

Hundezucht — naturgemäß — was muß man alles wissen, will man es richtig machen?

Wir wollen im Folgenden untersuchen, ob sich von den Erkenntnissen, die die moderne Verhaltensforschung über Wölfe und wildlebende Hundeartige gewonnen hat, nicht auch einiges für die praktische Hundezucht anwenden läßt.

Bleiben wir zunächst noch etwas beim Thema *»Ernährung«:* Viele, insbesondere die Verfechter der »reinen« Fleischfütterung, wie z. B. auch Georg H., betonen, diese sei »naturgemäß«, weil ja der Vorfahr der Hunde, der Wolf, wie sie sagen, ein Fleischfresser gewesen sei. Nun haben wir ja bereits im Vorangegangenen gesehen, daß dieses ganz bestimmt nicht mit den Bedürfnissen des *Hundes* übereinstimmt, und daß auch die Wölfe, zumindest in Bezug auf die verwerteten Tiere, sehr abwechslungsreich gelebt haben, da sie ja immer die *ganzen* und eine Reihe *unterschiedlichster* Tiere zur Nahrung hatten.

Aber — stimmt dies überhaupt, haben Wölfe und Wildhunde tatsächlich ausschließlich vom Fang anderer Tiere gelebt?

Wölfe — reine Fleischfresser?

Wenn man, um die naturgemäßen Bedürfnisse des Hundes zu erkennen, sich mit dem »Stammvater« der Hunde, dem Wolf beschäftigt, kommt allerlei recht Interessantes zutage. Besonders in den letzten Jahren hat die Verhaltensforschung eine Menge wichtiger Beobachtungen und Erkenntnisse erbracht, sind einige ganz bemerkenswerte Bücher zum Thema erschienen.

Einige der Wolfsforscher haben, als sie die Lebensgewohnheiten der Wölfe in freier Wildbahn beobachteten, herausgefunden, daß die Ernährung der Wölfe, je nachdem, wo sie leben, sehr unterschiedlich sein kann. Wölfe jagen in Rudeln, sie sind ausdauernd und hetzen ihr Wild so lange, bis es erschöpft aufgibt. Natürlich sind für Wölfe größere Beutetiere, also Paarhufer, sehr viel »erwünschter«, da sich ja die Jagd besser lohnt und das Rudel eine erheblich größere Nahrungsmenge auf einmal bekommen hat.

Dennoch, wenn nichts anderes erreichbar ist, geben sich Wölfe auch mit Hasen und Bibern, Schafen, Kleingetier und Aas zufrieden; ja, sogar Fische, Krebse und selbst Heuschrecken gehören, einigen Berichten nach, zu ihrem Nahrungsrepertoire.

Wölfe — auch Pflanzenfresser

Aus Untersuchungen von Wolfskot weiß man außerdem, daß, besonders in den Sommermonaten, auch Pflanzenbestandteile darin gefunden wurden: *Blätter, Getreide, Tannen-, Fichten-, Pappelteile, Gras, Riedgras, Goldrute, allerlei Beeren.* Auch von anderen Hundeartigen liegen Berichte von Kotuntersuchungen vor. Bei Koyoten fand man: *Äpfel, Blaubeeren, Weintrauben, Gräser, Mais, Dattelpflaumen... Kirschen, Stachelbeeren, Feigen, Pampelmusen, Maulbeeren.* Bei Schakalen wurden gefunden: *Äpfel, wilde Früchte, Blaubeeren, Gemüse, Ananas, Pampelmuse, Gurken, Pfirsich, Aprikosen, ...* Auf diesen Gesichtspunkt werden wir später nochmals zurückkommen.

Wenn wir also eine Antwort auf die Frage: Was ist »naturgemäß« finden wollen, und dies am Beispiel seines »Stammvaters«, dem Wolf, beweisen wollen, sehen wir, daß wir bereits bei diesem Begriff »reiner Fleischfresser« ins Stolpern geraten, da der Wolf offensichtlich auch andere Nahrung benötigte — und vertragen konnte, weil er, wenn nötig, in der Lage war, seinen Verdauungsmechanismus auf die veränderten Umweltbedingungen einzurichten.

Wieviel Wolf ist der Hund?

Auch die Verhaltensforscher, die sich mit dem Wolf oder mit dem Hund oder mit beiden beschäftigen, stellten sich immer wieder die Frage: Wieviel Wolf ist unser Hund eigentlich? Dieser Frage nachzugehen, lohnt sich, denn die Antworten, die man dabei finden kann, ergeben eine Reihe von Gesichtspunkten, die auch und ganz besonders für den Hundezüchter von Bedeutung sind.

Ganz zweifellos muß, wenn man die große Rassenvielfalt betrachtet, von der man sagt, daß sie vom Wolf abstammt, dieser ein *außerordentliches Repertoire vererbbarer Merkmale und Eigenschaften* vorweisen, und wir wollen versuchen, was sich bei Wertung einiger Erkenntnisse herausfinden läßt.

Ich muß der Versuchung widerstehen, Ihnen sehr viel von Wölfen zu erzählen und, unter sehr großen Auslassungen und in Stichworten, nur wenige Gesichtspunkte umreißen, die für unser Verständnis des Hundes notwendig sind: Von der Ernährung war schon die Rede. Doch auch, was man über die äußere Gestalt und vom Verhalten und der Überlebensstrategie der Wölfe erfahren kann, hilft einem weiter, wenn man den Schlüssel sowohl zur fast unerklärlichen Rassenvielfalt der Hunde sucht, wie auch wenn man etwas verwirrt von den oft rätselhaften Angewohnheiten und Bedürfnissen seines Hundes ist. Es ist ja nicht nur der erste Hund, bei dem man sich dauernd den Kopf zerbricht, was man nun tun soll; ich habe es niemals erlebt, daß ein Hund, so wie er als richtige Persönlichkeit mit allen seinen liebenswerten und auch weniger angenehmen Eigenschaften mit uns lebte, sich jemals wiederholt hat. Und auch ein erfahrener Hundehalter kann so allerlei erleben, wenn er es, aus welchen Gründen auch immer, einmal mit einer neuen Rasse versucht...

»... ein hochentwickelter Repräsentant ...«

Zurück zu den Wölfen: Wölfe von ganz unterschiedlicher Art haben sich in allen Teilen der Welt gefunden: In der gesamten nördlichen Hemisphäre, in der arktischen Tundra, in Steppen und Savannen, in Laub- wie Nadelwäldern; nur in tropischen Regenwäldern und trockenen Wüsten fanden sie keine Lebensmöglichkeit.

Wolfsforscher berichten, daß sich die Wölfe ganz außerordentlich den jeweiligen Umweltverhältnissen anzupassen wußten, sonst hätten sie nicht in sehr unterschiedlichen Regionen, was sowohl das Klima wie die Tierwelt anbetraf, überleben können. E. A. Goldmann schreibt dazu: *»Es scheint mir zweifelhaft, ob irgendein anderes Säugetier sich so weit ausgebreitet hat, und deswegen muß der Wolf als der hochentwickelte Repräsentant einer außerordentlich erfolgreichen Säugetierfamilie angesehen werden.«*

Eine besondere Eigenschaft der Wölfe muß also ihre große *Anpassungsfähigkeit* sein, die sich aber nicht nur an der Wahl unterschiedlicher Nahrung, sondern auch an ihrem Äußeren ablesen läßt: Es gibt unter den Wölfen erhebliche, regionale Abweichungen von Größe, Länge, Gewicht und Fellfarbe.

Bei europäischen Wölfen wird eine Schulterhöhe von 70, 80, 100 cm berichtet; die Gesamtlänge des Körpers ist bei unterschiedlichen Wolfspopulationen stark abweichend; es wird von Körpergewichten der Wölfe von 23, 52, 45, 76, 80 und unter 20 kg berichtet.

Nicht überall in der Welt haben die Wölfe das typische Wolfsgrau als Farbe: Im nördlichen Kanada kommen Populationen weißer Wölfe vor, andere sind sehr hell gefärbt. Es gibt in verschiedenen Regionen der Welt sowohl schwarze Wölfe, wie andererseits auch sehr helle oder graue oder sandfarbene oder fahlgelbe, — alle denkbaren Varianten.

Alle diese Abänderungen, die immer regional beobachtet wurden — also erhebliche Unterschiede nicht innerhalb *eines* Gebietes, sondern in jeweils anderen Gebieten der Erde — hatten mit Sicherheit eine Begründung in der andersartigen Umwelt.

Dabei sind zwei Überlegungen wichtig:

1.) Eine Änderung der äußeren Erscheinung betrifft nicht nur die Oberfläche; immer sind erhebliche, innere Wandlungen vorausgegangen, die zur Überlebensstrategie in einer bestimmten Umwelt notwendig waren.
2.) Eine derartige Veränderung oder Anpassung setzt entsprechende genetische Anlagen des Tieres voraus.

Die Unterschiede der äußeren Erscheinung, z. B. zwischen Nordwölfen und Südwölfen, sind viel mehr als nur ein äußeres Zeichen: Bedingt durch andere Umwelterfordernisse sind Nordwölfe eben in vielerlei Hinsicht anders, als z. B. die Südwölfe, von denen man annimmt, diese seien, von der arabischen Halbinsel und Südasien kommend, die eigentlichen Urahnen unserer Hunde gewesen.

Fellfarben — Zeichen, die wir noch nicht lesen können

Auch die unterschiedlichen Fellfarben, die man bei den Wölfen verschiedener Herkunft registrierte, müssen in irgendeiner Beziehung zur Umwelt stehen. Sie sind ein äußeres Zeichen für sowohl erklärbare umweltbedingte, wie auch u. U. für eine Vielzahl andere, tiefgreifende, noch längst nicht restlos erforschte, *innere* Veränderungen, die sich in einer Fellfarbänderung ausdrücken.

Wobei man erst jetzt ganz generell die Frage nach möglichen inneren Zusammenhängen von Fellfarbe, Physiologie, Psychologie und Umwelt neu stellt und vermutet, daß die Fellfarben bzw. ihre Veränderungen mehr als ein nur äußerlich bedeutsames Ergebnis bestimmter genetischer Farbvorgaben sind. So manche Volksweisheit, die man jahrelang nur zu gern etwas abfällig als eine Art Aberglauben beiseite tat, erscheint nun in einem neuen Licht: Allerdings ist es auch erst jetzt dank komplizierter und ausgereifter Untersuchungsmethoden möglich geworden, etwas von den komplexen Stoffwechselvorgängen, die Fellfarbe, Farbänderung etc. verursachen, zu erkennen. Auf verblüffende Weise bestätigt sich jetzt manches, was der Volksmund über die Wechselbeziehung von Fellfarbe und Charakter und Veranlagung weitergab und wird erklärbar.

Gerade der vielen Varianten der Fellfärbung wegen, die bei Hunden möglich und einerseits erwünscht, andererseits aber gefürchtet und Zeichen eines schweren, genetischen Defekts sein können, hat dies Thema für den Hundezüchter eine eigene Anziehungskraft. Was man bisher davon weiß, bewegt sich weitgehend an der Oberfläche, und die gesammelten Beobachtungen und Erfahrungen werden ebenso überwiegend nach oberflächlichen, d. h. äußeren Gesichtspunkten dafür eingesetzt, den vom Standard vorgeschriebenen Regeln und Anweisungen nachzukommen.

Einige der *»verbotenen« Fellfarben* aber haben durchaus einen ganz handfesten Grund: Bestimmte Kombinationen mit Weiß, der Merle Faktor z. B., bedeuten *Gefahr für die Hunde,* die diesen Erbfaktor tragen: Sie neigen dazu, taub und blind zu sein oder aber tote Nachkommen zu haben, was man dann treffend »Letalfaktor« nennt. Auch andere Farbvarianten, denen man mit Vorsicht begegnet, haben meistens äußerlich den Effekt, daß eine erhebliche *»Verdünnung« der Grund-Farben* zu erkennen ist: Gelegentlich wird das Vorhandensein dieses Gens nur erkennbar durch helle oder rosa Nase, helle oder blaue Augen, aber auch das teilweise, besonders jedoch das völlige Fehlen jeglicher Pigmentierung (Albinos) ist ein oft unerwünschtes Zuchtergebnis.

Auch weniger bedrohliche Fellfarbenvarianten hatte der Volksmund, als Ergebnis von Beobachtungen und Erfahrungen, nicht nur registriert, sondern auch Schlüsse daraus gezogen: Man »wußte«, daß auffallend schwache, helle Pigmentierung von Augen und Haaren oft gemeinsam mit einem gewissen Maß an Schwachsinn auftrat — erst neuere Forschungen haben den zugrundeliegenden, sich vielfach auswirkenden Enzymschaden erklären können.

Von braunen Pferden sagte man, sie seien sanguinisch; von roten Pferden (Füchsen, ohne schwarz) sie seien cholerisch; Rappen (schwarz) zeigten sich melancholisch, Schimmel phlegmatisch. Bei Hunden stellte man, wenn die gleiche Rasse mehrere Farbvarianten zuließ, fest, daß die rötlichen Tiere die nervöseren, unzuverlässigeren, oft schärferen waren, daß u. U. die stärker pigmentierten oft lebhafter als die helleren waren. Auch jener geheimnisvolle »Brindle-Faktor«, von dem die Bullterrier-Züchter herausgefunden haben, daß ihn viele Spitzen- und Siegerhunde »tragen«, (eine mehr oder weniger starke schwarze Stromung) gehört zu diesem »unknownland«, das es erst noch zu entdecken gilt.

Nicht durch Zufall — sondern dank idealer Voraussetzungen wurde der Wolf zum Stammvater unserer Hunde

Wenn man die Abbildungen verschiedener Wolfsarten betrachtet, kann man oft sofort erkennen, zu welcher Wolfspopulation in welchem Teil der Erde sie gehören: Sie haben unter dem Selektionsdruck der Umwelt eine jeweils entsprechend veränderte, adäquate Überlebensform gebildet. Es ist daher leicht, sich vorzustellen, daß Wölfe ein ideales Ausgangsmaterial waren, das sich auch unter *künstlichem Selektionsdruck* in die mannigfaltigsten Gestalten verwandeln lassen würde.

Während bei der *natürlichen* Selektion alle Veränderungen *umweltbedingt* sind und nur bestehen können, wenn sie insgesamt das *Überleben* unter verschiedensten Voraussetzungen *ermöglichen,* zählen bei der *künstlichen* Selektion nur sehr *spezielle Gesichtspunkte,* die der Mensch so festlegt, wie er sie interessant oder nützlich findet. Wir werden später nochmals näher darauf zurückkommen.

Man muß es sich klar machen: Auch heute noch sind unsere Hunde — vom Chihuahua bis zum Irish Wolfhound — dem Wolf in einem ganz entscheidenden Punkt noch nah verwandt: Im Gegensatz zu manchen anderen Tieren, die zu Haustieren, d. h. domestiziert wurden, ist der Chromosomensatz des Wolfes und des Hundes gleich: 78 Chromosomen.

Und dieser, nennen wir es einmal stark vereinfacht »Grundbaukasten«, mit seiner außerordentlichen Wandlungsvielfalt, hat es eben ermöglicht, daß aus dem Urmodell Wolf nun unsere Vielzahl an Hunderassen werden konnte.

Domestikation — eine »Verbesserung« des Urmodells?

Die Haustierwerdung ist keinesfalls eine Verbesserung des alten Modells durch Zähmung und Gewöhnung, sondern eine von Menschen herbeigeführte *dauerhafte* Veränderung, wobei über züchterische Selektion *einzelne* Fähigkeiten und Formen stärker bevorzugt, andere wiederum vernachlässigt wurden und fast oder gar nicht mehr bemerkbar sind.

Die Beschäftigung mit der Entwicklung der Hunderassen, mit ihren tiefen, oft ganz gegensätzlichen Eigenschaften, die Bemühung, wichtige Wesensmerkmale des Hundes richtig zu deuten und auszunutzen, bedeutet auch, sich vor Augen zu führen, nach welchen Gesetzen die Domestikation abläuft und was ihre Folge ist.

Am Beispiel der vielen Veränderungen, die man regional bei den Wölfen feststellen kann, läßt sich, neben dem äußeren Wandel, auch ein leicht abweichendes Verhalten der Wölfe ablesen: Die nördlichen Wölfe entwickelten sich groß, wolfsgrau, langhaarig, hatten eine hochentwickelte, starke Rudeldisziplin; die im Süden vorgefundenen Wölfe waren kleiner, hatten kürzeres Fell, waren braungefärbt und neigten zu gelockerterer Rudelbildung und kleineren Gruppen.

Dennoch, es ist ein Irrtum daraus zu schließen, unsere heutigen Hunde seien nichts anderes als so oder so ausgefallene, größere oder kleinere, gezähmte, an den Menschen gewöhnte Wölfe, jeweils nach des Menschen Geschmack, nach Form, Farbe und Größe kreiert.

Vielmehr bedeutet »Domestikation« keinesfals zähmen, sondern ist ein sozusagen *völliges und vor allem dauerhaftes Umgestalten* und Umkrempeln einer genetischen Grundsubstanz, die dabei in einem ebensolchen Maße verändert, wie trotzdem zugleich in ebensolchem Maße beibehalten ist, wie es verwirrender einerseits und logischer andererseits von nichts übertroffen werden kann. Darauf komme ich später, anhand eines Domestikationsversuches aus neuerer Zeit, nochmals zurück.

Wichtigste Voraussetzung: Die Verhaltensstruktur des Wolfes — und ein Blick auf unsere Hunde

Vorerst möchte ich noch etwas bei den Wölfen bleiben: Sie sollten wirklich die Bücher von z. B. Crisler, Mech, Fox und Eric Zimen einmal lesen, die darin das gesamte, hochentwickelte Sozialgefüge, die Rudelstruktur und das Überlebensprogramm der Wölfe beschreiben und mit einer — allen Wolfsforschern eigenen — ganz besonderen Mischung aus Hochachtung und Zuneigung schildern.

Ganz gleich, durch welche äußere Wandlung der Wolf seine Anpassung an die veränderte Umwelt anzeigt: Der Kern seiner Überlebens-Strategie ist sein besonderes, genetisch vorprogrammiertes Verhalten, ist das in seiner Lebensform repräsentierte, hochentwickelte Sozialgefüge: Das Zusammenleben in kleinen Gruppen, in der hierarchisch festgefügten Struktur des Wolfsrudels, das man immer wieder nur bewundern kann. Es gehört zu den vollkommensten Lebensformen, die man sich vorstellen kann. Wenn nicht der Mensch verheerend eingegriffen hätte, wäre sie eine für die Ewigkeit und unter allen natürlichen Veränderungen wirksame Überlebensform, da sie sich, allen natürlichen Gefahren von außen aus sich selbst heraus einordnet und sich fortwährend, aus dem genetisch bedingten Verhaltensrepertoire der Wölfe, ständig regeneriert. Zugleich ist es aber diese genetisch bedingte Verhaltensstruktur des Wolfes und der Wölfe untereinander, die wir kennen müssen, um auch das Verhalten der Hunde begreifen zu lernen, wobei ich es wieder bedaure, auch jetzt nur ein einziges Beispiel, statt der Fülle der bemerkenswerten Einzelheiten, herausgreifen zu können.

Das Wolfsrudel

Wenn Goldmann, wie oben zitiert, vom Wolf als dem »hochentwickelten Repräsentanten« spricht, ist darunter nicht seine Hochachtung für ein einzelnes Individuum zu verstehen, sondern für die »Gesellschaftsform«, die diese Tiere entwickelt haben, die hier nun in einer groben Skizze umrissen werden soll:

Im Wolfsrudel gibt es zwei Rangordnungen, die untereinander keine Rangfolge mehr bilden: eine für die Wölfe, eine für die Weibchen. An der Spitze steht jeweils ein Elternpaar oder das ranghöchste Tier (I), die die stärksten — und häufig auch die ältesten sind.

DAS WOLFSRUDEL

(Nach Zimen, Der Wolf)

Dann folgen in beachtlichem Abstand die Nächstrangigen (II), oft Tiere aus früheren Würfen; dann in weiteren Abständen die jeweils nochmals untergeordneten (III, IV), wobei sich innerhalb einer Altersgruppe auch wieder kleinere Rangordnungen ergeben, (d. h. »ausgehandelt« werden!) Zuletzt kommen die Welpen (V), für die eine Rangordnung noch nicht existiert, obwohl am Verhalten der Kleinen untereinander schon Wesensunterschiede und kleine Rangeleien beobachtet werden. Meist bestehen diese Rudel aus 8—10 Tieren. Wird das Rudel zu groß, kann es sich, unter Bildung neuer Rangordnungen, teilen.

Die Rudelstruktur — nicht nur Lebensform sondern Überlebensgrundlage!

Diese, hier stark vereinfacht dargestellte, Rudelstruktur entsteht durch genetisch bedingte Verhaltensformen der Wölfe; sie ist nicht nur Lebensform, sondern auch Überlebensgrundlage und hat sich daher genetisch im Laufe der Zeit immer mehr verfestigt: Wölfe, die sich abseits stellen, haben keine Überlebenschance, es sei denn, sie finden sich in einer neuen Rudelbildung zusammen.

Innerhalb dieser strengen hierarchischen Form sind die Verhältnisse klar geregelt: *Nur die dominierenden Tiere vermehren sich.* Man nimmt an, daß die Zahl der trächtigen Wölfinnen in Korrelation mit der Größe des Rudels und der Menge der verfügbaren Nahrung steht: Eine mehrfach abgesicherte, natürliche Geburtenkontrolle, die sich aus einer genetisch bedingten Wechselwirkung von Verhalten und Physiologie der einzelnen Wölfe, sowie aus der Wechselwirkung Individuum Wolf und Wolfsrudel ergibt.

Bei großem Streß, weil das Rudel zu groß und die Nahrung nicht ausreicht, entstehen, unter zusätzlichem Hormoneinfluß, besonders zur Ranzzeit erhebliche Aggressionen zwischen den Wölfinnen, so daß meist nur eine oder wenige Wölfinnen trächtig werden. Man hat beobachtet, daß unter schlechten Bedingungen die Geburtenrate stark abfällt, ausgelöst durch die Aggressivität der Wölfinnen untereinander einerseits, andererseits aber durch die unter Streß eingeschränkte Fortpflanzungsfähigkeit. Die bei Nahrungsmangel erhebliche Sterblichkeit der Welpen dezimiert diese dann nochmals. Darüberhinaus bewirkt eine Rangordnung, in der nur die besten Tiere sich fortpflanzen, ein wirksames Ausleseprinzip, das Tiere, die »nicht dem Standard« entsprechen, automatisch und endgültig von der Weiterzucht ausschließt.

Entwicklung der Wolfswelpen — und ein Blick auf unsere Hunde

Wolfswelpen werden in einer Höhle und, ähnlich wie Hunde, nach ca. 63 Tagen geworfen, öffnen die Augen zwischen dem 9.—12. Tag; mit 20 Tagen fangen sie an, zu hören. Sie werden drei Wochen vollständig von der Wölfin gesäugt und erhalten ab der 3. Woche vorgewürgte weitere Nahrung.

Die gesamte Säugezeit dauert 6—8 Wochen. Nach 8—10 Wochen verlassen die Jungen den Bau, zwischen der 16.—26. Woche werden die Milchzähne ersetzt; zwischen 27—32 Wochen verlassen sie erstmals den Sammelplatz der Wölfe und beginnen, mit dem Rudel zu ziehen. Mit 12 Monaten ist ihre Gehirnentwicklung abgeschlossen. *Erst mit 22 Monaten werden sie geschlechtsreif.*

Hieraus ergibt sich, daß für Wölfe, sobald sie von der Mutter entwöhnt sind, eine völlig andere Weiterentwicklung als für Hunde stattfindet, und dieser Zeitpunkt eine Zäsur darstellt, *von wo ab die bis dahin vergleichbare Entwicklung der Hundewelpen völlig anders verläuft,* deren Kinder- und Jugendzeit und Entwicklung sehr viel kürzer ist, worauf wir noch kommen werden.

Bis zum Alter von etwa 22 Monaten haben die Jungwölfe sozusagen volle Bewegungsfreiheit im Wolfsrudel, da sie noch keiner Rangordnung unterworfen sind und auch keine Rangordnung anerkennen. Stattdessen entwickelt sich innerhalb dieser Zeit eine beträchtliche Interaktion zwischen den jungen und den ausgewachsenen Wölfen, *wobei die Jungwölfe geprägt und sozialisiert werden,* d. h. in die Rangordnung eingepaßt, und in dieser langen Reifezeit haben sie ein erhebliches Spiel- und Lernprogramm zu absolvieren.

Die Jungtiere werden in ihrer gesamten Reifezeit von allen Mitgliedern des Wolfsrudels betreut. *Alle* beteiligen sich an der Fütterung der Jungen, wenn die Säugeperiode vorbei ist; in spielerischen Kämpfen erproben und messen die Welpen ihre Kräfte, im Spiel erwachsen ihre körperlichen aber auch ihre seelischen Anlagen, lernen sie ihre Sinne zu gebrauchen.

Etwas interessiert uns in diesem Zusammenhang allerdings ganz besonders: Erst mit 22 Monaten, bzw. mit dem Erreichen der vollen sexuellen Aktivität, ist auch gleichzeitig die Ausbildung von Aggression, Dominanzgebaren und Verteidigung des Territoriums verbunden, *d. h. die Jungwölfe werden »erwachsen«, wenn sie sowohl ihre körperliche wie auch seelische Reife erreicht haben.* Zu diesem Zeitpunkt haben sich die Jungtiere fest an die Mitglieder »ihres» Rudels angeschlossen, werden sich selten noch umorientieren und werden, wie die übrigen Tiere des Rudels auch, sich ihren Platz innerhalb des Rudels erkämpfen, wie auch ihr Territorium gegen Eindringlinge von außen verteidigen. Auf die, auf diese Vorgänge zurückzuführende, vergleichbare Entwicklung des Hundes kommen wir später noch zurück.

Die *Verständigung* der Wölfe erfolgt, außer über das allen bekannte »Wolfsheulen«, über eine sehr *ausgefeilte optische Kommunikation,* was aber auch bedeutet, daß Wölfe in hohem Maße beobachten, Gesehenes auswerten und auf Signale zu reagieren fähig sind: Mit vielen Variationen ihrer Körperhaltung, Stellung der Ohren, einer variationsreichen Mimik, Haltung des Schwanzes, Aufstellen der Haare wird alles zum Ausdruck gebracht: Imponierverhalten, neutrale Kontaktaufnahme, Rangdemonstration, viele Stufen der Unterwerfung, Verteidigungsbereitschaft, Angriffsabsicht, Angst. Auch diese Verhaltensformen finden wir bei unseren Hunden wieder.

Die *jungen Wölfe üben im Spielverhalten,* wo man sowohl Einladung zum Mitspielen, Überfalldrohung, Rennspiele mit Jägern und Gejagten, Unterwerfung und Sieg erkennen kann, was sie später als Erwachsene selbst können, aber auch verstehen können müssen. (Ähnlichkeiten im Spielverhalten junger Hunde zeigen noch heute, welche Bedeutung dieser Entwicklungsstufe zuzumessen ist.)

Innerhalb des Rudels wird *auf dieser Grundlage das Ordnungsprinzip erhalten,* wobei sich zwar — als Ergebnis von Rangordnungsauseinandersetzungen, oder durch Tod oder Weggang einzelner Tiere — die Stellungs*innehaber* ändern können, *nicht aber die Struktur.*

Die Bedeutung von Aggression und »Streß«

Während der Monate der Welpenbetreuung herrscht relative Ruhe und eine gelockerte Ordnung im Rudel. Erst im Herbst, wenn die nächste Generation aktiv ins Gemeinschaftsleben eintritt und die Ordnung neu ausgehandelt werden muß, gerät das »gesellige Leben«, verbunden mit heftigen Aggressionen, in Bewegung, was dann meist bis zur Ranzzeit im Frühjahr anhält.

Vermutlich hängt aber die hier beobachtete vermehrte Aggressionsbereitschaft noch mit etwas anderem zusammen: Im Winter, wenn der gesamte Organismus ohnehin, z. B. bedingt durch extreme Witterungsverhältnisse, große Kälte usw., auf Hochtouren arbeitet, wenn die Jagd auf Beutetiere beschwerlicher wird, steigt die Neigung zur Aggression ebenso, wie der Streß, dem die Tiere ausgesetzt sind.

Wenn wir den Begriff »Streß« für das wildlebende Tier verwenden, müssen wir die etwas einseitige und negative Bedeutung, die wir selbst damit verbinden, außer acht lassen.

Für das *wildlebende Tier ist die Fähigkeit zur Streßreaktion von außerordentlicher Bedeutung:* Durch von außen kommende Reize, die das normale Maß übersteigen, die sowohl psychischer wie auch physiologischer Natur sein können, wird der Körper in Aktionsbereitschaft versetzt: Im Wechselspiel mit den höheren Hirnzentren und dem vegetativen Nervensystem richtet sich der gesamte Organismus blitzartig darauf ein, erhebliche Leistungen vollbringen zu können; wobei unter der Ausschüttung von Hormonen zunächst *Veränderungen des Kreislaufs* eintreten: Der Blutdruck steigt an, die Blutgefäße erweitern sich, der Herzschlag nimmt zu, es erfolgt die bestmögliche Versorgung von Muskulatur und Gehirn mit Glucose und Sauerstoff; die Verdauungstätigkeit, aber auch die Ausschüttung von Wachstums- und Sexualhormonen dagegen wird reduziert: *Der Organismus konzentriert sich auf Höchstleistung:* Das Tier ist bereit, sich rasch fortzubewegen (zu fliehen), anzugreifen (Aggression), sich zu verteidigen, zu jagen, zu verfolgen.

Ebenso reagiert der Körper auch auf Krankheiten, Erregungen und witterungsbedingte Einflüsse, die für ihn eine Streßsituation bedeuten, mit diesem erheblich und einseitig gesteigerten Stoffwechsel. Diesem unerhörten und umfassenden Kräfteverbrauch folgt dann die natürliche Erschöpfung, eine Ruhepause, in der sich der Körper an und für sich sehr schnell regeneriert.

Anders ist es, wenn, statt punktuell auftretender Streßsituationen, eine *fortwährende Belastung* entsteht, wie z. B. sozialer Streß: Zu große Populationsdichte (zu großes Rudel auf zu engem Raum, Nahrungsmangel) oder das ständige Unterdrücktsein des Rang-Niederen (woraus sich wohl auch erklärt, daß überwiegend die dominierenden Wölfinnen trächtig werden), führen zu einer verminderten Ausschüttung von fortpflanzungs- und wachstumsfördernden Hormonen der Hypophyse, was zur Folge hat, daß die Tiere mit *Gewichtsreduzierung, Unfruchtbarkeit, Wachstumsrückgang* und besonderer *Anfälligkeit für Krankheiten* reagieren. (Daß sich Streß in dieser Weise nicht nur bei Wölfen, sondern sich ähnlich auch bei Hunden auswirkt, ist ein besonders für Züchter sehr wichtiger Gesichtspunkt; manche unerklärbaren Zuchtschwierigkeiten können sich auf diese Weise enträtseln lassen.)

Eine besonders für Hundezüchter wichtige Untersuchung: Streßverhalten und Persönlichkeitsstruktur ermöglichen eine Frühestbeurteilung bereits mit acht Wochen!

In diesem Zusammenhang ist eine höchst interessante Untersuchung gemacht worden: Bei verschiedenen Wolfsjungen wurde, zwischen der 6. — 8. Lebenswoche, nach einem speziellen Verfahren, der Hormonspiegel im Blut nach Streßreaktionen gemessen: Die Ergebnisse waren erstaunlich: Die jeweils dominierenden Tiere wiesen, im Verhältnis zu den nächstrangigeren, einen erheblich höheren Hormon-Spiegel im Plasma und einen sehr guten weiteren Reaktionsverlauf auf. Ihre Streßreaktion zeigte, im Verhältnis zu den nächstrangigen Wölfen, eine geringe Reaktionsverzögerung, d. h. sie reagierten »gelassener«, weniger schreckhaft. Das allerverblüffendste aber waren die Werte, die die Messungen beim »Fußvolk« ergaben: Die untergeordneten Wölfe reagierten offensichtlich überhaupt nicht auf die Streßerzeugung, sie zeigten auch nach längerem Zeitabstand keinerlei Veränderung.

Auch bei anderen Messungen, wobei man z. B. die Herzleistung bewertete, stellte sich heraus, daß die dominierenden Tiere eine sichtliche höhere Herzleistung erbrachten (Sympathikotonus), während die niedrigrangigeren, bei denen man ohnehin ein gewisses Maß an Ängstlichkeit beobachtet hatte, dies auch in der Herzleistung (Vagotonus) erkennen ließen.

Dieses hat zu der Hypothese geführt, daß *offensichtlich die Wurzel* des später sich immer *deutlicher ausprägenden Charakters* bereits in einem so oder so ausgerichteten Stoffwechsel liegt, und die *spätere Dominanz* sich nicht etwa erst im Laufe vieler Jahre überwiegend durch umweltbedingte

Neufundländer-Welpen, sechs Wochen alt

(Aufnahme: Toppius)

Einflüsse formt, sondern *bereits jetzt erkennbar ist.* Denn, und dies erhärtete die Vermutung: Auch die ein Jahr später an den gleichen Tieren wiederholten Messungen erbrachten das für jedes Tier wieder jeweils typische Bild.

Eine Überlegung, die jeden, der junge Hunde gern früh richtig bewerten möchte, außerordentlich interessiert: Sagt sie doch nichts anderes, als daß *wesentliche Voraussetzungen für späteres Wesen und Temperament bereits angeboren sind.*

Der Phänotyp des Verhaltens — mit acht Wochen bereits vollständig ausgebildet

Mehr noch: Die Messungen bedeuten auch, daß der Phänotyp des Verhaltens sich bereits mit acht Wochen vollständig ausgebildet hat. Somit sind auch die *prägenden Umweltereignisse innerhalb dieses Zeitraums wirksam gewesen* und haben, entsprechend der jeweiligen genetischen Veranlagung des Tieres, sein späteres Charakterbild bereits jetzt festgeschrieben, und dies ist bereits zu diesem frühen Zeitpunkt erkennbar. Es zeigt aber auch, daß unglaublich viel davon abhängt, welchen Erlebnissen das junge Tier in dieser ausschlaggebenden Zeit ausgesetzt ist.

Ähnliche Versuche wurden übrigens vergleichsweise auch bei Haushunden vorgenommen, und man kam zum gleichen Ergebnis, daß bereits die Herzleistung auf bestimmte angeborene Wesenszüge hindeutet und spätere Eigenschaften sehr früh und mit ziemlicher Sicherheit feststellbar sind.

Die Geschichte der Hundezucht — so alt wie die Geschichte des Menschen

Man ist sich viele Jahre überhaupt nicht klar darüber gewesen, in welchen entscheidenden Punkten sich der Hund vom Wolf eigentlich unterscheidet. Hunde gehörten bereits so früh und daher so selbstverständlich zum Menschen, daß man sich weniger dafür interessierte, *warum* sie diesen oder jenen Charakter, diese oder jene Eigentümlichkeit hatten, sondern man hatte sich vor allem darum gekümmert, sie immer mehr auf die speziellen Verwendungszwecke hin zu züchten. Sehr bald hatte man herausgefunden, daß *nur über eine strenge Selektion Hunde* zu erzielen waren, die dann mit Sicherheit ausgezeichnete Jagdhunde oder ausgezeichnete Fährtenhunde oder Kriegshunde oder Hütehunde oder Blindenhunde wurden.

Auch die Freude am Besonderen mag eine Rolle gespielt haben, wenn man Hunde in den verschiedendsten Farben, in den unterschiedlichsten Größen und Gestalten züchtete, wobei man dann, wie z. B. bei kurzbeinigen Hunden, eine Mutation, eine veränderte genetische Ausstattung, ausnützte und damit weiterzüchtete.

Zielstrebige Hundezucht ist auch noch gar nicht so sehr alt. Erst seit etwas mehr als 100 Jahren lassen sich konkrete Ziele ablesen, und die große Zeit der Rassehunde-Zucht hat ohnehin erst um die Jahrhundertwende eingesetzt, wo sich mehr und mehr Hundezuchtverbände zusammenfanden, die die Rassehundezucht nun nachdrücklich förderten. In den Kriegsjahren kam dann jedesmal, in fast allen Teilen der Welt, ein den Umständen gemäßer Stillstand. Wenn ich auch nicht ganz glauben kann, was in einem amerikanischen Hundezuchtbuch zu lesen stand, worin der große Rückgang in Deutschland für eine bestimmte Rasse damit begründet wurde, daß diese Hunde in den Notzeiten allesamt aufgegessen worden wären...

Verhaltensforschung: Eine junge Wissenschaft deckt uralte Entwicklungsstrukturen auf

Wenn auch bereits früher in allen Teilen der Welt viele Versuche unternommen worden waren, über das Wesen und die Seele des Hundes Wesentliches herauszufinden, kam die eigentliche Bewegung aus Amerika.

Bereits während des 2. Weltkrieges hatte man sich schließlich auch dort stark für den Einsatz von Kriegshunden interessiert und eine große Menge Hunde für diese Zwecke gezüchtet und eingesetzt. Nach Kriegsende suchte man nun nach Möglichkeiten, die gewonnenen Erkenntnisse weiterhin nutzbringend einzusetzen. Da man mit Blindenhunden immer gute Erfahrungen gemacht hatte und überdies als Kriegsfolge mehr Blinde zu versorgen waren, als zuvor, stieg der Bedarf an Blindenhunden stark an. Jetzt fiel auf, daß die Ausfallrate der hierfür ausgewählten Hunde außerordentlich hoch war. Man versuchte, einerseits *die Ausgangsbasis zu erweitern,* nämlich von vornherein geeignete Hunde zu züchten, dachte aber andererseits auch darüber nach, ob nicht auch eine *Verbesserung der Ausbildungsmethoden* denkbar wäre.

Ich glaube, daß dies der Zeitpunkt war, wo alles das anfing, was wir heute aus der Verhaltensforschung über den Hund an tiefgreifenden Kenntnissen haben, und eigentlich gewann man auch erst durch diese Bemühungen zwei zunächst widersprüchlich wirkende Erkenntnisse:

> *1.) Welche tiefgreifenden Veränderungen die Domestikation des Hundes im Kern bedeutete und*
>
> *2.) Welche tiefliegenden Wesenszüge unverändert erhalten blieben.*

Ein erstaunliches Domestikationsbeispiel der Gegenwart

Es gibt ein Beispiel aus der jüngsten Zeit, an dem sich, besser als an allen Ausführungen über die frühe Geschichte der Hunde, das Prinzip der Domestikation erklären läßt.

Bei den vielen Versuchen, wildlebende Tiere an den Menschen zu gewöhnen, hatte es sich immer als recht vorteilhaft erwiesen, wenn diese Tiere ohnehin untereinander gesellig lebten. So war besonders deswegen schon das Vorhaben russischer Forscher, Silberfüchse derart zu züchten, daß sie zahm, d. h. von Geburt an nicht menschenscheu und unansprechbar waren, eine sehr spannende Sache. Wer Füchse kennt, weiß, daß sie zwar äußerlich eine entfernte Ähnlichkeit mit dem Hund haben, aber sonst doch eine erhebliche andere, sehr viel ungeselligere natürliche Lebensform haben, d. h. eigentlich Einzelgänger sind.

Selektions-Ziel: Zahme, kontaktfreudige Füchse

Die Forscher Belyaev und Trut selektierten nun Jungfüchse, im Alter von 1½ bis 2 Monaten, danach aus, ob sie bereit waren, vom Menschen Futter anzunehmen und sich, vom Futter belohnt, auch auf Ruf dem Menschen nähern würden. Mit den jeweils am besten reagierenden Füchsen wurde weitergezüchtet, von diesen Würfen dann wieder die jeweils vielversprechendsten ausgewählt usw. Immerhin wurde dieser Versuch über 15 Jahre hin fortgeführt. Schließlich hatte man Füchse, die auf Zurufe kamen, auf den Menschen mit Bellauten reagierten, bei der Begrüßung mit dem Schwanz wedelten und sich tatsächlich wie Hunde benahmen!

Aber: Was alles sonst hatte sich außerdem noch ereignet! Sie fassen es so zusammen:

> *»... Die Selektion, nach den Merkmalen »Gehorsamkeit« und »freundliches Eingehen auf die Behandlung des Menschen«, führte zu einem dramatischen Auftreten von neuen Formen (Phänotyp) und zu der Destabilisation der bisherigen Struktur des Organismus, was sich an der* **vollständigen Veränderung** *des gesamten in Wechselbeziehung stehenden Systems (Adrenalin-Hypophyse / Sexualhormon-Hypophyse) ablesen ließ. Eine grundlegende Veränderung, die tatsächlich durch nichts anderes hervorgerufen worden war, als die unter diesem Gesichtspunkt gewählte Selektion zu stabilisieren...*
>
> *Das* **Konzept** *dieser* **»Stabilisierung«: »Destabilisierung«**, *wobei künstliche Selektion eine Veränderung des Phänotyps hervorrufen kann und den Wild-Phänotyp verändert (sowohl strukturell, physiologisch und auch das Verhaltensinventar), wie bei diesem Beispiel, durch die Domestikation von Tieren.«*

Was war geschehen? Man hatte den Füchsen in langen Jahren über den Weg der Zucht-Auslese »nur« ihre *natürliche Furcht vor dem Menschen genommen,* d. h. ihre Angst- oder Streßempfänglichkeit über Generationen hin erheblich gesenkt. Einfach nur, indem man mit den jeweils zutraulichsten Tieren weiterzüchtete.

Das Selektions-Ergebnis: Änderung des Verhaltens und der Gesamtkonstruktion des Organismus

Aber was hatte sich außerdem, und das ist der viel entscheidendere Einschnitt, *in* den Füchsen verändert? Nicht nur ihr Verhalten zeigte starke Veränderungen; es gaben sich Vergleichspunkte, die man auch bei anderen domestizierten Haustieren festgestellt hat, z. B. eine gravierende Veränderung ihres Sexualverhaltens:

Die »zahmen« Füchse neigen nun mehr und mehr dazu, statt einer jetzt zwei Brunftphasen im Jahr zu haben. (Ähnlich ja auch die Domestikation Wolf/Hund, wobei Wölfe nur einmal im Jahr und zeitlich fixiert reproduktionsbereit sind!) Die Brunft der »zahmen« Füchse trat zu einem jahreszeitlich früheren Zeitpunkt ein, d. h. wurde offensichtlich nicht mehr von der Natur und den Jahreszeiten ausgelöst, die ja sonst den Anstoß dazu geben, weil die Aufzucht der Fuchsjungen auch jahreszeitlich günstig liegen soll.

Offensichtlich, weil das veränderte innersekretorische System noch nicht richtig ausgereift ist, zeigten sich nicht alle Paarungen erfolgreich, was sich aber sicherlich, wenn man wiederum nur mit den besten Elterntieren weiterzüchtet, noch verbessern lassen wird. Auch hatten die Fuchsmütter teilweise Störungen der Milchproduktion und benahmen sich den Welpen gegenüber nicht immer wie gute Mütter. Auch hier werden sich, über gezielte Selektion, sicherlich die Verhältnisse bessern lassen.

Ganz klar hatte sich aber, was Blutuntersuchungen erkennen ließen, ihr Corticosteroidspiegel gesenkt. Das Ziel: das zutrauliche Tier zu züchten, selektierte, ohne daß man sich dessen zunächst bewußt war, immer die Tiere heraus, deren verminderte Alarmbereitschaft nicht nur nach außen erkennbar war, sondern auf innersekretorischen Veränderungen beruhte... Bei wildlebenden Tieren hätte sich eine derartige Veränderung niemals durchsetzen können, da sie damit wenig Überlebenschancen gehabt hätten und sofort auf natürlichem Wege ausgemerzt worden wären. Verbunden mit der Veränderung des Corticosteroidspiegels sind aber gleichzeitig eine Reihe Wechselwirkungen auf den gesamten Hormonhaushalt festzustellen, was sich deutlich im veränderten Fortpflanzungsgeschehen ablesen läßt.

Ein großer Schritt: Vom Wolf zum Hund?
Erstaunliche Erkenntnisse der Verhaltensforschung

In ähnlicher Weise hat sich auch die Veränderung der Wölfe zum Haushund vollzogen. Gemessen an der Rassenvielfalt der Hunde zeigen aber die wildlebenden »Hundeartigen«, trotz aller Abänderungen, bis heute eine gewisse, gleichbleibende Uniformität, das Resultat natürlicher Selektion.

Aber: *Das Verhaltensmuster des Wolfes hat sich,* über alle Rasseveränderungen hinweg, *als etwas elementar Unveränderliches erwiesen und ist dem Hund erhalten geblieben.* Wie wir gleich sehen werden, überträgt der Hund, wenn er in menschlicher Nähe aufwächst, während seiner Prägezeit seine ihm angeborenen sozialen Verhaltensweisen auf den Menschen, geradeso, wie der Wolfswelpe auf die Rudelmitglieder. Wie beim Wolf kann man am Hund klar umrissene Entwicklungsstadien erkennen, deren äußerlicher Ablauf mit einer inneren Entwicklung verknüpft ist.

Erst die Beschäftigung mit der Psychologie des Hundes hat erkennen lassen, daß seine Entwicklung weitgehend noch die des Wolfes nachvollzieht, wobei die einzelnen Entwicklungsphasen *das Prinzip der Sozialisierung* im Rudel enthalten.

Es ist eine der wichtigsten Entdeckungen überhaupt, daß man dies erkannt hat, da in jedem dieser klar begrenzbaren Abschnitte ein wichtiger und endgültiger Entwicklungsprozeß abläuft, der *nicht früher möglich,* aber auch *später nicht nachholbar* ist und so eine einschneidende Bedeutung hat.

Entwicklungsphasen — richtig beobachtet aber meist falsch gedeutet

Erst moderne Untersuchungsmethoden haben ermöglicht, festzustellen, daß zu jeder *äußerlich erkennbaren Reaktion* zuvor die *inneren Voraussetzungen* geschaffen, d. h. entwickelt sein müssen. Die Bewegungsleistungen des Welpen z. B. sind zunächst nichts anderes als *Reflexbewegungen,* die nicht von einem »Entschluß« des Gehirns, sondern durch eine von außen kommende Stimulation ausgelöst werden. Leistungen, die über das Gehirn reguliert werden müssen, wie z. B. Sehen, Hören, Riechen, setzen voraus, daß eine entsprechende Gehirnentwicklung vorangegangen ist und sind daher, so überraschend es einem auch erscheint, erst deswegen so relativ spät (etwa mit drei Wochen) zu erkennen, weil die Entwicklung des Gehirns erst zu diesem Zeitpunkt dieses Stadium erreicht hat.

Erst wenn dieser Abschnitt erreicht ist, bekommt die Umwelt für den Welpen ihre prägende Bedeutung: Wenn er sehen, hören, riechen kann, beginnt für ihn das wirklich sensationelle »Geborenwerden«. Sie kennen ja die vielfach zitierten Erlebnisse, die Konrad Lorenz von seinen frischgeschlüpften Graugänsen berichtet; sie folgten, sobald sie geschlüpft sind, blindlings dem, den sie zuerst sahen: einer Gänsemutter, einem Besen, einem neugierigen Verhaltensforscher.

Ebenso geht es dem Hundewelpen: Sein Zeitpunkt, zu dem er »schlüpft«, ist die weitgehende Ausreifung seines Gehirns. Da sich dieser Wandel aber beim Küken sozusagen von einem Moment auf den anderen, beim Hundewelpen aber etwas gemächlicher innerhalb einiger Tage vollzieht, ist für ihn der Überraschungs- und Aufmerksamkeitseffekt nicht so groß und seine »Zuneigung« nicht nur ausschließlich auf *eine* Person gerichtet.

Vermutlich, weil *wir* ja den Welpen schon einige Zeit herumkrabbeln sehen, kommen wir gar nicht auf die Idee, daß auch für den Welpen sich erst jetzt etwas ähnliches vollzieht, wie für das Entenküken: Eine Prägungsphase auf die Umwelt setzt ein, und *damit gleichzeitig beginnt seine »Intelligenz«* sich zu entwickeln.

Dies erkannt zu haben, ist eine der wichtigsten Entdeckungen überhaupt, weil sie endlich dahin führt, daß sich klar umreißen läßt, was für den Hund »naturgemäß« ist.

Wir beobachten den neugeborenen Welpen

Vermutlich ist es — wie wir schon bei verschiedenen anderen Gesichtspunkten, wenn wir sie näher betrachteten, festgestellt haben — eine gewisse Unüberlegtheit, wenn man bei der Geburt eines Hundes annimmt, hier sei nun, nach entsprechender Entwicklungszeit im Körper der Hündin, ein, wenn auch noch sehr kleiner und etwas unbeholfener Hund, aber etwas ziemlich Fertiges entstanden, das eben nur noch ein bißchen wachsen muß.

Wer macht sich auch schon Gedanken darüber, daß der Winzling, der da ziemlich schnell »weiß«, daß das Wichtigste in seinem Leben zunächst ist, an den Zitzen der Mutter zu nuckeln, der mit seinen rührenden Kriechbewegungen fast immer den Weg zurück zur Mutter findet, vor wenigen Stunden noch wohlbehütet im Mutterleib war und sich keinesfalls, während des Geburtsaktes, schlagartig verändert hat.

Wer denkt schon darüber nach, daß der Geburtsakt des Hundes keinesfalls bedeutet, daß ein Hund wirklich *geboren* ist, sondern nichts weiter als eine »Standortveränderung« des eigentlich noch Ungeborenen ist, dessen Entwicklung sich von nun an lediglich außerhalb des Mutterleibes fortsetzt.

Nun allerdings können Sie *beobachten,* wie alles äußerlich weitergeht — wenn auch der größere Teil des Wunders, das sich in den nächsten Wochen vollzieht, unseren Augen verborgen bleibt.

Von der Entwicklung des Hundewelpen, von Wesensmängeln, Instinktverlust, Intelligenz und Gehirnentwicklung

Wie wir bereits bei den Wölfen festgestellt haben, ist die Tragzeit und Welpenentwicklung über einen bestimmten Zeitraum bei Wölfen und Hunden gleich.

Hundewelpen werden nach etwa 63 Tagen geworfen, öffnen die Augen zwischen dem 9.—12. Tag, mit 20 Tagen fangen sie an, zu hören. Aber erst zwischen dem 24. und 28. Tag ihres Lebens werden sie tatsächlich richtig sehen und hören können! Sie werden drei Wochen vollständig von der Hündin gesäugt und benötigen ab der 3. bis 4. Woche weitere Nahrung. Wenn sie endgültig »umgestellt« sind, werden sie meist — je nach Rasse — nach 6 oder 8 Wochen an die Käufer abgegeben.

Wenn die Hündin gesund ist, bzw. nicht rassespezifische Schwierigkeiten Geburt und Aufzucht der Welpen behindern, läuft das ja auch alles im großen und ganzen reibungslos ab. Trotzdem hat so mancher, der sich auf diesen offensichtlich »natürlichen« Ablauf verließ, allerlei Enttäuschungen erlebt, wenn sich später, bei den körperlich gesund entwickelten Hunden, ganz erhebliche Mängel herausstellen, die man sich nicht erklären kann. Man bezeichnet sie fein als »Wesensmängel« und wäscht seine Hände in Unschuld mit der kühnen Behauptung, dies sei ein Zeichen dafür, daß diese Hündin oder diese Rasse »total überzüchtet und degeneriert« ist!

Besonders gern wird dann auch Konrad Lorenz zitiert, der (völlig richtig!) vom »Instinktverlust« der domestizierten Tiere spricht. Wie am Beispiel der domestizierten Füchse gezeigt, schließt jeder Domestikationsvorgang ja ein, daß das Tier (wie man erst jetzt weiß, als Folge einer tiefgreifenden inneren Veränderung), tatsächlich und grundsätzlich *ein* »instinktives« Verhalten verändert: Das wichtigste, natürliche Selektionsmerkmal, die bei wildlebenden Tieren außerordentlich vorsichtige, wachsame, empfindliche Reaktionsfähigkeit auf die Umwelt, hat, unter der künstlichen Selektion, jede Bedeutung verloren, so daß *diese* dem wildlebenden Tier angeborene »Intelligenz«, die es einerseits zum Nahrungserwerb, andererseits zum Schutz vor Feinden benötigt, verflacht.

Am Beispiel der Füchse ließ sich zeigen, welche Veränderungen des Organismus dem vorausgingen. Darüberhinaus aber läßt sich, bei allen domestizierten Tieren, die Veränderung der Lebensanforderungen deutlich meßbar an den Veränderungen bestimmter Gehirnteile ablesen.

Nur — leider ergibt sich aus diesem Tatbestand kein Indizienbeweis für jene Natürlichkeitsapostel, die hinter diesen Veränderungen etwas Widernatürliches, eine Wertminderung herauslesen wollen: *Vielmehr ist es ein in der Natur ganz normaler Vorgang, wenn körperliche Anlagen, also auch die Gehirnentwicklung, den Umweltanforderungen entsprechen,* was z. B. auch an Wölfen und Hundeartigen feststellbar ist, wovon hier einige, in der Reihenfolge der Abstufungen ihrer Gehirngröße, aufgeführt seien:

1. **Nordwölfe** (Hochentwickelte Rudelstruktur)
2. **Südwölfe** Vorfahre vom **Haushund** / in den späterhin Nordwolf-Einkreuzungen erfolgten
3. **Coyoten**
4. **Schakale**

Um auf die — trotz naturgemäßer, weil offensichtlich »reibungslos« verlaufener Aufzucht — vielbesprochenen Wesensmängel zurückzukommen, auf die neurotischen, scheuen, bissigen, aggressiven, schwer erziehbaren Hunde, wird es so manchem ziemlich mißfallen, wenn man vorsichtig darauf hinzuweisen versucht, daß nicht ein Verlust natürlicher Verhaltensweisen offenbar wird, sondern sich gerade hier ihr Fortbestand über die Jahrtausende hinweg als unauslöschbar zeigt.

Von den Verhaltensmerkmalen bei Wolf und Hund

Die entscheidenden Untersuchungen zu diesem Punkt verdanken wir den Amerikanern Scott und Fuller, deren Forschungsarbeiten zu dem Ergebnis führten:

»Alle Mitglieder der Familie der Caniden zeigen die selben grundsätzlichen Merkmale sozialen Verhaltens, sogar Füchse zeigen die meisten Merkmale sexuellen und agonistischen Verhaltens wie Wölfe und Hunde... deren typische Organisation das Rudel ist, mit mehreren ausgewachsenen Tieren... Die vergleichende Verhaltensforschung zeigt, daß ihr Verhalten, wie auch generell ihre Körperform, im Verlaufe der Evolution und auch allen Selektionsbemühungen des Menschen zum Trotz, sich allen Veränderungen widersetzt haben. Ein derartiges Beharrungsvermögen kommt von der Tatsache, daß es unmöglich ist, ein hochorganisiertes System zu verändern, ohne es zu zerstören. ... Keine der Hunderassen sind Super-Wölfe. Ein Wolf ist ein wildes und kraftvolles Tier, das fähig ist, unter den unterschiedlichsten Umweltbedingungen zu leben. Folglich kann keine einzelne seiner Fähigkeiten bis zur größten Vollkommenheit ausreifen; **verglichen mit Wölfen sind Hunde — Spezialisten.** *Aber weil sie in der Gesellschaft und im Schutz des Menschen leben, können sie* **ihre Fähigkeiten viel vollkommener entwickeln, als irgendeine Wolfsgruppe**... Die Verhaltensmerkmale von Hund und Wolf sind im Prinzip die gleichen. *Veränderungen, die die Domestikation hervorgerufen hat, sind mehr quantitativ als qualitativ... so daß wir bis heute die grundlegenden Verhaltens-Prinzipien von Hund und Wolf erkennen können.«*

(Scott & Fuller)

Die Entwicklungsphasen des Hundewelpen

Womit wir nun endlich beim Hund angekommen sind, bei unserem Welpen, der soeben das Licht der Welt erblickte und inzwischen wie ein Weltmeister an seiner Mutter nuckelt. Schon geht es wieder mit den Ungenauigkeiten los, denn, bis unser Welpe das Licht der Welt tatsächlich erblickt, muß noch einiges geschehen, wovon man meist überhaupt keine Ahnung hat.

Auch das frischgeborene Hundebaby nimmt, wir werden etwas später auch genauer wissen, warum, von seiner Umwelt ziemlich wenig wahr, und wenn wir zusehen, wie es sich mit seltsamen Kriechbewegungen zielstrebig fortbewegt, d. h. im Kreis, oder, wenn es sie findet, zur warmen Mutter oder wenigstens zu den warmen Geschwistern hin, so sind dies zunächst nur — Reflexbewegungen und in keiner Weise dem Willen des Welpen zugeordnet.

Gegensätze:
West Highland White Terrier — Deutsche Dogge
(Aufnahme: Aldington)

In seinem Bericht über die Untersuchung der neugeborenen Welpen schreibt Michael Fox: »*Das Neugeborene würde während der Untersuchung dauernd wieder einschlafen, und ein sanftes Schütteln war nötig, um es aufzuwecken, um wenigstens die gewünschten Reaktionen feststellen zu können.*«

Aufgrund jahrelanger Untersuchungen und Tests kann man im *ersten* Lebensjahr des Hundes *verschiedene Perioden* feststellen, in denen ganz bestimmte Entwicklungsstadien ablaufen bzw. abgeschlossen werden. Obwohl, zumindest in den ersten drei Wochen, alles sozusagen vollautomatisch sich ergibt, ist es nicht nur interessant, sondern auch gelegentlich ganz nützlich, wenn man weiß, was da eigentlich alles geschieht.

In den ersten Tagen hat z. B. das intensive Belecken der Hündin für den Welpen eine sehr wichtige Funktion. Wenn man allgemein liest, daß damit die Verdauung des Winzlings zutage gefördert wird, ist das zwar richtig. *Viel wichtiger aber ist, was man auch selbst ausprobieren kann, daß die Stimulation der Genitalgegend in den ersten fünf Tagen beim Welpen auch die Atemreflexe nachhaltig beeinflußt:* Er wird sofort anfangen, vermehrt und tief durchzuatmen, was man ausnutzen kann, wenn man das Gefühl hat, daß der Kleine etwas still und unbeteiligt ist.

In den ersten fünf Tagen setzt der Welpe im Prinzip fort, was er bereits im Mutterleib getan hat, und mit jedem Tag werden seine Reaktionen, wenn Sie ihn leicht mit dem Finger antippen oder an seinen Beinchen etwas ziehen, sichtlich kräftiger. In den ersten Tagen wird er sich, wenn Sie ihn hochheben, richtig zusammenziehen. Ab dem 5. Tag sehen Sie, daß er sich, wenn Sie ihn hochheben, lang ausstreckt. Wenn Sie ihn sanft mit ihrer Hand vorn an seinem Kopf berühren, wird er beginnen, vorwärts zu kriechen, solange die Berührung anhält, und Fox schreibt dazu:

> »*... und ein neugeborener Welpe kann auf diese Anregung hin eine Strecke von über 50 Metern zurücklegen, ohne Anzeichen von Ermüdung zu zeigen...*«

Auch beim täglichen Wiegen werden Sie so nach und nach einige Veränderungen feststellen: Die frischgeborenen Welpen liegen zunächst platt auf ihren Bäuchlein und rühren sich nicht von der Stelle; je nach Temperament einzelner Welpen wird sich dieses in den nächsten Wochen ziemlich ändern...

Wenn Sie in dem Knäuel schlafender Welpen *nur einen* davon sanft antippen, gerät in allerkürzester Zeit die *gesamte Mannschaft* in intensive Bewegung: Auf die Berührung reagiert der Welpe mit einigen Reflexbewegungen, berührt dabei den nächsten, und dieser löst wieder eine Kettenreaktion aus, so daß ziemlich schnell ein allgemeines Über- und Untereinander sich entwickelt. Auch ein dabei auf dem Rücken gelandeter Welpe befreit sich schnell aus dieser schlechten Lage, liegt bald wieder auf dem Bauch und setzt seine Kriechbewegungen fort.

Wenn Sie einen der Welpen aus dem Nest nehmen und ihn etwas entfernt absetzen, wird er sofort, mit sehr ernstem Gesichtsausdruck, worauf ich nochmals zurückkomme, den schweren Kopf, im Takt mit seinen Kriechbewegungen, etwas heben und ihn mal nach rechts, mal nach links wieder ablegen. Dazu quietscht er recht jämmerlich. Wenn niemand sich um ihn kümmert, wird er sich, jämmerlich quietschend, so lange fortbewegen, bis sein hin- und herschwingender Kopf irgendetwas Warmes berührt, entweder einen anderen Welpen oder aber die Mutter. Sofort wird er mit Suchen aufhören und möglichst dicht zu dieser warmen Stelle hinkriechen.

Wenn er Glück hat und auch noch in der richtigen Gegend bei seiner Mama angekommen ist, wird er ziemlich schnell eine Zitze finden. Gelegentlich hat er aber auch Pech und verirrt sich irgendwo zwischen den Hinterbeinen und dem Schwanz der Mama... Erreicht unser Welpe auf seiner Kriechexkursion ein kaltes Hindernis, wird er sich schleunigst davon wegbewegen. Zwickt man ihn etwas in die Hinterpfote oder am Schwänzchen, bemüht er sich eiligst, zu entkommen, was jedoch nichts anderes als eine Reflexbewegung ist.

Sobald die Hündin die neugeborenen Welpen einmal verläßt, geht die allgemeine Krabbelei und Quietscherei sofort los: Alles kriecht möglichst dicht auf einen Haufen, weil es sonst zu kalt ist. Und eigentlich ist das tatsächlich auch schon alles, was ein Welpe bei Geburt »kann«.

Und wenn man es ganz genau nimmt: Sein ganzes kleines Leben ist zunächst nichts weiter als eine Folge von Reflexen, die von Umweltreizen ausgelöst werden. In den ersten Wochen kann er auch seine Körpertemperatur sehr schlecht regulieren, er ist auf Wärme von außen angewiesen und wird zunächst diese Wärme suchen. (S. auch Kapitel 24)

Noch immer: Er sieht, hört, schmeckt überhaupt nichts...

Wenn man seinen Welpen einige Tage nach der Geburt wieder einmal unter die Lupe nimmt, wird man feststellen, daß er nicht nur tüchtig gewachsen ist, sondern seine Bewegungen jetzt sehr viel flinkere und kräftigere Antworten auf Berührungen geben. Aber — noch immer sieht, hört und riecht er nichts, wenngleich die Welpen, wenn sie in »Aufruhr« sind, selbst einen gehörigen Krach machen können. Auch werden die Welpen durch keinen noch so großen Lärm zu wecken oder gar in die Flucht zu schlagen sein. (Dies sei den Verfechtern der Schußfestmethode gesagt, die ja behaupten, daß eine Gewöhnung der Welpen an allerlei Knalle am besten sogleich mit der Geburt beginne... Sie machen höchstens die Mama nervös, und das ist auch bei Hunden nicht gut für die Babies.)

Vielleicht fällt Ihnen dabei so nebenher auf, daß die Hündin ihre Welpen auch niemals »anredet«; sie lockt sie nicht mit Tönen, sondern stupst sie mit ihrer Schnauze an, wenn sie ins Nest zurückkriechen sollen oder trägt sie selbst hinein. Aber — Welpen sind nicht nur blind und taub, sondern sie schmecken auch nichts. Gibt man ihnen, statt Milch, in einer Flasche bitteren Tee, werden sie trotzdem weiternuckeln, als sei es die selbstverständlichste Sache der Welt.

Das Gehirn muß sich erst entwickeln

Wenn man früher angenommen hat, daß die Welpen, nur weil sie eben die Augen und Ohren noch nicht geöffnet und weil sie eben noch nicht ein so langes Muskeltraining haben, so verhältnismäßig unbeholfen und hilflos wirken, weiß man heute, daß sie tatsächlich und sehr viel umfassender hilflos sind. Erst mit den modernen Meßgeräten hat man viele Einzelheiten über die Funktionen von Gehirn und Nervenbahnen herausfinden können. So ergibt sich auch beim Welpen, daß seine »Denkleistungen« zunächst lediglich die Reflex-Reaktionen auf Berührungen sind und sich erst nach und nach das Gehirn und die Nervenbahnen zu ihren Funktionen hin entwickeln.

Erst mit 18 Tagen kann man auf dem EEG des Welpen einen Schlaf-Wachrhythmus ablesen, (woran man auch beim Menschen z. B. feststellt, wie weit sich sein Gehirn entwickelt hat) und erst in der 7.—8. Woche, bzw. nach 49—56 Tagen, zeigt das EEG des Welpen an, daß nunmehr die Entwicklung des Gehirns abgeschlossen ist.

Die dritte Woche bringt die große Veränderung

Von der dritten Woche ab, wenn sich die Augen geöffnet haben, geht dann alles mit Riesenschritten voran. Man kann es auch gut erklären: Während bis dahin alle Beziehungen zur Umwelt nur Fühlen und der davon ausgelöste Reflex waren, können nun auch Dinge ohne direkten körperlichen Kontakt wahrgenommen werden. Von nun an setzen die Welpen sich in Bewegung, weil sie alles mögliche erkunden wollen, wobei jetzt auch ihre Schwänzchen beginnen, deutliche Signale zu geben und entweder erfreut hin- und herwippen oder aber einen absoluten Tiefstpunkt erkennen lassen. Die Welpen geraten jetzt, selbst wenn sie an einem warmen und weichen Ort gelandet sind, leicht in allerlei Aufregung, wenn sie sich nicht mehr zurechtfinden, während sie, so lange sie noch blind dahinkrabbelten, sofort wieder beruhigt waren, wenn sie einen warmen, weichen Landeplatz erreicht hatten.

Allerlei Reflexe, die man vorher ausprobiert hat, sind nun nicht mehr vorhanden, bzw. verlieren sich nach und nach. Und wenn die Hündin ihre Kinder auch weiterhin brav von allen Seiten ableckt, löst dies nun nicht mehr ihre Verdauung aus; zu diesem Zweck bewegen sie sich nun schon aus dem Nest heraus und erledigen alles mit zunehmender Könnerschaft, wie sie es weiter vorn im Buch so schön von Frau Sieber beschrieben finden.

Nun fangen die Welpen auch an, miteinander zu spielen; erst kauen sie aneinander herum, stoßen sich mit den Schnauzen und den Pfoten, woraus sich dann mehr und mehr allerlei sehr reizend anzusehendes Hin und Her ergibt. Auch hat sich der angestrengte, ernste Gesichtsausdruck verloren; je mehr sich ihre Nervenbahnen vervollkommnen, umso ausgeprägter verwandelt sich nun ihr Gesichtsausdruck.

Die ersten, spitzen Zähne brechen durch; auch spielen die Welpen nun sehr intensiv miteinander und erkunden, wenn sie eines haben, das Gelände. Alles mögliche wird abgeschleppt und herumtransportiert, und um einen Lumpen oder einen Knochen streitend, können sie sich bereits richtig »gefährlich« mit ihren hellen Stimmchen anknurren. Eimer, Steine, Büsche werden angeschlichen, man erklimmt Stufen und Holzscheite, kriecht unter alles mögliche hinunter und verkündet dann jämmerlich quiekend, daß man nicht mehr weiter weiß.

Beobachtungen an jungen Wildhunden

Auch Furcht vor Unbekanntem ist nun bemerkbar, und man bringt sich schleunigst in Sicherheit... Wobei mir hier die reizende Beobachtung von Lawick-Goodall einfällt, der von vier jungen Wildhunden berichtet, die aus ihrer Höhle die glutrot aufgehende Sonne beobachten: Sie fixieren sie eine Weile, mit hochgestellten Ohren, huschen dann, wie auf Befehl, schleunigst in das sichere Dunkel der Höhle zurück, um nach einer Weile wieder, allesamt, mit großen Augen und mit aufgestellten Ohren, herauszulugen und den großen roten Ball am Himmel anzustarren, eiligst wieder fliehen, dann vorsichtig wieder hervorlugen...

Die Umwelt — wichtigster Entwicklungsfaktor

Bei dieser hübschen Beobachtung sollten wir noch einen kleinen Moment verweilen und uns sowohl die kleinen, neugierig-ängstlichen Wildhunde, wie auch das Bild spielender Welpen vor Augen führen. Was sich hier vor uns auftut und zunächst in uns ein Lächeln und ein gewisses Entzücken hervorruft, ist im tiefsten Kern sehr viel mehr. Wenn ich Ihnen weiter vorn einiges vom Ablauf des »Streß« erklärt habe, war dort zunächst überwiegend von seiner Bedeutung, notwendige Kräfte zu mobilisieren, die Rede und davon, daß ein Dauerstreß auch negative Wirkungen hervorrufen kann. Doch steckt tatsächlich noch erheblich viel mehr darin, was nun, am Beispiel des notwendigen Welpen-Spielens, deutlich gemacht werden kann.

Die Bedeutung des Spielens

Wir haben festgestellt, daß mit dem Beginn des Sehens etwas wie die eigentliche Geburt der Welpen einsetzt. Auch hier entsteht etwas wie »Streß«, indem die von außen auf den Welpen eindringenden, vielfältigen Eindrücke verarbeitet werden müssen. Dabei entstehen eine Menge Reize, »die über das normale Maß hinausgehen«, da ja zunächst *alles* für den Welpen über das bisherige, »normale Maß« hinausgeht. Und, wie wir wissen, setzen diese Reize den gesamten innersekretorischen Apparat in Gang, lösen eine Menge Stoffwechselvorgänge lebhaft aus, die nun ihrerseits, wieder eine Kettenreaktion (ähnlich der Kettenreaktion der Reflexbewegungen beim neugeborenen Tier) verursachen und die Weiterbildung von Körper-, Nerven- und Gehirnsubstanz auf vielfache Weise anregen.

Ebenso, wie man ganz selbstverständlich weiß, daß Muskelbildung z. B. nur erfolgt, wenn sie durch Bewegungen stimuliert wird, vergessen wir nur zu leicht, daß auch in allen anderen Bereichen des Körpers und der Seele die Substanz, entsprechend der auf sie einwirkenden Stimulation, zu- oder abnimmt. Auch die zuvor erwähnten unterschiedlichen Hirngrößen sind auf diese Weise entstanden. Wenn man — was hier zu weit führt — den Aufbau des Gehirns genau untersucht, kann man feststellen, daß es für bestimmte Bereiche des Fühlens, Denkens und Handelns bestimmte Regionen gibt, die je nach Bedarf, bzw. Stimulation, in einer verhältnismäßig entsprechenden Größe erkennbar sind.

Während der junge Wolf in seiner Spiel- und Lernzeit auf natürliche Weise ein breites »Vokabular« hinzugewinnt, muß auch beim Hundewelpen die Möglichkeit gefunden werden, in ihm nicht, durch zusätzliches Beschneiden der Umwelt, von vornherein ein Erfahrungs- und Intelligenz-Defizit entstehen zu lassen, sondern sich um das Gegenteil zu bemühen.

Warum der Mensch eingreifen muß

Nicht nur der Prägung auf den Menschen wegen ist hier unser Eingreifen notwendig: Eine einzelne Hündin ist restlos überfordert, das erhebliche Spielbedürfnis der Welpen zu befriedigen. Und wenn sie sich dann, murrend und verärgert beiseite trollt und ihren Kindern unmißverständlich zu verstehen gibt, ihr mit gehörigen Abstand vom Leibe zu bleiben, ständen im Wolfsrudel genügend »Hilfskräfte« zur Verfügung, die anstelle der ermüdeten Mama weitermachen. Immer ist dort also dafür gesorgt, daß die Welpen, wenn sie nicht gerade eins ihrer vielen und notwendigen Schläfchen abhalten, stets in voller Aktion sind und nicht etwa, weil die einzige »erwachsene« Bezugsperson Ruhe braucht, ganz unnötig zum Nichtstun verurteilt sind.

Es fällt uns, angesichts der in solchen Augenblicken sogar oft sehr scharf murrenden Hündin, noch etwas auf: Im Gegensatz zur vorher erwähnten stummen Betreuung der Neugeborenen, *wirkt sie jetzt »verbal«* auf ihre Kinder ein, und *ihr Kontakt mit den Welpen ist nun sehr vielfältig:* Noch immer werden sie liebevoll gepflegt, geleckt, gestupst; ebenso aber wird ein kleiner frecher Nichtsnutz, wobei die Hündin sehr wütend knurren kann, gepackt und energisch geschüttelt und dann, Bauch nach oben, auf den Boden gedrückt. Vielfach genügt es aber den Welpen bald, wenn ein scharfes, leise beginnendes, aber dramatisch ansteigendes Knurren der Mutter ihnen Einhalt gebietet.

Irgendwie, ausgelöst von jenem geheimnisvollen Funken, der nie erklärbar der Beginn jedes Lebens ist, entsteht, während sich der Körper mehr und mehr vervollkommnet, im Tier, wie auch im Menschen, jenes andere große Geheimnis, wofür wir den Begriff Seele verwenden. Obwohl wir es letztlich niemals vollständig begreifen, ist es gerade diese, zunächst nur aus vielen einzelnen körperlichen Vorgängen entstehende, Summe, die den Wert des Ganzen bestimmt.

»Kritische« Wochen, die alles entscheiden und die sich niemals nachholen lassen

Wenn ein Züchter, zufrieden mit der Entwicklung seines Wurfes, von dem Zeitpunkt an, wo die Welpen sehen, hören, herumlaufen und allein zu fressen beginnen, meint, nun seien die schlimmsten Klippen überwunden, und man müsse nun nur noch die letzten drei oder vier Wochen die Welpen wachsen lassen, um sie dann an die Käufer abzugeben, *hat er gleichzeitig, ohne es zu wissen, den Entschluß gefaßt, die bis dahin ordentliche Entwicklung seiner Hunde abrupt zu beenden.*

Hier ist nun auch der Punkt, wo uns die Kenntnis der Aufzucht im Wolfsrudel nützliche Anhaltspunkte gibt. Sicherlich, auch dort kümmert sich kein *Mensch* um die jungen Tiere. Nein, da kümmert sich, von dem Moment an, wenn die Wölfin nicht mehr säugt, und die Welpen anfangen, ihre Umwelt wahrzunehmen, *das gesamte Rudel* um sie. Im Wolfsrudel vollzieht sich die »Prägephase«, die nun für die Welpen einsetzt, ebenso selbstverständlich, wie die danach folgende »Sozialisierungsphase«, während der die Welpen, im Spiel untereinander und mit allen Rudelmitgliedern, in die Gepflogenheiten des Lebens eingewöhnt und — erzogen werden.

Und die Hunde? Je mehr Hundezucht zum Geschäft wurde, umso mehr wurde auch — ähnlich wie wir am Beispiel des guten Georg H. gesehen haben — die technische Perfektion dazu verbessert. Je größer, schöner und »natürlicher« die Zwingeranlagen, je mehr Hündinnen für die Zucht eingesetzt und je mehr Welpen auf einmal großzuziehen waren, um so mehr wurden sie aus dem Familienleben der Menschen ausgelagert und in den Zwingern gelassen, weil sie im Haus nichts als Schmutz, Unordnung und sonstiges Durcheinander verursacht hätten...

Erst durch die gründlichen Untersuchungen von Scott und Fuller, die einfach eine effektivere Hundezucht wünschten, kam zutage, daß für den Züchter keinesfalls das »Schlimmste überstanden ist«, wenn die Welpen relativ selbständig sind und die Nahrungsumstellung zufriedenstellend erfolgt ist.

Man fand, um damit zu beginnen, heraus, daß junge Hunde, obwohl sie gesund und kräftig waren, wenn sie ausschließlich im Zwinger mit ihrer Mutter aufgewachsen waren, nicht mehr an den Menschen zu gewöhnen waren, und daß sie außerdem, wohin sie auch kamen, außerordentlich scheu, ängstlich und nicht erziehbar waren.

> Man entdeckte, wozu man zahlreiche Versuche unternahm, daß die für *die Entwicklung entscheidende Zeit* in etwa beginnt, wenn die Welpen, nachdem sie die Augen geöffnet haben, ängstlich auf Lärm reagieren und *etwa mit der 12. Lebenswoche endgültig vorbei* ist. Wenn man Welpen in dieser Zeit isoliert oder auch nur im Zwinger großzog, waren sie *später, durch noch so große Bemühungen, nicht mehr umzuerziehen.*
>
> *Wenn sich aber in dieser Zeit, ganz besonders aber in der etwa 3.—5. Woche und bis zur 12. Woche, intensiv um sie gekümmert wurde, Menschen mit ihnen spielten, Menschen mit ihnen neue Eindrücke sammelten, waren danach die Welpen auch für den Umgang mit Menschen geprägt und sozialisiert und späterhin ohne Schwierigkeiten zu erziehen.* Ebenso wichtig sind in dieser Zeit Kontakte mit anderen Hunden und übrigen Tieren.

Es wird nun etwas einfacher, die Frage, was für den Hund naturgemäß ist, zu beantworten. Da, wie wir von Scott und Fuller wissen, zwischen dem Verhalten des Wolfes und dem des Hundes nur quantitative, nicht aber qualitative Unterschiede bestehen, müssen wir die aus dem Verhaltensinventar vorgegebenen Notwendigkeiten auch berücksichtigen.

Dem Wolfsrudel abgeschaut: Wie man die »Intelligenz« der Welpen weckt, statt sie im Keim zu ersticken

Wenn wir die Sozialisierung des Hundes in unsere Umwelt wünschen, müssen wir auch, ähnlich wie die Wölfe, die entsprechenden Vorkehrungen dazu treffen. Das heißt, daß die jungen Hunde nun ausgiebig und gründlich Gelegenheit haben müssen, sowohl die Mitglieder ihres »Rudels«, als auch erst die nähere, dann die weitere Umwelt zu ergründen und zu erproben. Nicht nur den sterilen Zwinger, sondern, wenn schon nicht den ganzen Garten, so doch wenigstens einen Teil davon untersuchen können: Mit Ästen und Gräsern spielen, den eigenen Schatten fangen wollen, Hindernisse überwinden, scheppernde Blechdosen und umgekippte Eimer zunächst fürchten, dann anschleichen, dann untersuchen lernen... und auch im Haus, natürlich unter entsprechender Aufsicht, sich mit den vielerlei Gegebenheiten, dunklen Abgründen, tausenderlei Düften vertraut machen.

Vielleicht gelingt es auch, irgendwo einen kleinen Bachlauf ausfindig zu machen, und wenn man dann dabei sitzt und zuschaut, wie die Hundekinder das glitzernde, gluckernde Wasser fangen wollen, wie sie sich anstrengen, das Gleichgewicht zu halten, um nicht hineinzustürzen — na, und wenn doch, sie sind schnell herausgefischt und haben (manchmal!) sogar etwas gelernt dabei.

Was ist schon dabei, wenn die Hundekinder einfach im Auto mitgenommen werden, und wenn man sie auch etwas von dem scheußlichen Benzingestank, dem Straßenlärm mitbekommen läßt... in der beruhigenden Gegenwart der Kumpane und der vertrauten Menschen ist damit keinerlei Schrecken verbunden. Tut man dies nicht rechtzeitig, kommt der Hund spätestens dann, wenn sein neuer Besitzer ihn mitnimmt, zu all dem Umstellungsstreß und Geschwisterverlust, auf schreckliche Weise damit in Berührung. So mancher Hund, der lebenslang nicht mit ins Auto will, hat so angefangen.

Und ebenso, wie die Welpen neugierig und hungrig angesaust kommen, wenn man mit der Futterschüssel klappert, kommen sie auch, wenn man sie einfach nur so ruft... es könnte sich ja lohnen und sollte dann auch immer entsprechend mit Spielen, Streicheln oder einem Häppchen belohnt wer-

Barsoi Welpen auf Erkundungsgang
(Aufnahme: Aldington)

den. Ebenso, wie sie voller Tatendurst aneinander herumspielen, sich balgen, sollten sie auch an ihren Menschen herumnagen, herumzergeln; *aber auch jeden Tag einmal ziemlich brav auf einem Tisch aushalten und gebürstet werden, wobei man es sich auch gefallen lassen muß, dabei auf dem Rücken zu liegen, wenn der Bauch gebürstet wird (auch wenn es da vorerst noch fast nichts zu bürsten gibt)...*

Persönlichkeitsentwicklung — Intelligenz — Leistungsbereitschaft der Hunde

Es hat eine besondere Bewandtnis damit, daß Hunde doch sehr viel früher geschlechtsreif sind als Wölfe. Die Reifezeit der Hunde ist so sehr viel kürzer, so daß man davon ausgehen kann, daß sie zeitlebens im Charakter etwas wie ein junger Wolf bleiben. Merkwürdigerweise tritt aber mit Erreichen der Geschlechtsreife beim Hund nicht, wie beim Wolf, gleichzeitig Dominanzverhalten und Verteidigung des Territoriums auf; *auch der Hund wird diese Entwicklung erst etwa zum gleichen Zeitraum wie der Wolf, etwa mit 22 Monaten, vollzogen haben.*

Auch die »Intelligenz« der Hunde ist anders, als die der Wölfe, die ja ein erheblich größeres Umfeld begreifen müssen. Was aber nun *keinesfalls* heißt, daß Hunde *dumm* sind. Im Gegenteil, hätten unsere Hunde die den Wölfen eigene Intelligenz, die ja eine erhöhte Wachsamkeit und erhöhte Vorsicht und Fluchtbereitschaft ist, wären ihre spätere Erziehung und Verwendung für unsere Bedürfnisse überhaupt nicht möglich.

Beim Menschen aufgezogen, soll sich ja *ihre gesamte Wachsamkeit und Konzentration auf den Menschen richten,* mit Blick auf ihn sollen sie sich mit ihrer Umwelt vertraut machen, ihre Erfahrungen sammeln und sicherer werden. Nur aus einem so gut aufgezogenen Hund wird man auch tatsächlich die wirklich intelligenten Leistungen, zu denen er fähig ist, herausholen können, wenn er des Menschen Nähe als etwas Vertrautes, Natürliches und Wichtiges empfindet.

Hunde lernen unsere Sprache verstehen

Wenn anfangs von der Fähigkeit der Wölfe, sich über Gebärden und Gesichtsausdruck zu informieren, die Rede war, sollte auch hier nochmals daran erinnert werden. Bereits Welpen, wenn man sie, besonders von der 3.—12. Woche an, sorgfältig in das Familienleben einbezieht, verstehen die

Bewegungen und Worte des Menschen ausgezeichnet, da sie, ebenso wie Wölfe, nicht nur gut hören und sehr gut riechen, sondern auch ausgezeichnet beobachten können.

Es ist sinnvoll, mit ihnen ebenso zu verfahren, wie man es mit kleinen Kindern tut, zu denen man zunächst nur einfache Worte und Sätze sagt und diese oftmöglichst wörtlich wiederholt, was bei Kindern einfacher ist, weil diese ja gerade auf dieser stereotypen Wiederholung mit Nachdruck bestehen. Ebenso gewöhnt man aber auch Hunde an einfache, stereotype Worte und Befehle, die sie sehr bald richtig verstehen.

Für den Hund ist dafür — so sagt man — der bestimmte Stimmfall und die Lautfolge von Bedeutung. Mit Sicherheit trifft dies für den jungen Hund zu oder einen Hund, den Sie erst an sich gewöhnen müssen. Allerdings ist es absolut widersinnig, dem Hund, ob jung oder alt, was ihn betrifft, im Brüllton kundzutun — er hört nämlich erheblich besser als wir. Aber es ist notwendig, den Hund von klein auf *zur Aufmerksamkeit* auf unsere Worte und Gebärden zu erziehen.

Die angeborene Beobachtungsgabe und das Einfühlungsvermögen der Hunde

Wer lange mit Hunden zusammengelebt hat, weiß, daß diese sich im Laufe ihres Lebens immer stärker auf den Menschen konzentrieren. Ihre angeborene Beobachtungsgabe läßt uns oft an übernatürliche Fähigkeiten glauben, wenn sie, wie es uns scheint, längst, bevor wir es ihnen mitgeteilt haben, wissen, was demnächst passiert. Daß wir oft zuvor selbst mit irgendeiner, uns oft unbewußten, stereotypen Bewegung oder Handlung anzeigen, daß wir demnächst dieses oder jenes, mit oder ohne den Hund tun wollen, merken wir erst, wenn wir uns selbst bewußt beobachten.

Manchmal entdeckt man dann, daß der Hund bereits z. B. daran, daß wir den alten oder den neuen Mantel vom Haken nehmen, erkennt, ob er mitkommt oder aber der andere Mantel besagt, daß wir irgendwo ohne den Hund hingehen werden.

Auch hat der Hund, wie es sein Ahne der Wolf ebenso verstand, sehr bald gelernt, was aus unserem Gesicht zu lesen ist: Das Lachen, die Freude, das Lob oder aber auch mal ein wütendes Donnerwetter — *was niemals schadet, wenn es genau im Augenblick der »Untat« erfolgt.* Er wird an unserem Schritt erkennen, ob wir müde sind oder aber eilig oder ob wir Zeit haben werden. Und je länger wir mit dem Hund zusammenleben, werden wir ebensoviel auch von ihm, seinen Bewegungen, seiner Körperhaltung, ablesen. Manchmal ist, wenn der Hund kommt und einem still die Schnauze auf das Knie legt, dies das Ende einer längeren, eingehenden, ganz und gar wortlosen Zwiesprache.

Der Züchter bestimmt die Wesensstruktur des Welpen

Aber: Je früher und intensiver der Kontakt zwischen Mensch und Hund erfolgte, umso früher setzt auch dieses umfassende Verständnis ein. Ein Welpe, der nur hin und wieder im Brüllton erfahren hat, daß er an einem ungeeigneten Fleck eine Pfütze hinterließ, wird auch später, wenn ihn dann sein neuer Herr erziehen will, erst aufmerksam, wenn das Brüllen ertönt. *Brüllen geht ihn an, sonst nichts!* Ist das sinnvoll?

Dabei ergibt sich gerade bei den neugierigen, spielfreudigen Welpen unentwegt die Möglichkeit, sich an Worte und Gebärden des Menschen nicht nur zu gewöhnen, sondern ausgesprochen konzentriert darauf zu achten. Man wird später, wenn die eigentliche Erziehung beginnt, dankbar dafür sein, wenn man es mit einem Hund zu tun hat, der ganz selbstverständlich *seine volle Konzentration auf den Menschen lenkt.*

Auch der Züchter kann dies noch etwas fördern, und wir haben dies immer besonders dann getan, wenn wir beschlossen hatten, aus dem Wurf einen Welpen zu behalten. Oder wenn wir das Gefühl hatten, daß in einzelnen Welpen dieses Wurfes besonders vielversprechende Qualitäten schlummerten, (und das hatten wir meistens!) und natürlich nur dann, wenn wir auch anschließend genügend Zeit hatten, uns besonders intensiv mit den Welpen zu beschäftigen. Es hat den Hunden nie geschadet, wenn wir sie mit sieben oder acht Wochen die Nacht einmal *ganz* allein verbringen ließen, (früher sollte man das allerdings keinesfalls von ihnen verlangen). Das Ergebnis war immer, daß sie danach mit ganz erheblicher Aufmerksamkeit auf uns Menschen reagierten, und die paar schadlosen Stunden Einsamkeit hatten eine unglaublich gesteigerte Zuneigung und vor allem große Konzentration des Hundes auf uns zur Folge.

Auch das *dumme Gerede,* daß der Hund *später* lernen muß, wer der Herr im Haus ist, ist völlig überflüssig, wenn der Welpe bereits im Spiel einwandfrei erproben konnte, wer das Sagen hat. Dazu gehört auch, daß man die Hunde *gezielt daran gewöhnt, sich das Futter oder einen Knochen von uns, nach entsprechenden Worten, wegnehmen* zu lassen: *Wer einen dabei anknurrt und wirke es noch so komisch, wird nachdrücklich am Kragen geschüttelt.* Wenn der Welpe frühzeitig begreift, daß es »nein« und »aus« gibt und diese unwiderruflich sind, vergißt er es höchstens zeitweilig mal ein bißchen, man muß ihn nur immer wieder einmal daran erinnern und *ihn kräftig am Kragen schütteln.*

Das Herumfuhrwerken mit der berühmten Zeitungsrolle sollte endlich der Vergangenheit angehören. Schauen Sie einmal zu, wie die Hundemama ihre Kinder erzieht: Zuerst wird noch geknufft, später reicht das Knurren völlig aus!

Noch einmal: Mit acht Wochen ist der Phänotyp des Verhaltens voll ausgebildet

Alles, was ihn später dann zum »Spezialisten« macht, seine Erziehung zum Haushund oder zum Polizeihund, zum Rennhund oder zum Jagdhund beginnt — in der 3.—8. Woche — bereits beim Züchter. Und nun bekommen auch die früher bereits erwähnten Auswertungen, wonach ein Wolf, aber auch ein Hund, bereits mit acht Wochen den Phänotyp seines Verhaltens voll ausgebildet hat, ihre eigentliche Bedeutung:

> **In diesen wenigen Wochen entscheidet sich endgültig, wie der Hund, mit seinen gewiß genetisch bedingten Vorgaben, sich im künftigen Leben verhalten wird:**
>
> **Ausgeglichen, sicher, aufmerksam, vertrauensvoll oder ängstlich, leicht erschreckbar, aggressiv, unkonzentriert, eigensinnig.**

Der Entschluß, *wie* man seine Hunde aufziehen will, wird ja, im gegenwärtigen Zuchtgeschehen, etwas zweitrangig hinter die, so *scheint* es, viel wichtigere Entscheidung, welche Hunde man verpaart, zurückgestellt. Aber, die Überlegungen, wie und wann und warum dieses soziale Miteinanderleben von Mensch und Hund *naturgemäß* ist, beeinflussen schließlich auch die, oft nach sehr oberflächlichen Gesichtspunkten, erfolgende Zuchtwahl.

Alle genetisch vorprogrammierten Defekte, die eine naturgemäße Aufzucht des Hundes zu einem brauchbaren und kooperativen Gefährten von vornherein unmöglich machen und alle Bemühungen des Züchters schließlich scheitern lassen, wird man — hoffentlich — bald und leichteren Herzens von vornherein ausschließen. Die *ungeheure Gefahr,* die in der Methode steckt, ganze Hundegenerationen nach einigen wenigen Moderüden — Importen mit phantastisch klingenden Namen oder vielfach gekrönten Ausstellungssiegern — zu züchten, kann sich verheerend auswirken. Oft stellt sich erst nach Generationen, die ja bei Hunden sehr viel schneller hintereinander folgen, heraus, welche genetischen Besonderheiten rezessiv (d. h. bei diesem Hund unsichtbar, aber trotzdem im Erbgut enthalten) und folgenschwer *über eine ganze Rasse ausgestreut worden sind.*

Die *ungenügende Umsicht,* mit der oft eine Hündin zur Zucht verwendet wird, die sich ihrer Persönlichkeit nach eben *dazu nicht eignet,* hat manchen Zwinger über viele Jahre um den sonst eigentlich verdienten Lohn gebracht. Auch hier kann man, wenn man will, *am Beispiel der Wölfe einiges lernen,* wo sowohl der Rüde wie auch die Wölfin herausragende Fähigkeiten nachweisen mußten, bevor sie sich wirkungsvoll verpaaren konnten.

Die entscheidenden Merkmale der Alphatiere waren, neben ihrer körperlichen Kraft und Gesundheit, besonders auch ihre psychische Balance; einen Hinweis darauf gab es ja in diesen Notizen bereits aus den interessanten Meßwerten. Nicht der wilde, aggressive Reißer steht an der Spitze, sondern jeweils ein Tier, das Dominanz ausstrahlt, wie auch eine ruhige Toleranz den Niederrangigeren gegenüber.

Lassen Sie mich zum Schluß den Verhaltensforscher Eibl-Eibesfeld zitieren:

»Durch eine Rangordnung werden dauernde, aggressive Auseinandersetzungen in der Gruppe vermieden, sie ist ein Mittel der Aggressionsbewältigung. Bei höheren Wirbeltieren übernehmen die Ranghohen jedoch auch besondere Aufgaben im Dienste der Gruppe (...) Die vielfältigen Aufgaben der Ranghohen erfordern eine Reihe von Eigenschaften, wobei gesellige Eigenschaften und Erfahrung bei höheren Tieren in zunehmenden Maße neben Körperkraft und Aggressivität zählen. Die Rangstellung eines (...) ist keineswegs das Ergebnis hemmungsloser Aggression. Nicht der besonders Aggressive erklimmt die höchsten Rangstufen, sondern der besonders Freundliche. Ein ranghohes Männchen muß Jungtieren gegenüber tolerant sein und diesen gestatten, auf ihm herumzuturnen. Er muß ferner ein guter Beschützer sein. Soziale Eigenschaften entscheiden über die Rangstellung und nicht allein die Aggressivität des nach Range Strebenden. Gewiß gehört zu einer hohen Rangposition auch eine gewisse Aggressivität, die das Rangstreben motiviert. (...) Die Ausbildung einer Rangordnung setzt zwei Bereitschaften voraus, die wir bei einzelgängerisch lebenden Tieren vermissen. Die Tiere müssen erstens Rangstreben zeigen, zweitens aber auch die Bereitschaft, sich unterzuordnen, wenn sie die Spitze nicht erreichen können. Rangstellung hängt von der Anerkennung durch andere Gruppenmitglieder ab, und diese wird einem ausschließlich aggressiven Tier verweigert.«

Eine sehr persönliche Nachbemerkung

Ich möchte dieses Kapitel nicht ohne eine sehr persönliche Nachbemerkung beenden. Manchmal, so scheint es mir, haben wir, ohne es zu bemerken, im Laufe der Jahre ziemlich viel über Hunde gelernt. »Ziemlich viel«, wenn man überlegt, wie gering unsere Kenntnisse am Anfang waren; aber eben nur »ziemlich« viel, wenn wir bedenken, wie viele Fragen wir nicht beantworten konnten, ziemlich viele Fragen, die sich erst ergaben, als wir uns eigentlich schon reichlich informiert glaubten...

Noch mehr aber haben wir, wenn ich so ein ganzes Leben zurückverfolge, bei unserer »Entdeckung des Hundes« — über uns selbst erfahren! Hunde, das haben wir oft mit Erstaunen bemerkt, können die gleichen Eindrücke und Erlebnisse sehr stark empfinden, wie wir Menschen: Sie zeigen Furcht, Ängstlichkeit, Unsicherheit, Eifersucht, Depression, Ausgelassenheit, Liebe und Zufriedenheit. Sie *zeigen* dies, anders als der Mensch, unverhüllt und ohne einen, wie auch immer gearteten, Anspruch damit zu verbinden. Wenn ich dies auch mit den Worten unserer Sprache ausdrücke, ich bin gewiß, daß sie den Kern bezeichnen.

Wenn wir die Entwicklung des Welpen bis zum Junghund verfolgen, fällt es uns plötzlich wie Schuppen von den Augen: Wir erkennen ja nicht nur, welche Versäumnisse den gestörten Hund zur Folge haben; wir ahnen, daß das in vielfacher Weise erschreckend verzerrte Bild des modernen Menschen vielleicht auf ähnliche Versäumnisse zurückzuführen ist...

Im Hinblick auf unsere Hunde haben wir gelernt, daß wir mit ihnen nur dann »Erfolg« haben werden, wenn wir sie und alle ihre angeborenen Bedürfnisse anerkennen und ernst genug nehmen.

Im Hinblick auf uns Menschen, denke ich gelegentlich, ließe sich eine solche Überlegung sicherlich ebenso anwenden — seltsamerweise kommt man manchmal erst beim Nachdenken über die Hunde darauf...

24. Kapitel

ANSICHTEN UND ÜBERLEGUNGEN ZU DECKRÜDE, ZUCHTHÜNDIN, ZUCHTPLANUNG, WELPENAUFZUCHT

Zunächst ein Wort zum Deckrüden:

Die meisten Züchter bedienen sich eines Deckrüden, den sie entweder nach eigenem Ermessen oder mit Hilfe anderer Züchter oder des Zuchtwarts für gut befunden haben. Eigentlich ist es unnötig zu sagen, daß ein Deckrüde in guter körperlicher Verfassung sein muß. Bei ausreichenden Unterlagen läßt sich auch der genetisch sinnvolle Einsatz eines Rüden im voraus in etwa bestimmen — sagt man. Sagen kann man dies aber erst dann, wenn bereits eine Reihe Würfe nach diesem Rüden gefallen sind und ein ausreichendes Alter erreicht haben, daß man sie — und die Mutter — begutachten und beurteilen kann. Wenn Sie das eine Weile betrieben haben, werden Sie feststellen, daß die Nachkommen außerordentlich unterschiedlich ausfallen, wobei einem dann endlich der richtige Gedanke kommt, daß vielleicht *die Mutter es ist, die letztlich die entscheidende Bedeutung hatte.* Davon später.

Daß der — den Welpenverkauf sehr fördernde — vermehrte Einsatz hochdekorierter Rüden letzlich auch eine große, leider erst später erkennbare und dann nicht mehr reparable Gefahr für die Rasse bedeuten kann, habe ich bereits erwähnt.

Vielleicht ist es später gar nicht mehr so wichtig, daß in den Daten *Ihrer* Welpen jene berühmten Vorfahren auftauchen, weil es sich herausgestellt hat, daß *nach* Ihren Hunden immer ordentliche Nachzucht kommt. Daher sollten Sie sich, wenn Sie über den Deckrüden nachdenken, einiges vor Augen führen:

1.) Jeder hochdekorierte, prachtvolle und ausdrucksstarke Vertreter seiner Rasse ist das sichtbare Ergebnis, der *»Phänotyp« der genetischen Anlagen, die bei* **ihm** *zur Geltung kommen.* Das ist der äußere Hund. Nicht ansehen können Sie diesem Hund aber, welchen »Genotyp«, nämlich welche der Erbanlagen, er tatsächlich weitervererbt.

2.) Es ist daher wichtig, daß die zur Zucht verwendeten Tiere zumindest aus einer erkennbar gefestigten Linie stammen und daher in einer gewissen »Konzentration« bestimmte Anlagen mit Sicherheit vorhanden sind.

3.) Jeder prachtvolle, ausdrucksstarke Vertreter seiner Rasse ist **ein** Produkt der Vererbungskraft seiner Eltern. Daher ist es notwendig, auch noch andere Tiere aus dieser Linie zu sehen, um festzustellen, ob es sich dabei um *einen* Glücksfall oder um konstant gute Tiere handelt oder ob nicht einige recht minderwertige Exemplare dabei sind.

Sie müssen sich darüber klar sein, daß auch die weniger wünschenswerten Erbanlagen in dem Prachtexemplar vorhanden sind, auch wenn sie bei ihm nicht sichtbar zum Ausdruck kommen. Es *kann* gutgehen, ist aber ein Lotteriespiel, wenn Sie darauf hoffen, daß dieser oder jener Champion Ihnen vielversprechenden Nachwuchs beschert.

Daher sollten sowohl Deckrüde wie Zuchthündin aus Zwingern stammen, deren Hunde eine gewisse, gleichbleibende Qualität haben. Besser ist es, wenn man seine Zucht aufbaut, wenn man versucht, den Anfang mit Rüden zu machen, deren Nachwuchs bereits nachprüfbar ist, so daß man etwa auch voraussehen kann, wie die Nachzucht aus Ihrer Hündin und deren genetischen Anlagen, nach gründlicher Erforschung möglichst vieler Vorfahren, *vermutlich* ausfallen wird. Oft ist es dann besser, nicht den Champion, sondern einen seiner Vorfahren oder Verwandten einzusetzen. Man wird dann nach den ersten Welpen selbst eher ein Gefühl dafür bekommen, was *diese* Hündin ihrerseits vermutlich an ihre Kinder weitergibt und kann dann entsprechend planen.

Auch dann, wenn ein Rüde selbst nachweislich keine ererbten Krankheiten aufweist, kann er sie, wenn sie in seiner Familie vorkommen, weitervererben. Daher sollten gleiche Fehler, die sowohl beim Rüden wie bei der Hündin in den Familien vorhanden sind, sicherheitshalber nicht verpaart werden. Denn ein Fehler oder eine ererbte Krankheit wird ja nicht etwa von Generation zu Generation immer »dünner«, sondern oft — »unsichtbar« — d. h. rezessiv vererbt. Also, lassen Sie sich beraten — aber *vergessen Sie nicht, daß auch Sie selbst nachdenken und zwei und zwei zusammenzählen können...*

Auch der gesundheitliche Zustand des Hundes hat eine große Bedeutung. Ein gesunder Hund ist niemals fett. Ein fetter Rüde ist obendrein leicht deckträge, vermutlich deswegen, weil er zu viel Energie (Fett und Kohlenhydrate), aber zuwenig essentielle Fettsäuren (davon haben Sie bereits weiter vorn einiges gelesen!) erhalten hat, was sich nachteilig auf die Entwicklung der Hoden und seine Fruchtbarkeit auswirkt. Erst eine ausreichende und lebenslänglich ausgewogene Ernährung, eine gute Aufzucht und ausreichendes körperliches Training setzen den Deckrüden in die Lage, den notwendigen Anforderungen, die der Hündinnenhalter an ihn stellen kann, auch zu genügen.

Im Normalfall, wie Sie auch bei Frau Sieber bereits lesen konnten, fährt die Hündin zum Rüden. Es gibt noch einen weiteren, sehr wesentlichen Grund, so zu verfahren: Sollten Sie eine sehr dominierende Hündin haben, ist es besser, wenn der Rüde in seiner vertrauten Umgebung ist. Sonst kann es leicht passieren, daß die Hündin seine entsprechenden Ansinnen auf sehr robuste Weise ablehnt, so daß er u. U. gar nicht zum Zuge kommt.

Wie oft bleibt eine Hündin, aus nicht immer erklärbaren Gründen, leer: Wenn es bei *diesem* Rüden ein Einzelfall ist, die Hündin aber schon öfter Pech hatte, ist die Ursache wohl bei der Hündin zu suchen. Taucht aber bei einem Deckrüden — womöglich unvermutet, aber doch immerhin häufiger — der Verdacht auf, das Leerbleiben der Hündin könne auf sein Versagen zurückzuführen sein, lohnt es sich in vielen Fällen, eine gründliche Analyse der Fütterung, der Lebensumstände und des gesundheitlichen Gesamtzustandes des Rüden in Angriff zu nehmen. Ebenso haben *Deckrüden, die längere Zeit nicht eingesetzt wurden, einen gelegentlich nicht sehr großen Spermienvorrat.* In einem solchen Fall sollte man sicherheitshalber einplanen, den Deckakt zu wiederholen, was auch sonst von einigen Züchtern gern getan wird, die sicherstellen wollen, daß auch tatsächlich alles wunschgemäß angebahnt ist.

Die Zuchthündin — sie bestimmt das Schicksal ihres Zwingers

Mit der sorgfältigen Auswahl der Zuchthündin steht und fällt der Erfolg Ihres Zwingers! Im Prinzip gelten die gleichen Voraussetzungen, wie für Rüden. Allerdings sollten Sie bei der Auswahl der Hündin noch weniger auf ihre Top-Ausstellungserfolge achten. **Vielmehr ist eine gleichmäßig in allen Punkten gute Hündin besser, als eine Hündin mit einigen wenigen hervorragenden Eigenschaften. Eine Zuchthündin sollte nicht nur den Anforderungen des Standards entsprechen, sondern besonders kräftig, stabil und gesund sein und ganz besonderes Augenmerk ist darauf zu lenken, daß sie eine im Wesen zuverlässige, nervenfeste, freundliche Hündin ist. Eine nervöse, ängstliche Hündin vererbt dies mit fast tödlicher Sicherheit auch an ihre Kinder weiter!**

Lassen Sie sich nicht blind machen von allerlei Gerede, sondern beobachten Sie selbst: Schon rein äußerlich können Sie bald feststellen, daß ein und derselbe Rüde mit unterschiedlichen Hündinnen sehr abweichende Nachkommen hat, die dann sehr deutlich zeigen, wie hoch der Anteil ist, den die Hündin beigesteuert hat. Aus der Nutztierzucht, wo man ja in den letzten Jahren viele Wege gefunden und erprobt hat, um eine sichere Qualität der Nachkommen zu erzeugen, weiß man längst, daß Tiere, während sie ausgetragen werden, bereits vor der Geburt vieles von der Mutter übernehmen. Insbesondere, seit man Embryos in fremde Muttertiere verpflanzt, weiß man, daß tatsächlich gleiche genetische Voraussetzungen sich unter anderen Bedingungen im Mutterleib unterschiedlich entwickeln. Hierbei kann schon die unterschiedliche Größe der Plazenta bewirken, daß die Tiere bereits *vor* der Geburt sehr gut oder nur gerade ausreichend mit allem Notwendigen ausgerüstet werden.

Und wieder Bemerkenswertes aus der Verhaltensforschung

Im Verhaltens-Grundmuster unserer Hunde sind eine Reihe interessanter Besonderheiten der Wolfsvorfahren erhalten geblieben, die auch heute für den Züchter von Interesse sind. Einige davon seien hier erwähnt.

Gegensätze:
Pudel und Ungarischer Hirtenhund in Ausstellungskondition
(Aufnahme: Aldington)

Wenn eine Hündin, am Ende ihrer Läufigkeit, beginnt, alles um und um zu graben, wird dies — als »Erinnerung« an längstvergangene Wolfszeiten — durch eine hormonelle Steuerung ausgelöst, die das Signal für die Wölfin gibt, nun eine Höhle für ihre Jungen zu graben.

Auch das Pflegeverhalten der Hündin, wenn sie ihre Jungen ins Nest zurückträgt, sich dabei so niederlegt, daß ihr Körper die typische U-Form bildet, so daß die Welpen sicher vom Körper der Mutter umschlossen sind, wird — hormonell gesteuert.

Man kann dies beobachten, wenn Hündinnen scheinträchtig waren und irgendetwas als »Kind« adoptiert haben. Sie zeigen dann alle Merkmale zunächst der trächtigen Hündinnen, wobei auch ihr Gesichts- und Augenausdruck sich verändert und sanft wird wie Samt. Das »Kind« wird mit allergrößter Vorsicht herumtransportiert, als sei es zerbrechlich wie feines Glas. Die Hündin trägt es zu sich in ihr Nest und verwahrt es warm, fürsorglich und tiefbesorgt und läßt es nur für ganz kurze Zeit einmal allein. Es kommt auch vor, wenn eine Hündin mehrere Liegeplätze hat, daß sie, wenn sie einmal ihr Kind »vergessen« hat, plötzlich aufspringt und eiligst und besorgt das »Kind« nachholt... Und das, obwohl dieses Ersatzbaby nicht den geringsten Ton von sich gibt und vermutlich auch nicht im geringsten nach »Baby« riecht.

Wenn wir auch diesen Ablauf meistens sofort dadurch stoppen, daß wir der Hündin erstens das Ersatzbaby wegnehmen und ihr zweitens viel Bewegung, Abwechslung und etwas reduzierte Kost verabfolgen, haben wir es, weil es uns interessierte, einige Male voll ablaufen lassen. Nach etwa 5—10 Tagen läßt dann die intensive »Welpen«-Betreuung nach, und nach etwa drei Wochen ist das Ersatzbaby wieder nur noch, was es vorher war: Ein Spieltier, ein alter Handschuh... und wird nicht mehr beachtet.

Obwohl es sich hierbei um eine absolute Fehlsteuerung handelt (die auch Hündinnen, die *nie* geworfen haben, vollziehen!) wird etwas *sehr Wichtiges daraus erkennbar:* Eine Hündin ist nur dann und nur soweit auch eine gute Mutter, wie ihr innersekretorischer Zustand dies zuläßt! Es spielt also eine ganz erhebliche Rolle, daß die Hündin in wirklich guter, gesunder körperlicher Verfassung ist. Das jedoch läßt sich *nicht* mit besonders guter Behandlung *erst ab Decktermin* erreichen, sondern setzt bereits eine »gute Kinderstube«, eine *gewissenhafte Aufzucht und andauernd sorgfältige Haltung voraus.*

Auch das Bedürfnis der Hunde, ihre Welpen in einem möglichst abgeschirmten, »sicheren« Raum großzuziehen, entsteht aus der »genetischen Erinnerung«. Ebenso ist es für die Hündin »normal«, wenn jetzt das »Menschenrudel« sich an der Aufzucht der Jungen beteiligt, wie ja auch in der Natur das gesamte Wolfsrudel sich mit den Jungen beschäftigt.

Wölfe pflanzen sich zu Zeiten fort, wo sie verhältnismäßig gute Ernährungsgrundlagen haben. In Hungerzeiten werden Wölfinnen entweder gar nicht läufig oder tragen die Welpen nicht aus; ebenso steht auch die Größe der Wolfs-Würfe im Verhältnis zu den Nahrungsmöglichkeiten.

Ein ähnliches Prinzip kann man auch bei unseren Hunden vorfinden, da unter- oder falschernährte Hunde häufig entweder nicht aufnehmen, oder die Welpen nicht austragen oder die Welpen nicht aufziehen können oder kleine Würfe haben. Daraus ergeben sich *für den Züchter praktische Konsequenzen:*

Für Züchter ist es gut zu wissen, daß es günstig ist, einer *gesunden, schlanken Hündin am Beginn der Läufigkeit,* wenn sie gedeckt werden soll, eine geringgradige *Vermehrung* der *Tagesfuttermenge um etwa 10 %* zu geben, da sich dies auf die vermehrte Eiabgabe günstig auswirken kann. Diese Zufütterung soll aber in den ersten Tagen der vermuteten Trächtigkeit sogleich wieder abgesetzt werden, d. h. die normale Futtermenge gegeben werden.

Von der Gesundheit der Hündin

Fette Hündinnen nehmen ja nicht deswegen nicht auf, weil das Fett sie daran hindert! Eine fette Hündin zeigt vielmehr an, daß ihr gesamter Stoffwechsel aus der Balance geraten ist, und ihrem Körper seit Jahren bereits ein viel zu viel an unnötiger Anstrengung zugemutet wurde.

Sie sind eben ganz einfach nicht gesund, ihr Brunstverlauf ist gestört, sie bekommen wenige, gelegentlich aber viel zu kräftige Welpen, die sie kaum zur Welt bringen können (zu große Früchte, Wehenschwäche), haben zu wenig Milch.

Fette Hündinnen sind leicht *schlechte Mütter:* Sie sind, meistens wegen gravierender Bewegungsarmut, nicht ausreichend trainiert und dann von der mit der Aufzucht der Welpen verbundenen Anstrengung viel *zu früh und regelrecht restlos erschöpft:* Sie *können* einfach nicht tun, was sie von Natur aus klaglos und ganz vollkommen erledigen würden!

Während der Trächtigkeit ist daher keinesfalls einfach die Futtermenge zu erhöhen. Mit Rücksicht auf die in ihr wachsenden Früchte sollte jetzt auch die Futtermenge nicht auf einmal, sondern über den Tag verteilt gegeben werden, mindestens aber in der zweiten Hälfte der Trächtigkeit auf zwei Mahlzeiten aufgeteilt werden. Knochen, die ich ohnehin für *restlos* überflüssig halte, sollte die Hündin keinesfalls mehr bekommen, da sie Verstopfung verursachen können. Diese tritt ohnehin gegen Ende der Trächtigkeit leicht auf, so daß man leicht abführende Mahlzeiten geben muß (z. B. etwas rohe Leber, etwas Milch, etwas Honig, kleingehackte Datteln, getrocknete Pflaumen und geringe Mengen Weizenkleie oder Leinsamenschrot dem Futter zufügen, bzw. gesondert mit der »Extra-Ration, bzw. dem »Wunder-Brei« *vor* dem Füttern verabfolgen. Davon später mehr.)

Wie Sie aus dem Vorangegangenen wissen, müssen dem Hund essentielle Fettsäuren und Minerale von außen — je nach seinem Bedarf — zugeführt werden. Daher ist ab der 3.—6. Trächtigkeitswoche auf eine etwas gesteigerte, besonders hochwertige Eiweiß- und Energiezufuhr und ein gesteigerter Vitamin- und Mineralstoffbedarf einzukalkulieren. Ab der 7. Trächtigkeitswoche wird dann, wie Sie bei Frau Sieber nachlesen können, die Futtermenge reduziert. Wenn Sie dies genau feststellen wollen, können Sie dies in zahlreichen, jetzt glücklicherweise neu erschienenen Büchern und Tabellen nachlesen.

Das Gewicht einer Hündin sollte,
kurz vor dem Werfen, etwa 120—125 %,
nach dem Werfen etwa 105—100 %
des Normalgewichtes betragen! (Nach Meyer)

Die säugende Hündin benötigt während der Milchabgabe, je nach Anzahl und Alter der Welpen, eine entsprechende Nahrungszufuhr. Die Welpen beziehen ja ihr gesamtes Wachstum aus der Mutter. Dies beginnt bereits vor der Geburt und wird jedermann klar, wenn die Hündin säugt: Jetzt *sehen* Sie, welch erhebliche Mengen von Energie-, Nähr- und Wirkstoffen die Hündin mit der Milch absondert, die die Bäuchlein der Jungen stramm füllt und das tägliche, wirklich erstaunliche Wachstumspensum verursacht!

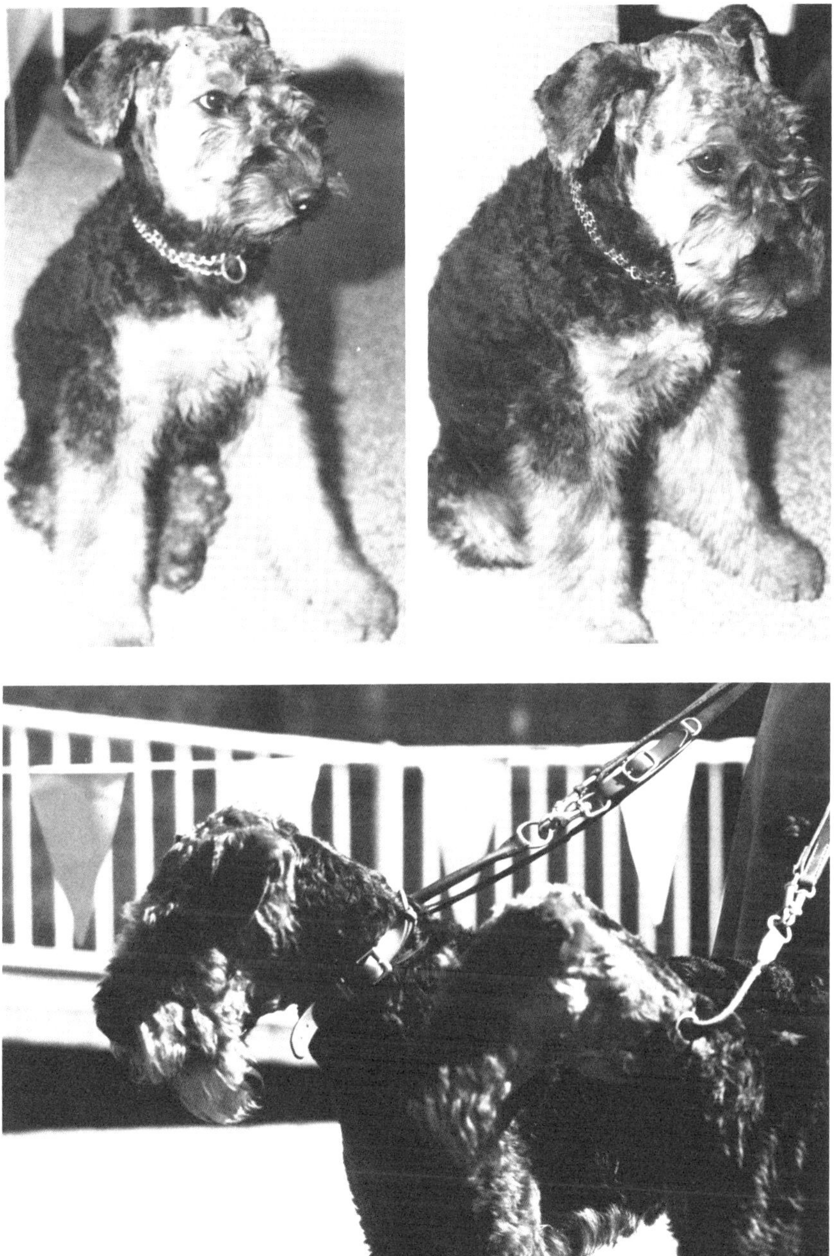

Airedale-Terrier;
oben: junger Hund
unten: in Ausstellungskondition
(Aufnahme: Aldington)

Eine Hündin gibt mit einem Liter Milch etwa 80.0 g Eiweiß ab, womit (bei einer angenommenen Eiweißverdaulichkeit von 60 %) von der Hündin somit 135.0 g Eiweiß zusätzlich mit der Nahrung aufgenommen werden muß. Ähnlich verhält es sich mit den anderen Wirkstoffen, z. B. Kalzium, Mineralstoffe, (Knochenbau der Welpen). Ob die Hündin genügend Vitamine (A, D, E und K) an die Welpen abgeben kann, haben *Sie* bereits *vorher* entschieden, wenn Sie während der Trächtigkeit die Hündin richtig gefüttert haben!

Eklampsie — unvermeidbar?

Nach der Geburt der Welpen oder in den ersten Wochen des Säugens kann für die Hündin aus Kalzium-Mangel ein lebensbedrohlicher Zustand entstehen: die Eklampsie, auch Geburtstetanie, Milchtetanie genannt. Die Hündin wird unruhig, schwankt hin und her, bekommt Krämpfe und kann bewußtlos werden. *Hier gibt es nur eines: Sofort zum Tierarzt,* der dann Kalzium spritzt, wonach sich dann der Zustand der Hündin schnell normalisiert. Eine sorgfältige Wirkstoffzufuhr macht es dann meist unnötig, nochmals vom Tierarzt Kalzium spritzen zu lassen, aber falls der bedrohliche Zustand sich wiederholt, muß man unverzüglich handeln!

Vorbeugen wäre hier allerdings besser! Bei Rindern hat man z. B. herausgefunden, daß die Eklampsie häufig nicht die Folge eines *tatsächlichen* Kalzium-Mangels ist, sondern die Folge eines *relativen* Kalzium-Mangels. D. h., das Tier wäre durchaus ausreichend mit Kalzium versorgt, wenn nicht durch innersekretorische Störungen, die mit der Geburtsumstellung in Zusammenhang stehen, das vorhandene Kalzium für das Tier nicht verfügbar ist. Auch wird vermutet, daß es *gerade durch hohe Kalzium-Gaben* während der Trächtigkeit vorkommen kann, daß der Kalzium-Stoffwechsel des Tieres reduziert ist, (s. auch Kapitel HD, wo man etwas Vergleichbares vermutet) und das Tier auch aus diesem Grund nicht flexibel genug reagiert!

Eine insgesamt sorgfältige und ausgewogene Versorgung trägt viel dazu bei, daß das Tier die Umstellung nach der Geburt schneller vollzieht. Insbesondere, wenn man dem Futter regelmäßig Algentabletten, Honig, Pollen (siehe das nächste Kapitel) und sowohl hochwertiges Eiweiß, sowie die benötigten ungesättigten Fettsäuren zufügt. Da das Skelett der Welpen ja bei der Geburt noch nicht mineralisiert ist, werden die großen Kalzium-Mengen erst später, mit der Muttermilch abgegeben.

Die von Ihnen gewählte Hunderasse: Standard, Geschichte, Vererbung, Fellfarben, Krankheiten

Und noch etwas sollten Sie tun, bevor Sie mit der Züchterei anfangen: Informieren Sie sich, so umfangreich Sie nur können, über alle Besonderheiten der von Ihnen gewählten Hunderasse.

Natürlich haben Sie sich längst irgendein Buch gekauft, worin über Ihren Hund etwas zu lesen ist. Doch reicht diese Information bei sehr vielen Hundebüchern nicht aus. Sie sollten über Ihre Rasse in Erfahrung bringen:

Als erstes den genauen Wortlaut des *Standards* und eine möglichst gute Interpretation dazu. Der Standard — soll — genau beschreiben, wie der Hund im allerbesten Fall sein soll. Aber, ehrlich gesagt: Gerade das Bemühen um Genauigkeit erbringt oft Schilderungen, die Wort für Wort erklärt werden müssen und besonders für den Anfänger überhaupt nichts aussagen. Und wenn da dann steht, daß die Beine ganz senkrecht, die Brust tief und breit, und der Kopf — wie man in englischen Standards so schön lesen kann, — tief sein soll, muß einem das schon erklärt werden. Und wenn dann, am Schluß verlangt wird, alles solle nun auch noch ausgewogen sein, werden Sie häufig so klug sein, wie zuvor. Also, den Standard und eine Erläuterung dazu, besser zwei von verschiedenen Autoren, lesen und sich die Bilder der Hunde und die Hunde selbst genau daraufhin ansehen. Nach und nach bekommen Sie dann schon einiges heraus.

Als nächstes müssen Sie sich mit der *Geschichte »Ihrer« Rasse* beschäftigen, damit Sie wissen, was es bedeutet, wenn Ihnen jemand erklärt, dieses und jenes sei das Erbgut dieser oder jener Rasse, die eingekreuzt wurde. Keine unserer Hunderassen gibt es ja im Naturzustand. Sie sind alle unter Einkreuzung der unterschiedlichsten Rassen entstanden, wobei auch später, im Verlaufe der Rasseentwicklung und bei einzelnen Hunden, bestimmte Merkmale der Vorfahren stärker »durchbrechen«, was dann nicht immer erwünscht ist, weil es den bestimmten Ausdruck dieser Rasse mehr oder weniger stark verändert. Besonders, wenn sehr unterschiedliche Ahnen ihren Anteil beigesteuert haben, muß man immer wieder für Gegengewichte sorgen. Z. B. will man zwar kräftige, starkknochige Tiere, aber einen schmaleren Kopf. Oder, Ihre Rasse soll ein Scherengebiß haben, unter den Vorfahren aber sind Bulldoggen, und die haben Vorbiß.

Dann sollten Sie sich noch, wenn mehrere *Fellfarben* möglich sind, alles ganz genau aufschreiben, was Sie darüber in Erfahrung bringen können: Unter welchen Voraussetzungen welche Farben entstehen und welche Vor- oder Nachteile dabei gleichzeitig beobachtet wurden. Hier gibt es eine Fülle an Material, das man meistens sämtlichst erfragen muß, und man sollte nicht müde werden, immer weiter nachzubohren, bis man alles, also auch mögliche Wesensunterschiede, mögliche Krankheiten usw., die mit der Fellfarbe zusammenhängen können, herausbekommen hat.

Zuletzt sind es noch die eventuell *rassespezifisch vererbbaren Krankheiten,* mit denen Sie sich eingehend beschäftigen sollten. Hier muß man äußerst diplomatisch vorgehen, denn über nichts reden Züchter weniger gern, als über böse Erfahrungen, die sie selbst machten, weil sie fürchten, dies könne das Ansehen ihres Zwingers beeinträchtigen. Tatsächlich ist es aber gerade die hier zu beobachtende Zurückhaltung, die ein radikales Bekämpfen manch unliebsamer Erbmerkmale unmöglich macht.

Also, lassen Sie sich nicht abhalten, alles zu ergründen und auf Ihren gesunden Menschenverstand zu vertrauen. Wenn Sie nämlich eine Weile die Hintergründe erforscht haben, wird Ihnen das Thema Genetik, selbst wenn Sie bislang schon dreimal vergeblich versucht haben, zu verstehen, was Sie darüber nachgelesen haben, plötzlich sehr viel vertrauter und begreifbar.

Noch ein Wort zu den Welpen

Hierüber haben Sie nun soviel und so ausführlich bei Frau Sieber alles nachlesen können, daß hier nur noch eine kleine Zusammenfassung und Ergänzung erfolgt. Über die ersten Tage der Entwicklung der Welpen steht ziemlich viel im Kapitel »Was ist beim Hund naturgemäß«.

In den ersten 24 Stunden bekommen sie die wichtige »Kolostral« oder »Biestmilch« von der Mutter, die die wichtigen Antikörper (das sind Schutzstoffe) enthält, die die kleinen Lebewesen vor Infektionskrankheiten schützen.

Gesunde und kräftige Welpen trinken in den ersten Tagen zwölfmal innerhalb von 24 Stunden, wobei sie gleichzeitig den Milchfluß der Mutter anregen. Mit zunehmendem Alter werden die Mahlzeiten seltener (dafür umfangreicher): In der 2. Woche achtmal, ab der 4. Woche sechsmal und am Ende der 6. Lebenswoche schließlich fünfmal pro 24 Stunden. Das re-

Einer gesunden Barsoi-Hündin wird's nicht zuviel!

(Aufnahme: Aldington)

gelt sich natürlich von allein, ist aber dann von Bedeutung für Sie, wenn Sie einmal gezwungen sind, die Welpen ohne Hündin aufziehen zu müssen. Diese Hinweise sind auch dann wichtig, wenn Sie früher als normal zufüttern müssen.

Die Muttermilch sollte regelmäßig überprüft werden

Es kommt vor, daß die *Welpen die Muttermilch nicht vertragen,* sie reagieren mit Blähungen und anderen Verdauungsstörungen. Sie sollten unverzüglich den Tierarzt befragen, können aber schon selbst, wenn Sie den pH-Wert der Hundemilch messen (der in etwa bei 6 liegen muß), feststellen, ob die Störungen der Welpen von der Muttermilch verursacht sind.

Die »Muttermilch« sollte regelmäßig überprüft werden, was verhältnismäßig einfach zu bewerkstelligen ist: Man braucht dazu nur etwas »Universal-Indikator-Papier«, das man in Röllchen in der Apotheke bekommt. Einige Tropfen Hundemilch genügen: Zeigt das Indikator Papier einen pH-Wert von etwa 6 an, ist alles in Ordnung. Färbt sich das Papier dunkler, zeigt also einen pH-Wert von 7 oder mehr an, dürfen die Welpen nicht angelegt werden, und die Hündin muß behandelt werden.

Ausgelöst kann dies sowohl von einer *Gesäugeentzündung,* einer *Metritis* oder einer *Verstopfung* der Hündin werden. Also, immer wieder wachsam auf die Hündin und ihre Milch achten. Je länger die Hündin ihre Jungen selbst ernährt, umso unproblematischer ist alles für Sie. Daher: Sorgen Sie von vornherein für eine gesunde Hündin!

Praktisches zur mutterlosen Welpenaufzucht

Müssen Sie die *Welpen mutterlos* aufziehen, soll hier nur nochmals darauf hingewiesen werden, daß Kuhmilch noch angereichert werden muß. Darüber hinaus gibt es fertige Welpenmilchen, die immer noch besser sind, als wenn man, aus Zeitmangel oder Unüberlegtheit, einfach verdünnte Kuhmilch gibt. Wenn dann die Gewichtszunahme und Verdauung der Welpen »stimmen«, wird es schon gutgehen.

Wenn Sie Ihre Welpen vorübergehend oder dauernd mit Ersatzmilch füttern müssen, sollten Sie einiges beachten. Zunächst dürfen Sie die Winzlinge nicht brutal aus dem Schlaf reißen, sondern müssen sie *vorsichtig* wecken, so daß sie schon eine Weile Krabbelbewegungen veranstaltet haben (s. auch das Kapitel »Was ist beim Hund naturgemäß«) und ihr Kreislauf in Gang gekommen ist.

Dann müssen Sie mit einem ölgetränkten Wattebausch die Bäuchlein Richtung Schwänzchen reiben, wobei dann sowohl die Atmung (in den ersten 5 Tagen), sowie die Verdauungsabgabe stimuliert wird. Ob Sie mit Fläschchen füttern oder »künstlich«, d. h. mit einer Sonde, sollten Sie sich vom Tierarzt sagen und erklären lassen. Auf alle Fälle muß der Welpe sein Futter aus dem Schnuller *hervorsaugen!* Sie dürfen keinesfalls, um ihm diese Arbeit abzunehmen, mal kräftig auf den Sauger drücken, und ihm die Milch ins Mäulchen spritzen. Die Gefahr, daß er dabei Milch in die Luftröhre und die Lunge bekommt, ist groß, und *er erstickt und ist nicht mehr zu retten!*

Während des Fütterns halten Sie den Welpen auf Ihrem Schoß. Sie setzen ihn dabei auf ein sehr *grobes Frotteetuch,* das dann auch gleichzeitig sein Bäuchlein, wenn er sich beim Saugen bewegt, etwas massiert. Einen Zipfel des Tuches decken Sie auch *über* den Welpen, so daß er schön warm gehalten wird. Nach dem Füttern muß (wie oben) das Bäuchlein »massiert« werden, damit es sich gleich nochmals leert und auch, ähnlich wie bei Menschenbabies, verschluckte Luft wieder als »Bäuerchen« entweichen kann.

Beachten müssen Sie, gleich auf welche Weise der Welpe ernährt wird, *seine Verdauung.* Ist der **Kot normal,** sieht er **blaßgelblich** aus und ist **weich geformt.** Sobald sich da etwas ändert, ist das ein echtes Alarmzeichen: *Wird der Kot gelblich-grün oder gar dunkelgrau, dünnbreiig und wässerig, sofort zum Tierarzt!*

Der schlimmste Feind der neugeborenen Welpen ist die Kälte — die Umgebungstemperatur ist wichtig

Frisch geborene Welpen verlassen den warmen Mutterleib und können die Wärme ihres Körpers längere Zeit noch nicht regulieren. Sie haben oft eine Temperatur von 25 ° und darunter und sind in der ersten Zeit ihres Lebens »Wechselwarmblüter«, d. h. ihr Körper nimmt die Temperatur seiner Umgebung an. Allerdings bedeutet das nicht, daß es den Welpen gleich gut bekommt, ob sie warm, heiß oder kühl sind. Sie brauchen schon die richtige Körpertemperatur, um sich richtig entwickeln zu können.

In den ersten Wochen muß daher die *Umgebungstemperatur peinlich genau eingehalten* werden, und zwar in der

1. Woche über 30 °, in der 2. Woche um 30 °,
in der 3. Woche 28 °, und in der 4. Woche immerhin noch 26—24 °.

Diese Temperaturen werden, wenn die Wurfkiste sachgemäß eingerichtet ist und die Hündin bei ihren Jungen ist, gut erreicht. Wenn aber die Hündin ganz oder zeitweise ausfällt, muß man sofort für entsprechende Verhältnisse sorgen.

Während die Welpen bei Hunger ausdauernd schreien, tun sie dies bei Unterkühlung nur am Anfang. Dauert sie länger an, werden sie immer apathischer (auch ihr Herzschlag sinkt und der gesamte Stoffwechsel wird langsamer) und gehen, wenn man es nicht rechtzeitig bemerkt, einfach ein.

Ich wage hier, die Sache mit dem »Biotonus«, wonach man »wertes und unwertes Leben« frühzeitig aussondern kann und dem »natürlichen Instinkt«, den die Hündin dabei zeigt, (s. u.) anzuzweifeln.

Ist ein Welpe durch einen unglücklichen Umstand tatsächlich unterkühlt, nimmt die Hündin das *apathische, kühle* Kind nicht mehr an. Wenn man aber den Welpen — bitte langsam und vorsichtig! — wieder aufwärmt (in warmes Tuch packen und in das Tuch hineinhauchen, vorsichtig den Welpen darin rubbeln, seine Atmung und seinen Kreislauf stimulieren) nimmt die Hündin ihn dann ohne weiteres wieder.

Besonders wichtig: Die Gewichtskontrolle.
Die tägliche Gewichtszunahme der Welpen

Wie schon im Kapitel über die HD angeschnitten, muß man dafür sorgen, daß Welpen im *angemessenen* Maß zunehmen. Auch wenn es mühsam ist: Man sollte, wenn möglich täglich, wenigstens aber jeden zweiten Tag wiegen und die Ergebnisse gewissenhaft notieren. Bei kranken oder schwachen Welpen ist dies ohnehin selbstverständlich, aber auch gesunde, kräftige Welpen sollten sich gleichmäßig und in der richtigen Größenordnung weiterentwickeln.

Nach etwa 7—9 Tagen sollte sich ihr Geburtsgewicht verdoppelt haben,
am Ende der 2. Woche soll etwa das 3—4fache,
nach 4 Wochen das 6—7fache des Geburtsgewichtes erreicht sein.

Auch später sollte die tägliche Gewichtszunahme der Welpen gut beachtet werden, sowohl, um ein Übermaß, wie auch Gewichtsstillstand oder -minderung und die daraus resultierenden Störungen zu verhindern.

Faustzahlen: Die tägl. Zunahme in den ersten 12 Monaten
(die Skelettentwicklung ist nach ca. 8—9 Monaten abgeschlossen.)
1 = % vom Endgewicht (% vE.) / 2 = g täglich (g/tgl).

Rassen:	**1. Monat**	**2. Monat**	**3. Monat**	**4. Monat**	**5./6. Monat**	**7./12. Monat**
Zwergrassen (ca. 5 kg)	20% vE./ 28g/tgl	35% vE./ 25g/tgl	50% vE./ 27g/tgl	66% vE./ 16g/tgl	85% vE./ 16g/tgl	98% vE./ 4g/tgl
Kleine R. (ca. 10 kg)	12% vE./ 33g/tgl	28% vE./ 53g/tgl	45% vE./ 57g/tgl	60% vE / 50g/tgl	80% vE./ 33g/tgl	98% vE./ 10g/tgl
Mittl. R. (ca. 20 kg)	10% vE./ 56g/tgl	25% vE./100g/tgl	40% vE./100g/tgl	52% vE./ 80g/tgl	68% vE./ 53g/tgl	95% vE./ 30g/tgl
Große R. (ca. 35 kg)	7% vE./ 68g/tgl	18% vE./128g/tgl	30% vE./140g/tgl	43% vE./152g/tgl	65% vE./128g/tgl	92% vE./ 53g/tgl
»Riesen« (ca. 60 kg)	5% vE./ 82g/tgl	12% vE./140g/tgl	22% vE./200g/tgl	35% vE./260g/tgl	60% vE./250g/tgl	90% vE./100g/tgl

(Diese Tabelle, wie auch alle Angaben über die Gewichtsentwicklung der Welpen, wurde für Sie nach »Mayer, Ernährung des Hundes« zusammengestellt.)

Ab der 5. Woche sollen die Hunde ihr Tagesgewicht täglich etwa um 3,5—4,5 % erhöhen

Ab der 6. Woche sollen die Hunde ihr Tagesgewicht täglich etwa um 3—4 % erhöhen.

In der 7. und 8. Woche sollen die Hunde ihr Tagesgewicht täglich etwa um 2—3 % erhöhen.

Wie bereits im Kapitel HD erwähnt, muß man auf ein, der jeweiligen Rasse angemessenes, Wachstum achten: Sie sollen, *bezogen auf das Endgewicht der jeweiligen Rasse,* in den einzelnen Abschnitten prozentual etwa folgende Werte erreichen bzw. etwa täglich zunehmen: (Siehe Tabelle auf Seite 317!)

Vorbeugende Maßnahmen: Impfen und Entwurmen von Hündin und Welpen

Bereits bei Frau Sieber haben Sie über die Notwendigkeit, Welpen zu entwurmen, einiges erfahren. Aber auch die Hündin muß u. U. (Kot untersuchen lassen!) vor der Geburt entwurmt werden. Danach ist eine gründliche Reinigung des Zwingers usw. notwendig, damit eine Neu-Infektion ausgeschlossen ist. *Gründlich* heißt: Entweder mit 4 %iger Peressigsäure oder, soweit es möglich ist, Fußboden, Hütte, Zwingerboden mit kochendheißer Sodalösung wiederholt scheuern!

Die Entwurmung der Welpen ist erstmals in der 3. Woche sinnvoll, danach wiederholt man dies wöchentlich, bzw. solange, wie man den Abgang von Würmern etc. feststellt. Bitte, hierbei immer den Tierarzt befragen, damit man mit den Wurmmitteln nicht Unheil anrichtet! Und hinterher: Die Umgebung reinigen; aber auch die Welpen und die Hündin sollten mit Seifenwasser abgerieben werden. Je sorgfältiger Sie für hygienische Zustände sorgen, je sicherer werden Sie vor Neu-Ansteckung bewahrt!

Besonders wichtig ist es, *vorbeugende Impfmaßnahmen rechtzeitig einzuplanen.* Bereits vor dem Decktermin sollten Sie deshalb mit Ihrem Tierarzt sprechen, welche Maßnahmen für die trächtige Hündin notwendig sind, da, wie Sie sehen werden, jetzt einige Impfungen für die Hündin bereits sehr früh gegeben werden.

Da sich immer wieder Neues tut, und gerade hinsichtlich der Schutzimpfungen immer wieder Fragen auftauchen, gebe ich hier einen Impfplan nach Prof. Dr. U. Freudiger wieder, der in diesen Tagen in der Zeitschrift »Hundesport« veröffentlicht wurde.

Vorschlag für die Impfung von Zuchthündin und Welpen:

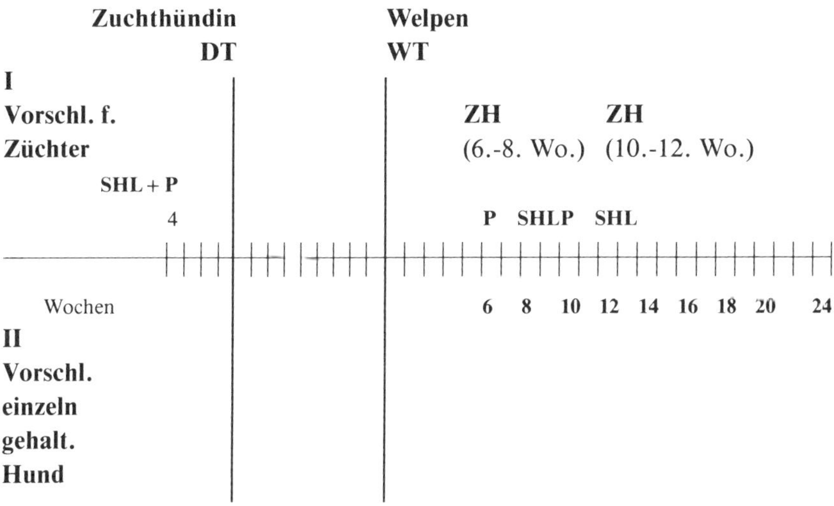

Erwachsene Hunde:

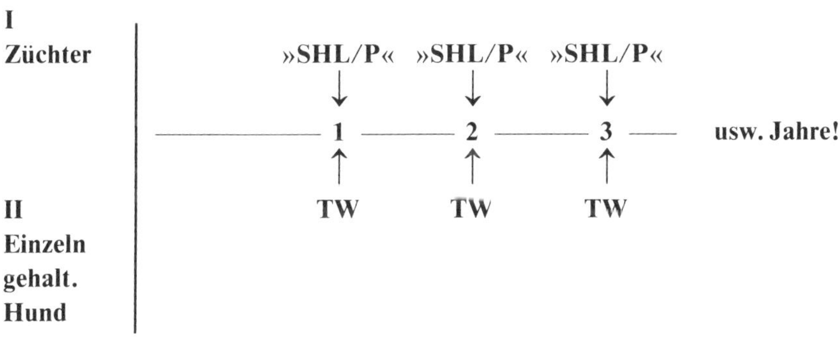

ZH wiederholen *vor der kalten Jahreszeit und möglichst kurz vor der Wurfperiode!* Oberer Vorschlag für Tierheime und Zuchtbetriebe, untere Variante für einzeln gehaltene Hunde. (Abk.: **SHL = Staupe, Hepatitis u. Leptospirose; P = Parvovirose; TW = Tollwut, ZH = Zwingerhusten, DT = Deckdatum, WT = Wurftag)**

Der Hinweis »Tierheime und Zuchtbetriebe« bedeutet, daß mehrere Hunde gehalten werden, also eine größere Ansteckungsgefahr besteht. Aber gerade Züchter, die mit ihren Hunden Ausstellungen besuchen und auch sonst Umgang mit vielen Hunden und Menschen haben, sollten den dabei leicht eingeschleppten Krankheiten vorbeugen!

Was tun, wenn etwas nicht in Ordnung ist?

Sie haben sich nun die Mühe gemacht, über die richtige Ernährung der Hunde nachzudenken. Wir sind auch darauf gekommen, daß auch eine »naturgemäße« Haltung wichtig und leicht möglich ist, wenn man sich mit den Wesensgrundzügen des Hundes vertraut macht. So werden uns zum Schluß nun noch einige praktische Tips, einiges zur Ernährung und einige »natürliche Heilmethoden« etwas beschäftigen.

Daß etwas nicht in Ordnung ist, merken Sie ziemlich schnell: Der Hund wird unlustig, müde, unruhig, bekommt Fieber (messen, im Hundepopo)! Wenn Sie kein Thermometer zur Hand haben, können Sie auch einmal die *Innenseiten der Ohren* anfühlen: Sind sie heiß — heißer als sonst! — können Sie ziemlich sicher sein, daß der Hund Fieber hat. Auch das *Weiße am Augapfel und das Innere der Augenlider färbt sich dunkelrot* — Anzeichen, die jeder, der seinen Hund fortlaufend beobachtet, sicher erkennen kann. Auch Durchfall, Erbrechen, Verstopfung, wenn das alles nicht nur kurzfristig auftritt, sind Alarmzeichen.

Nun, wie für die Menschen, ist auch für den Hund der große Garten der Natur mit all seinen Pflanzen, Gemüsen und Früchten reich gefüllt. Man muß nur wissen, **was** man, **wieviel** man und **wann** man was braucht. Vieles wächst kostenlos und ist leicht zu sammeln in Wald und Flur. Einiges gibt es im Reformhaus, anderes in der Apotheke.

Wenn wir uns in den letzten Kapiteln nun mit allerlei Kräutern, Gemüsen, Tees, etc. befassen, sollten Sie nochmals einen Blick auf die Tabellen und Übersichten werfen, denn die Vitamine, Minerale und Spurenelemente werden uns gleich wieder begegnen... Von ihnen nämlich geht beides aus: Die Vorbeugung und auch die Heilung.

25. Kapitel

ETWAS VOM TÄGLICHEN KLEINKRAM, VOM TÄGLICHEN BEIFUTTER UND EINIGE WENIGER ALLTÄGLICHE ERKENNTNISSE

Jetzt interessiert Sie natürlich noch besonders, was es mit den »Beifuttern« auf sich hat, von denen Sie bei Frau Sieber bereits gelesen haben, und die, wie viele Züchter schwören, dem Menü erst den letzten Schliff geben. Außerdem haben Sie vermutlich inzwischen einige Bedenken, daß alles zusammen doch ziemlich viel Arbeit und Unordnung mit sich bringt. Dies ist nicht der Fall: *Wenn Sie nur diese wenigen Vorbereitungen treffen, werden Sie bald feststellen, daß die etwas bessere Organisation es sogar mit sich bringt, daß Sie viel weniger Arbeit und Unordnung im Haus haben als vorher!*

So organisieren Sie den Züchterhaushalt einfach und wirkungsvoll

Da viele der Zutaten als Pulver oder zerkleinert verwendet werden, ist es recht praktisch, wenn man die entsprechenden *Geräte* dafür hat. Man braucht, um die verschiedenen pulverisierten Mixturen herzustellen, nur einen Mixer oder ein anderes *Zerkleinerungsgerät* (z.B. Kaffeemühle) und einige *verschließbare Behältnisse (leere Gläser),* worin man dann alles aufhebt.

Frisch (im Mixer) zubereitete Blätter- oder Gemüsebreie kann man in größeren Mengen auf Vorrat herstellen. Man füllt sie dann in die Fächer eines mit Folie ausgelegten *Eier-Kartons* (der Brei drückt die dünne Folie schon richtig in die Fächer), steckt den Eierkarton nochmals in einen Gefrierbeutel und stellt die Schachtel dann ins Schnellgefrierfach. Nach einiger Zeit, wenn die Klößchen oder Würfel fest sind, kann man sie in Beuteln im Gefrierschrank aufheben und die Eierschachteln beim nächsten Mal wiederverwenden.

Wenn Sie nicht selbst allerlei Grünzeug sammeln bzw. im Garten selbst erzeugen, müssen Sie sich einmal durchrechnen, was für Sie günstiger ist: Wenn Sie günstig Obst und Gemüse kaufen können (Sie brauchen ja immer nur kleine Mengen, die nicht mit unserem Bedarf zu vergleichen sind, für den einzelnen Hund), ist alles kein Problem.

Häufig aber können Sie auch statt größerer Kräuter- und Gemüsemengen (die der Hund ohnehin nicht in unbegrenzten Mengen verträgt) auch Frischsäfte einzelner Kräuter und Pflanzen kaufen, wovon Sie dann nur sehr geringe Mengen benötigen. Da die Frischsäfte, wenn die Flaschen geöffnet sind, nicht unbegrenzt haltbar sind, können Sie auch den Saft zu entsprechenden Portionswürfeln einfrieren, wobei er seinen Wert nicht verliert!

Außerdem braucht man noch eine *Waage:* Damit man nicht jedesmal alles einzeln abwiegen muß, wiegt man von den verschiedenen Breis oder Pulvern oder Ölen eine bestimmte Menge: z.B. einen Teelöffel oder einen Suppenlöffel oder ein Kaffeelot oder eine Tasse voll ab. Später muß man dann nur noch die richtige Menge mit *immer dem gleichen Löffel oder Meßbecher* untermischen. Bei Öl (z.B. Sonnenblumenöl), Rahm, Honig usw., die kalorienträchtig sind, schreibt man sich auch gleich auf, wieviele Kalorien jeweils ein Teelöffel davon enthält, damit man es leichter in der Gesamtrechnung berücksichtigen kann. *Alle diese immer wieder benötigten Werte schreibt man auf eine feste Pappe, die einiges aushält und immer zur Hand ist.*

Es ist praktisch, wenn man für *die Hundeküche* irgendwo einen festen Platz hat, wo auch gleich fließendes, eventuell warmes Wasser und wenigstens eine Kochplatte oder ein Propangas-Campingkocher untergebracht sind. Man braucht dann noch einige *Töpfe,* ein wirklich *scharfes Messer*

Eurasier-Welpen

(Aufnahme: Jentzsch)

für das Fleisch, eine *ausreichend große Tischplatte* und eine große *Schüssel,* worin man sowohl die Kochutensilien, wie auch die Futternäpfe gründlich reinigen kann. Wenn der Raum ausreicht, kann man auch gleich noch den Pflegetisch und Pflegeutensilien der Hunde dort unterbringen und auch das Füttern dort erledigen. Ist dann die ganze Prozedur vorbei, sind die Hunde gebürstet und gefüttert, wird anschließend nur noch der Fußboden aufgewischt, und alles ist wieder in einwandfreiem Zustand.

Ein rationelles Füttersystem (k)ein Problem!

Da in einem Züchterhaushalt, wenn Welpen erwartet werden oder bereits vorhanden sind, doch reichlich unterschiedliche Mahlzeiten für die vielerlei Hunde zuzubereiten sind, haben wir ein besonderes, wie wir finden, praktisches Füttersystem entwickelt. Da zumindest die ausgewachsenen Hunde und ziemlich bald auch die Welpen *ein* Grundfutter bekommen, wird dies für alle zusammen alle paar Tage hergestellt. Für jeden Hund gibt es dann jeweils einen, zwei oder drei Meßbecher mit der entsprechenden Menge. Da aber z.B. die trächtige oder die säugende Hündin *zusätzlich* mehr Vitamine, Kalk, Fett, Eiweiß u. v. a. m. bekommt, wird die Zusatzration mit allen Extras auch extra zubereitet und — *vor* — der eigentlichen Mahlzeit in einem Schüsselchen gefüttert. Erstens kann man dann sicher sein, daß diese »Superbestandteile« wirklich vollständig aufgenommen wurden, zweitens geht es einfacher, diese kleinen Abweichungen, die ja auch für die Welpen unterschiedlichen Alters benötigt werden, genau zu dosieren. Auch die Zusatzrationen oder »Wunderbreis«, wie wir sie nennen, kann man im voraus auf Vorrat herrichten.

Allerlei »Beifutter« — gesund und abwechslungsreich

Baumrinden-Mischung — was ist das?

Was ist eigentlich »Baumrinden-Mischung«? Man kann sie fertig kaufen, aber auch selbst zusammenstellen, wenn man weiß, was darin enthalten ist. Man kann sie herstellen z. B. aus pulverisierter Baumrinde von Weide, Ulme, Kalmus-Wurzeln, Dillsamen ...

Weide kann man in ganz Europa ohne Schwierigkeiten finden: an Gewässern, auf feuchten Wiesen. Im Frühjahr, aber auch im Herbst beim Blattfall, schält man die Rinde von zwei- bis fünfjährigen Zweigen, die man an der Luft trocknet und fein zermahlt.

Weide enthält Glykoside, Gerbstoffe und Salizylsäureverbindungen. Sie ist bewährt bei Magen- und Darmbeschwerden und vielerlei fieberhaften Erkrankungen (das synthetisch hergestellte Aspirin, das fiebersenkend und schmerzlindernd wirkt, hat ja die Weide als Hausmittel abgelöst). Da Weidenrinde aber auch harndesinfizierend wirkt, beeinflußt sie die Ausscheidung von Harnsäure günstig. (Denken Sie an den Hinweis in den vorangegangenen Ausführungen, wie oft Harnsäureablagerungen zu Störungen des Hundes führen können.) Ferner wirkt sie wurmwidrig und antiseptisch auf den Magen-Darmkanal.

Von der **Ulme** verwendet man die glatte Rinde jüngerer Äste, die man im zeitigen Frühjahr (Ende März bis April) ablöst und in der Sonne oder im Schatten an einem luftigen Platz trocknet, um sie später zu pulverisieren. Der wichtigste Wirkstoff der Ulme ist der Schleim, der sich besänftigend auf entzündete Magen- und Darmschleimhaut auswirkt. Feingepulvert hilft Ulmenrinde bei Durchfall.

Kalmus enthält das Bitterglykosid Acorin, ätherisches Öl, Schleim, ein harzartiges Acoretin, Cholin, Trimethyamin, Kalmusgerbsäure, Stärke, Dextrin, Dextrose, Schleim und bis zum 6 % Asche. Man verwendet Kalmus als Heilmittel bei Magengeschwüren (entzündungswidrig), Übersäuerung des Magens, Blähungen, Appetitlosigkeit und Darmfäulnis. Aber auch bei nervösen Magen-Darmbeschwerden ist es sinnvoll einzusetzen. Man kann bei Erkrankungen einen Tee aus folgender Mischung bereiten:

Zu gleichen Teilen (etwa 5 g) Kalmus, Pfefferminze, Salbei und Wacholderbeeren, dazu die jeweils etwa doppelte Menge (ca. 10 g) von Schafgarbe, Sennesblätter und Süßholz, dazu etwa 20 g Schlehdornblüten und 30 g Kümmel.

Von dieser Mischung nimmt man *1 Teelöffel auf eine Tasse kochendheißes Wasser, 15 Min. zugedeckt ziehen lassen abseihen* und in kleinen Mengen über den Tag verteilt eingeben.

Kalmus wächst an Teichrändern, Sumpfgräben, d. h. in feuchtem Gebiet und ist nicht leicht zu finden, man kann ihn aber in Apotheken bekommen. Gesammelt wird er in den Monaten Juni und Juli, d. h. man gräbt die Wurzelstöcke aus, reinigt sie gründlich und zerschneidet sie in Stücke, die man trocknet. Kalmus ist eines der ältesten Hausmittel überhaupt.

Dillsamen ist Ihnen schon eher geläufig. Seine Wirkstoffe sind ätherisches und fettes Öl. Er wirkt entkrampfend auf die Verdauungsorgane, beugt Blähungen vor, wirkt sich günstig auf die Milchproduktion der Hündin aus.

Eibischwurzel kann man ebenfalls in die Baumrindenmischung tun. Man bekommt sie in der Apotheke und mischt sie pulverisiert unter. Eibischwurzeln enthalten viel Schleim, außerdem ätherische Öle, Aminosäuren, Enzyme, Gerbstoffe, Zucker und Stärke. Als Heilmittel wird sie bei Magen-Darmkatarrhen und Leiden der Harnorgane eingesetzt.

Sie sehen, »Baumrinden-Mischung« ist viel mehr als nur »Zufütterung von Ballaststoffen«, sondern eine wundervolle Ansammlung von Wirkstoffen, die man hier einfach regelmäßig und in kleinen Mengen dem Futter beimengt und auf einfache Weise vielen Erkrankungen, die als Folge von Mängeln und Fehlsteuerungen entstehen, vorbeugt. Man mischt dazu die getrockneten und gepulverten Zutaten und streut davon kleine Mengen über das Futter.

Man kann nun noch *zusätzlich* einiges in kleinen Mengen untermischen, um bei besonderen Gelegenheiten nachzuhelfen:

z.B. Bockshornkleesamen zur Förderung der Milchproduktion: Den gepulverten Samen mischt man unter, oder den daraus gewonnenen *Tee: (zwei Eßlöffel gepulv. Bockshornkleesamen mit ¼ l kaltem Wasser übergießen, drei Stunden stehen lassen, kurz zum Sieden erhitzen, abseihen.)* Übrigens ist Bockshornklee, äußerlich angewandt, ebenso großartig in der Wirkung: Warme Breiauflagen von Bockshornklee bringen Entzündungen, Eiterungen und alle schlecht heilenden Geschwüre und Wunden schnell wieder in Ordnung.

z.B. Fenchel bei mangelhafter Milchproduktion, Magenverstimmungen, schlechter Verdauung, Nervosität. Man kann die zerkleinerten Früchte untermischen oder *den Tee: (ein geh. Teelöffel zerdr. Fenchelfrüchte mit ¼ l kochendem Wasser übergießen, nach zehn Minuten abseihen).*

z. B. Bitteres Kreuzblumenkraut zur Förderung der Milchproduktion, bei Magenverstimmungen, Nierenleiden, Förderung des Stoffwechsels. Man bereitet einen Tee aus Kraut und Wurzel: *(zwei geh. Teel. zerschnitten mit ¼ l kaltem Wasser übergossen, zum Sieden gebracht, nach einer Minute abseihen).*

z. B. Mischung aus Kümmel, Anis und Fenchel zu gleichen Teilen, gut gegen Verdauungsbeschwerden, gut zur Anregung des Stoffwechsels und der Milchsekretion. *(Tee: zerkleinerte Früchte mit 1/4 l kochendem Wasser übergießen, nach zehn Min. abseihen)*

z. B. Kümmel als Mittel gegen Blähungen, als Beruhigungsmittel bei jungen Tieren, die Schwierigkeiten mit der Verdauung haben (etwa eine Messerspitze gepulverten Kümmel untermischen.)

z. B. Meeresalgen-Mischung oder Seetang bzw. entsprechende Tabletten, kann man in Reformhäusern und Apotheken bekommen. Wenn man sie erst einmal »entdeckt« hat, wird man sehen, daß *eine wahre Wunderwirkung* davon ausgeht: Die Hunde werden lebhaft, bekommen glänzendes Fell, die Farben leuchten stärker ...

Man gibt sie der trächtigen Hündin, um Kalzim- und Jodmangel und der gefürchteten Eklampsie vorzubeugen; man streut schon den Welpen eine Prise über das erste Futter.

Wenn man sich einmal ansieht, was alles in den Meeresalgen (die Nahrungspflanze aus dem Meer!) enthalten ist, kann man sich ihre so hervorragende Wirkung besser erklären: Die »*Meeresalgentabletten*« z. B. enthalten *neben Jod 27 lebenswichtige Mineralstoffe, Spurenelemente und Vitamine.* Viele Mangelzustände, da sie besonders die Schilddrüse und den ganzen Stoffwechsel anregen, und viele Drüsenunterfunktionen können so ausgeglichen werden. Man kann immer wieder einige Wochen tägl. 1/2 bis 1 dieser Tabletten (zwischen zwei Löffeln zu Pulver zerdrückt) geben und wird feststellen, wie gut es den Tieren bekommt.

»GRÜNZEUG«
— BLÄTTER — GEMÜSE
— SALATE — KRÄUTERBREI

Nun wollen wir uns noch etwas von dem unterzumischenden »Grünzeug«, also Blätter, Gemüse etc. ansehen. Zunächst muß hierbei gesagt werden, daß alle Blätter, Kräuter und Gemüse *nach Möglichkeit roh, bzw. nur kurz gedämpft und unter Verwendung des Kochwassers,* aber immer breifein gemahlen verwendet werden müssen. Wenn man darauf achtet, daß beim Zerhacken der Saft nicht verloren geht, bleiben die in den Pflanzen wichtigen Minerale und Salze erhalten. Anders ist es mit den wasserlöslichen Vitaminen, die durch Sauerstoffzufuhr oder Hitze zerstört werden können.

Wenn man also auf Vorrat produzieren möchte, kann man dies so tun: Die Pflanzen und Gemüse breifein hacken und sofort in kleine Gefäße oder einen Eiswürfelkasten füllen und augenblicklich tiefstgefrieren. Bei Bedarf werden dann die Würfel aufgetaut und sofort dem Futter untergemischt. Es ist nicht nötig, daß man alles jeweils frisch zubereitet, denn über den Gefrierprozess wird sogar die Verdaulichkeit mancher »Breie« noch verbessert.

Von dem **Kräuterbrei** (aus z. B. Löwenzahn oder Petersilie, Pfefferminze, Brunnenkresse, Sellerieblättern) mischt man bei den Welpen zunächst wenig und dann bis zu einem Teelöffel voll unter das Futter (je Hund und Tag), bei größeren Hunden nimmt man einen guten Mittellöffel voll. Dazu dann Karotten und was sonst so da ist.

Immer greifbar sind **Karotten**, die man zu einem weichen Brei reibt oder im Mixer püriert. Karotten (Möhren) sind ein wertvoller Vitamin-, Mineral- und Spurenstoffspender. Sie haben einen hohen Karotingehalt, (Vorstufe zu Vitamin A), reich ist auch ihr Gehalt an den Faktoren der Vitamin-B-Gruppe.

An Mineralen und Spurenelementen wurden — meist in Form ihrer Salze — Magnesium, Eisen, Kalzium, Kalium, Phosphor, Arsen, Nickel, Kupfer, Jod und Mangan festgestellt, worunter vor allem die Kalium- und Phosphorsalze mengengemäß hervorzuheben sind. Ausschlaggebend für die Wirkung der Karotte ist schließlich die Anwesenheit von ätherischen Ölen und von Pektin. 100g Mohrrüben enthalten 1,8—7,2 mg Karotin. *Kochen, Dämpfen und Konservieren beeinträchtigt den Karotin- und Vitamin-A-Gehalt der Karotten praktisch nicht.* Die besonderen Wirkungen der Karotten sind

> wachstumsfördernde Wirkung / blutbildende Wirkung / Aufbau und Funktionsregulierung an der Haut und den Schleimhäuten / Abwehrsteigerung gegenüber Infektionen / Stoffwechselregulierung von Leber und Schilddrüse und vermutlich weiterer Hormondrüsen. Die enthaltenen Kaliumsalze haben harntreibende Wirkung, die ätherischen Öle sind wurmwidrig.

Möhrensaft (selber zubereiten oder fertig kaufen!) eignet sich hervorragend bei Durchfällen und reguliert die Magensaft- und Magensäure-Absonderung. Es ist günstig, wenn man den Möhren noch etwas kaltgeschlagenes Sonnenblumen- oder Sojaöl zusetzt, da dies wegen der Vitamin-A-Aufnahme wichtig ist.

Beinwell wird leider viel zu wenig beachtet. Hier soll zunächst nur von seiner *inneren* Anwendung, d. h. seiner gelegentlichen Beimengung in das Futter die Rede sein. Man macht eine Wurzelabkochung (4—5 g pulverisiert auf eine Tasse Wasser). Insbesondere bei rheumatischen Beschwerden, Störungen des Knochenaufbaues, Magen- und Darmbluten hat sich Beinwell bewährt. Sein Hauptwirkstoff ist Allantoin, weiterhin sind Gerbstoffe und Schleim enthalten.

Nicht nur ein lästiges Unkraut ist die **Brennessel.** Die finden Sie nun wirklich ohne Schwierigkeiten und sollten reichlich davon Gebrauch machen! Einige ihrer Wirkstoffe sind: *Eisen, Chlorophyll, Lezitin, Gerbstoff, Ameisensäure, Schleimstoffe, Wachs, Karotin, Vitamin A, zahlreiche Minerale, besonders Kalk und Kalzium als Nitrate, Kieselsäure, Magnesium und Mangan.*

Es stecken unschätzbare Heil- und Nährstoffe in dieser Pflanze: Sie hat harntreibende Wirkung, wirkt safttreibend auf Magen, Darm; regt die Blutbildung an, wirkt darmregulierend (stopfend). Im Frühjahr ist sie eines der ersten frischen Kräuter, die man feinhackt und untermischt. *Man kann auch gleiche Teile Brennessel, Löwenzahn, Sauerampfer, Schafgarbe feingehackt zu einem Brei vermischen.* Für den Winter trocknet man Brennesseln, reibt sie pulverfein und mischt sie unter. Damit hat man das wertvolle Chlorophyll und die anderen wichtigen Wirksubstanzen das ganze Jahr zur Verfügung.

Ein Wort zur **Brunnenkresse.** Viele sammeln sie seit Jahren oder ziehen sie selbst. *Sie muß allerdings immer frisch (also nicht getrocknet) verwendet werden* und ist dann, wegen ihres hohen Vitaminreichtums, wundervoll gegen alle Vitaminmangelkrankheiten. Brunnenkresse enthält die Vitamine A, C, D, E; ihr Gehalt an Senföl steigert die Schleimabsonderungen im Magen-Darmkanal und regt die Tätigkeit der gesamten Einzeldrüsen und Drüsenorgane an. *Allerdings sind bei Brunnenkresse nur geringe Mengen* und nicht fortlaufend unterzumischen, damit sie nur anregt, aber nicht zu Entzündungen führt!

Tervueren Welpe, zwei Monate alt

(Aufnahme: Dt. Klub Belg. Schäferhunde)

Besonders wird die Wirkung von **Himbeerblättern** gelobt. Frau Sieber beschreibt immer wieder, wie viele günstige Wirkungen sie den Himbeerblättern zuschreibt. Sie finden die wilden Himbeeren überall im Wald, können sie aber auch selbst im Garten anbauen. (Vorsicht, wuchert ungemein, also besser in Kübeln halten, damit die Wurzeln nicht den ganzen Garten durchwuchern können!) In den Blättern findet man *Gerbstoff, Milchsäure, Bernsteinsäure und ungesättigte Säuren.* Der Gerbstoff der Blätter hat eine durchfallstopfende und entzündungswidrige Wirkung. Man verwendet sie bei vielerlei Stoffwechselstörungen, wobei man noch immer nicht genau weiß, warum die Himbeere so guten Erfolg hat. Von Juni bis September sammelt man die Blätter samt Stielen und trocknet sie an schattigem, luftigem Ort. Man hebt sie dann in Leinen-Säcken auf.

Den Tee stellt man aus einem Eßlöffel Himbeerblätter auf eine Tasse Wasser her, setzt ihn sechs bis zwölf Stunden kalt an, kocht ihn 15 Minuten auf.

Das Loblied des **Knoblauch** ist überall in lauten Tönen zu hören. (Was man ebensowenig überhören kann, wie den typischen Geruch »überriechen«, der manchen leider davon Abstand nehmen läßt!) *Die Inhaltsstoffe des Knoblauchs sind das schwefelhaltige, ätherische Knoblauchöl, das 6 % Allylpropyldisulfid, 60 % Allyldisulfid (was so riecht!) 20 % Allyltrisulfid und geringe Mengen Allyltetrasulfid* enthält. Diese Schwefelverbindungen sind es, die den Knoblauch so wirkungsvoll machen.

Der Hauptwirkstoff des Knoblauch, Allicin, ist erst seit wenigen Jahren genau erkannt. Allicin besitzt eine starke bakterienhemmende Wirkung.

Knoblauch wirkt: *darmberuhigend, durchfallstillend, bakterientötend.* Man sagt ihm *krebsfeindliche* Eigenschaften nach, die wohl daher kommen, daß Knoblauch alle Stoffwechselentgleisungen, die aus dem Magen-Darmbereich kommen, beheben kann.

Knoblauch wirkt außerdem *krampflösend, sekretionssteigernd,* er hat eine günstige Wirkung auf das *Kreislaufsystem* und — was sehr wichtig ist, er *erhöht die Widerstandskraft* gegen Infektionen. Auch seine *Wirkung auf Faden- und Spulwürmer* wird immer wieder hervorgehoben. Und sicher ließe sich die Liste noch unglaublich verlängern! Am besten verwendet man die frische Zehe, die man kleingehackt untermischt. Aber auch Knoblauchsaft (selbsthergestellt oder gekauft) ist praktisch zu verwenden, vor allem gelegentlich auch mit Rücksicht auf den Geruch, da Knoblauchsaft weniger streng »duftet«.

Löwenzahn, den man vom Frühjahr an auf allen Spaziergängen finden kann, sollte man fleißig verwenden. Man kann die Blätter feingehackt unter das Futter mischen und auch die im Herbst auszugrabenden Wurzeln. (Man kann Blätter und Wurzeln trocknen: Erst an der Luft vortrocknen und mit künstlicher Wärme dann krachtrocken werden lassen. Die getrocknete Droge bricht dann weiß.) Im Löwenzahn sind enthalten: *Taraxacin, Inulin, Vitamin D, Cholin, p-Oxyphenylessigsäure, Dioxyzimtsäure, Weinsäure, Zucker, Fette, Wachs und in der Wurzel ätherisches Öl.* Als Heilpflanze verwendet man Löwenzahn bei: *Kreislaufstörungen, Nierenstörungen, Verdauungsbeschwerden, Magen- und Darmkatarrh, Wurmerkrankungen.*

Hat man keine Gelegenheit, Löwenzahn zu sammeln, kann man auch Frischsaft von Löwenzahn kaufen und in sehr kleinen Mengen einsetzen. Bedenken Sie dabei, welche Mengen von Löwenzahn Sie auspressen müßten, um auch nur eine Tasse voll davon zu erzeugen!

Da **Petersilie** bereits im Haushalt täglich eine wichtige Rolle spielt, ist ihre Verwendung in der Hundemahlzeit eigentlich selbstverständlich. Man unterscheidet zwischen Kraut- und Schnittpetersilie. Aus einer möhrenähnlichen Wurzel entsteht im ersten Jahr zunächst nur die Blattrosette, im Jahr darauf erscheint der Stengel mit glatten oder krausen, gefiederten Blättern. Von Juni bis August blüht die Petersilie. Das Kraut sammelt man im April und Mai, die Wurzel von Juni bis Oktober, den Samen im September. Petersilienwurzel (wird getrocknet verwendet) enthält harntreibende und verdauungsfördernde ätherische Öle. Besonders wichtig ist das Glykosid Apiin.

Rohe Petersilie ist vitaminreich (A, B, C). Man mischt sie kleingehackt unter das Futter. Allerdings *kann Überdosierung schädlich sein, also nicht, weil man gerade viel hat, sehr große Mengen längere Zeit geben!* (s. u.)

Man kann auch einen Aufguß bereiten, (1 Eßlöffel Kraut auf eine Tasse Wasser) oder eine Aufkochung (Kraut und Wurzel zu gleichen Teilen 1 Eßlöffel). Auch von den Samen kann man eine Abkochung bereiten (einen Teelöffel auf eine Tasse Wasser) aber alles soll nur in sehr geringen Mengen verwendet werden:

Größere Dosen Petersilie bewirken eine verstärkte Durchblutung der Schleimhäute des Verdauungsapparates und lösen Gebährmutterkontraktionen aus. Bei trächtigen Hündinnen ist also besondere Vorsicht geboten!

Pfefferminze, die man sammeln oder kaufen kann, ist ebenfalls sehr geeignet, feingehackt unter das Futter gemengt zu werden. Sie enthält ätherisches Öl (hoher Menthol-Gehalt), eisengrünenden Gerbstoff, Bitterstoff und die Fermente Peroxydase und Katalase. Pfefferminze wirkt *entzündungswidrig, keimtötend, krampflösend, schmerzstillend.*

Wasserminze (die ätherisches Öl ohne Menthol enthält), wirkt ebenfalls *entzündungswidrig* und *keimtötend,* besonders auf krankhafte Darmbakterien, ist *anregend* für das Gefäßzentrum. Sie kann die Pfefferminze vollständig ersetzen, sie hilft bei *Magenkatarrh, Krämpfen* u. v. a. m.

Ein hartnäckiges Unkraut ist die **Quecke,** und welch eine wundervolle Wirkung hat ihre Wurzel! Man kann frischen Preßsaft der Wurzel untermischen. Wesentlich ist der *hohe Gehalt an Eiweiß, ihr hoher Schleimgehalt;* sie enthalt u. a. *Mineralsalze (Asche 5 %, davon 12 % Phosphorsäure und 13 % Kali) Vitamine A und B und viel Kieselsäure.* Quecke wirkt *entzündungswidrig auf die Schleimhäute des Magen-Darm-Kanals, abschwellend auf entzündliche Gewebe, wirkt bei Drüsenschwellungen, Kreislaufstörungen und mangelhafter Nierenfunktion.* Eine kleine Menge Preßsaft untermischen.

In kleinen Mengen ist auch die **Zwiebel** (rote besser als weiße) gesund und außerordentlich vielseitig. Ähnlich wie Knoblauch enthält die Zwiebel *ätherisches Öl,* Lauch- und Senföl; die in der Zwiebel enthaltenen *schwefelhaltigen* Aminosäuren wirken sich *stark bakterienhemmend* aus. Wesentlich ist auch der Gehalt von Rhodanverbindungen; außer dem ätherischen Öl enthält die Zwiebel das Flavon Quercetin.

Und dann die Vitamine in 100 g Zwiebel: *50 I.E. Vitamin A, / 30 µg Vitamin* B_1, */ 20µg Vitamin* B_2, */ 12 mg Vitamin C, / 0.1 mg Nikotinsäure, / 0.3 mg Vitamin E.*

An *anorganischen* Bestandteilen findet man *Kalium, Kalzium, Magnesium, Mangan, Phosphor, Eisen, Schwefel.* Nicht genug damit: In der Zwiebel befinden sich 15 % *Fruktosane, Inulin, Zucker und Pektin,* die sowohl Nährwirkung haben, wie auch interessante Wirkungen in der Chemie des Stoffwechsels entfalten. Die *desinfizierende Kraft* der Zwiebel ist vielen bekannt. Sie *regt* aber auch *Magen- und Darmschleimhaut* an, ihr *Fermentreichtum* trägt zum *Zuckerstoffwechsel* bei, ihr *Vitaminreichtum* ist sehr gut in den Wintermonaten. Viele Wirkungen der Zwiebel kennt man, ohne sie bislang ausreichend erklären zu können. Sie wird bei *Herz- und Kreislaufschwierigkeiten* verwendet, wirkt *blutbildend,* hat wegen ihres hohen Fluorgehaltes (0.5 mg/kg Frischsubstanz) *Wirkung auf eine evtl. Überfunktion der Schilddrüse,* ... Nicht zuletzt wirkt sie wurmwidrig ... und ein richtiger Zwiebelfanatiker könnte nun noch Seite für Seite füllen. Ich belasse es bei diesen Hinweisen nun mit dem Vermerk, daß man eben auch immer wieder einmal kleingehackten, rohen Zwiebelbrei mit vielen guten Folgen untermischen sollte!

Zubereitung nach Bairacli-Levy und andere praktische Methoden

An diesem Punkt ist anzumerken, daß J. Bairacli-Levy allerlei Heil-Pflanzen auf folgende Weise zubereitet, was auch von mir weitgehend in dieser Weise beibehalten wurde:
Sie hat zwei Versionen:

1.) *Die normale Zubereitung:* Sie nimmt eine Handvoll frische, feingeschnittene Pflanzen (oder zwei Teelöffel getrocknete) und übergießt sie mit etwa einem halben Liter Wasser. Gut zudecken und langsam erwärmen, aber nicht kochen, sondern nur bis kurz davor! Dann läßt sie die Mischung ungefiltert vier Stunden zugedeckt stehen. **Die Dosis für einen mittelgroßen Hund sind zwei mittelgroße Löffel jeweils morgens und abends und zwar immer etwa 30 Minuten vor einer Mahlzeit!** Diese Mischung erneuert man längstens nach drei Tagen.

2.) *Starke Zubereitung:* Hierzu wird eine Handvoll der zerkleinerten Pflanzen in einem Emaille- (oder Steingut-) Topf mit einem Viertelliter kalten Wasser angesetzt. Langsam zum Kochen bringen, etwa drei Minuten kochen, dann die Mischung für etwa sieben Stunden beiseitestellen. Beim Erhitzen und auch beim Abkühlen gut zugedeckt stehen lassen, damit nicht kostbare ätherische Öle verdunsten können. Wenn alles fertig durchgezogen ist, in einen Topf tun, ohne abzuseihen und mit einen Leinenlappen zubinden, damit kein Staub hineinfällt, jetzt soll aber Luft darankommen können. **Von dieser stärkeren Konzentration gibt man mittelgroßen Hunden zweimal täglich einen Teelöffel voll.**

Ein gutes Rezept hat Bairacli-Levy auch entwickelt, wie man Hunden frische oder gemahlene Kräuter verabfolgen kann, die sie eben nicht immer mögen. Sie mischt die gewünschten Pflanzen mit Honig und schiebt die aus dieser Mischung gedrehten Kräuter-Bällchen den Hunden tief in den Schlund.

Wir mischen derart unliebsame Heilmittel gelegentlich auch mit etwas Hack oder einem winzigen Stück der heißgeliebten Leberwurst. Und wenn der Mittagsbrei einmal »besonders gesund« ausgefallen ist, so daß der Hund uns besorgt anschaut, ob er das wirklich fressen soll, hilft bereits ein Teelöffel voll guter Bratensoße; aber auch ein Teelöffel Butter untergerührt ist ein großer »Verlockungsfaktor«. Da der Hund den Duft viel stärker riecht als wir, reicht diese kleine Menge bereits, ihn zum Vertilgen auch dieses »gesunden« Breies zu bewegen!

Den *frischen Preßsaft* herzustellen wie Bairacli-Levy, ist sehr mühevoll. Von den meisten Pflanzen gibt es aber in Apotheke und Reformhaus frische Preßsäfte, die man dann unter das Futter mischen, in Honigmilch einrühren und so füttern kann. Außerdem ist bei den gekauften Säften gewährleistet, daß nicht wertvolle Vitamine und andere Bestandteile bereits vernichtet wurden, weil oft der Zutritt von Sauerstoff ungünstig wirkt.

Welche Bedeutung hat Chlorophyll?

Das Chlorophyll ist ein wichtiger Bestandteil aller grünen Pflanzen. Wenn Sie also frische Salatblätter, Löwenzahn, Brennesseln, usw. feingehackt untermischen, ist darin dieser wichtige Bestandteil enthalten. Chlorophyll vollbringt im Pflanzenorganismus das gleiche große Wunder, wie es der rote Blutfarbstoff im tierischen Organismus tut.

Der grüne Pflanzenfarbstoff steigert auch im tierischen Organismus die Blutfarbstoffbildung und die Zahl der roten Blutkörperchen, regt die Herzarbeit, die Darmfunktion und den Stoffwechsel an. Chlorophyll bleibt auch in getrockneten Blättern erhalten!

Vollwertige, natürliche Nahrungsmittel verwenden, z. B. auch Hülsenfrüchte

Aber nicht nur Kräuter und Unkräuter kann man untermischen: Es eignen sich eine Vielzahl an *immer gründlich zerkleinerten Gemüsen, aber auch Blattsalat, Obst, Äpfel, Bananen, getrocknete Feigen, Kohlrabi (und besonders kleingehackte Kohlrabi-Blätter) und Tomaten,* die man teilweise etwas andünsten kann und dann den anderen Teil roh untermischt.

Auch Hülsenfrüchte, wie Erbsen, weiße Bohnen, Linsen, Sesam sind eine gesunde Mahlzeit, da sie nicht, wie viele andere Lebensmittel, bereits geschält sind, d.h. alles Natürliche ist noch erhalten. Vor allem weisen Erbsen, weiße Bohnen und Linsen einen *hohen Eisengehalt* auf. Sie haben auch einen bemerkenswerten *Magnesium-, Kupfer-, Phosphor- und Kalziumgehalt,* ihr Nährwert ist sehr hoch, da sie *23 % Eiweiß* enthalten und *56 % Kohlenhydrate.* Ebenso ist der Vitamingehalt beachtlich: In 100 g Früchten sind enthalten: Jeweils von

> *Vitamin B_1 0,34 mg / Vitamin B_2 0,26 mg / Vitamin A 170 IE / Nikotinsäure (Niacin) 2,2 mg, außerdem sind Lezitin und Vitamin F vorhanden.*

Man weicht die Hülsenfrüchte über Nacht ein und kocht sie dann weich. Mit ein bißchen Salz würzen, etwas kaltgeschlagenes Öl nach dem Kochen darunter. Eine ausreichende Mahlzeit, bei der nur noch wenig Fleisch gegeben werden muß.

Sicherlich ließe sich diese Liste noch unendlich verlängern. Sie können es selbst tun, wenn Sie lernen, auf Ihren Spaziergängen, die Sie mit ihrem Hund unternehmen, mit wachen Augen zu betrachten, was in Feld, Wald und Flur so reichlich wächst. Ein gutes Bestimmungsbuch und ein gutes Buch über die Heilwirkung von Pflanzen wird Ihnen helfen, noch viel, viel mehr zu entdecken und anzuwenden. Einige besonders vielseitig verwendbare Pflanzen finden Sie noch in diesem Buch.

Sicherlich ist Ihnen ja auch das aufgefallen: Was hier aufgereiht wird und Ihnen in vielen Fällen Kummer, Aufregung und Leid ersparen kann — *kostet fast nichts.*

Frau Sieber hat ja recht: Naturgemäß bedeutet nichts anderes, als daß Liebe am Anfang steht, woraus dann Sorgfalt und aus Sorgfalt das Benutzen des Verstandes wird. Man lernt so unendlich viel, wenn man sich bemüht, alle Dinge mit der notwendigen Liebe zu tun.

Eine »Liebeserklärung« für Honig, Pollen, Hefe, Apfel, Apfelessig, Sonnenblumenöl, Leinsamen und einen »Wunderbrei«

Doch möchte ich diese Betrachtung nicht beenden, ohne nicht noch das folgende, das Liebeserklärungen sehr nahe kommt, zu Papier zu bringen. Sie werden feststellen, daß es sich dabei um recht ungewöhnliche Futtervorschläge für Hunde handelt. Wir haben sie auch erst, im Laufe vieler Jahre, entdeckt. Sie sind nicht nur ungewöhnlich, sondern einfach, von überraschend großer Wirkung, nahezu überall erhältlich und — weil man *sehr wenig* davon braucht — *sehr preiswert!*

Das Wunder: Honig
Mineralstoffe, Vitamine, Fermente, Aminosäuren, Hormone; Heilmittel, Wundbehandlung, Zubereitung.

Eine Liebeserklärung gilt dem Honig. Sie haben bei Frau Sieber bereits gelesen, daß sie ihn, von Juliette Bairacli-Levy angeregt, wo immer nur möglich verwendet und so guten Erfolg dabei verzeichnet. *Aber, was ist eigentlich Honig?* Sie kennen und verwenden ihn alle, als Brotaufstrich, in Milch, in Tee ... Honig ist eines der ältesten Volksheilmittel, und wie es bei diesen so oft geht, die Berichte über Anwendung und Wirkung werden von Generation zu Generation weitervermittelt, und bereits aus vorchristlicher Zeit gibt es Berichte über den Honig. Ganze Bibliotheken kann man mit den Büchern über Honig füllen ... Erst in der modernen Zeit hat man einige, aber noch längst nicht alle Gründe herausgefunden, die dazu beitragen, daß der Honig derart vielfältige und einzigartige Wirkungen hat.

(Guter!!) Honig ist eines der wenigen völlig natürlichen Nahrungsmittel! Die Bienen sammeln Nektar direkt in der freien Natur, und in einem unglaublich komplizierten Verfahren vollzieht sich in den Bienen der Prozeß der Honigproduktion. Bislang weiß man, daß im Honig die

> *Mineralstoffe Kalium, Natrium, Kalzium, Magnesium, Phosphorsäure, Eisen, Kupfer und Mangan enthalten sind; außerdem die Vitamine B_1, B_2, B_6, C, Biotin und Nikotinamid, sowie Fermente (Diastasen und Invertasen) und Azetylcholin.*

Beachtlich sind auch die im Honig gefundenen *Aminosäuren* — er weist das gesamte Aminosäurenspektrum auf. Die verschiedenen im Honig vorhandenen Zuckerstoffe setzen sich zusammen aus Fruchtzucker (Lävulose), Traubenzucker (Dextrose) und etwas Rohrzucker. Der Fruchtzuckergehalt liegt etwa bei 40 %. Außerdem enthält Zucker das *X-Hormon Inhibin,* das aus den Drüsen der Bienen stammt und bereits in kleinsten Mengen dafür verantwortlich ist, daß Honig *eine außerordentlich große keim- und bakterientötende Wirkung* hat. Das im Honig enthaltene Azetylcholin und das daraus hervorgehende Cholin wirkt sich *hemmend auf die Wucherung und Vermehrung von Zellen* aus, daher wird Honig in hohen Dosen von einzelnen Fachärzten zur Karzinombehandlung verwendet.

Sie werden bereits hier und da gehört haben, daß der hohe Verbrauch an herkömmlichem Zucker von einigen Fachärzten als die Ursache einer Vielzahl von Zivilisationskrankheiten gilt, und vor der Verabreichung von Süßigkeiten an Hunde kann man gar nicht genug warnen! Der normale Zucker benötigt zu seiner eigenen Verbrennung im Körper erhebliche Mengen von Vitamin B_1, sowie Minerale wie Kalk und Phosphor, die dann eben fehlen! Ganz anders ist es mit Honig, mit dem man den Zucker vollständig ersetzen kann. *Fruchtzucker* verbraucht nämlich nur einen Bruchteil der für den Zuckerabbau notwendigen Leberenergie, d. h. die Verbrennungsprozesse laufen zehnmal so schnell ab. Die anderen Zuckerstoffe im Honig werden dabei auch wesentlich besser ausgenutzt, was die Glykogenspeicherung weniger belastet. Auch der in der Nahrung enthaltene Kalk wird durch Honig erheblich besser verarbeitet.

Schädlich ist Honig eigentlich nur, wenn man ihn *zu reichlich* füttert und *dabei vergißt*, daß er einen *hohen Kalorienwert* hat. In kleinen Mengen ist er das Mittel der Wahl, wo man *hochwertige, sofort verdauliche Nahrung* benötigt, die ebenso mineral- wie vitaminreich ist. »Er geht sofort ins Blut«, wie es im Volksmund heißt und eignet sich bei vielen Diäten, zum Aufpäppeln; man muß allerdings auf die Zufuhr hochwertiger Eiweißträger (Quark, Milch) achten. Besonders im Tierversuch hat sich gezeigt, daß Honig dazu beiträgt, daß der gesamte Organismus trächtiger Tiere erheblich gestärkt war und die Muskulatur wesentlich besser durchhielt.

Honig bewirkt: Geringe Anfälligkeit für Krankheiten; Magen-, Darm- und Kreislauferkrankungen und der gesamte Stoffwechsel werden positiv beeinflußt. Insbesondere wirkt sich Honig auch auf das große Entgiftungsorgan des Körpers, die Leber, aus, so daß man sagen kann, daß Honig entgiftet.

Nicht nur als Nahrungsmittel ist Honig unersetzlich. Auch bei einer Reihe von Krankheiten hilft Honig wie kein anderes Mittel. Bei den so unangenehmen Entzündungen der Rachenmandeln (der Hund hüstelt, und man sieht die Rachenmandeln dick und tiefrot hinten im Schlund), die man oft mit nebenwirkungsreichen Medikamenten behandelt, *hilft das Trinken von lauwarmem Honigwasser oder lauwarmer Honigmilch oder auch nur das Auflecken von Honig in einzigartiger Weise.* Man richtet immer nur kleine Mengen her, die man dem Hund eingibt oder ihn aufschlabbern läßt. Ich selbst gebe es anfangs halb-stündlich, dann in immer größeren Abständen, bis der Spuk verflogen ist. Hierbei kommt dann die keimtötende Wirkung des Honigs voll zur Geltung.

Aber auch zur — Wundbehandlung ist Honig in vielen Fällen jedem anderen Mittel vorzuziehen! Er hat keinerlei Nebenwirkungen wie Jod, Puder oder Salben (die der Hund womöglich ableckt), dafür aber eine sichere desinfizierende Wirkung. *Eiternde, nässende Wunden, auch nässende Ekzeme* werden mit Honig bestrichen oder es wird ein Honigverband aufgelegt. Da Honig Wasser anzieht, trocknet alles bald aus, ist keimfrei und kann unter dem lackartig getrockneten Honig gut abheilen. Verbrühungen oder Verbrennungen heilen narbenlos ab.

Auch bei langwierigen Geschwüren und schwer heilenden Wunden hilft Honig: Er beschleunigt die Heilung der Wunden, er regt die Zellteilung an und damit die Vernarbung. Eine *wirksame Salbe kann man sich aus ⅔ Honig und ⅓ Lebertran* anrühren. Volksheilmittel sind auch *Honig mit Zwiebelsaft, Honig mit Roggenmehl, Honig mit allerlei Heilkräuter-Tinkturen.* Sogar bei einer hartnäckigen Bindehautentzündung der Hunde habe ich, wenn auch zunächst etwas ängstlich, etwas flüssigen Honig eingeträufelt — und siehe da, es half!

Schließlich hat sich Honig einfach überall da bewährt, wo ich sonst zu Sulfonamiden und Antibiotika gegriffen hätte — ich konnte es ruhig tun: Der Honig schadete nicht und wenn es wirklich nicht geholfen *hätte*, wäre immer noch unser guter Tierarzt und sein Schrank voller Medikamente als letzte Rettung geblieben.

Aber: Den richtigen Honig verwenden!

Auch das müssen Sie wissen und werden daher den Hinweis darauf, daß man Honig sparsam anwenden soll, noch besser beachten. *Honig ist keinesfalls in jedem Fall auch Honig!* Honigkauf ist wirklich Vertrauenssache. Suchen Sie immer nach einer vertrauenswürdigen Quelle: Kaufen Sie beim Imker oder in einem guten Reformhaus nur wirklich guten Honig (besondere Geschmacksrichtungen sind in diesem Fall nicht von Bedeutung), und achten Sie darauf, daß Sie keinen gestreckten, keinen verfälschten und *niemals einen bereits einmal erhitzten Honig bekommen!* Wenn Sie diese Punkte beachten, können und sollten Sie beherzt bei Sonderangeboten zugreifen.

Ist Honig nur einmal erhitzt worden, ist seine herrliche Wirkung, bis auf den süßen Geschmack, verloren! Damit er schön flüssig bleibt und nicht kristallisiert, (was aber keinesfalls anzeigt, daß der Honig minderwertig ist, im Gegenteil!) wird der Honig vielfach von den Lieferanten erhitzt, was insbesondere bei ausländischem, sehr preiswertem und völlig klarem Honig passiert sein kann.

Seine Wirkstoffe und Vitamine sind sowohl hitze- wie luft-und lichtempfindlich, das heißt, *daß Honig kühl, lichtgeschützt und unverdünnt aufgehoben werden muß,* und der wie oben beschrieben »vorbehandelte« Honig all seinen Wert verloren hat!

Honigzubereitungen sind immer unmittelbar vor dem Verbrauch anzurühren. Niemals darf Milch oder Tee mit Honig erhitzt werden; vielmehr rührt man den Honig kurz vor dem Verbrauch in die gerade trinkwarme Flüssigkeit ein. Honig muß verschlossen aufbewahrt werden, da er Wasser anzieht und so tatsächlich ganz von selbst verdünnt wird.

Das Wunder: Pollen
Mineralstoffe, Fette, Vitamine, u. v. a. Wirkstoffe

Auch Pollen sind ein Bienen-»Produkt«, dessen Verwendung Ihnen zunächst etwas fremd sein mag: Die Bienen sammeln Pollen zur Aufzucht ihrer Brut und zur Versorgung ihrer Drüsen, die Futtersaft, Fermente erzeugen. Man kann Pollen in Reformhäusern kaufen; am besten kauft man, da es zwischen den verschiedenen Pollen erhebliche Wert- und Preisunterschiede gibt, ein *Pollengemisch,* das man oft »lose« und verhältnismäßig preiswert bekommt. Auch wir sind, eigentlich mehr zufällig, darauf gestoßen und haben, nachdem wir entdeckt hatten, welcher Schatz darin enthalten ist, gern und mit außerordentlichem Erfolg davon Gebrauch gemacht.

Was ist alles in den Pollen enthalten? Chemiker entdeckten darin: *Eiweiß, freie Aminosäuren, Zucker, Mineralstoffe, Vitamine, Antibiotika, Wuchsstoffe und andere hormonartige Stoffe* — also alles, was der Organismus zum Leben braucht. Bienenpollen müssen trocken aufbewahrt werden, weil sie sonst schimmeln. Länger als ein Jahr sollte man sie nicht aufheben.

An **Mineralstoffen** *sind enthalten: Kalium, Magnesium, Kalzium, Kupfer, Eisen, Silicium, Phosphor, Schwefel, Chlor, Mangan.*

Fette: *Nach neueren Untersuchungen bestehen die Pollenfette zu 43 % aus den drei wichtigsten, mehrfach ungesättigten Fettsäuren: Linolsäure, Linolensäure, Arachidonsäure.*

Noch erstaunlicher ist der **Vitamingehalt;** *100 g Pollen enthalten:*

Fettlösliche Vitamine: Vitamin A 500.000—900.000 µg / Vitamin D / Vitamin E

Wasserlösliche Vitamine: Vitamin B_1 *920 µg / Vitamin* B_2 *1850 µg / Nikotinsäure 20.000 µg / Pantothensäure 5000 µg / Folsäure 500 µg / Vitamin* B_6 *500 µg / Vitamin H / Vitamin C 700.000 µg /*

An **essentiellen Fettsäuren** sind in Gramm in jeweils 100 g enthalten: (zum Vergleich sind die Werte für Fleisch und Eier auch angegeben): (nach Herold)

enthalten in:	Pollen	Rindfleisch	Eiern	enthalten in:	Pollen	Rindfleisch	Eiern
Isoleucin	4.5	0.93	0.85	Phenylalanin	3.9	0.66	0.69
Leucin	6.7	1.28	1.17	Threonin	4.0	0.81	0.67
Lysin	5.7	1.45	0.93	Tryptophan	1.3	0.20	0.20
Methionin	1.8	0.42	0.39	Valin	5.7	0.91	0.90

Ebenso sind die bakterienfeindlichen Stoffe (Antibiotika) und die wuchsfördernden Wirkstoffe nachgewiesen. Aber auch weibliche Hormone wurden — vor allem im Tierversuch — nachgewiesen, da man bei Versuchen herausfand, daß nach der Verfütterung die Versuchstiere mehr Junge bekamen, als die Vergleichstiere.

Wir haben daher Blütenpollen in wirklich sehr kleinen Mengen (½—1 Tl voll pro Hund) dem »Wunderbrei« zugesetzt, wenn wir wußten, daß eine Hündin gedeckt werden sollte, aber auch während der Trächtigkeit, der Säugezeit und auch dem Welpenfutter Pollen beigefügt.

Der »Wunderbrei« — ein »Geheimrezept« für ernste Fälle

Der »Wunderbrei«, den wir auch für unsere etwas älteren Hunde verwendeten, und der diese nachweislich und innerhalb kurzer Zeit sichtbar lebhafter, schneller in den Bewegungen, schöner in wieder leuchtenderen Fellfarben erscheinen ließ, so daß man ihnen wirklich ihr Alter nicht ansah, sieht folgendermaßen (für einen mittelgroßen Hund) aus:

½ bis 1 Tl Blütenpollen / 1 Tl geschrotete Eierschalen / 1 Meeresalgen-Tablette gepulvert / 1 Tl Honig / 1 Tl Sahne / 1 Tl Sonnenblumenöl / 1 Tl Hefepulver / 1 Tl Apfelessig /

alles schön umrühren, auf einem *dicken* Kompott-Teller stehen lassen, bis sich — nach fünf bis zehn Minuten — die Pollen aufgelöst haben. Einen dicken Kompott-Teller brauchen Sie deswegen, weil der »Wunderbrei« den Hunden so gut schmeckt, daß sie, wenn der Teller innen leer ist, ihn noch ein paarmal mit den Pfoten umdrehen und ihn von allen Seiten nachdrücklich ablecken!

Apfelessig — preiswert und vielseitig

Auch Apfel-Essig gehört zu den ungewöhnlichen Zutaten des Hundefutters, wenngleich er sich ausgezeichnet bewährt und von den Hunden — worüber man sich zuerst wundert — sehr gern genommen wird. Wenn Sie aber daran denken, daß im Apfelessig all die guten Bestandteile des Apfels vereinigt sind, wird Ihnen die Wirkung nicht mehr erstaunlich sein. Wir hatten mal irgendwo gelesen, daß sich Apfelessig hervorragend bei Tieren mit Störungen im Eiweißstoffwechsel bewährt habe. Und wir wußten auch und trinken ihn daher regelmäßig, daß er beim Menschen gegen die gefürchteten Harnstoffablagerungen, die zu Gicht und Rheuma führen, und die durch zu hohen Eiweißverbrauch entstehen, helfen soll.

Dann bekamen wir auch noch die Bücher von Jarvis in die Hand, von da ab war unsere Neugierde geweckt: Er beschreibt darin die Wirkung von Apfelessig nicht nur auf den Menschen, sondern auch bei Tieren. Vor allem bei der so häufig auftretenden Mastitis der Kühe hatte er sie, wie er schrieb, eingesetzt ... *Sollte das etwa auch etwas Gutes für Hunde sein?* fragten wir uns. Wir haben es ausprobiert und den Hunden von da an immer auch ein wenig von unserem Apfelessig mit ins Futter getan.

Ich weiß nicht, ob es wirklich der Apfelessig war, oder ob wir jahrelang einfach nur Glück hatten, und die Hunde waren plötzlich so unheimlich gesund oder ob es die Folge des oben bereits beschriebenen »Wunderbreis« war, den wir den trächtigen und säugenden Hündinnen gaben: Wir haben niemals wieder auch nur die geringsten Eklampsie-Anfälle und niemals mehr die gefürchtete Gesäuge-Entzündung gehabt. Obwohl wir natürlich weiterhin vorsichtig waren und immer wieder, bevor wir die Welpen anlegten, auch »Milchproben« entnahmen.

Auch bei der Behandlung von allerlei Infektionen, die durch Bakterien hervorgerufen werden, haben wir durch Apfelessig-Zugabe — so meinen wir — die Situation im Griff behalten. Da ja alle Bakterien für ein ideales Wachstum einen alkalischen Boden brauchen, und wir wußten, daß viele Bakterien, wenn sie mit der Nahrung aufgenommen werden, bereits durch die Magensäure vernichtet werden, haben wir, bei Magenstörungen der Hunde, die gestörte Säurebilanz mit Apfelessig ausgeglichen, so daß die Nahrung dann trotzdem in einem ausreichend gesäuerten Zustand vom Magen in den Darm gelangte.

Auch das *Hundefell* läßt sich hervorragend mit Apfelessig behandeln, besonders dann, wenn eine Reinigung vorangegangen ist, weil die Hunde sich in »wer-weiß-was-alles« gewälzt haben. Durch den Apfelessig, den wir, mit etwas Öl vermischt, ins Fell einrieben, hatte dieses sofort seinen wichtigen Säure- und Fettmantel wieder, und außerdem glänzte es, weit besser, als man es mit allerlei teuren »Kosmetika« erreichen konnte.

Im Winter, wenn das Hundefell oft staubig ist, weil kein schönes Bad unterwegs oder das Herumtollen auf den feuchten Wiesen möglich ist, bürsten wir zunächst mit einer trockenen Bürste das Fell aus, dann wird die Bürste mit Apfelessigwasser angefeuchtet und nachgebürstet; nachrubbeln mit einem Leinentuch oder einem alten Lammfellhandschuh (umgedreht, das Fell nach außen) und die Hunde sind — wie neu!

Sogar bei *Milchschorf* haben wir Apfelessig, statt des früher ebenso erfolgreich verwendeten Wasserstoffsuperoxyd, aufgetupft. Ebenso bei Ekzemen, mit Wasser verdünnt, aufgetupft, danach Honig, mit Sonnenblumenöl vermischt, aufgetragen. Wenn ich denke, wie billig dieser Essig ist und überlege, wieviele ziemlich teure andere Sachen wir seitdem nicht mehr benötigen — (Aber bitte, *richtigen Apfelessig kaufen, nicht irgendeinen! Der Preis ist der gleiche, wie bei anderem guten Essig.)*

Hefe — mannigfaltige Wirkung

Und dann ist es die — ebenfalls preiswerte — Hefe, die man nicht genügend loben kann, weil sie eine wahre Schatzkammer in der Ernährung bedeutet.

Die Heilwirkung der Hefe zeigt sich in mannigfaltigen Krankheitsbereichen: *Verdauungsstörungen, Magen-Darmkrankheiten, Hormondrüsenstörungen, Herz, Kreislauf, Entwicklung, Wachstum, Neuralgien* werden günstig beeinflußt. Bei uns Hundefreunden weiß man häufig, daß Hefe, wegen des hohen darin enthaltenen Biotin-Anteils, sich vorteilhaft auf die Entwicklung insbesondere des Fells auswirkt. Man kann Hefe über das Futter streuen oder in den »Wunder-Brei« einrühren.

In 100 g getrockneter Bierhefe findet man u.a.:
Eiweiß 38.8 g / Fett 1.0 g / Kohlenhydr. 38.4 g / Natrium 121 mg / Kalium 1700 mg / Kalzium 210 mg / Magnesium 231 mg / Phosphor 1753 mg / Eisen 17.3 mg / Mangan 0.53 mg / Zink 8.0 mg / Vitamin A / Vitamin B_1 *15.6 mg / Vitamin* B_2 *4.3 mg / Vitamin* B_6 *4.2 mg / Niacin 37.9 mg / Pantothensäure 9.5 mg / Vitamin C /*

Das Wunder: Apfel
Zur Vorbeugung, zur Heilung, zur Wiederherstellung

Meine nächste Liebeserklärung gilt dem Apfel! Immer wieder wundert es mich, wie selten Hunde mit Äpfeln gefüttert werden, und das Staunen ist groß, wenn es dann doch jemand ausprobiert, und (natürlich immer erst dann, wenn wirklich gar nichts mehr geholfen hat,) meinen Apfelvorschlag erprobt und verblüfft feststellt, wie manche sehr hartnäckige Darm- und Magenstörung alsbald ins Vergessen gerät! Wie Sie es inzwischen gewohnt sind, erzähle ich Ihnen ersteinmal, was alles so im Apfel zu finden ist — manches erklärt sich eben schon dadurch, daß man die Zusammensetzung kennt.

An Vitaminen enthält der Apfel: Vitamin A, B_1, B_2, C, Nikotinsäure, B_6, und E.
In 100 g Frischsubstanz findet man im Apfel:
Eiweiß 0.3 g / Fett 0.3 g / Kohlenhydr. 12.1 g / Natrium 2 mg / Kalium 140 mg / Kalzium 8 mg / Magnesium 3 mg / Phosphor 10 mg / Eisen 0.3 mg / Vitamin A 100 I.E / Vitamin B_1 0.027 mg / Vitamin B_2 0.030 mg / Niacin 0.100 mg / Vitamin C 12 mg /

Natürlich hatten auch wir längst vergessen, wie »gut« Äpfel sind! Aber, als eines Tages nichts mehr half, habe ich mich vor einigen Jahren, in meiner Verzweiflung über die mit nichts zu behebenden Durchfallstörungen eines frisch bei uns eingezogenen Hundes, daran erinnert, daß in schweren Fällen von Darm- und Magenerkrankungen uns Kindern immer Apfelbrei (roh oder gekocht als Apfelmus) verabfolgt wurde.

Bei den Hunden ausprobiert, — daß ich nicht eher darauf kam, lag wohl daran, daß es nirgends zu lesen war — ergab sich die gleiche und nachhaltige Wirkung, wie ich sie von früher her erinnerte. Jetzt ist es ganz selbstverständlich geworden, Äpfel auch für die Hunde bereit zu halten: Wir geben mit Erfolg bei allen **Durchfällen** *etc. den Apfel roh und breifein zerkleinert,* sonst kann der Hund ihn nämlich nicht verwerten. Bei **Verstopfung** *wiederum wird der feine Apfelbrei gekocht, mit Honig und Leinsamenschleim verwendet.*

Da sind zunächst die im Apfel enthaltenen Pektine, die wie ein Schwamm, die Gifte im Darm aufsaugen, so daß sie nicht mehr ins Blut gehen können, sondern mit der Verdauung abgehen. Wenn man aber die Zusammensetzung des Apfels ansieht, erkennt man sogleich, welche umfassende Heilwirkung sich aus all den wunderbaren Apfel-»Zutaten« ergibt. Besonders, wenn ein Tier bereits durch langdauernden Durchfall von allen guten Geistern, nämlich den Wirkstoffen, verlassen wurde, können sie ihm nun in Form von geriebenem Apfel (gleich mit Schale feinreiben oder pürieren) leichtverdaulich wieder zugeführt werden! Man kann dann noch etwas Honig untermischen oder Reis- oder Haferschleim oder nach und nach auch eingeweichte Flocken, Vollkornbrot, etwas Quark und Sonnenblumenöl usw. hinzufügen ... und der eben noch bis an die Grenze des Erträglichen geschwächte Hund wird schnell und dauerhaft gesund.

Bei **Fieber** *und langdauernden Entzündungen,* wo ohnehin, wie wir nun wissen, der Stoffwechsel einen besonders hohen Bedarf hat, gibt man einige Tage lang nichts als Apfelbrei; der Körper wird entgiftet, entschlackt und erhält trotzdem alle notwendigen Wirkstoffe. Man kann versuchen, etwas Quark unterzumischen, um den Eiweißbedarf zu decken, in besonders mühsamen Fällen haben wir auch schon *Mandelmus* eingerührt und damit den Eiweißbedarf gedeckt.

Bei hartnäckiger **Verstopfung** hilft *gekochter* Apfelbrei mit Leinsamenschleim. Und bei jungen Hunden, die Schwierigkeiten mit der Nahrungsumstellung haben, kann man einfach immer etwas geriebene Äpfel mit unterfüttern, Sie werden staunen, wie gut alles funktioniert.

Sonnenblumenöl — wichtiger Wirkstoffträger

Sonnenblumenöl, das wir *immer* dem Futter in *kleinen* Mengen zusetzen, ist viel mehr als nur Fett. Wir verwenden das kaltgepreßte Öl aus Sonnenblumenkernen daher auch nicht als Energie-Lieferant, sondern als Wirkstoffträger, das dem Futter immer erst am Schluß zugesetzt wird und *nicht erhitzt werden darf.*

Damit Sie wissen, was alles in 100 g Sonnenblumenkernen enthalten ist:

Eiweiß 15.2 g / Fett 22—32 g (enthält 65 % Linolsäure!) / Kohlenhydrate 17.4 g / Kieselsäure 14.7 g / Kalorien (!) 402 / Vitamin A 0.01 mg / Vitamin B_1 *0,25 mg / Vitamin* B_2 *0,18 mg / Vitamin* B_6 */ Niacin 2.7 mg / Vitamin E 22 mg /*

Bei vielen Hauterkrankungen liegt ein Fehler im Fettstoffwechsel vor, dem man, durch geringe Gaben von Sonnenblumenöl, wirksam begegnen kann. Über die Anregung der Schilddrüse wird die Sauerstoffversorgung des Körpers angeregt, und auch die Umwandlung von Karotin in Vitamin A wird erheblich verbessert. Wie wichtig die Linolsäure gerade für Hunde ist, wissen Sie bereits. Besonders bei Welpen und säugenden Hündinnen besteht ein besonders hoher Vitamin-A-Bedarf, daher ist dem *Karottenbrei immer auch Sonnenblumenöl zuzusetzen.*

Leinsamen sollte immer im Haus sein

Ob Leinsamen mehr ein Bestandteil der täglichen Küche oder aber zum wichtigen Bestandteil der Hausapotheke gehört — jedenfalls sollte er im Haus sein. Auf alle Fälle ist er ein hervorragendes Mittel, wenn Magen-Darmbeschwerden auftreten.

Leinsamen muß jeweils *frisch* geschrotet und im Wasser vorgequollen werden, damit ihn die Hunde auswerten können. Dabei ist die, bei Menschen oft bevorzugte, Verwendung als Abführmittel für den Hund gar nicht so sehr wichtig. Aber bei chronischen Magenschleimhautentzündungen und bei Fäulnisbakterien im Darm bewirkt Leinsamen Wunder. Auch die oft schwer zu stillenden Durchfälle und der hohe Anteil an unverdauter Nahrung darin werden so, auf zweierlei Weise, gestoppt.

Erstens hat man herausgefunden, daß es *gerade ein zu geringer Fettanteil in der Nahrung* ist, weswegen die Nahrung den Hundemagen *zu schnell* passiert. *Erst,* wenn *genügend Fett* im Futter enthalten ist, bleibt die Nahrung ausreichend lange im Magen und wird besser verwertet.

Dann aber wirkt der *schleimige Leinsamenbrei wie eine Schutzhülle* über den entzündeten Magen- und Darmwänden und bewirkt, daß sich die Fäulnis- und Gärungsprozesse im Darm schnell wieder normalisieren. Auch, wenn nach einer Antibiotika-Behandlung, die sich leider ja nicht immer umgehen läßt, nicht nur die schädlichen Keime, sondern leider auch die gesamte Darmflora vernichtet wurde, ist Leinsamenschrot hilfreich, die zerstörte Darmflora wieder aufzubauen.

Ein Brei aus Äpfeln, Hundeflocken und Leinsamenschrot ist schnell hergestellt, wird von den Hunden, besonders, wenn noch etwas Honig enthalten ist, gern genommen, hilft überraschend schnell und macht häufig eine Reihe von Medikamenten überflüssig — und obendrein hilft dieser Brei auch noch ohne jegliche Nebenwirkungen.

Mit diesen »Liebeserklärungen« soll nun dieses Kapitel beendet werden. Erst wenn man es selbst ausprobiert, wird man sehen, wie viele der so häufig ernsthaften Erkrankungen des Hundes, die zum überwiegenden Teil die Folge von ernährungsbedingten Stoffwechselstörungen sind, sich so sanft, nachdrücklich und so unglaublich einfach beheben lassen.

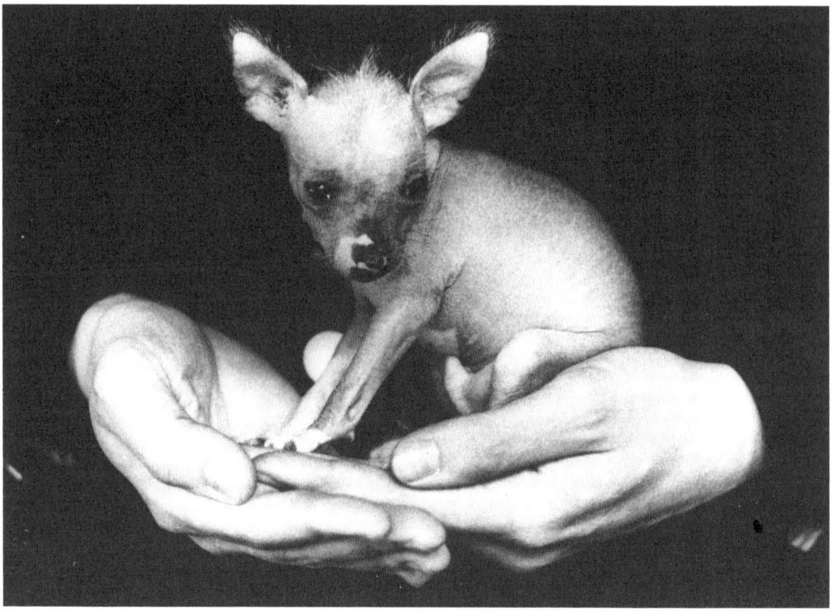

Gegensätze:
oben: Chinese Crested Hairless Dog, drei Monate alt
(Aufnahme: Weinberg)
unten: Bernhardiner in Ausstellungskondition
(Aufnahme: Aldington)

26. Kapitel

HAUSMITTEL UND HEILPFLANZEN

Wildlebende Tiere sind nicht grundsätzlich gesünder

Auch dieses Kapitel beginnt wieder mit einem Blick auf die wildlebenden Verwandten unserer Hunde. Wenn nämlich davon die Rede ist, daß unsere Rassehunde besonders krankheits- und störungsanfällig seien, steht im Hintergrund die, leider oft blindlings, übernommene Behauptung, daß wild- d. h. »natürlich« lebende Wölfe, Füchse, Hundeartige von Natur aus gesünder und widerstandsfähiger, d. h. grundsätzlich gesund seien.

Geht man der Sache auf den Grund, sieht alles wieder einmal ganz anders aus. Wissenschaftler registrierten nicht nur reichlichen Parasitenbefall, sondern *so ziemlich alle schweren Erkrankungen,* die wir auch bei unseren Hunden fürchten: *Staupe, Arthritis, Nierensteine, Nierenversagen, Leber-, Schilddrüsenkrebs, Kretinismus, Gelbsucht, Magengeschwüre, Tollwut, Rachitis, Salmonellen; Tumore in Niere, Leber, Gehirn, Herzerkrankungen und Viruserkrankungen im Bereich von Bronchien und Lunge...*

Neben *Tollwut* ist die häufigste vorgefundene Erkrankung übrigens — *Arthritis,* die ja, wie wir inzwischen zusammen herausgefunden haben, das Endergebnis einer Reihe schwerwiegender Mangelerscheinungen und Stoffwechselstörungen ist und auch bei unseren Hunden eine nicht geringe Rolle spielt.

Pflanzliche Nahrung hat auch bei Wölfen ihren guten Grund

Jetzt erscheint uns die bereits früher erwähnte, bei Wölfen und Wildhunden festgestellte, auch pflanzliche Ernährung in einem anderen Licht: Nicht etwa als Folge von nicht ausreichend vorgefundenen, jagdbaren Tieren werden Gras, Büsche, Käfer, Früchte gefressen, sondern als *notwendige Ergänzung,* die zur Regulierung des Stoffwechsels nötig ist.

Auch bei Füchsen hat man festgestellt, daß Pflanzenkost zeitweilig sogar die Hauptnahrung ist, und bei Wölfen, um es hier nochmals in Erinnerung zu bringen, stellte man den Verzehr von *Beeren, Gräsern, Getreide, Teilen von verschiedenen Baumarten, Goldrute, Blättern, Früchten* fest. Bei Kojoten entdeckte man, daß sie *Datteln, Muskatnüsse, Pflaumen, Weintrauben, Gräser, Seggenblätter, Melonen, Mais, Pfirsiche, Äpfel, Kirschen, Feigen, Aprikosen, Pampelmusen, Blaubeeren, Gurken, Ananas,* um nur einiges aufzuführen, freiwillig fressen.

Der Hund frißt »Gras« — aber warum und welches?

Recht interessant wird es, wenn man nun vergleichsweise einmal nachprüft, was unsere Hunde eigentlich, wenn sie »Gras fressen«, tatsächlich auswählen. Sie kennen es ja selbst, wenn man dasteht und wartet und wartet, bis der Hund sein passendes Gräslein herausgefunden hat und genußvoll verspeist ... Ob dies etwas, wie oft behauptet, mit kommendem Regen zu tun hat, läßt sich kaum beweisen, weil es mal zutrifft und mal nicht. Aber warum sollten manche Hunde nicht auch, wie Menschen, wetterfühlig sein und ihr Stoffwechsel nicht, ebenso wie unserer auch, gelegentlich heftig auf Witterungsumschwung reagieren?

Wir haben jahrelang beobachtet, um herauszufinden, ob sich dabei besondere Kräuter und Gräser feststellen lassen. Nicht nur, daß unsere Hunde, nicht immer zu unserer Freude, dazu neigten, im Garten allerlei zu ernten: *Erdbeeren, Himbeeren, Salatblätter,* unsere kostbaren *Ziergräser,* die ersten Spitzen des neuen *Rasens;* sie ernteten ebenso die frisch gewachsenenen *Krokusse,* kauten zu unserem Entsetzen *Kastanien* und suchten sich unterwegs *Löwenzahn, Quecke, Klee, scharfkantige Gräser, Goldraute, frische Getreide, Blaubeeren, Preiselbeeren, Vogelbeeren, Blätter und feineÄste von Bäumen;* ja, gelegentlich sogar die den Sommer über in den Garten ausgelagerten *Kakteen* ...

Im Laufe der Jahre haben wir, was wir so herausgefunden haben, etwas genauer untersucht, allerdings jetzt nach etwas anderen Gesichtspunkten, als sie für uns, beim Sammeln und Bestimmen von Pflanzen, wichtig gewesen waren. Als Hundebesitzer ist man ja in vielem anderen Menschen voraus: Täglich wenigstens eine Stunde ins Grüne, wer muß das schon tun?

Dabei haben wir aber nicht nur ein gesundes tägliches Training absolviert, gut durchgeatmete Lungen und einen freien Kopf mit heimgebracht, sondern viele Pflanzen, Gräser, Farne, Früchte, Blätter, die wir zuhause ordnungsgemäß bestimmten, sie in großen Herbarien trockneten und in einer immer umfangreicher werdenden Kartei registrierten.

Die »Inhaltsstoffe« der Pflanzen sind wichtig

Als wir wissen wollten, nach welchen Gesichtspunkten unsere Hunde die Auswahl trafen, erwies sich unser botanisches System als nicht geeignet. Und damit begann für uns, wie mir heute scheint, eine unser ganzes Sehen und Denken verändernde Betrachtungsweise: Wir wollten wissen, worin sich die Pflanzen innerlich, d. h. in ihren Bestandteilen oder Inhaltsstoffen ähneln und unterscheiden. Wir lernten dabei, wie Pflanzen wachsen, dachten erstmals darüber nach, daß die Pflanzen längst vor uns die Erde bewohnten und alles Leben, wie wir es heute kennen, überhaupt nur durch die Pflanzen möglich ist.

Wir lernten auch noch etwas anderes: Pflanzen, denen der Volksmund seit ältesten Zeiten bestimmte Heilwirkungen und auch bestimmte magische Kräfte zuspricht, deren Wirkung man mehr praktisch erproben, als wissenschaftlich nachweisen konnte, lassen, wenn man ihre Inhaltsstoffe untersucht, plötzlich erkennen, daß ihre Wirkung nicht so sehr ein gewisses Maß an Aberglauben voraussetzt, sondern sich tatsächlich aus ihrer Zusammensetzung erklären läßt.

Was Sie nun auf den folgenden Seiten finden, ist eine kleine Auswahl von Kräutern und Früchten, die insgesamt für einen großen Teil der täglich vorkommenden Erkrankungen und Fehlsteuerungen eine heilende Wirkung haben. Und noch etwas haben die folgend zusammengestellten Pflanzen und Früchte gemeinsam: *Ein großer Teil von ihnen wächst, oft von uns unerkannt, an Wegrändern, in Wiesen und Wäldern, und wir gehen achtlos daran vorbei.*

Welche Pflanzen für den Hund?

Zunächst kannten auch wir nur die allgemein bekanntesten Heilpflanzen wie z. B. Pfefferminze, Kamille und Schafgarbe, haben uns dann aber, jenseits aller Heilkräuterbücher, *die Pflanzen und Früchte, von denen wir erfuhren, daß sie zu der von Hunden und wildlebenden Caniden freiwillig genommenen Pflanzennahrung gehören, herausgesucht und beschrieben.* Was wir dabei im Laufe der Jahre entdeckten, als wir, wo nur immer möglich, Angaben über Inhaltsstoffe und Zusammensetzung der Pflanzen zusammentrugen, war interessant genug.

Aus den vorangegangenen Kapiteln wissen Sie nun einiges über die Bedürfnisse des Hundes. Auf den folgenden, letzten Seiten können Sie nun nachlesen, was sich alles in den grünen Blättern, farbigen Blüten, braunen Baumrinden und den vielgestaltigen Wurzelgebilden verbirgt. Auf die Beschreibung und Fundstellen der Pflanzen habe ich bewußt verzichtet. Sie finden sie leicht in Bestimmungsbüchern.

Viel *schwieriger* ist es aber, die *Inhaltsstoffe zu ermitteln.* Hierzu haben wir im Laufe der Jahre eine Vielzahl an Büchern benötigt, viele Briefe geschrieben und viele Aufsätze aus wissenschaftlichen Zeitschriften ausgewertet. Auch wenn Sie nicht gleich mit allen Angaben etwas anfangen können, werden Sie, je länger Sie sich damit beschäftigen, ihre Bedeutung erkennen lernen.

Überraschende (?) Heilerfolge mit einfachen Mitteln

Noch längst sind nicht alle Bestandteile der Pflanzen von den Wissenschaftlern analysiert, noch immer geben nachweisbare Heilerfolge Rätsel auf. Einige Wirkstoffe kann man inzwischen synthetisch herstellen und gezielt einsetzen. Trotzdem hat man wiederum feststellen müssen, daß, richtig eingesetzte, Heilpflanzen oft eine bessere und sicherere Wirkung hatten, als einzelne ihrer isolierten oder synthetisch hergestellten Substanzen.

Vermutlich kann man es sich nur so erklären, daß eine Krankheit immer das Zeichen von einer Vielzahl körperlicher Störungen ist, die, als eine Kettenreaktion, »krank« machen. So hat es wenig Zweck, wenn man z. B. einzelne Symptome kuriert, ohne aber gleichzeitig den gesamten gestörten Organismus wieder ins Gleichmaß zu bringen.

Von der »Gesamt«wirkung der Heilpflanzen

Wenn Sie sich nun die Inhaltsstoffe der nachstehend aufgeführten Pflanzen und Früchte ansehen, werden Sie die Vielzahl der darin versteckten Helfer erkennen: Sie wirken gleichzeitig schmerzlindernd, regen den Stoffwechsel an, enthalten Vitamine, Spurenelemente, wirken beruhigend, entkrampfend — und gerade bei den großen, berühmten Heilpflanzen kann man an den Inhaltsstoffen erkennen, *warum* sie ein derart *breites* Wirkungsfeld haben.

Trotz Veranlagung zur Krankheit gesund bleiben

Unsere Rassehunde, auch wenn sie noch so liebevoll gehalten werden, haben, ähnlich wie ihre wildlebenden Verwandten, Anlagen zu allerlei Erkrankungen in sich. Wenn ich an die schlechten Kriegsjahre und die mageren Zeiten danach zurückdenke, erstaunt es mich immer wieder, wieviele der heute umgreifendsten Erkrankungen in jenen Jahren bei Tier und Mensch nicht aufgetreten sind.

Auch wurden damals unsere Hunde nicht nach derart vielen Richtlinien gefüttert und waren trotzdem keinesfalls dauernd krank. Aber sie hatten damals ganz einfach viel freien Auslauf, trieben sich in Feld und Wald umher und konnten sich so unterwegs mit allerlei versorgen, wovon kein Mensch annehmen würde, daß es gut sei für Hunde. Heute sind unsere Hunde unserer Unkenntnis in viel stärkerem Maße ausgeliefert: Was wir ihnen nicht geben, können sie sich nirgends besorgen.

Die Pflanzen und Früchte, die Sie auf den folgenden Seiten finden, sind wie gesagt, jederzeit leicht zu beschaffen. Man kann sie kaufen (Apotheke, Reformhaus, Kräuterhandlung) oder selber sammeln. Die eine oder andere Pflanze werden Sie vielleicht vermissen.

Wir haben im Laufe der Jahre bei *Pflanzen und Früchten vergleichbarer Inhaltsstoffe denen den Vorzug gegeben, die von wildlebenden Tieren und unseren Haushunden »selbst« gesucht wurden.* Da man noch so vieles nicht weiß, ist vielleicht, wenn man sie herausfinden kann, die instinktiv vom Hund ausgewählte Pflanze die für ihn bessere.

Auch für Heilpflanzen gilt: Nicht überdosieren, nicht dauernd!

Bei allen zu Heilzwecken eingesetzten Pflanzen gilt, daß man sie nicht ausschließlich, nicht in großen Mengen und nicht über längere Zeit geben soll. Auch ein *wildlebendes* Tier hat immer nur eine *beschränkte Möglichkeit, ein und dieselbe Pflanze* aufzufinden. Außerdem haben die, von uns für die Verdauung des Hundes *aufbereiteten, Pflanzen eine ungleich höhere Wirkung*, als die von ihm zwar gefressenen, aber nur unvollkommen ausgewerteten.

Bei einigen Kräutern habe ich, als Anregung, von uns mit Erfolg eingesetzte homöopathische Mittel und Salben, sowie einige wenige erprobte Fertigpräparate notiert. Die Beschäftigung mit diesen alternativen Heilmethoden ist nicht nur interessant, sondern auch, wenn man sie richtig einzusetzen lernt, von ganz unglaublicher und sicherer Wirkung.

Außerdem fallen bei homöopathischen Medikamenten ungewünschte Nebenwirkungen von vornherein weg: Entweder sie helfen — oder nichts passiert.

»Hausrezepte« — wie wir darauf kamen

Ganz zum Schluß sind noch, auf vielfachen Wunsch, einige erprobte Hausrezepte zusammengestellt. Im Laufe der Jahre, bei unserem vielfachen, berufsbedingten Ortswechsel, in den verschiedensten Teilen der Welt und während des Zusammenlebens mit Hunden unterschiedlichster Temperamente, Anlagen und immer ganz individuellen Bedürfnissen, haben wir *improvisieren lernen müssen:* Nicht immer waren Tierarzt und Medikamente greifbar. Wir mußten also auf unseren gesunden Menschenverstand, auf unsere Beobachtungsgabe und unser Einfühlungsvermögen hoffen, um uns bei allerlei Alltagswehweh mit dem zu behelfen, was wir im Haus hatten.

Erstaunlich, mit wie wenig man auskommen kann

So ist unser »Hausmittelrepertoire« immer schmäler geworden, *wurde immer mehr auf einfachste, überall greifbare Hilfsmittel reduziert.* Honig, Öle, Leinsamen, Erde, Moose, Gräser, Kräuter, Getreide und allerlei Obst, allerlei Fleischsorten, Milch oder Milchprodukte, — als wir damit umzugehen gelernt hatten, waren wir erstaunt, mit wie wenig man, wenn man nur einige Grundkenntnisse hat, schließlich auskommen kann, wenn eben nicht immer *alles* in Hülle und Fülle, sondern nur einiges davon aufzutreiben war.

Vieles haben wir von unseren Freunden in aller Welt erfahren, die dieses und jenes erprobt hatten; wir waren oft dankbar, daß wir uns, obwohl wir annahmen, dieser oder jener Fall träte bei *uns* bestimmt niemals ein, alles notiert hatten.

Der über Jahrzehnte ausgedehnte Briefwechsel rund um den Erdball ist eine wahre Fundgrube, wenn man darin blättert: Wieviele Probleme und Komplikationen ergeben sich, wenn man Hunde züchtet, wieviele Faktoren sind zu beachten: Genetische Grundvoraussetzungen, Stoffwechselvorgänge, rassetypische Veranlagungen zu Wesenseigenschaften, Krankheitsanfälligkeiten ...

Wievieles ist noch unentdecktes Land und wievieles *könnte* man wissen, wenn man wirklich alle verfügbaren Informationen gründlich, gewissenhaft und stetig sammeln würde ...

27. Kapitel

HEILENDE KRÄUTER UND FRÜCHTE

Ein paar Stichworte und Grundbegriffe sollen jedoch erläutert werden: Man unterscheidet grob folgende Drogen:

1. Alkaloiddrogen: Alkaloide sind sehr stark wirkende, oft giftige Stoffe, die man — in der richtigen Dosierung — als Heilgifte bezeichnen kann.

2. Bitterstoffdrogen: Regen die Magensaftsekretion an, verbessern also Appetit und Verdauung und werden bei vielerlei Schwächezuständen verwendet.

3. Ätherisch-Öl-Drogen: Riechen stark (und meist angenehm). Sie enthalten einen nicht wasserlöslichen öligen Stoff. Daher müssen bei Teeaufgüssen die Gefäße, solange der Wasserdampf aufsteigt, geschlossen gehalten werden, damit die kostbaren Stoffe nicht verfliegen! Die Öle können aus vielen verschiedenen Substanzen bestehen: *Gemeinsam* ist allen die *Heilwirkung: Entzündungswidrig, harntreibend, krampflösend, stärkend auf Magen, Darm; Äth.-Öldrogen bekämpfen Krankheitserreger, Bakterien und gelegentlich Viren.*

4. Flavonoiddrogen: Ist ein Sammelbegriff verschiedener und vielseitiger Stoffe, die aber chemisch die gleiche Struktur haben. Daraus ergibt sich auch die mehrfache Wirksamkeit, z. B. auf die *Blutgefäße, Herz- und Kreislaufstörungen und krampflösende Wirkung.* Oft sind es gerade die »Flavone«, die über die Gesamtwirkung einer Pflanze entscheiden.

5. Gerbstoffdrogen: Haben eine zusammenziehende, »gerbende« Wirkung, die man ausnutzt, wenn man *Wunden, Eiteransammlungen Entzündungen* etc. bereinigen möchte, die aber auch bei *Durchfall* z. B. nützlich ist. Gerbstoffe werden oft nur »kalt ausgezogen« d. h. nicht gebrüht, damit nur ein Teil der Gerbstoffe zur Anwendung kommt und eine Reizung vermieden wird. Das wird immer genau angegeben, man sollte es beachten.

6. Kieselsäuredrogen: Kieselsäure ist ein unentbehrlicher Bestandteil des Organismus: Haut, Bindegewebe, Haare. Kieselsäure hält Blutgefäße elastisch, *regt die Ausscheidung der Nieren an,* wirkt *schleimlösend und entschlackend.*

7. Saponindrogen: Finden überall Verwendung, wo *entzündungshemmende, wassertreibende, schleimlösende, entschlackende* Wirkung erzielt werden soll.

8. Schleimdrogen: Unter dem Schutz der Schleimdrogen tritt eine *Reizmilderung entzündeter Haut, Bronchien, Magen- und Darmwände* ein. Sie wirken außerdem leicht abführend. Sie sind in vielen Pflanzen enthalten und ermöglichen oft erst die Wirkung auch der übrigen enthaltenen Substanzen.

Andere Wirkstoffe: Außer den in den Pflanzen enthaltenen *Vitaminen und Spurenelementen,* deren Wert bereits in früheren Kapiteln beschrieben wurde, sollen hier noch einige Wirkstoffe, die besonders interessant sind, erklärt werden:

Acetylcholin: Bewirkt Blutdrucksenkung, Verlangsamung des Herzschlages, Anregung der Speicheldrüsen, erhöht die Erregbarkeit der glatten Muskeln (Darm, Uterus)

Alkaloide: Sind pflanzliche Gifte, die in der richtigen Dosierung Heilwirkung haben und schmerzlindernd, krampflösend, betäubend oder anregend wirken.

Cholin: Kann Giftstoffe inaktivieren und gilt als »Leberschutzstoff«.

Fettsäuren: Pflanzliche Fettsäuren beeinflussen den Zellstoffwechsel und hemmen Ablagerungen in den Blutgefäßen (Arteriosklerose)

Flavone: Vor allem in Citrin und Rutin, die als Vitamin P bezeichnet werden; hemmen Verbrennungsvorgänge, verkürzen die Blutungszeit und verhindern das Platzen von Blutgefäßen.

Glykoside: Ätherartige, org. Verbindungen von Zuckerarten (Fructose, Galctose, Mannose) mit anderen organischen Bestandteilen z. B. Alkoholen, organ. Säuren, Steroiden etc. Sie gehören zu den wichtigsten Pflanzenwirkstoffen.

Harze: Sind Ausscheidungsprodukte der Pflanzen, sie haben haut- und schleimhautreizende Wirkung.

Inosit: Ist pflanzl. Substanz mit Vit.-B-Charakter.

Inulin: Ist eine chemische Vorstufe von Fruchtzucker

Lezithin: Spielt vor allem im zentralen Nervensystem eine Rolle, stärkend bei Erschöpfungszuständen.

Pektine: Sind kohlenhydratähnliche Stoffe in unreifen Früchten: Im Magen-Darm binden Pektine Krankheitserreger und Giftstoffe.

Anorganische Substanzen: Sind z. B. Silicium, Brom, Fluor, Salze, Eisen, Mangan, Zink, Blei usw.

Von Ananas bis Zwiebel — heilende Kräuter und Früchte

(Tl = Teelöffel, El = Eßlöffel)

Ananas
= Man nimmt: Frische Frucht/frischen Saft
Verwendung: Ananassaft bewährt sich hervorragend wegen seiner eiweißaufspaltenden Kraft bei Störungen des Magensaftes u. Erkrankungen des Magens. Bei Welpen gibt man etwas verdünnten Ananassaft.
Enthält u. a.: In 100 g sind enthalten: Eiweiß (0,5 g), Fett (0.2 g), Kohlenhydrate (13.4 g), Natrium (2 mg), Kalium (190 mg), Kalzium (15 mg), Magnesium (20 mg), Phosphor (10 mg), Eisen (0.3 mg), Vitamin A (110 IE), Vit. B_{11}, B_2, Niacin, Vitamin C (21 mg), Basenüberschuß + 5.4 %!
Zubereitung: Frische Früchte breifein zerkleinern oder aus dem Brei den Saft auspressen, löffelweise geben, vor oder zu den Mahlzeiten.
Sonstiges: Darf niemals erhitzt werden, da sonst aller Wert verloren ist! Wird auch von wildlebenden Caniden genommen!

Andorn = Man nimmt: Das Kraut
Marrubium vulgare
Verwendung: Bei Störungen von Magen-Darm-Galle; bewirkt: vermehrte Blutbildung, Anregung von Drüsenfunktion (Eierstöcke, Gebärmutter), verbessert Kreislauf; günstige Wirkung bei Ekzemen, Leberstörungen.
Enthält u. a.: Bitterstoffe, ätherische Öle, Gerbstoff, Schleim, Cholin, Flavonoide, Pektin, Eisen, Kaliumsalze.
Zubereitung: Frischer Preßsaft, jew. ½—1 Tl. Oder Tee/Aufguß: 1 Tl. Droge auf eine Tasse Wasser.
Sonstiges: Auch bei chronischen Katarrhen: ½—1 Tl Kaltauszug täglich zwischen den Mahlzeiten.

Anis (süßer Fenchel) = Man nimmt: Früchte
Pimpinella anisum
Verwendung: Magen-Darm-Katarrh, Magenkrämpfe, Verdauungsförderung, entschleimt Bronchien. Anisfrüchte zur *Steigerung der Milchabsonderung.*
Enthält u. a.: Ätherisches Öl, Anethol, Cholin, Eiweiß, Zucker, Mineralsalze.
Zubereitung: Von den Früchten: Tee: Ein geh. Tl. pulver. Droge ¼ l koch. Wasser überg., zehn Min. ziehen lassen, abseihen. Nicht dauernd und nicht zu große Dosen geben! Fertigpräparat: »Friosmin-Tropfen« gegen Magenbeschwerden. Anispulver und Karotten gemischt = Wurmmittel.
Äußerlich: Anisöl gemischt mit gleicher Menge Rosmarin-Öl = Gegen Krätzmilbe und Ungeziefer.

Aprikose = Man nimmt: Frische oder besser getrocknete Früchte.
Verwendung: Wegen des hohen Vitamin-A-Gehaltes bei allen Mangelzuständen Vit.-A, auch für trächtige und säugende Hündinnen, Welpen; bei Störungen von Haut und Schleimhäuten, Wachstumsstörungen, Schilddrüsenkrankheiten, Leberstörungen, Blutarmut.
Enthält u. a.: In 100 g getrocknete Früchte: Eiweiß (5 g), Kohlenhydrate (68.4 g), Natrium (4 mg), Kalium (1100 mg), Kalzium (75 mg), Phosphor (120 mg), Eisen (4.5 mg), Vitamin A (6500 IE), Vitamin B_1 (0.006 mg), Vitamin B_2 (0.11 mg), Nikotinsäure (3.2 mg), Vitamin C (11 mg).
Zubereitung: Die getrockneten Früchte einweichen und breifein hacken, aber nicht kochen! Mitsamt Einweichwasser unter Futter mischen, wird aber auch gern so genommen!
Sonstiges: Auch wegen der hohen Anteile Vitamin B und C interessant, ebenso ist der Eisen- und Kaliumgehalt beachtlich! Wird auch von wildlebenden Caniden genommen!

Arnika = Man nimmt: Blüten / Tinktur / Salbe / Homöopathische Präparate
Arnica montana
Verwendung: *Innerlich (nur nach ärztl. Anweisung!):* Schwächezustände, Gefäßlähmung (Kollaps), Magenkrämpfe, Leibschmerzen. Regt die Herzleistung an.
Äußerlich: Nicht auf *offene* Wunden! Gut als Einreibung bei Blutergüssen, Prellungen, Quetschungen.
Arnika-Tinktur und *Birkenwasser* zu gleichen Teilen gutes Mittel zur Hautdurchblutung bei Haarausfall etc.; Arnika-Tinktur *stark verdünnt* zur Behandlung von Entzündung im Maul.

(Arnika:)

Enthält u. a.: Ätherisches Öl (Arnicaflavon), Gerbstoff, Trimethylamin, einen amorphen stickstofffreien Bitterstoff = »Arnicin«, Apfelsäure, Cholin, Fett, Harz, Wachs, Inulin; vermutlich ist es die Zusammensetzung insgesamt, die die Arnica-Wirkung ausmacht.

Zubereitung: 1. Für *Umschläge:* Ein bis zwei Tl Arnika-Tinktur (aus der Apotheke) auf ¼ l Wasser. Oder Tee: Ein bis zwei Tl getr. Arnikablüten mit ¼ l kochendem Wasser übergießen, zehn Minuten ziehenlassen, abseihen. Diesen Tee 1:1 mit Wasser verdünnt für Umschläge verwenden. Niemals unverdünnt verwenden, da äußerlich mit Entzündungen zu rechnen ist.

Sonstiges: Als *homöopathisches Mittel* ist Arnika seit langem bewährt: Als Kräftigungsmittel nach Infektionskrankheiten D2 bis D3 zwei- bis dreimal täglich 2 bis 3 Tropfen. Arnika immer in kleinen Mengen geben und niemals überdosieren oder über längere Zeit verwenden!

Arnica-Salbe verwendet man bei Blutergüssen, Prellungen.

Baldrian = Man nimmt: Wurzel / Dragees

Valeriana offizinalis

Verwendung bei: Nervosität, Unruhe; zur Beruhigung bei Fieber; bei Krämpfen statt Valium usw. nehmen. Der Hund wird ruhiger, wirkt aber nicht benommen und kann meist noch richtig laufen (torkelt nicht).

Enthält u. a.: Ätherisches Öl, (vorw. Borneokampfer mit Baldriansäure = Valeriansäure) krampflösender Stoff, Alkaloide, Cholin.

Zubereitung: *Tee* / = Kaltauszug: Zwei geh. Tl zerkl. Droge m. ¼ l *kaltem* Wasser überg., zehn bis zwölf Stunden stehen lassen, gelegentlich umrühren, nicht kochen, abseihen. Löffelweise den Tag über geben oder untermischen.

Sonstiges: Viele Präparate kann man fertig kaufen. Sie gehören (besonders Baldrian Dragees-'forte') in jede »Hunde-Hausapotheke«!

Praktisch ist auch Baldrian-Tinktur: 1 Tl auf ein Gl. Wasser. *Beachten:* Kleine Mengen Baldrian wirken stimulierend. *Erst sehr große Dosen Baldrian haben die gewünschte, beruhigende Wirkung. Wird meistens zu niedrig dosiert!*

Hervorragend bewährt als Beruhigungsmittel: **Vivinox-Dragees.** Sie enthalten Baldrian, Hopfen, Hafer, Mistel.

Beinwell = Man nimmt: Wurzel

Symphytum offizinale

Verwendung: Bei äußeren und inneren Knochenschäden, Verletzungen, Wunden, Knochenbrüchen, Verstauchungen, Verrenkungen, Knochenmarksentzündungen. Verflüssigt Eiter, löst Wundsekrete auf.

Enthält u. a.: Allantoin, Gerbstoffe, Cholin, Inulin, Asparagin, ätherisches Öl, Kieselsäure, saurer Schleim.

Zubereitung: Tee: 2 Teel. Beinw.-Wurzel mit ¼ l kochendem Wasser übergießen, 15 Min. ziehen lassen, abseihen.

Sonstiges: Für Umschläge: 100 g Beinwell in 1 l Wasser 15 Min. kochen lassen. Abseihen. Warme Umschläge mit getränkten Mullkompressen bzw. Umschläge aus Wurzelbrei.

Birke = Man nimmt: Blätter — Rinde

Betula alba

Verwendung: Harntreibend: scheidet vermehrt Schlackenstoffe aus; bei Ekzemen (Blutreinigung), Darminfektionen. Äußerlich: für Fellpflege.

Enthält u. a.: Äther. Öl, Bitterstoffe, Gerbstoffe, Saponine, Vitamin C.

Zubereitung: Blätter: Tee: 2 geh. Tl Birkenblätter, ¼ l kochendes Wasser überg., 10 Min ziehen, abseihen. 1 Tasse über den Tag verteilt löffelweise zwei bis drei Wochen lang.

Sonstiges: Futterergänzung: Zusammen mit Löwenzahn, Kresse und Feldsalat breifein hacken und ½ kurz gedämpft, ½ roh, löffelweise untermischen.

Bockshornklee = Man nimmt: Samen

Trigonella foenum-graecum

Verwendung: Regt Milchproduktion an. Magen-Darm-Erkrankungen; regt Gallentätigkeit und Verdauung an; Infektionskrankheiten; Blutneubildung; wirkungsvoll auch bei Knochenmarkseiterungen, Tuberkulose. Äußerlich bei Furunkeln, Vereiterungen.

Enthält u. a.: Schleimstoffe, Saponin, Aromastoffe, Eisen, Phosphorverbindungen, Nikotinsäureamid, Cholin, fettes Öl, Eiweiß, Bitterstoff, Diastase, Seminase, Cholesterin, Lezitin, Rutin, Enzyme, Magnesium, Eisen, Vitamin A.

(Bockshornklee:)
Zubereitung: Zerkleinert d. Futter untermischen; *Tee* / = Kaltauszug/Kochen: 2 geh. El gepulv. Droge m. ¼ l kaltem Wasser überg., drei Std. stehen lassen, kurz zum Sieden erhitzen. Abkühlen lassen und warm, evtl. mit Honig verstärken, teelöffelweise geben.
Sonstiges: *Breiumschlag:* 100 g gem. Samen mit wenig Wasser zu Brei gekocht, (evtl. noch Essig untermischen) 3—4 mal täglich warm auf betreffende Stelle (Wunde, Entzündung) legen.

Brennessel (Große) = Man nimmt: junge Blätter
Urtica dioica
Verwendung: Wirkt Wunder für den gesamten Stoffwechsel, blutbildend, regulierend auf Magen, Bauchspeicheldrüse, Darm, durchfallmindernd, blutstillend, harntreibend (bluthamsäuresenkend). Vielseitigkeit erklärt sich aus den Wirkstoffen:
Enthält u. a.: Chlorophyll, Gerbstoffe, Histamin, Acetylcholin, Ameisensäure, Glukokinine, Schleim, Mineralsalze: Kalium, Kalzium, Eisen, Schwefel, Natrium, Kieselsäure, Vitamin C, B_2, Pantothensäure, Sekretin.
Zubereitung: Frische Blätter breifein gehackt roh untermischen als Gemüse. (Evtl. mit Löwenzahn und Schabockskraut, Sauerampfer, Schafgarbe mischen.)
Tee / = Abkochung: 2 geh. Tl Droge m. ¼ l Wasser überg., fünf Min. kochen lassen, abseihen. Löffelweise den Tag über geben oder untermischen.
Sonstiges: Frischsaft = Selbst herstellen oder kaufen. *Brennesseltinktur bei Haarausfall:* ein- bis zweimal wöchentlich einmassieren.
Zur *Revitalisierung* älterer Hunde: Brennesselsamen tägl. 1 bis 2 Tl gepulvert über das Futter streuen oder mit 1 Tl Honig mischen. Etwa einen Monat lang füttern.

Brombeere = Man nimmt: Blätter
Rubus fruticosus
Verwendung: Bei allen Entzündungen, Magen-Darmkanal, Zahnfleisch, auch als feuchte Umschläge.
Enthält u. a.: Gerbstoffe, organische Säuren, bes. Milchsäure, Oxalsäure, Bernsteinsäure, Pektinstoff, Inosit, Chlorophyllgehalt, Flavone, Vitamin C, Fruchtsäuren, Mineralstoffe.
Zubereitung: *Tee* / = Abkochung: 2 geh. Tl Droge m. ¼ l koch. Wasser überg., 15 Min. kochen lassen, abseihen. Vor Genuß immer mit etwas Honig versetzen. Löffelweise den Tag über geben oder untermischen.
Sonstiges: Leinenlappen mit Tee tränken und als Packung (gut mit Honig!) auf schlecht heilende Abschürfungen und Wunden legen.

Brunnenkresse (echte)
= Man nimmt: *Nur frische Pflanzen!*
Nasturtium officinale
Verwendung: Magen-Darm-Bauchspeicheldrüse, harntreibend, Blutreinigungsmittel, chronische Hautkrankheiten. Beseitigt Mineraldefizit. Vitaminreiche Reiz- und Umstimmungstherapie!
Enthält u. a.: Schwefelhaltige äth. Öle, Vitamin A, C, D, E, Jod, Kaliumnitrat, Eisen, Arsen, Gerbstoff, Bitterstoff, Senfölglykosid, Raphanol, Rhodanwasserstoff.
Zubereitung: Kleingehackt immer frisch unter das Futter mischen. Übermaß kann zu leichten Reizungen führen, täglich daher höchstens 10—15 g geben!
Sonstiges: Man kann auch mischen (alles frisch, breifein gehackt) mit: Löwenzahnblättern, frischen Birkenblättern, jungen Grundblättern der Schafgarbe.

Datteln
Verwendung: Bei Magen- u. Darmerkrankungen, Leberstörungen, Blutarmut und Verstopfung. Wegen des enthaltenen Vit. B_1 günstig auch bei Nervenentzündung, Schilddrüsenleiden, Rückenmarkserkrankungen und allgemeiner Schwäche nach Krankheiten. Hoher Gehalt an Kalzium und Phosphor, also auch gut gegen Mineral-Unterernährung!
Enthält u. a.: Vitamin A (85 IE), B_1 (0.12 mg), B_2 (0.09 mg), C (2 mg), Nikotinsäure (1.1 mg); Natrium; hoher Gehalt an Kalium (800 mg), Kalzium (140 mg) Magnesium (80 mg), Eisen (3.3 mg), Kupfer, Schwefel (80 mg), Phosphor (108 mg).
Zubereitung: Bei Verstopfung: Datteln kleinhacken, über Nacht einweichen, einschl. Einweichwasser ein bis zwei Tl. untermischen.
Sonstiges: Bei verschleimten Bronchien aus zerkleinerten Datteln oder Feigen Tee aufgießen, mehrmals täglich einige Löffel gut warm zwischen den Mahlzeiten. Ähnliche Inhaltsstoffe und ähnliche Verwendung gilt *auch für Feigen* und *Rosinen!* Wird auch von wildlebenden Caniden genommen!

Eberesche = Man nimmt: Früchte!

Sorbus aucuparia.

Verwendung: Vitaminreiches Mus bei Appetitlosigkeit, Magenverstimmung; getrocknete Beeren bei Magenverstimmung. Sehr einfach und wirkungsvoll bei Vitaminmangelzuständen. Fördert die Gallenbildung. Durchfallstopfend und harntreibend.

Enthält u. a.: Reichlich Vitamine (C!), organische Säuren, äth. Öl, Gerbstoff, Carotinoid, Rutin, Quercetinderivate, Sorbinsäure, hoher Zuckergehalt, Sorbose; als Zuckerersatz bei Diabetes geeignet! Besser nicht roh verwenden!

Zubereitung: Beeren (werden erst nach dem ersten Frost geerntet!) mit ganz wenig Wasser weichkochen, durchpassieren, vor Verbrauch mit Honig süßen. Tägl. etwa einen Tl voll untermischen.

Sonstiges: Bei Durchfall: *Tee* /Aufguß: 1 El getr. gepulverte Beeren mit ¼ l koch. Wasser überg., zehn Min. zugedeckt stehenlassen, abseihen. Tagsüber löffelweise geben. Auch eingekochtes Vogelbeermus (Vorrat anlegen!) wirkt *durchfallmindernd.*

Eibisch = Man nimmt: Wurzel, Blätter, Blüten

Althea offizinalis

Verwendung: Magenschmerzen, Entzündungen, Rachenkatarrh, Umschläge auf Wunden, hervorragender Schleimhautschutz; wirkt geschmacksverbessernd, also gut zum Untermischen.

Enthält u. a.: Besonders in der Wurzel hoher Schleimgehalt, Pektin, Mineralstoffe, Rohrzucker, Stärke, einen lezitinhaltigen Stoff.

Zubereitung: Tee / = Kaltauszug: 2 geh. Tl geschnittene Eibischwurzel m. ¼ l kaltem Wasser überg., unter gel. Umrühren, einige Std. stehenlassen, nicht kochen, abseihen. Löffelweise, leicht angewärmt tagsüber füttern bei Magen-Darmstörungen.

Sonstiges: Mull bzw. Leinentücher mit Tee tränken und als Umschläge auf Wunden.

Eiche = Man nimmt: Geschälte Rinde junger Triebe

Quercus pedunculata

Verwendung: Heilung und Linderung bei Entzündungen, Gärungen im Darm, chronischen Durchfällen, Umschläge bei Entzündungen, Geschwüren. Wirkt zusammenziehend und entzündungswidrig.

Enthält u. a.: Große Menge Gerbstoff, Bitterstoff Quercin, Pektinstoff.

Zubereitung: Als Baumrindenpulver in Futter. *Tee* / = Abkochung: 2 geh. Tl zerkl. Eichenrinde m. ¼ l kalt. Wasser überg., drei bis fünf Min. kochen lassen, abseihen. Löffelweise den Tag über geben oder untermischen. *Fertigpräparat:* »Entero sanol« bei akuten Magen-Darmstörungen m. Durchfall, dreimal tägl. ½—1 Drag.

Sonstiges: Aufguß für Umschläge bei offenen, nässenden Wunden verwenden, wirken zusammenziehend und desinfizierend.

Fenchel = Man nimmt: Reife Frucht — Tee-Fertigpräparat

Foeniculum vulgare.

Verwendung: Magen-Darmstörungen, *milchtreibend!;* gegen Blähungen; wirkt beruhigend.

Enthält u. a.: Äth. Öl, Fenchelöl, Anaethol, fettes Öl, Proteine, Stärke, Zucker.

Zubereitung: *Tee* /Aufguß: 1 geh. Tl getr. u. gepulverte Droge mit ¼ l koch. Wasser überg., zehn Min. zugedeckt stehenlassen, abseihen. Tagsüber löffelweise m. Honig geben. Wirkt in geringen Mengen beruhigend, zu hohe Dosen können zu Krämpfen und Temperaturanstieg führen!

Sonstiges: *Bei Milchmangel: Tee zubereiten wie oben, aber aus den Zutaten: Fenchel, Anis, Koriander, Kümmel zu gleichen Teilen.*

Gänseblümchen, Maßliebchen = Man nimmt: Blüten und Blätter

Bellis perennis

Verwendung: Magen, Darm, Galle; Entzündungen, Umschläge für Wunden, Betupfen von Ekzemen. Besonders interessant bei chronischen und juckenden Hautkrankheiten.

Enthält u. a.: Saponine, Bitterstoffe, Gerbstoffe, äth. Öl, Anthoxantin, Flavone, Schleim, Inulin.

Zubereitung: *Tee* /Aufguß: 1 El getr. Gänseblümchen (Blüten und evtl. Blätter!) mit ¼ l koch. Wasser überg., zehn Min. zugedeckt stehenlassen, abseihen. Tagsüber löffelweise geben.

Sonstiges: Auch als »Gemüse« kann es im Frischbrei verwendet werden, — da Gänseblümchen mit zu den Ersten und zu den Letzten jedes Jahres gehören, sind sie besonders in den vitaminarmen Zeiten zu beachten.

Goldrute = Man nimmt: das Kraut ohne Wurzeln.
Silidaginis herba.
Verwendung: Blasen- und Nierenentzündung, Entwässerung des Körpers: d. h. entschlackt und regt den Stoffwechsel an. Man sammelt im August bei Beginn der Blütezeit.
Enthält u. a.: Gerbstoffe, Saponine, Flavonoide, (Quercitrin, Rutin), Astragalin, Hydroxyzimt, Chinasäure.
Zubereitung: 1—2 Tl Droge mit kochendem Wasser übergießen, zwei Min. ziehen lassen, abgießen. Teelöffelweise mit etwas Honig geben. Frische zerquetschte Blätter auf eiternde Wunden legen.
Sonstiges: Auch als *homöopathisches Mittel* bewährt: »Solidago virga aurea«, entweder als Urtinktur oder D1 — D2 (2—3 mal tägl. 5 Tropfen), steigert die Harnausscheidung enorm und regt damit die vermehrte Ausscheidung harnpflichtiger Stoffe an!

Hagebutten
= Man nimmt: »Früchte« mit und ohne Samen.
Rosa canina
Verwendung: Bei Fieber und Infektionskrankheiten, Vorbeugung; wirken leicht abführend, Erkältung, Blutreinigung. Ihr Wert ergibt sich klar bei ihrer »Inhaltsangabe«:
Enthält u. a.: Sehr vitaminreich! Vitamin C (!), (Carotin, E, K, B_1, B_2, (Niacin), Mineralstoffgehalt *basisch (!)* Hoher Anteil an Fruchtzucker; Eiweiß, etwas äther. Öl. Reich an Eisen, Magnesium, Natrium, Phosphor, Schwefel, Pflanzensäure, Pektin.
Zubereitung: Zum Trocknen: Früchte werden aufgeschnitten, Früchte und Kerne getrennt, bei künstl. Wärme bis 40 °C getrocknet. Auch Mus und Marmelade kann man aus den entkernten Früchten kochen! *Tee* /Auszug: 1 El gepulverte Droge mit ¼ l kalt. Wasser überg., zum Sieden erhitzt, zehn Min. lang gekocht. *Wichtig:* Hagebuttentee behält über mehrere Stunden seinen vollen Vitamingehalt!, abseihen. Tagsüber löffelweise geben.
Sonstiges: Frisches Hagebuttenmus, *mit* Frucht *und* Kernen! Wurde auch gegen Bandwurm verwendet! *Interessant ist Hagebuttenmus, wenn säugende Hündinnen nervös und unruhig werden. Sicherstellen, daß es nicht eine beginnende Eklampsie ist. Vermutlich liegt dann ein weiterer Mangel an Grundstoffen vor, der u. a. durch Vitamin-C-Verfütterung behoben werden kann.*

Hamamelis, Zaubernuß. Aus der Apotheke!
Hamamelis virginiana
Verwendung: Äußerlich zur Wundbehandlung, blutungsstillend, gefäßzusammenziehend, wundheilungsfördernd, keimhindernd.
Enthält u. a.: Glykosidische Gerbstoffe, den kristallisierenden Gerbstoff Hamamelitannin, Gallussäure, Phlobaphene, Phytosterin, Glukose, Fett, Wachs, Hamamelin, Cholin, wasserlösl. Glykosid.
Zubereitung: Aus der Apotheke besorgen: Tinktur, Extrakt, Salben, blutungsstillend und gefäßzusammenziehend.
Sonstiges: Als homöopathisches Mittel wirkt es bei allen örtl. Entzündungen der Schleimhäute, bei Geschwüren, Gebärmutterblutungen, juckenden, nässenden Ekzemen! In der Apotheke bekommt man die entsprechenden Mittel.

Heidelbeere = Man nimmt: Früchte — Blätter
Vaccinium myrtillus
Verwendung: *Getrocknete* Beeren und Blätter als Tee bei Durchfall. Bestandteile der Früchte sind vitaminreich, außerdem wirken sie bakterienhemmend und entzündungswidrig. Tee aus Blättern wirkt antidiabetisch.
Enthält u. a.: *FRÜCHTE:* Gerbstoff, Provitamin A, Vit. C, Vit.-B-Komplex, Säuren, Invertzucker.
BLÄTTER: Flavone, Gerbstoffe, Arbutin, Glykoside, Myrtillin, Neomyrtillin.
Zubereitung: *Tee* /Aufguß: 1—2 Tl getr. gepulverte Blätter mit ¼ l koch. Wasser überg., zehn Min. zugedeckt stehen lassen, abseihen. Tagsüber löffelweise geben; Aufguß auch für Umschläge (bei Hauterkrankungen).
Bei Durchfall: Nach gleichem Rezept Tee aus getrockneten Beeren (eine Handvoll Beeren auf 1 l Wasser) zubereiten und stündlich 1 Tl voll geben. Frische Beeren provozieren Durchfall!
Sonstiges: Zur *Wund-Desinfektion: (auch unterwegs gelegentlich praktisch):* Blätter (oder auch frische Früchte) auspressen und Saft verdünnt auftragen, beugt Entzündungen vor.

Himbeere = Man nimmt: Blätter — Früchte
Rubus idaeus
Verwendung: Zur gesamten Umstimmung: Wirkt blutreinigend, Magen-Darm, Ekzeme. Als »Hausmittel«: Tee bei trächtigen Hündinnen. Blätter ge-

trocknet unter das Futter, Tee löffelweise (mit Honig) vorbeugend, desinfizierend. *Früchte (roh) gut bei Verstopfung,* haben Basen*überschuß* und entsäuern das Gewebe. Weitere Wirkung ergibt sich bei Betrachtung der Wirkstoffe:

Enthält u. a.: Wichtigster Wirkstoff Gerbstoff, Vitamin C, Flavone, Schleim, Fruchtsäuren, Milchsäure, Bernsteinsäure, unges. Fettsäuren, Pektin, Provitamin A, Mineralstoffe, Kalium, Phosphor, Kalzium, Eisen, Magnesium.

Zubereitung: *Tee* /Auszug: 2 El getr. gepulverte Blätter mit ¼ l kaltem Wasser überg., 6—12 Std. zugedeckt stehenlassen, 15 Min. gut aufkochen. Abseihen. Tagsüber löffelweise geben.

Sonstiges: Bei fieberhaften Erkrankungen, aber auch bei trächtigen Hündinnen; Himbeertee ab und an mit Hagebutten-Tee mischen, wegen seines Vitaminreichtums!

Holunder, Schwarzer
= Man nimmt: Blüten, Blätter und Früchte

Sambucus nigra

Verwendung: Entzündungen, Durchfall, Nervenentzündung (wegen hoh. Vit.-B-Anteil), regt den gesamten Stoffwechsel an, regt die Tätigkeit der Hormondrüsen an, harntreibend, *fördert die Milchbildung.* Fördert die körpereigenen Abwehrstoffe.

Enthält u. a.: *BLÄTTER:* Glykosid Sambunigrin-Amygdalin (und Emulsin) das in Glukose, Bittermandelöl und Blausäure gespalten wird.

BLÜTEN: Äth. Öl, Flavonglykosid Rutin, Cholin, Valerian-, Essig- und Apfelsäure, Schleim- und Gerbstoffe, Vitamin C, eisen- und kupferhaltige Asche.

Zubereitung: *Tee* /Aufguß: Zur Umstimmung: 1 Tl getr. gepulverte Blüten mit ¼ l koch. Wasser überg., zehn Min. zugedeckt stehenlassen, abseihen. Tagsüber löffelweise geben.

Sonstiges: Bei Verstopfung, rheumat. Beschwerden: *Tee* /Aufguß: 1 El getr. gepulverte Rinde und Blätter mit ¼ l kaltem Wasser überg., zum Sieden bringen, sofort abseihen und in sehr kleinen Mengen, etwa 1—2 Tl einige Tage lang geben.

Holunderbeeren

Enthält u. a.: Tyrosin, reichlich Vitamin A, B_1, B_2, B_6, Nikotinsäure, Folsäure, Biotin und C; Apfel-, Wein-, Valerian- und Gerbsäure, äth. Öl, Cholin, Harz, Kohlenhydrate, etwas Eiweiß.

Zubereitung: Bei Durchfall getrocknete Holunderbeeren, pro Tag etwa fünf bis zehn Beeren, feingehackt unter das Futter mischen.

Sonstiges: Beeren nur gekocht verwenden, auch Saft immer mit Hitze gewinnen, sonst u. U. giftig! Aus der Hausmittelapotheke: Bei *Neuralgien* hilft der frische Preßsaft (kurz erhitzt) morgens und abends je 5—10 g etwa 10—14 Tage lang geben.

Huflattich = Man nimmt: Blätter

Tussilago farfara L

Verwendung: Schleimhautreizungen in Magen und Darm; z. Behandlung von Wunden und Entzündungen, Ekzemen; entschleimt die Bronchien.

Enthält u. a.: Schleim, Fruktose, Galactose, Gerbstoffe, Bitterstoffe, Pflanzensäuren, Flavonglykoside.

Zubereitung: Tee: 2 Tl Droge mit ¼ l kochendem Wasser übergießen, zehn Minuten ziehenlassen, abseihen. Bei Bedarf mit Honig süßen.

Sonstiges: Tee kann ebenso für Umschläge, Einreibungen und Spülungen verwendet werden.

Johannisbeere, Schwarze = Man nimmt: Beeren

Ribes nigrum

Verwendung: Vor allem bei Durchfallerkrankungen, Vitaminmangel (Pelagra), Stoffwechselstörungen; hochwertiges Vorbeugungsmittel, hoher Kaliumgehalt bei niedrigem Natriumgehalt. Bedeutung ergibt sich aus seiner »Inhaltsangabe«

Enthält u. a.: Vitamin C, Citrin (Vitamin P), Rutin, Vitamin J, Niacin, Kalium, hoher Fruchtsäure-Gehalt, Gerbstoffe und ein schwarzer Farbstoff.

Zubereitung: Frischer oder konservierter Saft der Beeren bei Durchfall, evtl. mit Honig, mehrmals täglich bis die Wirkung da ist. Dann einige Zeit weiterhin ein- oder zweimal täglich einige Löffel voll vor dem Füttern!

Sonstiges: Saft roh, halb und halb mit Wasser verdünnt zum Betupfen bei Entzündungen im Maul, an Lefzen und Zahnfleisch!

Johanniskraut = Man nimmt: Kraut. (Besser allerdings Fertigpräparate aus der Apotheke.)

Hypericum perforatum

Verwendung: Bei allen Nervenstörungen, Kreislaufstörungen, Magen-Darmkatarrhen. Regt den gesamten Stoffwechsel, die Drüsen der Verdauungsorgane an. Außerdem wirkt es beruhigend und ersetzt härtere Beruhigungsmittel. Äußerlich gut zur Wundbehandlung geeignet.

(Johanniskraut:)

Enthält u. a.: Den gelben Farbstoff Hyperin, den fettlöslichen Farbstoff Hypericin, ätherisches Öl mit Pinen, Gerbstoff, Quercitrin, Pektinsäure, Gummi und Zucker. Das aus den frischen Blüten gewonnene Johanniskrautöl hat eine tiefrote Farbe.

Zubereitung: *Tee* /Auszug: 1 El getr. Johanniskraut mit ¼ l kaltem Wasser überg., zum Sieden erhitzen. Drei bis vier Minuten ziehen lassen, abseihen. Für Umschläge verwenden.

Wegen möglicher Nebenwirkungen sollten von Johanniskraut zur inneren Anwendung nur Mittel aus der Apotheke verwendet werden!

Als *Wundsalbe* ist bewährt: »Marondo-Wundsalbe« (enthält auch Calendula und Arnika) für schwer heilende, eiternde Wunden.

Sonstiges: Nützlich ist auch die *homöopathische Anwendung:* »Hypericum«: Man verwendet es bei Schmerzen auf Grund von Verletzungen, vor allem bei Neuralgien und Schmerzen und mit großem Erfolg zur Beruhigung in D1—3

Kalmus = Man nimmt: Wurzel.
In Apotheke erhältlich.

Acorus calamus

Verwendung: Bei Magen- und Darmbeschwerden, insbesondere, wenn die gesamte Verdauung in Unordnung ist, und der Hund sehr nervös ist. Als Pulver unter die »Baumrindenmischung!«. Ebenso füttert man Kalmus bei allgemeiner Erschöpfung, Rachitis.

Äußerlich bei Ekzemen, bei schlechtem Fell, einmassieren. Vielseitige Wirkung ergibt sich aus der »Inhaltsangabe:«

Enthält u.a.: Ätherisches Öl, Bitterstoffe, glykosidischen Bitterstoff (Acorin), harzartiges Acoretin, Vitamin C, Cholin, Trimethylamin, Kalmusgerbsäure, Stärke, Dextrin, Dextrose, Schleim, Asche.

Zubereitung: *Tee* /Aufguß: 1 El getr. gepulverte Droge mit ¼ l koch. Wasser überg., aufkochen, 15 Min. zugedeckt ziehenlassen, abseihen. Tagsüber löffelweise, bei akuten Magenstörungen *vor* dem Füttern geben. Aber keinesfalls dauernd und in größeren Mengen geben!

Sonstiges: Man kann den *Tee auch mit Kümmel, Schafgarbe und Süßholz* zubereiten und unter das Futter mischen.

Kamille = Man nimmt: Blüten

Matricaria chamomilla

Verwendung: Innerlich und äußerlich bei allen Entzündungen, Eiterungen, Krämpfen, Blähungen. Wirkt entzündungshemmend, krampflösend; bei Schleimhautreizungen.

Enthält u. a.: Äth. Öl, Pro-Azulen, Matricin, Salizylsäure, Cholin, Schleimstoff, Harz, Gummi, Bitterstoff, Wachs, Fett, Chlorophyll, Apfelsäure, phosphorsaure Salze. Flavonglykoside, Cumarine — alles zusammen ergibt die typische Kamillen-Wirkung.

Zubereitung: *Tee* /Aufguß: 1 El getr. Kamillenblüten mit ¼ l koch. Wasser überg., zehn Min. zugedeckt stehenlassen, abseihen. Tagsüber löffelweise zwischen den Fütterungszeiten geben. Auch abends als letztes nochmals eingeben und morgens vor jeder Fütterung, damit die Wirkstoffe Magen und Darm ungehindert erreichen. Tee, wie oben zubereitet, oder eine Mischung aus Melisse und Kamille beruhigt und heilt. Den Kamillenaufguß kann man auch zur Wundreinigung und zu Umschlägen auf schlechtheilende Wunden verwenden. Keinesfalls sollte man aber Kamillentee dauernd lediglich zur Vorbeugung geben, auch bei Spülungen am Auge ist Vorsicht geboten; bei Dauergebrauch Nebenwirkungen: Entzündungen, Kreislaufstörungen und Unruhe.

Sonstiges: Kamille als Wurmmittel, insbesondere bei Welpen: 1 Tasse Kamillentee und ein großer Löffel Olivenöl. Für nervöse Magenbeschwerden der Hunde, häufiges Erbrechen, akut auftretende Fälle, habe ich immer »Azu-panthenol-liquidum« Tropfen im Haus, die man (20 Tropfen auf ½ Glas) mit warmem Wasser verdünnen und dem Hund einflößen kann.

Knoblauch
= Man nimmt: Zehe oder Fertigpräparate.

Allium sativum

Verwendung bei: Magen- und Darm- Erkrankungen; insbesondere bei infektiösen Erkrankungen, Kreislaufstörungen; bei allen Schwächezuständen, bei allgemeiner schlechter Verfassung, wobei die körpereigenen Abwehrkräfte wieder mobilisiert werden; bei Wurmbefall, bei Krämpfen. Insgesamt bringt Knoblauch den gesamten Organismus auf geheimnisvolle Weise ins Gleichgewicht. Bei regelmäßiger Verfütterung bleibt auch die Jugendlichkeit und Spannkraft der Tiere viel länger erhalten: Alle

Körperfunktionen sind intakt und vorzeitige Abnutzungserscheinungen oder Fehlsteuerungen (Krebshindernd? — sogar Krebs-heilend?) unterbleiben. Ein Blick auf seine »Inhaltsangabe« zeigt, wo die »Wurzel« der vielfachen Wunderwirkungen liegt:

Enthält u. a.: Allicin, Vitamin A, B_1, Nicotinsäureamid, Vitamin C, außerdem Hormone (die ähnlich wie männl. und weibl. Sexualhormone wirken), Fermente, Cholin, Rhodanwasserstoffsäure, Jod, sowie Spuren von Uran.

Zubereitung: Tägl. eine Knoblauchzehe zerquetscht unter das Futter mischen. *Knoblauchsaft* kann man kaufen oder selbst herstellen: Fünf Knoblauchzehen zerquetschen, 5 Tl Zucker (oder vorzugsweise Honig verwenden!) untermischen, dazu Wasser; zum Kochen bringen, fünf Min. ziehenlassen, abseihen. **Knoblauchsaft mit Milch vermischt ist eine einfache aber wirksame Wurmkur!** Knoblauchsaft eignet sich aber auch bei allen Entzündungen im Fang des Hundes, man streicht mit einem getränkten Wattebausch alle Falten und Taschen sorgfältig aus. Die desinfizierende und entzündungshemmende Wirkung ist verblüffend: Auf schlecht heilende Wunden streichen, auf Insektenstiche etc., mit etwas Honig gemischt, heilt ohne jede schädliche Nebenwirkung.

Sonstiges: Wenn man den direkten Umgang mit Knoblauch vermeiden möchte, kann man Knoblauchdragees (tägl. eine Kapsel dem Hund in den Schlund schieben) verwenden.

Ein besonderer Tip: Bei frühzeitigen Alterungserscheinungen der Hunde, die mit Verdauungsstörungen einhergehen, aber auch bei unter Verfettung und frühen Alterserscheinungen leidenden Hündinnen, habe ich *Knoblauch als homöopathisches Mittel* erfolgreich erprobt: Über längere Zeit gegeben hat sich täglich morgens und abends jeweils 5—10 Tropfen »Allium Sativum D_6« recht gut bewährt. Man mischt es mit ein paar Tropfen Milch oder Honigwasser auf einer Untertasse und läßt es den Hund aufschlabbern.

Wissenswert: Geringe Mengen Knoblauch regen Schilddrüsen-Funktion an; hohe Dosen rufen Schilddrüsen*unter*funktion hervor!

Kresse (Garten-K.) = Man nimmt: Das Kraut.

Lepidium sativum

Verwendung: Gesund als Gemüse breifein gehackt, bringt den gesamten Stoffwechsel in Gang, regt die Ausscheidung harnpflichtiger Substanzen an. Ein Blick auf ihre »Inhaltsangabe« verrät, daß sie vielfältig wirken muß!

Enthält u. a.: Vitamin C, Chlorophyll, Eisen, Arsen, Senfölglykoside.

Zubereitung: Weil man sie einfach selbst ziehen kann, ist Garten-Kresse, insbesondere in der vitamin- und früchtearmen Zeit, gut zu verwenden. Man kann sie immer frisch im Haus haben und sollte sie daher auch immer frisch vor dem Verbrauch schneiden, kleinhacken und untermischen.

Sonstiges: Der Samen keimt bereits auf feuchtem Löschpapier, feuchten Sägespänen oder gut in kleinen Blumenkästen!

Lab- (Kleb)kraut = Man nimmt: Kraut

Galium aparine

Verwendung: Störungen, die mit den Nieren zusammenhängen, als Tee.

Enthält u. a.: Wenig ätherisches Öl, viel Kieselsäure, Gerbstoffe und Glykoside, sowie Aucubin, organische Säuren und Flavonoide

Zubereitung: *Tee* /Auszug: 1 El getr. gepulverte Droge mit ¼ l kaltem Wasser überg., zum Kochen bringen, zwei Min. kochen lassen, abseihen. Tagsüber löffelweise geben. Oder als Umschlag auf schlecht heilende Wunden: Mit dem Aufguß ein Mulltuch entsprechender Größe tränken, auswinden und auf Wunde legen.

Sonstiges: Äußerlich kann man es bei Krebs am Gesäuge anwenden: Man macht Breiumschläge von *frischem* Labkraut.

Lavendel = Man nimmt: Blüten

Lavendula vera

Verwendung: Ein Blütenaufguß von Lavendelblüten eignet sich bei Umschlägen auf entzündete Wunden; ebenso kann man bei Zahnfaule und Entzündungen damit ausspülen bzw. austupfen, da es antiseptisch und eiterwidrig wirkt.

Enthält u. a.: Ätherisches Öl (wohlbekannter Duft!) das vor allem Linalylacetat, Geraniol, Cumarin, Borneol, Kineol enthält, dann Gerbstoff, Glykosid und etwas Saponin.

Zubereitung: *Tee* /Aufguß: 1 El getr. Lavendelblüten mit ¼ l koch. Wasser überg., fünf bis zehn Min. zugedeckt stehenlassen, abseihen. Für Umschläge Mulltuch entsprechender Größe damit tränken.

Sonstiges: Man kann den Aufguß auch aus einer sehr

wirksamen Mischung zu *gleichen Teilen von Lavendelblüten, Rosmarin und Johanniskraut* bereiten.

Lein = Man nimmt: Samen

Linum usitatissimum

Verwendung: Innerlich als wirksames Abführmittel, das die Darmträgheit sanft und dauerhaft beseitigt. Der Schleim wirkt günstig bei Magenschleimhautentzündungen. Leinöl ins Futter ist ein Nahrungsmittel ersten Ranges: hoher Gehalt an ungesättigten Fettsäuren, Vitaminreichtum! Man sagt den in diesem Öl enthaltenen Fettsäuren (aber auch Sonnenblumenöl, Rapsöl, Mohnöl, Getreidekeimöl) nach, daß sie das Wachstum von Krebszellen hemmen.

Enthält u. a.: 30—40 % fettes Öl, 10—20 % Schleim, Pektin, das Blausäure abspaltende Glykosid Linamarin (Phaseolutanin), Eiweiß, Fermente, Sterine. Das durch Kaltpressen gewonnene Leinöl enthält 85—90 % Glyzeride, zusammengesetzt aus: Isolinolensäure, Linolensäure, Linolsäure, Ölsäure.

Zubereitung: Als Abführmittel: Leinsamen grob zerquetscht oder geschrotet. Nicht vorher einweichen, da es erst im Darm aufquellen soll. Oder Aufguß von ganzen Leinsamen, ein bis zwei Tl auf eine Tasse koch. Wasser, 20 Min. stehenlassen, gelegentlich umrühren, Flüssigkeit abgießen und leicht gewärmt, evtl. mit Honig, trinken. Geschrotet als Ballaststoff: zusammen mit Kleie oder Vollkorn dem Futter untermischen.

Sonstiges: *Äußerlich — Breiumschlag:* Leinsamen in einem Säckchen zehn Min. in heißes Wasser legen, dann heiß auf die entzündeten, geschwollenen Stellen legen: bei Magenschmerzen, Dackellähme oder rheumatischen Beschwerden; hartnäckige Geschwüre werden aufgeweicht. *Leinsamen-Schleim-Umschlag* bei schlecht heilenden Wunden: Leinsamen zu Schleim kochen, abgießen, Leinenauflage damit durchtränken und warm auf die betreffende Stelle legen. Wenn es abgekühlt ist, wieder erneuern.

Reines Leinöl aufgetragen gutes Mittel gegen Milchschorf!

Löwenzahn (Kuhblume)

= Man nimmt: Kraut und Wurzel

Taraxacum offizinale

Verwendung: Magen-Darm- und Lebererkrankungen, Kreislaufstörungen; Stoffwechselstörungen, die Fettsucht, rheumatische Erkrankungen nach sich ziehen. Insgesamt Anregung von Niere und Leber.

Enthält u. a.: Bitterstoffgemisch Taraxacin, Inulin, Vitamin D, Cholin, Pektin, Tyrosinase, Schleim, Eiweiß, Nikotinsäure, p-Oxyphenylessigsäure, Dioxyzimtsäure, Weinsäure, Zucker, Fette; in der Wurzel ätherisches Öl.

Zubereitung: Löwenzahnblätter feingehackt roh unter das Futter mischen. Löwenzahnsaft kann man sich selbst aus Blättern und Wurzeln zubereiten, aber auch fertig kaufen und untermischen.

Sonstiges: *Getrockneter Löwenzahn* (Blätter und Wurzel — Apotheke) ist *mit Anis, Rosmarin, Pfefferminze und Thymian zusammen* ein sehr wirksames Mittel bei Verdauungsschwierigkeiten. Vor dem Füttern einige Löffel von dem Tee füttern, oder etwas unter das Futter mischen.

Mäuseklee (Hasenklee)

= Man nimmt: Kraut ohne Wurzeln

Trifolium arvense L.

Verwendung: Bewährt bei chronischen Durchfällen, hat bakterizide Wirkung; eignet sich gut gegen Darmstörung bei Welpen.

Enthält u. a.: Gerbstoff, äth. Öl, Schleimstoffe, Mineralstoffe.

Zubereitung: Aufguß für Spülungen oder Auflagen bei Entzündungen verwenden.

Sonstiges: Sollte immer im Haus sein: Die homöopathische Urtinktur »Trifolium arvense« oder aber in D_1 oder D_3: Wirkt ausgezeichnet (Welpen!) bei Durchfällen, chronischer Gastritis, aber auch bei rheum. Beschwerden.

Majoran = Man nimmt: Das blühende Kraut

Majorana hortensis

Verwendung: Verdauungsschwierigkeiten, zur Entwässerung, zur Umstimmung des Organismus. Majoran wirkt schleimlösend, magenberuhigend und stärkend und vor allem *milchbildend!*

Enthält u. a.: Ätherisches Öl, Gerbstoff, Bitterstoffe, Pentosane.

Zubereitung: *Tee* /Auszug: 1 El getr. gepulverte Droge mit ¼ l Wasser ansetzen, acht bis zehn Std. zugedeckt stehenlassen, kurz aufkochen, abseihen. Tagsüber löffelweise geben.

Sonstiges: Man kann diesen Tee auch aus gleichen Teilen Anis, Fenchel, Kümmel und Majoran herstellen, wirkt verdauungsgünstig und beruhigend.

Melisse: = Man nimmt: Blätter

Melissa officinalis

Verwendung: Als Beruhigungsmittel, zur Kräftigung nach Krankheiten. Wirkt krampflösend und schmerzstillend, auf Magen-Darm-Kanal, Herz und Gebärmutter. Außerdem wirkt Melisse bakterien- und pilzhemmend.

Enthält u. a.: Ätherisches Öl, das Citral, Citronellal, Geraniol und Linalool enthält, Bitterstoff, Gerbstoff, Harz, Schleim.

Zubereitung: Tee: 2 Tl Melissenblätter mit ¼ l kochendem Wasser übergießen, zehn Min. ziehenlassen, abgießen. Mit Honig gesüßt ist es ein wunderbares Beruhigungsmittel, man kann ruhig größere Mengen davon geben.

Sonstiges: Äußerlich kann man Melissenspiritus (Apotheke) besonders bei Quetschungen, Blutergüssen, mehrmals täglich einreiben.

Mistel = Man nimmt: Zweige und Blätter

Viscum album

Verwendung: Vor allem bei Krämpfen, epileptischen Anfällen, außerdem aktiviert es bei Krebserkrankung die Abwehrvorgänge. Ebenso erfolgreich bei allen chronischen Gelenkserkrankungen!

Enthält u. a.: Insgesamt ist man sich nicht sicher, woher die vielfachen und nachweisbaren Wirkungen der Mistel kommen. Bei Untersuchungen hat man als Bestandteile festgestellt: Cholin, bzw. Acetyl- und Propionylcholin, Vitamin C, weiterhin Viscinsäure, Inosit, Urson, Quercitrin, Carotinoide, Saponin, Stärke, Öle, Harze.

Zubereitung: *Tee* /Auszug: 1 gestr. Tl getr. gepulverte Droge mit ¼ l kaltem Wasser überg., acht bis zehn Std. zugedeckt stehen lassen, aufkochen, abseihen. Tagsüber ein bis zwei Tassen löffelweise geben. **Wegen mögl. abortiver Wirkung nicht an trächtige Hündin füttern!**

Sonstiges: Man kann versuchsweise injizierbare Mistelpräparate vom Tierarzt bei Krebs und Neuralgien spritzen lassen.

Pampelmuse (Grapefruits)
= Man nimmt: Früchte ohne Schale

Verwendung: Wirkt antiseptisch auf Verdauungs- und Harnwege. Begünstigt Ausscheidung giftiger Säuren, regt die Funktion der Nebenschilddrüse und der Leber an. Aktiviert Herz und Kreislauf.

(Pampelmuse:)

Enthält u. a.: In 100 g sind enthalten: Eiweiß (0.7g), Fett (0.2g), Kohlenhydrate (9.8 g), Natrium (2 mg), Kalium (180 mg), Kalzium (20 mg), Magnesium (15 mg), Phosphor (17 mg), Eisen (0.2 mg), Vitamin A (30 IE), Vitamin B_1 und B_2 (0.05 mg), Niacin (0.20 mg), Vitamin C (45 mg).

Zubereitung: Entweder die ganze Frucht (ohne Schale) zerkleinern oder entsaften und löffelweise untermischen.

Sonstiges: Nicht in großen Mengen geben, aber wenn man gerade ohnehin welche zubereitet, fällt sicher auch für die Hunde etwas ab. Taucht wiederholt auf, wenn bei wildlebenden Hunden von freiwilligem Obstgenuß berichtet wird. Es wird schon seinen Grund haben!

Petersilie = Man nimmt: Wurzel (1)
— Blätter (2) —

Petroselinum crispum.

Verwendung: (1) = harntreibend, drüsenanregend, vitaminreich.
(2) = frisch unter das Futter mischen, vitaminreich, verdauungsfördernd.

Enthält u. a.: Vitamine A, B, C, ätherische Öle, Apiol, Myristizin.

Zubereitung: (2) = Frisch gehackt in kleinen Mengen unter das Futter mischen.

Sonstiges: (1) = Vorsicht bei größeren Mengen: Bei Überdosierung kann Petersilie schwere Störungen hervorrufen!

Pfefferminze = Man nimmt: Blätter

Mentha virides

Verwendung: Ganz allgemein bei Krämpfen (muskelentspannend) und Entzündungen. Bei übersäuertem Magen, da es die Säurebildung herabsetzt. Bei Koliken im Magen-Darm-Bereich; bei krankhaften Darmbakterien wirkt sie entzündungswidrig und keimtötend. Erhöht die Gallensekretion.

Enthält u. a.: Ätherisches Öl mit Menthol und Menthon, Enzyme, eisengrünender Gerbstoff, Bitterstoff, die Fermente Peroxydase und Katalase.

Zubereitung: Junge Blätter feingehackt unter den Frischbrei mischen. *Tee* /Aufguß: 1 El getr. gepulverte Droge mit ¼ l koch. Wasser überg., zehn Min. zugedeckt stehen lassen, abseihen. Tagsüber löffelweise geben.

Sonstiges: Äußerlich: Pfefferminzöl aus der Apotheke holen, gut bei Einreibungen bei Quetschungen und bei Juckreiz.
Beachten: Pfefferminze darf weder als Tee noch als Gemüse über sehr lange Zeit ununterbrochen gegeben werden, weil sie vermindernd auf die Magensäure wirkt.
Pfefferminzöl nicht in Augen oder auf Schleimhäute bringen.

Pfirsich = Man nimmt: Frische oder gekochte oder getrocknete Früchte.
Verwendung: Vor allem zur Entschlackung des Organismus günstig wegen des hohen Kaliumgehaltes. Aber auch bei akuter Nierenentzündung. Ebenso wirksame Anregung von Leber und Galle. Löst Ablagerungen im Zwischengewebe auf. Regt Verdauung an. Auch wegen des *hohen Vitamin-A-Gehaltes* bei trächtigen und laktierenden Hündinnen und Welpen günstig.
Enthält u. a.: In 100 g sind enthalten: Eiweiß (0,7 g), Fett (0,01 g), Kohlenhydrate (10,5 g), Natrium (3 mg), Kalium (220 mg), Kalzium (10 mg), Phosphor (30 mg), Eisen (0,6 mg), Vitamin A (770 IE), Vit. B_1, B_2, Niacin (80 mg), Vitamin C (11 mg), Basenüberschuß + 5,4 %!
Zubereitung: Aus den Früchten feinen Brei verfüttern oder den Saft. Auch Trockenfrüchte können verwendet werden: Einweichen, feinhacken und mit Einweichwasser verwenden.
Falls die Tiere auf das rohe Obst mit Durchfall reagieren, kann man es auch leicht angedämpft geben und nach und nach frisches Obst untermischen. Immer einige Tropfen Sonnenblumenöl untermischen, damit Vitamin A aufgenommen werden kann, außerdem beugt das Öl möglichem, leichten Durchfall vor.
Sonstiges: Auch Pfirsichblätter (20 g getr. Blätter mit 1 l kochendem Wasser überg., zehn Min. ziehenlassen, abseihen) wirken harntreibend. Stärkerer Tee wirkt abführend.
Auch Pfirsich wurde als Nahrung wildlebender Hunde mehrfach genannt; es hat, wie man sieht, schon einen Grund!

Preiselbeere = Man nimmt: Blätter — Beeren
Vaccinium vitis idaea
Verwendung: Regulierung der Verdauung, Magen-Darmbeschwerden.
Enthält u. a.: Gerbstoff, Säure, Vitamin C, Mineralstoffe, Pektin.
Zubereitung: *Tee* /Aufguß oder (Kaltauszug): 1 El getr. gepulverte Droge mit ¼ l koch. (kaltem) Wasser überg., zehn Min. zugedeckt stehenlassen, (zehn Std. lang ziehenlassen) abseihen. Tagsüber löffelweise geben. (Harnwegsdesinfektion).
Sonstiges: Man kann auch Preiselbeersaft, ebenso auch Preiselbeergelee mit gutem Erfolg bei Durchfall einsetzen.

Quecke (Acker-) = Man nimmt: Wurzel
Agropyron repens
Verwendung: Wirkt entzündungswidrig auf Magen-Darm, abschwellend auf entzündlich geschwollene Gewebe. Durch den Vitamingehalt wird die Widerstandskraft erhöht, außerdem wirkt sie harntreibend, heilend auf Drüsenschwellungen und Gewebsablagerungen. Man kann sie bei allen Stoffwechselstörungen, so auch bei Ekzemen, mangelhafter Nierenfunktion einsetzen! Insgesamt entschlackt Quecke den gesamten Organismus, wenn man einen Blick auf ihre »Inhaltsangabe« tut, versteht man warum:
Enthält u. a.: Hoher Kohlenhydratgehalt (Tricitin, Vanillinglykosid, Inosit, Laevulose, Mannit); hoher Gehalt an Eiweiß, Schleim, Fett; Mineralsalzgehalt (Asche 5 %, davon 12 % Phosphorsäure und 13 % Kali), Vitamine A, B; außerdem Saponin, viel Kieselsäure, etwas ätherisches Öl (Agropyren), Eisen.
Zubereitung: Entweder als frischen Preßsaft verwenden, morgens und abends ½ — 1 El untermischen oder mit Honigwasser. *Tee* /Auszug: 1 Tl getr. gepulverte Droge mit ¼ l kalt. Wasser überg., langsam zum Kochen bringen, sofort abseihen. Tagsüber löffelweise geben.
Sonstiges: Besonders zur gesamten Umstimmung des Organismus eignet sich Quecke hervorragend. Es wurde auch eine Besserung des Zustandes bei Bronchitis, aber auch bei Hauterkrankungen beobachtet. So gibt es kaum ein Leiden, wo Queckenwurzel nicht sinnvoll wäre, bzw. ratsam, als Vorbeugung einige »Quecken-Wochen« durchzuführen! Siehe auch den Hinweis bei der Futtermischung.

Ringelblume = Man nimmt: Blüten
Calendula officinalis
Verwendung: *Äußerlich:* Bei allen Wunden und Geschwüren (antibakteriell und granulationsfördernd)! Auch bei Entzündungen im Ohr hervorragende Wirkung!
Außerdem wirkt sie *innerlich* anregend auf die Gallenabsonderung, auf die Verdauung, heilend bei Magengeschwüren, mindert Nervosität.
Enthält u. a.: Ätherisches Öl (ohne Azulen), Calendula-Sapogenin, Glykoside, Schleimstoffe, Bitterstoffe, Carotinoide, Saponin, Apfelsäure, Salizylsäure, Harz; die Fermente Oxydase, Peroxydase, Katalase;
Zubereitung: *Tee* /Aufguß: 1 Tl getr. gepulverte Blütendroge mit ¼ l koch. Wasser überg., zehn Min. zugedeckt stehenlassen, abseihen. Tagsüber löffelweise geben.
Kann auch für Umschläge, Verbände und Kompressen verwendet werden.
Sonstiges: *Calendula-Salbe oder Calendula-Tinktur aus der Apotheke gehört in jede Hausapotheke!* Calendula-Salbe beschleunigt die Wundheilung auf geradezu verblüffende Weise. Auf hartnäckigen Abszessen wirken heiße Calendula-Auflagen Wunder. Calendula-Tinktur und Salbe verwendet man auch bei Ohrenentzündung. Man kann aber auch die Wundheilung durch homöopathische Gaben von Calendula (D2—D6) beschleunigen.

Rosmarin = Man nimmt: Blätter
Rosmarinus officinalis
Verwendung: *Innerlich:* Erkrankungen Magen-Darm, Nieren, Kreislauf, Krämpfe, Lähmungen, Erschöpfung; wirkt tonisierend auf Kreislauf und Nervensystem. *Äußerlich:* Ekzeme, schlecht heilende Wunden.
Enthält u. a.: Ätherisches Öl (enth.: Terpene, Gerbsäure, Kampfer, Bitterstoff), Saponin, Carnosinsäure, Rosmarinsäure, Flavone.
Zubereitung: *Tee* Auszug: 1 El getr. Rosmarinblätter mit ¼ l kaltem Wasser überg., langsam zum Sieden erhitzen, abseihen. Morgens größere Menge, dann tagsüber löffelweise geben. Tee auch äußerlich für Umschläge auf Wunden verwenden. Größere Dosen können giftig und abortiv wirken, also vorsichtig bei trächtigen Hündinnen.
Sonstiges: In der Apotheke bekommt man Rosmarin-Öl und -Salbe, die man bei schlecht heilenden Wunden, Ekzemen etc. verwenden kann. Rosmarin-Spiritus als Einreibemittel wirkt schmerzlindernd. Auch als *homöopathisches Mittel* ist Rosmarin bei den genannten Ereignissen einfach und sicher wirkend zu verwenden. Mehrmals täglich einige Tropfen helfen meist schnell und ohne Nebenwirkungen. Sie sind schnell zur Hand und haben einen festen Platz in unserer Hausapotheke.

Salbei = Man nimmt: Blätter
Salvia officinalis
Verwendung: Bei allen Entzündungen, schlecht heilenden Wunden, u. U. mit Kamille gemischt.
Enthält u. a.: Ätherisches Öl, mit Salviol, Kineol, Pinenen, Borneol, etwas d-Kampfer, Gerbstoff, Harz, gummiähnliche Stoffe, Eiweißstoffe, Saponin, Vitamin B und C, Flavone.
Zubereitung: Außerlich vor allem zur Wundbehandlung. *Tee* /Aufguß: 1 El getr. gepulverte Droge mit ¼ l koch. Wasser überg., 15 Min. zugedeckt stehenlassen, abseihen.
Sonstiges: *Innerlich* — interessant bei Hündinnen: Salbei-Tee *stoppt* die Milchproduktion, d. h. wenn Hündinnen noch viel Milch haben, (aber nicht die dazugehörigen Welpen) kann man mit Salbeitee eingreifen. Ebenso lohnt sich ein derartiger Versuch bei scheinträchtigen, laktierenden Hündinnen! Wegen möglicher Nebenwirkungen nicht über längere Zeit und in hohen Dosen geben!

Sandsegge (Riedgras, Seegras)
= Man nimmt: Wurzelstock
Carex aurenaria L.
Verwendung: Alle Stoffwechselstörungen, Blasen- und Nierenerkrankungen, Darmbeschwerden, Hauterkrankungen, Durchfälle.
Enthält u. a.: Saponine, Gerbstoffe, Glykoside, Kieselsäure, Schleim, Stärke, etwas äth. Öl.
Zubereitung: 2 Tl Droge mit ¼ l kalt. Wasser zum Sieden bringen, zehn Min. ziehen lassen, abgießen.
Sonstiges: Nicht bei akuter Nierenentzündung! Sandsegge und alle verwandten Pflanzen werden unterwegs von Hunden gern selbst »gesammelt«. Man findet sie überall auf Geröllfeldern, Schutthalden, Wegrändern, in trockener Heide und in den Dünen.

Schafgarbe = Man nimmt: Das ganze Kraut

Achillea millefolium

Verwendung: Die Einsatzmöglichkeiten sind vielfältig. Schafgarbe wirkt bei Kreislaufstörungen und Krämpfen, bei inneren Blutungen, bei Magen-Darmgeschwüren. Der Kreislauf wird angeregt, das Harnsystem wird zu vermehrter Ausscheidung angeregt, auf die Gallenabsonderung wirkt es förderlich, Krämpfe im Magen-Darmbereich werden behoben. *Äußerlich* kann man Auflagen mit Schafgarbe auf schlecht heilende Wunden machen, ebenso ist eine solche Auflage günstig bei Blutergüssen.

Enthält u. a.: Bitterstoffe und ätherisches Öl mit dem entzündungshemmenden Azulen (s. auch Kamille), und weiteren zahlreichen Wirkstoffen wie Kineol, Pinen, Thujon, Borneol, Kampfer, Caryophyllen, organ. Säuren; Salizylsäure, Cholin, das bittere Glykosid Achillin, Aconitsäure, Gerbstoff, Harz, Inulin, Asparagin, Nitrate. Verschiedene Mineralien (besonders Kalium). Das Chlorophyll der Schafgarbe enthält einen Vitamin-A-ähnlichen Stoff. In den Blüten Propionsäure.

Zubereitung: *Tee* /Aufguß: 1 El getr. Schafgarbenkraut mit ¼ l koch. Wasser überg., 15 Min. zugedeckt stehen lassen, abseihen. Tagsüber löffelweise geben. Tee kann auch für Umschläge benutzt werden.

Sonstiges: Feingehackte junge Blätter roh unter den Gemüse-Frischbrei. Beachten: Schafgarben-Tee niemals über längere Zeit in größeren Mengen geben, da (wie auch bei der Kamille) unangenehme Nebenwirkungen bei Überdosierung möglich.

Schöllkraut = Man nimmt: Kraut und Wurzel — Vorsicht bei Überdosierung *giftig!*

Chelidonium majus

Verwendung: Gallenerkrankungen, krampflösend bei Bronchitis, Magen- und Darmkrämpfen. Enthält Tumorhemmstoff. Wirkt zentral narkotisierend und lähmend!

Enthält u. a.: Der in der ganzen Pflanze vorkommende Milchsaft enthält: Opium nahestehende Alkaloide: Chelidonin (wirkt krampflösend auf die inneren Organe und anregend und stärkend auf die Herztätigkeit), Chelerythrin, Homochelidonin, Spartein, Fermente, Nikotinsäure, Vitamin C.

Zubereitung: Bei Magen-, Darm- u. Verdauungsbeschwerden Tee aus jeweils zwei Teilen Schöllkraut u. Pfefferminze, jeweils ein Teil Kümmel und Wermuth. Nicht in hohen Dosen und nicht dauernd anwenden!

(Schöllkraut:)

Sonstiges: Besonders wichtig und ungiftig ist Schöllkraut *homöopathisch* angewendet: Bei Bronchitis, Lungenentzündung, bei Neuralgien, Galle- und Lebererkrankungen: »*Chelidonium*« wird in der Potenz von D1 bis D6 verwendet, mehrmals täglich fünf bis zehn Tropfen, anfangs stündlich, später dreimal täglich, dann zweimal täglich. Es wirkt entspannend und schmerzlindernd — codeinähnlich. Gehört in die Hausapotheke!

Sellerie = Man nimmt: Kraut

Apium graveolens

Verwendung: Wirkt harntreibend und schwemmt Schlacken aus dem Gewebe.

Enthält u. a.: Appiin, ätherisches Öl mit Limonen, Selinen.

Zubereitung: *Tee* /Auszug: 1 El getr. gepulverte Droge mit ¼ l kaltem Wasser überg., zum Sieden bringen, abseihen. Tagsüber zwei- bis dreimal löffelweise geben. Auch als Blattgemüse in kleinen Mengen breifein gehackt und leicht angedünstet untermischen.

Sonstiges: Bei trächtigen Hündinnen sollte Sellerie nicht verwendet werden!

Sonnenhut

= Man nimmt: Fertigpräparate aus der Apotheke

Echinacea, angustifolia DC

Verwendung: *Steigert* wirkungsvoll und erheblich *die gesamten Abwehrkräfte* des Körpers und ist insbesondere bei Infektionskrankheiten, chronischen Erkrankungen und zur Vorbeugung einzusetzen, hat cortisonähnliche Wirkung!

Enthält u. a.: Echinacein, ätherische Öle, Harz, Säuren, Echinacosid, Phytomelan, Phytosterin, Glucose, Fructose.

Zubereitung: Entfällt. Man kauft Tropfen oder homöopathische Zubereitung in der Apotheke. Die *homöopathischen Tropfen aus oder mit Echinacea gehören in jede Hausapotheke.* Sie haben eine hervorragende resistenzsteigernde Wirkung und eignen sich sehr gut, sie bei Bedarf z. B. der Hündin nach dem Werfen, aber auch den Welpen zu geben! Entzündungen, Erkältungen und Krankheiten aller Art können so vom Körper besser abgewehrt werden!

Sonstiges: Echinazin-Salbe bewährt sich bei der Wundbehandlung, entzündlichen Hauterkrankungen, Ausschlägen.

Spitzwegerich = Man nimmt: Die Blätter
Plantago lanceolata
Verwendung: Schlecht heilende Wunden, Insektenstiche. Aber auch bei Krämpfen, Nieren- und Blasenerkrankungen, Entzündungen.
Enthält u. a.: Schleim, Bitterstoffe, Kieselsäure, Gerbstoffe, Xantophyll, Glykoside, Vitamin C, Spurenelemente, Enzyme. Antibiotische Wirkung.
Zubereitung: Tee: 1 Tl Droge mit ¼ l koch. Wasser überg., 15 Min. ziehenlassen, abgießen. Tagsüber eine Tasse voll lauwarm mit Honig gesüßt löffelweise geben. Nicht in größeren Dosen und nicht dauernd geben! Bei Bronchitis ist ein Tee aus gleichen Teilen Spitzwegerich und Eibischsirup mit Fenchelhonig sehr wirkungsvoll. *Äußerlich:* Frischsaft mit Kamillentee verdünnt für Umschläge. Auch bei Ekzemen (juckend und nässend) probieren, oft verschwinden Jucken, Schwellung und heilen ab.
Sonstiges: Zerdrückte *frische* Blätter auf Insektenstiche; auch unterwegs praktisch, wenn man es bei *frischen* Wunden anwendet.

Steinklee = Man nimmt: Das blühende Kraut
Melilotus officinalis
Verwendung: Entzündungshemmend, spasmolytisch, steigert die Lymphzirkulation, verbessert die Blutströmung, steigert die Widerstandskraft.
Enthält u. a.: Melitonin (enth. nach dem Trocknen Cumarin), Gerbstoffe, Flavone, Schleim, Cholin, äth. Öl.
Zubereitung: Tee: 1—2 Tl. Droge mit ¼ l koch. Wasser überg., zehn Min. ziehenlassen, abseihen.
Sonstiges: Blüht — gelb — reichlich von Mai bis September auf Schutthalden, Geröllhalden etc. Wird vom Hund gern genommen, man kann Vorrat von getrocknetem Kraut anlegen.

Stiefmütterchen = Man nimmt: Kraut
Viola tricolor.
Verwendung: Vor allem bei Hauterkrankungen, insbesondere bei *Milchschorf der Welpen!*
Enthält u. a.: Viola-Quercitrin, Quercitrin, Schleim, Saponine, Flavonoide und Salizylsäureverbindungen, Gerbstoffe, Bitterstoffe.
Zubereitung: *Tee* /Aufguß: 1 El Droge ¼ l koch. Wasser überg., zehn Min. zugedeckt stehen lassen, abseihen. Tagsüber löffelweise geben. Oder den Tee für Umschläge verwenden.

(Stiefmütterchen:)
Sonstiges: Bei allen langwierigen Hauterkrankungen, evtl. auch bei Ohrenentzündungen (durch falsche Ernährung hervorgerufen) *besonders aber bei Milchschorf lohnt sich der Versuch mit der Homöopathie:* »Viola tricoloris« D3 jeweils zwei Tropfen, zunächst alle 30 Min., dann alle Stunde, dann drei- bis viermal drei bis fünf Tropfen täglich.

Süßholz »Lakritzenwurzel« = Man nimmt: Wurzel
Glycyrrhiza glabra
Verwendung: Bronchitis, Magen- und Darmgeschwüre, Lungenentzündung, da es sowohl entzündungshemmend, antibakteriell, wie auch schmerzlindernd wirkt. *Regt die Milchproduktion an.*
Enthält u. a.: Hauptsächlich Glycyrrhizin (besteht aus Kalium- und Kalziumsalzen der Glyzyrrhetinsäure), Gerbstoff, Asparagin, Zucker, Stärke, Harz, Gummi, Spuren ätherischer Öle mit Methylsalizylat. Süßholzsaft hat einen cortisonähnlichen Effekt, d. h. entzündungshemmend und schmerzlindernd und darf daher niemals längere Zeit verwendet werden.
Zubereitung: *Tee* /Aufguß: 1 Tl getr. gepulverte Droge mit ¼ l koch. Wasser überg., 15 Min. zugedeckt stehen lassen, abseihen.
Bei Bronchienverschleimung und -reizung Tee aus: Spitzwegerich (40 g), Huflattich, Süßholz, Primelblüten jeweils 20 g; 1 Tl auf eine Tasse kochendes Wasser, 15 Min. ziehen lassen, mehrmals täglich warm mit etwas Honig löffelweise füttern.
Sonstiges: Bei chronischer Schleimhautentzündung des Magens bereitet man einen Tee aus: *Fenchel, Eibischwurzel, Kamille, Queckenwurzel, Süßholz jeweils 20 g,* von dieser Mischung 1 Tl auf eine Tasse Wasser aufgießen, zehn Min. ziehenlassen und vor dem Füttern bzw. auf leeren Magen einige Löffel geben. Vorsicht bei Überdosierung!

Thymian = Man nimmt: Das ganze blühende Kraut ohne Wurzel
Thymus vulgaris
Verwendung: Vor allem wegen seiner krampflösenden und desinfizierenden Wirkung angewendet bei: Bronchitis, Gärungserscheinungen und Krämpfen im Darm, bei Infektionen der Niere. Ebenso kann man mit Thymian einen Umschlag bei Quetschungen und Geschwülsten machen. *Wirkt noch in hoher Verdünnung eiterhemmend!*

(Thymian:)

Enthält u. a.: Ätherisches Öl (mit Thymol, Carvacrol, Borneol, Cymol, Pinen u.a.), etwas Gerbstoff, Lithium, Glykoside, Saponin, Pentosane und Harze.

Zubereitung: *Tee* /Auszug: 1 Tl Thymiankraut mit ¼ l kaltem Wasser überg., zum Kochen bringen, abseihen. Tagsüber löffelweise geben.

Sonstiges: Thymian-Pulver kann auch gegen Hakenwürmer eingesetzt werden.

Ulme = Man nimmt: Rinde

Ulmus fulva

Verwendung: Besonders wirkungsvoll bei Durchfall, aber auch bei Magen-Darmschleimhautentzündung, zur Wundbehandlung.

Enthält u. a.: Vor allem Schleim, dann Gerbstoffe, Bitterstoffe, Phlobaphene.

Zubereitung: *Tee* /Auszug: 1 El getr. gepulverte Droge mit ¼ l kaltem Wasser überg., langsam zum Kochen bringen, abseihen. Tagsüber löffelweise geben.

Sonstiges: Bei Durchfall: Feingepulverte Droge, zweimal täglich ½ Tl mit etwas Wasser.

Wiesenklee (Rotklee) = Man nimmt: Blüten

Trifolium pratense L.

Verwendung: Schleimhautentzündungen, auch bei Durchfall, Leberbeschwerden, Bronchitis; wirkt entschlackend.

Enthält u. a.: Gerbstoffe, verschiedene Glykoside, phenolische Substanzen, Isoflavone.

Zubereitung: Tee: 5 getr. Blütenköpfe mit ¼ l kochendem Wasser überg., 15 Min. stehenlassen, abseihen, mit Honig süßen.

Sonstiges: Es lohnt sich, auf die vielen Kleesorten zu achten: Die Hunde nehmen sie ihrerseits gern und wissen schon warum.

Zinnkraut (Ackerschachtelhalm) = Man nimmt: Das Kraut

Equisetum arvense

Verwendung: Bei allen rheumatischen Beschwerden, harntreibend; bei bakteriellen Infektionen, aber auch bei Nierensteinen.

Enthält u. a.: Vor allem Kieselsäure, Flavone und Saponin, Equisetonin, Nicotin, Tannine, Aconit-, Oxal-, Apfel- und Gerbsäure, Vitamin C.

(Zinnkraut:)

Zubereitung: *Tee*/Aufguß: 1—2 Tl geschnittenes Kraut mit ¼ l kochendem Wasser überg., 30 Min. zugedeckt stehenlassen, abseihen. Tagsüber löffelweise geben. Auch für Umschläge verwenden.

Sonstiges: Als Umschlag auf Entzündungen, aber *auch bei Milchschorf von oft guter Wirkung: Mehrmals täglich auftupfen, etwas Tee unter das Futter mischen.*

Zwiebel (G) = Man nimmt: Die Zwiebel

Allium cepa

Verwendung: Wirkt antibakteriell, wird daher gern bei Darminfektionen genommen, bekämpft Fäulnis-, Gärungs-, Entzündungs- und Eitererreger. Außerdem wirkt Zwiebel harntreibend, regt die Verdauungsvorgänge (Magen, Leber) insgesamt an, sorgt für eine bessere Durchblutung der Herzkranzgefäße. Man kann sie auch zur Wurmbekämpfung verwenden. Zwiebel wirkt blutbildend, reguliert die Schilddrüse, — kurz gesagt, ist die Zwiebel eine viel zu wenig beachtete »Wunderdroge«. Ein Blick auf ihre Inhaltsangabe läßt ahnen, warum sie derartig günstig auf alle Stoffwechselvorgänge wirkt:

Enthält u. a.: Ätherisches Öl, (Lauch- und Senföl), reichlich schwefelhaltige Aminosäuren, aus denen die stark bakterienhemmenden Thiosulfinate entstehen. Weiterhin findet man Rhodanverbindungen und das Flavon Quercitin. Erheblicher Vitamingehalt, reichlich anorganische Bestandteile, dann Fruktosane u. v. a. m. Im Kapitel Ernährung wurde bereits ausführlicher auf die Zwiebel eingegangen. Siehe dort.

Zubereitung: Etwas zerkleinerte rohe Zwiebel unter das Futter mischen. (u. U. anstelle von Knoblauch.) Äußerlich anwenden bei: Entzündungen, evtl. auch bei Haarausfall, eiternden und schlecht heilenden Wunden, Insektenstichen, versteiften Gelenken: rohen Zwiebelbrei auflegen.

Sonstiges: Bei Erkältungskrankheiten kann man auch einmal Zwiebel in homöpathischer Form erproben: »Allium cepa« D3, bei Bronchitis, Entzündungen, rheumatischen Prozessen. Auch bei einer beginnenden Erkältung, die sich mit Fieber, häufigem Räuspern, Husten etc. ankündigt, kann »Allium cepa« D12, stündlich verabfolgt, alles schnell kupieren.

28. Kapitel

VON ABMAGERUNGSKUR BIS WURMBEFALL

Im Laufe der Jahre ausprobiert und notiert: Allerlei Hausrezepte für eilige Leser in Stichworten

(Weitere Hinweise siehe im Allgemeinen- und im Heilkräuterteil.)

Abmagerungskur
Überernährung, zu wenig Bewegung, Schilddrüsenunterfunktion. (Tierarzt fragen!) **Was tun?** Energiearme Futtermittel: Möhren gedünstet, Magerquark, etwas Sonnenblumenöl, Frischgemüsebrei, mageres Fleisch, Fleischbrühe, Meeresalgentabletten, geschrotete Eierschalen, Apfeldiät; d. h. Nahrung *strecken,* damit der Bauch nicht so leer ist!

Alter — frühzeitiges Altern, Alterserscheinungen s. Brennesselsamen, s. Knoblauch. Ab etwa 8. Lebensjahr wird der Energiebedarf der Hunde geringer, d. h. sie neigen zum Dickwerden. Andererseits haben sie einen höheren Eiweiß-, Kalzium- und Vitaminbedarf (A und wasserlösl. Vitamine). Futtermittel nun besser gekocht geben. Den erhöhten Vitamin A-Bedarf deckt man mit roher Rinderleber, grünen gedünsteten Salaten, Aprikosen (s. d.), den erhöhten Kalziumbedarf mit geschroteten Eierschalen, die wenig Phosphor enthalten. Bei Verstopfung s. d.

Appetitlosigkeit
Sicheres Zeichen, daß etwas nicht in Ordnung ist: Magen/Darm, Infektionskrankheit, Fieber: Ursächliche Krankheit feststellen und behandeln. **Was sonst tun?** Wenig, aber hochwertiges, leichtverdauliches Futter geben: Bewährt sind: Pfefferminztee, Kresse, geriebener, roher Apfel, feingehackte rohe Sellerieblätter, Honig, geschrotete Eierschale, Eigelb, Magerquark, Aprikosen, Bananen. S. auch Ebereschen- oder Hagebuttenmus: wegen Vitaminreichtum füttern.
Kleine Mengen Hundeflocken in Brühe eingeweicht, Baumrindenpulver und pürierte, gedünstete Karotten, frische gemahlene Rinderleber und mageres Rindfleisch untermischen, ein Teelöffel Sonnenblumenöl oder Butter unterrühren, etwas Seetangpulver: Mehrmals täglich kleine Mengen anbieten, so daß der Hund nicht Mangelerscheinungen bekommt und mit der Nahrung die Stoffe aufnimmt, die sein Inneres wieder ins Lot bringen. Was der Hund nicht sofort frißt, sofort wegtun. Zunächst 3—4 x täglich kleine Mengen, dann 2—3 x täglich, danach wieder nur einmal. Der Hund *muß* vor der Mahlzeit Hunger haben!

Augen (Bindehautentzündung) Durch Fremdkörper oder Zugluft entstanden. **Was tun?** Fremdkörper vorsichtig entfernen (Taschentuchzipfel oder ausspülen). Immer zur Nase hin wischen. Man kann auch Speiseöl vorsichtig einträufeln, das den Augapfel überzieht und den Fremdkörper austreiben hilft. Auch Honig hilft, Entzündungen am Auge zu heilen. Spülungen mit Tee (schwarzer Tee,

Rosmarin-Aufguß,) wirken lindernd, ebenso kann man rohen Gurkensaft nehmen.
Augenerkrankungen, Nachtblindheit und schlechtes Sehen sind oft die Folge von Vitamin-A-Mangel, also mangelhafter Ernährung. Überprüfen, ob die Nahrung ausreichend Vitamin A enthält, (siehe unter Vitamin A) sicherheitshalber Karotten, Öl und grüne Pflanzen untermischen.

Blähungen
Insbesondere bei Welpen bei Nahrungsumstellung, Darmstörungen etc. s. u. a.: Fenchel, Anis, Mäuseklee. S. auch »Geruch«.

Blasenentzündung oder Harnwegsinfektionen
Durch Erkältung oder durch Infektion entstanden, vom Tierarzt untersuchen lassen.
Was tun? *Innerlich:* Aufguß von Queckenwurzel, Birkenblätter-Tee, Petersilienwurzel-Aufguß, mehrmals täglich, jeweils Honig untermischen, geben. Viel zu trinken geben, damit alles durchgespült wird, evtl. mit Honigwasser dazu verlocken. *Äußerlich:* Warm halten, warme trockene Wärme; Hund in gewärmtes Moltontuch einwickeln oder einen breiten Wollschal umwickeln. Umschläge mit Bockshornklee, Leinsamen, Heusack. Homöopathische Umstimmungsmittel wie Echinacea, zunächst stündlich. S. auch Wolff, Homöopathie.

Blutarmut
Nach Krankheit oder infolge falscher Ernährung. **Was tun?** Man füttert Brennesseln, frische Früchte wie Brombeeren, Heidelbeeren, Holunderbeeren, Traubensaft, (eisenhaltig); Rote Beete, kleingerieben oder gedünstet oder das Pulver: Den Saft der Früchte mit Honig mischen und täglich 1—2 Tl geben, möglichst zwischen den Mahlzeiten. Petersilie, Meeresalgen-Tabletten oder -Pulver.

Durchfall
Wenn er länger dauert, sehr ernst zu nehmen, weil dem Hund ein echtes Nährstoff- und Flüssigkeitsdefizit entsteht. Ursache verdorbene Nahrungsmittel; Magen-Verstimmung (s. Kamille) oder starker Wurmbefall (Kotuntersuchung!) oder nervöse Störung. **Was tun?** Mit Welpen sogleich zum Tierarzt, weil festgestellt werden muß, ob Infektion von der Mutter kommt oder eine Erkrankung des Welpen die Ursache ist.
Bei älteren Welpen, Junghunden oder ausgewachsenen Hunden: Zunächst mildes *Abführmittel,* damit beschleunigt alles, was stört, ausgeschieden wird. Am besten gibt man Traubensaft oder geriebene, rohe Zwiebel, Knoblauchsaft oder eingeweichte, kleingehackte Feigen, Datteln oder Pflaumen. Zitronensaft mit Zwiebelsaft oder Knoblauchsaft und Honig, aber auch Kohlekompretten entgiften den Darm, ebenso wirken geriebene rohe Äpfel mit Honig.

Siehe aber auch bei Heilkräutern z. B. unter: Heidelbeere, Johannisbeere, Brennessel, Eberesche, Eiche, Holunder, Mäuseklee (Hom. Mittel) usw.

Geriebene rohe Äpfel mit Honig und etwas dick gekochten Hundeflocken kann man mehrere Tage geben, etwas Baumrindenmischung in der entsprechenden Zusammenstellung (siehe dort) untergemischt, versorgt den Hund mit allen notwendigen Wirkstoffen, ohne ihn zu belasten.

Dann füllt man die Mahlzeiten vorsichtig wieder auf: Fleischbrühe, Haferschleim, Eidotter, gedünstete Karotten, Sonnenblumenöl, Sojabrei, Leinsamenschleim, Magerquark, damit sich die Darmflora wieder bildet. Mehrere kleine Mahlzeiten täglich, bis sich der gesamte Verdauungsapparat wieder gefestigt hat und die gewohnte Nahrung mit Fleisch, Flocken, Gemüse wieder — Zug um Zug — gegeben wird.

Fieber
Grundleiden von Tierarzt feststellen und behandeln lassen. **Was sonst tun?** Ausreichende Wirkstoffversorgung, erhöhter Bedarf an: Eiweiß, Vitamin A, B_6, Pantothensäure, Folsäure, Vitamin C. Mageres Fleisch, rohe Rinderleber, Vollei (gekocht), Reis, Honig, Magerquark, Sonnenblumenöl, Meeresalgentabletten, Hagebuttenmus, Fleischbrühe. Alles in *suppiger* Form, mehrmals täglich kleinere Mengen.

Gebärmutterentzündung
Gehört unverzüglich in die Hand des Tierarztes, besonders nach dem Werfen, damit nicht auch die Welpen gefährdet werden! Häufig auch im Anschluß an die Läufigkeit bzw. im Anschluß an eine Scheinschwangerschaft. Hierbei wird vielfach von Laien eine Spülung empfohlen, wobei aber nicht beachtet wird, daß dabei nur die Symptome (und das nicht einmal sinnvoll und gefahrlos), nicht aber die Ursache behandelt wird.
Was tun? Bevor man sich zur Operation entschließt, Versuch mit alternativen Mitteln wagen. Verblüffende Erfolge mit homöopathischen Mitteln (s. Wolff, Hom. für Hunde). *Zunächst halb-stündlich,* dann in größeren Abständen jeweils 10 Tropfen Pulsatilla D4 geben; wenn gleichzeitig Haarausfall besteht, noch z. B. Sepia etc. wie sie Dr. Wolff empfiehlt. *Wichtig ist, daß die Tropfen über die Mundschleimhaut aufgenommen werden,* d. h. sie müssen vom Hund aufgeleckt oder ihm direkt auf die Zunge gebracht werden. Bis zur nächsten Nahrungs- oder Wasseraufnahme sollten wenigstens 30 Minuten verstreichen. *Gesamten Stoffwechsel der Hündin in Ordnung bringen.* S. unter »Abmagerung«. Echinacea Tropfen (s. dort) die die Widerstandskraft des Körpers mobilisieren oder aber Remifemin Tropfen nehmen, die eine spezifische Umstimmung hervorrufen.

Gelenksentzündung
Wenn durch *Verletzung* entstanden, Hund ruhigstellen. **Was tun?** Zunächst kühlende Umschläge mit Essigsaure Tonerde etc., auch kühle Quark-Umschläge, Heilerde-Umschläge helfen. Umschläge mit Beinwell (s. dort). Breiumschlag mit Bockshornklee (s. dort). Einreibungen mit Kampfer-Lorbeersalbe, Olivenöl-Eukalyptus-Öl, Wacholder-Einreibungen. Vorsichtig Gelenk massieren.

Chronische Gelenksentzündung (Arthritis)
Ursache oft falsche, einseitige, zu eiweißreiche Ernährung. Rosmarin-Aufguß, rohe Petersilie, Brennesseln feingehackt in kleinen Mengen aber regelmäßig unter das Futter. Baumrindenmischung entsprechend anreichern. Zwischen den Mahlzeiten rohen, frisch gepreßten Karottensaft, einige Löffel über den Tag verteilt geben. Täglich 1 Tl rohen Löwenzahnsaft und — hat sich bei uns bewährt: — jeden zweiten Tag 1 Wobenzym Dragee, etwa 3—4 Wochen lang geben, alles zusammen setzt die körpereigenen Abwehrkräfte in Gang. Liegeplatz überprüfen, ob warm genug, evtl. für bessere Unterlage (Wolle oder Schaffell!) sorgen. S. a. Mistel, Zinnkraut u. a. Kräuter, die den Körper entschlacken.

Geruch (Schlechter Geruch aus dem Maul)
Falsche Ernährung oder Entzündungen im Maul oder Zahnerkrankungen.
Was tun? Herausfinden, ob Zähne und Schleimhaut nicht in Ordnung sind. Rosmarin-Aufguß oder Zitronensaft mit etwas Honig vermischt *nach* dem Fressen aufschlabbern lassen, desinfiziert. Rohe Karotten, Pfefferminze, Petersilie unter das Futter mischen. Evtl. Kohlegranulat oder Kohlekompretten, die den Darm entgiften, geben. Rohe geriebene Äpfel mit Honig! S. auch: z. B. Eibisch, Brombeere, Knoblauch, Lavendel.

Übelriechende Gase aus dem Darm
Unsachgemäße Ernährung oder zu schnelle Ernährungsumstellung; zu hoher Anteil pflanzl. Nahrung oder zu hoher Anteil Fleischabfälle. Nahrung umstellen!

Geschwür, Abszess, Ekzem, Entzündung
Verursacht durch Verletzungen, vereiterte Insektenstiche, Entzündungen.
Was tun? Zunächst Fell entfernen. *Faustregel: feucht auf feucht!* Also auf nässende Ekzeme feuchte, *locker* aufliegende Umschläge oder Auflagen, es muß Luft daran können. Honig auftragen;
Packungen aus: Zwiebelsaft oder Knoblauchsaft in Rizinusöl einrühren, in Wasserbad erhitzen: Auf einen in warmem Wasser ausgedrückten Leinenlappen tun und auf Eiterstelle legen, mit trockenem, erwärmten Moltontuch abdecken. Heilerde-Packung, Bockshornklee. (S. dort.) Auflage aus gestoßenem *Eisenkraut* (aus der Apotheke besorgen) kurz abkochen, ausdrücken, in Mullsäckchen füllen und auf-

legen. Das Kraut nie direkt auf die Haut legen, immer einen Leinenlappen dazwischen tun. S. auch unter Birke, Eibisch, Eiche, Huflattich, Kamille, Pfefferminz, Thymian. Umschläge mit Brombeerblätter-Aufguß (s. dort); homöopathische Umstimmung versuchen. Bei trockenen, chronischen Ekzemen verschiedene Holzteere aus d. Apotheke.

Hautkrankheiten, Haarausfall, kahle Stellen

Feststellen, ob durch innere Störungen (Mangel Vitamin A, B_2, B_6, Biotin, Zink, Jod, Protein) verursacht: Mangelhafte Ernährung, Nahrung überprüfen, ob ausgewogen. (Störungen im Fettstoffwechsel = Sonnenblumenöl und Hefe ins Futter!) oder Störungen im Hormonhaushalt. Von Tierarzt feststellen lassen, ob evtl. Infektion oder Parasitenbefall Ursache.

Was tun? Frische Pflanzen (oder Säfte) unter das Futter: Löwenzahnblätter od. -saft), Meeresalgen-Tabletten, Bierhefe, Karotten;
Äußerlich: Täglich mit dem Aufguß von Rosmarin oder Ringelblume; oder zu gleichen Teilen Arnica-Tinktur mit Birkenwasser mischen (fördert die Hautdurchblutung), einreiben; ebenso ist eine Mischung von Rizinusöl mit etwas Eukalyptus-Öl zum Einmassieren geeignet.

Ein gutes *Haarwuchsmittel* ist auch Kalmus-Öl oder Arnika-Haaröl, äußerlich zum Einreiben, das aus Arnikawurzelöl und Senföl bereitet wird. Sorgfältige Hautpflege, viel Bewegung an frischer Luft, täglich gründlich bürsten und mit Leinen- oder Wolltuch abrubbeln.

Ebenso sind Einreibungen mit Birkenaufguß (s. dort), oder ein *Aufguß aus Brennessel* (aus Blättern und Wurzeln gemischt) günstig. *Und zwar reibt man morgens den Aufguß aus den Blättern in Haut und Fell ein und abends den Aufguß aus den Wurzeln.*

S. u. a. auch Brunnenkresse, Quecke, Gänseblümchen; Fertigpräparat bei Haarausfall: »Priorin«, enthält u. a. Goldhirseextrakt, Weizenkeimöl).

Hautverletzung

z. B. durch Bisse, Abschürfungen (von Halsband etc.), Hauterkrankungen.

Was tun? Beh. äußerlich: Aufguß v. Brombeerblättern (bzw. Rosmarin), evtl. etwas Hamamelis untermischen. Honig (s. dort) desinfiziert, verhindert Verschmutzung, beschleunigt die Heilung, verhindert Wachsen von wildem Fleisch und schlechte Vernarbung! Kein Fett auftragen.

Auch eine *Packung* aus Beinwell (3—4 El Wurzel mit heißem Wasser zu dickem Brei rühren, auf Leinenlappen streichen und auflegen, alle drei Stunden erneuern.)

Oder *Packung* aus folgender Mischung: 1 El Honig und 1 Tl gemahlener Bockshornkleesamen und ¼ Tl Arnica-Creme mischen und aufstreichen, gut zubinden und 2—3 Tage aufliegen lassen.

Wenn man hat, kann man auch frisch gepflückte Spitzwegerich-Blätter zwischen den Händen zerreiben und auf Wunden auflegen.

Ebenso schnell wirkt *Calendula-* oder auch *Echinazinsalbe* (aus der Apotheke). S. auch Kamille, Hamamelis u. a.

Husten

Entweder eine Folge von Erkältung (hüsteln wegen Halsentzündung) oder ein Zeichen für Staupe, Verwurmung (dann diese behandeln).

Was tun? Wenn es ein Reizhusten ist oder »nur« die Folge entzündeter Rachenmandeln, *Honigmilch* mehrmals täglich geben; den Aufguß von Süßholzwurzel (oder Salbei, Brombeerblätter, Holunderblüten, Hulflattich-Tee) jeweils immer etwas Honig untermischen, mehrmals täglich geben.

Äußerlich den Hund evtl. mit Eukalyptus-Öl einreiben, mindestens den Hals in warme Tücher wickeln, bei schweren Fällen über Nacht Wickel um den Hals mit feuchtwarmen Tüchern, dann Molton, darüber Wollschal. Für zugfreien Liegeplatz sorgen!

Krampf-Anfälle
Können die verschiedensten Ursachen haben: z. B. Fieber, Würmer, epileptische Anfälle, Kalzium-Mangel.
Was tun? Wenn Ursache unbekannt, sofort zum Tierarzt. Sind es Krampfanfälle, deren Ursachen Ihnen bekannt sind, können Sie versuchen, die Behandlung einmal in anderer Weise zu erproben: Bei epileptischen Anfällen soll sich Helmkraut-Tee bewährt haben.
Sind *Würmer* Ursache, erst entwurmen, dann sehr hochwertige Nahrung, Mangelerscheinungen ausgleichen: Traubensaft oder roher Apfel mit Honig, kleingehackten Blattsalat, Aprikose, rohe Rinderleber, Sonnenblumenöl, geschrotete Eierschalen, Pfefferminze, Quark. Tee aus entweder Salbei-Gamander oder Helmkraut, Rosmarin oder Hopfen. (Oder damit die Baumrindenmischung anreichern!) S. auch »Nervosität«.

Eklampsie
Vor allem Seetang-Tabletten bereits während der Trächtigkeit geben, damit die Aufnahme von Kalk tatsächlich erfolgt. Ebenso gibt man vorbeugend Lebertran, Knochenmehl, (besser allerdings geschrotete Eierschalen, da sie nicht verstopfen und ihr Phosphorgehalt gering ist). Auf durchgehend ausgewogen zusammengesetzte Nahrung achten! Beim akuten Eklampsie-Anfall muß aber *sofort* der Tierarzt zugezogen werden, da er sonst tödlich enden kann! S. auch Melisse, Mistel, u. a.

Magenverstimmung
Kann die verschiedensten Ursachen haben.
Was tun? Zunächst die gewohnte Nahrung einstellen. Kamillentee erst blank, dann mit Honig geben. Leinsamenschleim kochen; mit Kamillentee und Honig; Aufguß Kalmuswurzel geben: Vor und nach jeder Mahlzeit 1 Löffel, leicht angewärmt, und weitere über den Tag verteilt. Im übrigen s. bei den Heilpflanzen vielfältigste Möglichkeiten.
Diät: Feingeriebener roher Apfel mit Leinsamenschleim, Haferflocken und Honig. Dann Baumrindenmischung in der entsprechenden Zusammensetzung untermischen und nach und nach Fleischbrühe, gekochte pürierte Karotten, Sojabrei, feingehackte gedünstete Salatblätter untergeben. Mehrmals täglich kleine Mengen füttern, bis sich alles wieder normalisiert hat. Siehe auch: Eibisch, Eiche, Eberesche, Löwenzahn, Majoran, Kamille, Andorn, Ananas u. v. a.

Milchmangel der Hündin
Ausgelöst durch Krankheit, mangelhafte Ernährung, (auf ausreichend Vitamine: A, B_1, B_6, C achten!), Nervosität.
Was tun? Hochwertige Nahrung füttern: Rohe Rinderleber, Quark, gekochte Eier, Vollmilch, gutes Fleisch, Honig, Karotten, geschrotete Eierschalen, Meeresalgentabletten, Sonnenblumenöl; s. auch Hagebutte, Aprikose, Holunder, Majoran, Süßholz, Anis, Bockshornklee, Fenchel.

Tee kochen aus: Fenchel, Anis, Koriander, Kümmel in gleichen Teilen, in Honigmilch mischen und täglich mehrmals trinken lassen.

Milchproduktion stoppen: Salbei-Tee (s. dort.)

Milchschorf der Welpen
Tierarzt zuziehen, ob Unverträglichkeit der Muttermilch vorliegt.
Was tun? Äußerlich betupfen mit reinem Leinöl, Stiefmütterchentee (s. d.) Aufguß, Huflattich (s. d.). Homöopathisch »Viola tricoloris D 3«.

Nervosität, Unruhe
Der Ursache nachgehen: Liegen Erkrankungen vor, z. B. Magen-Darm- od. Infektionskrankheiten, dann diese behandeln. Oder sind es nur zeitbedingte Störungen: z. B. Gewitter, Feuerwerk, sonstiger Lärm; Unruhe kann auch Krämpfen, epileptischen

Anfällen etc. vorangehen. **Was tun?** Zur Beruhigung: z. B. Baldrian (siehe dort), Melisse, Kamille, Johanniskraut (siehe dort). Homöopat. Mittel findet man bei Wolff. Als Hausmittel Valeriana D3 mehrmals täglich geben, bzw. Baldrian-Dragees; Vivinox-Dragees. Bei allen Streßsituationen besteht ein verstärkter Vitamin C- und Magnesium-Bedarf. Versuchen Sie einmal Hagebutten-Mus (s. dort) mit etwas Honig. Leicht entsteht aus Nervosität eine Kettenreaktion, und man kann nur noch schwer erkennen, was war zuerst da: die Nervosität oder das organische Leiden. Es heißt also, die Widerstandskraft des Körpers insgesamt zu stützen!

Nierenerkrankungen

Gehören grundsätzlich in die Hand des Tierarztes! Verursacht durch unausgewogene Ernährung oder aber durch Erkältung.
Was tun? Ernährungsfehler beheben. Für Durchspülung sorgen (s. Heilpflanzen), überprüfen, ob der Liegeplatz warm und zugfrei ist. U. U. den Liegeplatz erhöhen: Brett mit Klötzen unterlegen. Man gibt Aufguß von Quekkenwurzel, (s. dort), s. auch Birke u. v. a. Heilkräuter, die harntreibend wirken. S. auch Goldrute, bzw. homöopathische Tropfen daraus: »Solidago virgo aurea«. Erhöhte Ausscheidung von Natrium, Kalium, Magnesium! Daher: Diese ergänzen!

Ohrenzwang

Entzündungen im Ohr, weil entweder Fremdkörper darin sind oder das Ohr nicht ausreichend gereinigt wurde und sich unter dem Ohrenschmalz entzündet.
Was tun? Ohren regelmäßig nachsehen und vorsichtig ausputzen. Sind die Ohren entzündet, (rot und oft stinkender, schwarzer Schmier!) mit Calendula-Salbe (Ringelblumensalbe) oder Ringelblumen-Aufguß vorsichtig (!) ausputzen. Keine harten Gegenstände (Schere, Pinzette) einführen, Q-Tips oder zusammengedrehte Wattespitzen verwenden. Das alte, schwarze Ohrschmalz, wenn es bereits fest ist, zunächst mit Calendula-Salbe über Nacht einweichen, dann versuchen, zu entfernen. Darunter meist rote, entzündete, sehr empfindliche Haut; vorsichtig mit Calendula-Salbe, Calendula-Tinktur oder Aufguß betupfen, weiterhin sich bildendes Ohrenschmalz entfernen.
Stark behaarte Innenohren: Haare auszupfen, damit Ohr belüftet. *Vorsorge verhindert Ohrenzwang meist völlig!* Entzündete Ohren können auch Zeichen einseitiger Ernährung sein.

Scheinträchtigkeit

Hormonelle Fehlsteuerung im Anschluß an die Läufigkeit. Eingebildete Anzeichen einer Schwangerschaft.
Was tun? Ernährung: Kalorien reduzieren, Wirkstoffe aufbessern; *keinesfalls Milch füttern.* Hündin reichlich bewegen. Sie neigt z. Milchbildung, das Gesäuge schwillt an, kann sich entzünden. Gesäuge kühlen mit Umschlägen mit Essigsaurer Tonerde. Die Hündin immer in Bewegung halten, daß sie kein Nest baut oder »Kind« adoptiert. Meist reguliert sich Körper bald wieder ein: Die reduzierte Kost entschlackt die Hündin, sie baut überflüssiges Fett ab und, so wie die »Überzeugung« sie überkommen hat, schwanger zu sein oder gar ein Junges zu haben, vergeht diese Stimmung, die sich bei manchen Hündinnen gelegentlich wie eine leichte Geistesstörung (sie frißt nicht mehr, steht ziellos und leicht jammernd herum) auswirkt, wie sie gekommen ist und ist restlos vergessen.

Tumore, Geschwülste

Besonders häufig am Gesäuge, sind die Folge eines gestörten Stoffwechsels. Drüsenstörungen, Verstopfung etc. verursachen eine Vergiftung, die sich in Form von Tumoren zeigen. Bei Hündinnen kann man beobachten, daß sich hier und da kleine Knoten am Gesäuge oder unter der Haut bilden — und nach einiger Zeit sind sie verschwunden. Das bedeutet, daß *sich Tumore zurückbilden* können, wenn das innere Gleichgewicht wieder hergestellt ist.

Was tun? Knoblauchsaft oder frische Knoblauchzehe, Honig und frisches Gemüse unter das Futter gemischt, bringt den Stoffwechsel wieder in die richtigen Bahnen. Ebenso hilft Traubensaft; frische, feingehackte Zwiebel, Wiesenklee (Blätter und Blüten) Labkraut, Wasserkresse unter das Futter gemischt oder gesondert in kleinen Mengen gegeben, vollbringen oft Wunder.
Äußerlich: Man kann auch Majoranöl verwenden (5 El frischen, kleingehackten Majoran mit 10 El Lein- oder Olivenöl aufgießen, einige Tage warmstellen, dann Öl abgießen). Dieses Öl einreiben und eine Packung aus frischen Spitzwegerichblättern oder frischen Labkrautblättern darauf legen, immer über Nacht liegen lassen! S. u. a. auch Leinsamen, Mistel, Zinnkraut, Schöllkraut.

Verstopfung

Zeichen für Ernährungsfehler. Einseitige Fütterung, zu viele Knochen, bzw. Knochenmehl!, zu wenig pflanzliche Ballaststoffe sind meist die Ursache!
Was tun? Das Futter überprüfen, ausreichend Ballaststoffe zufügen, frische Gemüse und Blätter, Baumrindenmischung, feingehackte Feigen, Pflaumen, Rosinen und gekochten, geriebenen Apfel mit Honig untermischen. Oder einige Tage nur gekochten Apfelbrei mit Leinsamenschleim, Haferschleim, Honig, frischen Saft von Löwenzahn, Traubensaft, frische gemahlene Rinderleber und erst langsam wieder auf normales Futter umstellen, das nun aber genügend Ballaststoffe enthalten muß. *Abführmittel vermeiden, sie schaden mehr, als sie je nützen können!* In dringenden Fällen nimmt man Rizinusöl, reguliert aber sonst besser mit vernünftiger Ernährung! S. auch Majoran, Löwenzahn, Leinsamen, Himbeere, Holunder, Heidelbeere u. v. a.

Wunden

Durch Beißereien, Verletzungen, Aufschürfungen etc. Wenn eine Wunde eitert, zeigt dies, daß der Körper schädliche Stoffe »hinauswirft«.
Was tun? Am besten heilen Wunden, wenn Luft hinzu kann. Das Einstreichen mit Jod oder Wundpuder kann — besonders, wenn der Hund es ableckt — schädliche Nebenwirkungen haben. Honig wirkt desinfizierend und schließt die Wunde gut ab, so daß kein Schmutz hinein kann.

Ringelblume- oder Rosmarin-Aufguß wirken heilend, insbesondere hat Ringelblumen-oder Echinazinsalbe (s. dort) eine verblüffende Heilwirkung. Weiteres siehe unter Geschwüre und vielerlei Hinweise unter den Heilkräutern. S. auch: Leinsamen, Eibisch, Labkraut, Lavendel, Brombeere, Melisse, Kamille, Hamamelis, Heidelbeere, Beinwell (Umschläge, Packungen). Unterwegs: Saft von Blättern und Frucht siehe Heidelbeere.

Wurmbefall

Vom Tierarzt feststellen lassen, welcher Art und dessen Medikamente anwenden. Bei jungen Hunden durch Ansteckung nach Geburt, bei ausgewachsenen Hunden Zeichen für schlechten Allgemeinzustand. Gefährlich, weil dadurch dem Körper wichtige Nahrungsstoffe vorenthalten, dafür aber giftige Wurmausscheidungen zugeführt werden. Z. T. auch Ansteckung des Menschen möglich. Oberste Gebote sind Sauberkeit und sachgemäße Fütterung!

Was tun? Will man sich selber helfen, kann man versuchen:

Bandwurm: Kürbiskerne, Rainfarn zu gleichen Teilen 15,0 Faulbaumrinde 50.0 pulv., das Pulver drei Tage lang morgens und abends je ½—1 Tl oder als Abkochung.

Spul- bzw. Madenwürmer: Tee aus: Faulbaumrinde 40.0, Baldrian, Pfefferminzblätter, Wermut jeweils 22.0 täglich abends ca. 1 Tl voll einflößen.
Außerdem wirken: Knoblauch, Zwiebel, Kamille, d. h. ätherisches Öl enthaltende Arzneipflanzen. Möglich: Knoblauch, Anispulver und Karottenbrei mischen. Frische Hagebutten mit Kernen (s. dort).

29. Kapitel

ERNÄHRUNG UND VERHALTENSPROBLEME

Wenn im Vorangegangenen im Zusammenhang mit der Fütterung meist von der gewünschten guten *körperlichen* Verfassung der Hunde gesprochen wurde, war für jedermann klar, daß ein ausgewogener, sich entwikkelnder Organismus auch eine der wichtigsten Voraussetzungen für einen auch im Wesen und Verhalten zufriedenstellenden Hund ist.

Liest man aber die Wirkungsweise von Vitaminen, Mineralstoffen, Aminosäuren, Hormonen aufmerksam nach, bzw. führt man sich nochmals vor Augen, welche *Mangelerscheinungen* oder *Störungen* die Unter- oder Überversorgung mit bestimmten Wirkstoffen nach sich zieht, fragt man sich unwillkürlich, ob man nicht auch bei Verhaltensproblemen eine bestimmte Nahrungszusammenstellung gezielt einsetzen kann.

Obwohl es dutzendmal als falsch bezeichnet wurde, halten manche Leute beharrlich an der Überzeugung fest, daß reine Fleischfütterung, insbesondere *rohes Fleisch,* dazu führe, daß Hunde nervös, aggressiv oder gefährlich werden könnten. Tatsächlich ist aber, wie wir im Kommenden feststellen werden, gerade das Gegenteil richtig! Richtig an der an sich falschen Behauptung ist nur, daß durch eine bestimmte Nahrungszusammensetzung oder deren Abänderung oft geradezu verblüffende Verhaltensänderungen hervorgerufen werden können. Beispielsweise ist eine Überversorgung mit »Fleisch«, genauer *Eiweis (Protein),* durchaus ein Mittel, einem übernervösen, aggressiven Hund zu einem gemäßigten, ausgewogenen Temperament zu verhelfen. Hierzu sei gleich noch angemerkt, daß man *hochwertiges Eiweis* nicht nur als *Fleisch,* sondern besonders auch als *Magerquark* füttern kann. *Quark* ist noch dazu leichter bekömmlich und wird daher bei Diäten ohnehin als Fleischersatz empfohlen.

Jeder Züchter weiß, daß trotz gewissenhaftester Auswahl der Elterntiere, trotz gewissenhaftester Aufzucht es niemals gelingen wird, auch nur einen Wurf Welpen so schön gleichmäßig und vollkommen »herzustellen«, wie der Bäcker seine Brötchen. In jedem Welpen kommt eine ganz bestimmte, einzigartige Konstellation aus dem Gen-Pool seiner Vorfahren zum Ausdruck, die zu den nicht korrigierbaren Grundvoraussetzungen seines speziellen Charakters gehört.[1]) Bereits der Züchter stellt sehr bald fest, daß unter den Welpen einer oder mehrere sind, die mehr oder weniger positiv aus dem Rahmen fallen, d. h. besonders lebhaft, nervös, schreckhaft oder inaktiv sind.

Das kann sich nun verstärken oder ausgeglichen werden, je nachdem, in welche Umgebung der Hund später kommt. Hier wäre wieder die Ehrlichkeit der Züchter gefragt, die leider gelegentlich etwas zu wünschen übrig läßt, wenn es darum geht, einem Käufer in allen Einzelheiten über mögliche Charakterunterschiede seines Hundes aufzuklären. Nur dann kann der Züchter seinen Käufer auch richtig beraten und ihm erklären, welche Art der Erziehung und vor allem: durch welche *Ernährungsweise* und *Fütterpraxis* dieser seinen Hund optimal halten kann. Leider scheut sich so mancher Züchter vor dem Hinweis, daß es einen in allen Punkten vollkommenen Hund niemals geben wird!

Ganz sicher ist, daß jeder Käufer erwarten kann, daß sein Hund frei ist von schweren körperlichen Mängeln. Jedoch ist kaum eine Rasse frei von rassespezifischen Besonderheiten und Krankheitsdispositionen, die man einerseits durch vernünftige Zuchtwahl, andererseits aber durch sorgfältige Aufzucht und Haltung in Grenzen halten kann. Aber auch das sei hier, wie schon so oft, nochmals betont: *Der schönste und körperlich (scheinbar) vollständig gesunde Hund hat letztlich für seinen Besitzer überhaupt keinen Wert, wenn er schwere Verhaltensstörungen hat bzw. schwer oder gar nicht erziehbar ist.* Und auch das sei hier vorweggenommen: Gravierende Verhaltensstörungen eines Hundes sind oft nicht nur das Ergebnis von ungünstiger Verpaarung, mangelhafter Aufzucht oder falscher Erziehung, sondern oft auch das Zeichen verborgen vorhandener organischer bzw. stoffwechselbedingter Mängel!

[1]) Ausführlich können Sie über Charakterunterschiede nachlesen in dem Buch: Eric H. W. Aldington, »Von der Seele des Hundes«, Verlag Gollwitzer, Weiden

Die tägliche Fütterpraxis hat auch Auswirkung auf Erziehbarkeit und Verhalten

Wird ein Welpe abgegeben, bekommt der Käufer (hoffentlich!) einen ausführlichen Futterplan mit, an den man sich in der nächsten Zeit halten kann. Meist wird den Käufern auch wenigstens erklärt, daß eine Nahrungsumstellung vorsichtig und schrittweise erfolgen muß; aber viel zu selten wird darauf hingewiesen, daß die *Art der Fütterung* auch ganz wesentlich dazu beiträgt, ob und wie schnell die *erste Erziehungsaufgabe* des neuen Hundebesitzers gelingt: den Hund zu *»Stubenreinheit«* zu erziehen. Wie wir gleich sehen werden, ist hier bereits die Quelle vieler späterer Schwierigkeiten, die der neue Hundebesitzer mit seinem Hund bekommen kann ... Nur zu leicht gerät dabei dann auch der Züchter bzw. dessen Zwinger in ein schlechtes Licht - was er durch rechtzeitige Aufklärung seines meist wenig erfahrenen Käufers leicht hätte umgehen können.

Gerade beim jungen Hund kann man sehr schnell feststellen, daß, was »reinkommt« auch »rauskommt«. Man lernt sehr schnell, auf die ordnungsgemäße Verdauung des Hundes zu achten, da man anfänglich, mehr als einem oft lieb ist, damit in Berührung kommt. Man befolgt unzählige »Tricks« der Erziehungsbücher, auf welche Weise man seinen Hund zur Entleerung etwa nur auf Zeitungspapier oder nur außerhalb des Hauses erziehen kann. Trotz alledem bleibt die Stubenreinheit oft über Gebühr lange (und dann schamhaft verschwiegen) ein Problem, das oft genug damit zusammenhängt, daß der Hund einfach nicht richtig ernährt wurde.

Das Füttern industriell hergestellter Hundenahrung ist sicherlich immer noch besser, als ein *unausgewogenes,* selbst hergestelltes Futter zu geben. Aber gerade beim Welpen und Junghund lohnt sich die Mühe, sich selbst um die richtige Zusammenstellung des Futters zu bemühen, denn gelegentlich wird gerade das käufliche Welpen-Fertigfutter nicht gut vertragen. Im schlechtesten Fall führt dies zu Durchfällen, die zwar nach einiger Zeit vergehen können, die aber gerade in die kostbare Zeit fallen, in der man den Hund zur Sauberkeit erziehen muß.

Das industriell hergestellte Hundefutter erweckt mit seiner Werbung beim Käufer nur zu leicht die (irrtümliche) Vorstellung, er kaufe für seinen Hund »bestes« Fleisch; dabei kann sich jeder leicht ausmalen, daß im Hundefutter wohl kaum schieres Muskelfleisch (etwa in Tartarqualität!) enthalten sein kann. Hundefutter enthält eben Proteine und Fette in der für den Hund günstigen Zusammensetzung, zugesetzt werden Minerale und

Vitamine, und ein hoher Anteil besteht aus Kohlenhydraten. Außerdem sind neben *Konservierungsmitteln* auch *Farbstoffe* (aus optischen Gründen für den Käufer) und *Geschmacksstoffe* (damit der Hund es garantiert frißt) zugesetzt. Über die möglichen Auswirkungen von Farb-, Konservierungs- und Geschmacksstoffen (Zucker!) erfährt man selten etwas; sie können aber durchaus zu Durchfällen, auch zu anderen Störungen, Allergien etc. führen.

Der hohe Anteil an Kohlenhydraten bedeutet aber auch, *daß erhebliche Mengen Kot abgesetzt* werden, d. h., der Hund »muß« viel häufiger, als dies bei einer hochwertigeren Nahrung nötig wäre.

Beim *Dosenfutter* kaufen Sie auch eine gehörige Portion Wasser zu einem stolzen Preis; die mit dem Futter aufgenommene reichliche Flüssigkeitsmenge steht dem Erfolg der Reinheitserziehung stark im Wege!

Das *Halbfeuchtfutter* ist besonders stark mit Zucker (wegen des Halbfeuchten), Farb- und Konservierungsstoffen versetzt; es sieht nur schön rot wie Fleisch und gelb wie Ei aus.

Bei der Fütterung mit *Trockenfutter* muß dem Hund ausreichend Wasser zur Verfügung stehen. Am besten, man weicht es vorher mit Wasser oder Brühe ein. Bei trockenem Flockenfutter sieht man wenigstens den hohen Anteil Kohlenhydrate, nicht so bei *gepreßtem Futter.* Allerdings, an der Menge abgesetzten Kots (Kommentar eines Züchters: »Man muß ihn mit dem Schneeschieber wegräumen . . .«) kann man sehen, *wieviel Unverdauliches* man nicht nur mit teurem Geld bezahlt hat, sondern dies auch dem Organismus des Hundes und letztlich auch der Umwelt zumutet.

Ein ganz entscheidender *Nachteil* von Fertigfutter ist aber, daß man selbst nichts daran verändern sollte, um nicht eine unkontrollierbare Über- oder Unterversorgung des Hundes zu verursachen. Fertigfutter ist der goldene Mittelweg, bei dem normalerweise nichts versäumt wird, was für einen »normalen« Hund wesentlich ist. Benötigt aber ein Hund aus irgendeinem speziellen Grund ein etwas abgewandeltes Futter (warum und wann, davon später), muß man sich von der Bequemlichkeit dieser Fütterung trennen. Als Ausweg steht zwar eine begrenzte Auswahl von speziellen Diätnahrungen fertig zur Verfügung, aber die sind teuer und vielleicht auch nicht gerade auf diesen besonderen Fall zugeschnitten.

Welches und wieviel Futter man seinen Hunden geben kann, davon war in diesem Buch bereits ausführlich die Rede. Im Zusammenhang mit der *Sauberkeitserziehung* muß aber gesagt werden, daß keinesfalls zuviel Futter*menge* gegeben werden soll und daß außerdem die Gesamtfuttermenge auf *mehrere, pünktliche Mahlzeiten* verteilt werden soll. Nur so kann man den Hund zu einem bestimmten Rhythmus erziehen, den auch sein Organismus einhält. Nur so kann man neben den bestimmten Fütterzeiten auch die bestimmten Zeitpunkte herausfinden, zu denen ein Hund »vor die Tür« muß.

»Regelmäßig« ist aber nur *ein* Stichwort. Das andere ist, daß die *Intervalle zwischen den Mahlzeiten nicht zu ausgedehnt* sind, damit der Hund nicht, längst bevor er sein Futter bekommt, nervös und unruhig wird. Diese Nervosität kann sich, wenn dies womöglich regelmäßig der Fall ist, überhaupt zu einem Merkmal seines Charakters manifestieren und so indirekt auch zu Verdauungsstörungen, dünnem oder zu weichem Kotabsatz führen, was wieder (nicht nur) der Sauberkeitserziehung zuwiderläuft.

Ganz gleich, ob es ein Hund oder ein Mensch ist, das »Hungergefühl« kommt nur scheinbar aus dem leeren Magen. Tatsächlich wird es in einem Teil des Gehirns, dem Hypothalamus, ausgelöst, der nicht nur den Appetit, sondern auch z. B. Wärme-, Wasser-, Salz- und Energiehaushalt reguliert und über die Hypophyse verschiedene Hormondrüsen beeinflußt, d. h. den Organismus des Hundes heftig aktiviert, nun Abhilfe eines Mangelzustands zu finden. Anders gesagt: Hier laufen komplexe, neuroelektrische und hormonell-stoffliche Wechselwirkungen ab, *mit einer umfassenden Wirkung für die Befindlichkeit und das Verhalten.* Der Hund wird unruhig, »nervös«, und sein ganzes Denken wird zuallererst von diesem Gefühl überdeckt. Er wird nicht gehorchen, aggressiv sein, bellen, jaulen, Gegenstände zernagen, an Türen kratzen etc. Auf diese Weise wird sich der Hund leicht *eine Menge unerwünschter Unarten aneignen,* die man allein durch die *richtige Füttermethode* von vornherein hätte *verhindern* können.

Die Fütterzeiten des Hundes müssen also (nicht nur beim Welpen) so gelegt werden, daß die Sättigung für bestimmte, notwendige Intervalle ausreicht, es andererseits aber auch möglich ist, ihm zu einem bestimmten Zeitpunkt nach der Mahlzeit die Möglichkeit geben zu können, sich an einem dafür bestimmten Ort und nicht in der Wohnung zu entleeren.

Mancher hat sich das auch gedacht und gemeint, am besten sei es, dem Hund einfach dauernd Futter zur freien Verfügung hinzustellen. Aber es ist nicht nur fast unmöglich, einen so gehaltenen Junghund stubenrein zu bekommen. Es ist überdies mit Sicherheit so, daß ein solcher Hund sich tatsächlich überfrißt, ungebührlich an Gewicht, Wachstum etc. zunimmt und noch dazu mit Verdauungs- und schweren Verhaltensstörungen reagiert.

Nicht nur junge Hunde sollten ihr Futter zu bestimmten Zeiten und an einem dafür bestimmten Ort bekommen. Keinesfalls sollte dies mit den Eßzeiten der Familie zusammenhängen, damit von vornherein ausgeschlossen wird, daß der Hund stets etwas zu Fressen verlangt, wenn irgend jemand etwas zu sich nimmt. Sind die Fütterintervalle nicht zu lang, wird der Hund auch nicht übermäßig zum Betteln angeregt. Hat man erst einmal damit angefangen, dem Hund (bei Tisch) so nebenher etwas »zukommen« zu lassen, wird sich daraus bald ein nach allen Regeln der Kunst vervollkommneter Sport des Hundes entwickeln, seinen Menschen etwas abzubetteln oder gar vom Tisch zu stehlen.

Dabei geht es aber gar nicht nur um ein Zuviel an noch dazu unkontrollierter Nahrungsaufnahme. Hier entwickelt sich, ohne daß der Mensch es richtig merkt, ein regelrechter *»Machtkampf«,* bei dem der Hund durch nichts als sein drolliges Verhalten oder seine Beharrlichkeit schließlich regelmäßig siegt und noch dazu für dieses Verhalten durch Leckerbissen, also *doppelt belohnt* wird!

Außerdem sollte der *Fütterzeitpunkt* nicht mit anderen, regelmäßig sich wiederholenden Ereignissen des Tagesablaufes gekoppelt sein. Beispielsweise ist es unvernünftig, gleich nach der Heimkehr den Hund zu füttern, der, je näher der Zeitpunkt heranrückt, in *doppelte Erregung* gerät, weil erstens sein Herr heimkehrt und zweitens dann das Futter fällig ist. Diese doppelte Erwartung kann, wenn es einmal zu Verzögerungen kommt, eine Menge Streßreaktionen auslösen. Sehr bald hat sich die »innere Uhr« des Hundes auf bestimmte Zeiten eingestellt, und er ist unfähig, hier irgendwelche »Einsicht« zu zeigen. Gar mancher Hund hat in einer solchen Stimmung die Wohnung zerlegt, gebellt, geheult, die Wohnung verunreinigt oder gar begonnen, sich selbst durch intensives Belecken und Zerknabbern zu zerstören. Es sei hier gesagt, daß derartige *»Marotten«* des Hundes zu einer verheerenden Gewohnheit werden können – und oft genug hat sich herausgestellt, daß der allererste Anlaß nichts als ein ungeschickt geplantes Fütterschema war! Hat ein Züchter seinem Welpenkäufer dies alles auseinandergesetzt, ist schon *ein* wichtiger Schritt getan.

Als nächstes muß aber auch davon gesprochen werden, wie man sich verhält, wenn nach und nach Anzahl und Menge der täglichen Mahlzeiten reduziert werden. Meistens geht man dann, weil es »allgemein« so gehandhabt wird, zu *einer* Mahlzeit täglich über, d. h., die errechnete Gesamtnahrungsmenge wird nicht mehr aufgeteilt.

Aber jeder Züchter sollte sich *gründlich* überlegen, ob er seinem Welpenkäufer diesen Rat *unbedenklich* geben kann. Bereits von der trächtigen Hündin weiß man, daß man dieser statt einer großen besser mehrere kleinere Mahlzeiten geben sollte. Aber es gibt auch bestimmte Rassen, bei denen die einmalige Fütterung nicht unproblematisch ist.

Da sind z. B. die großen Rassen mit tiefem Brustkorb (z. B. besonders Doggen, aber auch Schäferhunde, Bernhardiner, Setter, gelegentlich aber auch kleinere Rassen, Rüden häufiger als Hündinnen), die zu der gefürchteten *Magendrehung* neigen. Dabei kommen zwei Faktoren ungünstig zusammen: Einmal bekommt der Hund verhältnismäßig voluminöse Mahlzeiten, andererseits haben manche Hunde die Disposition dazu, daß Nahrung nur mangelhaft, d. h. mit oft unmäßiger Gasentwicklung verarbeitet wird. Der Magen des Hundes wird massiv aufgebläht, die Tiere sind sichtlich unwohl und stöhnen. Manchmal hat sich der Hund nur überfressen und erbricht sich, man muß aber auch an den Beginn einer Magendrehung denken. Und die führt, wenn sie nicht behandelt wird, nach *wenigen Stunden* zum Tode des Tieres!

Die gesamten komplexen Zusammenhänge können hier nicht beschrieben werden. Wichtig ist aber, daß man besonders wachsam sein muß, hat man einen Hund, bei dem man derartige Komplikationen befürchten muß. Neben dem stark aufgegasten Leib sind nämlich viele Symptome so, daß der Laie durchaus auch zuerst auf ganz andere Ursachen tippt. Neben steigender Atemnot kommt es zu Kreislaufschwäche, Tachykardie, raschem, schwachem Puls, blassen Schleimhäuten, Taumeln, Zusammenbrechen und schließlich zum Tod. *Hier kann nur der schleunigst hinzugezogene Tierarzt helfen!*

Vorbeugen allerdings kann man selbst. Große Einmal-Mahlzeiten sind zu vermeiden, weil sie noch dazu meist mit Heißhunger eilig (oft mit viel Luft) herabgeschlungen werden. Mehrere, kleinere Mahlzeiten, die nichts Blähendes oder Schwerverdauliches enthalten und eventuell bereits zu einem kompakten Brei zerkleinert sind, wirken sich günstig aus. *Wasser* sollte *nicht unmittelbar* im Zusammenhang mit der Mahlzeit zur Verfügung stehen; um die Verdauungsfähigkeit des Magens zu verbessern, kann man z. B. Paspertin geben.

Aber nicht nur große Hunderassen, sondern auch kleinere Hunde und solche, die insgesamt zu *Nervosität* und übergroßen *Streßreaktionen* neigen, sind besser dran, wenn man die Gesamtfuttermenge, breifein zerkleinert, auf zwei oder mehr kleinere Mahlzeiten verteilt. Es ist für das Nervenkostüm der Hunde (und ihrer Herren) besser, wenn die Nervosität nicht durch große Fütterintervalle verstärkt wird; für den meist nicht sehr stabilen Verdauungsvorgang ist die kleinere und zerkleinerte Mahlzeit besser bekömmlich.

Verhaltensstörungen und ihre Therapie durch Nahrungsumstellung

Gar mancher, der mit viel Mühe einen Küchenplan für seinen Hund erarbeitet hat, steht vor der Tatsache, daß bei seinem eigentlich »kerngesunden« Hund trotzdem so einiges nicht stimmt. Er schiebt es auf den Züchter, dieser gibt den schwarzen Peter an den Hundehalter bzw. dessen Erziehungsfehler zurück. Dann wird noch von einer Rassedisposition zu diesem oder jenem »gestörten« Verhalten, Nervosität und schwerer Erziehbarkeit gesprochen . . . geholfen ist allerdings niemandem mit derlei Schuldzuweisungen.

Schließt man mögliche Fehler in der täglichen Fütterpraxis aus und untersucht nun die Nahrungs*zusammensetzung,* kommt man in vielen Fällen auf eine Besonderheit: Im Hundefertigfutter und in den Fütterempfehlungen ist *ein im Verhältnis zum Protein sehr hoher Anteil Kohlenhydrate.* Dabei ist es (wie schon zuvor in diesem Buch beschrieben) nicht notwendig wichtig, Kohlenhydrate in großer Menge ins Futter zu mengen; die benötigten *Kalorien* können auch anderweitig gegeben werden, was auch auf die übrigen Kohlenhydratbestandteile zutrifft. Kohlenhydrate werden (ebenso wie Fett) zur Energiegewinnung eingesetzt (mehr dazu siehe S. 220 und 223 dieses Buches).

Inzwischen haben sich die Lager geteilt. War es früher üblich, dem Hund als Fleischfresser möglicht »reine« (aber leider unausgewogene) Fleischnahrung zu verabfolgen, hat sich inzwischen sowohl aus Überzeugung als auch aus Sparsamkeit ein Trend entwickelt, in der Nahrung einen hohen Anteil Kohlenhydrate mitzufüttern. Das ist solange ungefährlich, wie sich der Verdauungsorganismus des Hundes daran gewöhnen kann, und – solange keine Verhaltensstörungen beim Hund auftreten.

Bei Fütterversuchen beispielsweise, die mit Ratten durchgeführt wurden, hatte, als man die Tiere später untersuchte, eine *Mangelernährung* mit *Proteinen* zu keinen wesentlichen Veränderungen des Gehirns geführt. Das war deshalb erstaunlich, weil diese Tiere erheblich nervöser und erregbarer erschienen als die »normal« gefütterten Kontrolltiere. Offensichtlich sorgt also der Organismus dafür, daß ein so wichtiger Teil wie das Gehirn trotz Mangelernährung noch genügend mit Proteinen versorgt ist.

Im Gegensatz dazu führte eine *überwiegende Kohlenhydrat-Ernährung* zu *meßbaren Veränderungen im Gehirn,* nämlich zu einer deutlichen Steigerung von *Serotonin* (ein Neurotransmitter). Auch von Menschen weiß man, daß kohlenhydratreiche Nahrung den relativen Serotoninspiegel im Blut hebt.[1]) Das bedeutet aber vor allem, daß bestimmte Nahrungsmittel einen deutlichen Einfluß auf das Verhalten haben können!

Jeder Züchter weiß, daß es für seine Hündin eine Streßsituation bedeutet, wenn sie läufig oder trächtig ist, Junge bekommt und diese versorgt, säugt. In dieser Zeit sorgt er ohnehin für eine proteinreiche, in jeder Hinsicht hochwertige Ernährung, die aber nicht nur wegen der körperlichen Anforderung der Hündin und der wachsenden/säugenden Welpen wichtig ist, sondern sich auch segensreich auf ihren Gemütszustand auswirkt.

Aber auch in anderen Streßsituationen und bei Krankheiten wird nicht nur eine Versorgung mit hochwertigen Proteinen empfohlen, sondern auch, diese in einem höheren, als normalerweise üblichen Anteil in der Nahrung einzusetzen. In Amerika ist es WILLIAM CAMPBELL, in Frankreich ist es PROFESSOR GUY QUEINNEC, die, nach vielerlei wissenschaftlich und praktisch durchgeführten Untersuchungen, dafür plädieren, unter besonderen Voraussetzungen *von der üblichen Nahrungszusammenstellung stark abzuweichen.* Für streßempfindliche und starkem Streß ausgesetzte Hunde empfehlen sie eine

> Nahrungs- bzw. Diätzusammensetzung aus:
> Kohlenhydraten *maximal* 46 % (27 %)
> Proteine mindestens 29 % (60 %)
> Lipide mindestens 10 % (13 %)

Diese von den landläufigen Fütterempfehlungen stark abweichende Zusammensetzung läßt sich erklären. Während sonst die notwendige Futterzusammensetzung vorwiegend an *Laborhunden* erprobt wurde, für die ja völlig andere Lebensumstände gelten als für den »Normalhund«, wurden diesmal die Fütterungsversuche an Hunden, die bestimmte Mangelerscheinungen aufwiesen bzw. irgendwelche besonderen Leistungen erbringen

[1]) Über die komplexen Zusammenhänge von Neurotransmittern, Gehirn und die Auswirkung von Streßreaktion auf den gesamten Organismus siehe: Aldington, »Von der Seele des Hundes«, Verlag Gollwitzer, Weiden

sollten, getestet. In allen untersuchten Fällen war es günstig, sowohl den Proteingehalt, als auch den Fettgehalt der Nahrung deutlich zu erhöhen.

Bei *nervösen* Tieren erprobte man erfolgreich eine *kohlenhydratarme, proteinreiche Ernährung, der man Kalium und Vitamine der B-Gruppe, vor allem Thiamin zusetzte.* Außerdem hat man festgestellt, daß in dieser Weise ernährte Hunde leichter erziehbar waren, konzentrierter mitarbeiteten, weniger von Umweltreizen ablenkbar waren. Auch extensives Bellen, ein Übermaß an Erregbarkeit und Aggressivität, Zerstördrang und Verunreinigung des Hauses ließen sich mit einer solchen Diät merklich mindern.

Noch besser ist es, die Nahrung mit dem Vitamin-B-Komplex, besonders aber mit Thiamin (Vitamin B_1) und Niacin (Vitamin B_3) und Kalzium anzureichern. Da man sich auch sonst (hoffentlich!) verstärkt mit dem Hund beschäftigt, ihm mehr Bewegung, vernünftige Erziehung etc. angedeihen läßt, wird der Erfolg dann aus mehreren Quellen gespeist.

Bei *Windhunden* hat man sogar während der Wettkampfsaison mit einer ausschließlichen Fett-Protein-Diät (z. B. Muskelfleisch mit Fett und Mineralsalzen) die physische und psychische Kondition nachhaltig verbessert.

Aus der gleichen Quelle stammt auch ein »Rezept« für ein besonderes *Getränk,* das Hunden den *leistungsmindernden Streß nimmt:*

> 500 ml Fruchtsaft mit 10 g Lävulöse (bzw. 20 g Honig) gemischt;
> viertelstündlich je nach Größe des Hundes 20–50 ml verabreichen.

Die Schwierigkeit, eine solche Diät einzuhalten, liegt allein darin, daß es eine gewisse Zeit, oft einige Monate, braucht, bis sich die Umstellung des Hundes und ein merkbarer Wandel vollzieht.

Ernährungsumstellung statt »Pillen oder Prügel«

Verhaltensprobleme, die bei Hunden beklagt werden, sind vor allem übergroße Nervosität, Aggressivität bis hin zur Bissigkeit, aber auch Zerstördrang, Bellen, Selbstzerstörung und Verunreinigung des Hauses, Ängstlichkeit, Scheu und Wesensschwäche. Sie bereiten den Hundehaltern ernsthafte Sorgen, weil sie nervenaufreibend, kostspielig und oft auch gefährlich sind.

Vor allem aber: Gegen alle diese »Mängel« gibt es nicht nur keine speziellen Medikamente, sondern Tranquilizer haben in bestimmten Fällen noch dazu die unangenehme Eigenschaft, daß sie das Fehlverhalten noch *verstärken, statt es zu mindern.*[1]) Obendrein ist mit Erziehung allein meist wenig auszurichten.

Magenkranke Hunde mit oft schwerem Erbrechen und sonstigen Verdauungsstörungen haben, wenn man keinen akuten Anlaß für die Krankheit findet, meist auch ein *nervöses Wesen.* Man kuriert also mit den Magenmitteln die Symptome, ohne die Wurzel des Übels zu beseitigen.

Hunde mit *psychisch-allergischen Hautveränderungen* werden häufig mit *Cortison* behandelt. Die Folgen sind in besonderen Fällen verheerend. Das Hautleiden wird zwar nachhaltig verbessert, dafür aber senkt das Cortison die ohnehin niedrige Erregungsschwelle des Hundes noch mehr. Jetzt wird der Hund zum Heuler, Beller, Beißer, zerstört die Möbel oder sich selbst durch Benagen, uriniert und kotet im Haus, wird unruhig und unerziehbar. Vielfach manifestiert sich dieser Zustand auch über die Cortisonbehandlung hinaus durch Überreaktionen der nun angewandten strengen Erziehungsversuche. Die scharfe Behandlung des Hundes führt zu dessen scharfer Gegenreaktion und bedeutet nicht selten, daß der Hund schließlich unerträglich belastend und eingeschläfert wird.

In allen diesen Fällen ist es dringend zu raten, die Ernährungs- und Fütterpraxis zu überprüfen, sie entsprechend zu ändern und – zugleich mit ruhigen, konsequenten Erziehungsversuchen, Änderung der Haltungsbedingungen, vermehrter Bewegung und Beschäftigung – alle möglichen Nahrungszusammenstellungen zu erproben, die einen Einfluß auf das Verhalten haben können.

Nicht zuletzt ist auch der Züchter mit diesem Problem dann konfrontiert, wenn einer seiner Käufer ihm einen, sich als ungeeignet erweisenden Hund zurückgeben will. Möglicherweise kann es durch vorsichtige Befragung gelingen, den Hundchalter zu dem Versuch mit Nahrungsumstellung zu bewegen. Ist dies nicht möglich, sollte der Züchter selbst einen solchen Versuch mit dem Hund machen. In vielen Fällen kann man hier erfolgreich sein und den auskurierten Hund dann später – mit einem ausgewogenen Futterplan – einem neuen, *einsichtigen* Besitzer weitergeben.

Gleichzeitig mit der Futter- und Erziehungsumstellung sollte man aber auch daran denken, daß man die oft gravierende Gesamtumstellung des durcheinandergeratenen Organismus auch mit *homöopathischen Mitteln*

[1]) Mehr dazu siehe wieder Aldington, »Von der Seele des Hundes«

wirkungsvoll unterstützen kann.[1]) Diese Mittel werden preiswert von jeder Apotheke besorgt und haben absolut keine schädlichen Nebenwirkungen; meist leiten sie aber eine überraschende Wendung ein. Gar mancher Saulus ist hier zum Paulus geworden!

Verschiedene *Vitamine* haben, durch ihre Wirkung auf den Gesamtorganismus, auch einen deutlichen Einfluß auf das Verhalten. (Siehe auch Seite 196 dieses Buches.) Aus der *Vitamin-B-Gruppe* sind dies Thiamin (Vitamin B_1 = emotionale Instabilität), Riboflavin (Vitamin B_2 = Wirkung auf Neurotransmitter), Niacin (Vitamin B_3 = Nervendegeneration), Pyridoxin (Vitamin B_6 = abnorme elektrische Aktivität im Gehirn), Vitamin B_{12} (= Myelindegeneration), Pantothensäure (= Degeneration von Nerven und Myelin), Vitamin A (= verzögerte/mangelhafte/degenerative Gehirnentwicklung). Aufgeführt sind hier nur Stichworte, um die Bedeutung zu erklären.

Im Versuch hat sich gezeigt, daß sogenannte »Megadosen«, also hohe Überdosierungen, von Nikotinsäure (Niacin) und Nikotinamid eine beruhigende Wirkung haben. Auch Vitamin C ist ein Vitamin, das der Hund zwar selbst synthetisiert, nicht aber immer ausreichend in streß- oder krankheitsbedingten Situationen. Es hat aber nachweislich Wirkung auf das zentrale Nervensystem, indem die Wirkung von Amphetaminen (hyperaktive dopaminerge Systeme) gemildert werden konnte, was zu merklichen Verhaltensänderungen führte. Außerdem wird darauf hingewiesen, daß die nach überhöhter Verfütterung auch überhöhte Ausscheidung von Vitamin C oder auch B_6 den Harnwegen zugute kommt.

Ebenso sind auch *Mineralstoffe* von großer Bedeutung für Verhaltensprobleme, da sie viele *Hirnfunktionen,* von der Zerlegung von Nährstoffen zur Energiegewinnung bis zur Neurotransmitter- und DNA-Synthese, nachhaltig beeinflussen: z. B. Eisen, Zink, Kupfer, Mangan, Magnesium, Kalzium, Natrium; Kalium. *Mangelerscheinungen* können nicht nur durch unzureichende Ernährung, sondern auch durch starken Durchfall oder heftige Diurese ausgelöst werden, so daß eine *Verdauungsstörung,* ist sie endlich ausgeheilt, nun oft ganz unerklärliche *Verhaltensstörungen* nach sich zieht, die ihren Ursprung in eben diesen Mangelerscheinungen haben. Man kann sie daher durch entsprechende Zufütterung beheben, bzw. besser noch ihnen gleich entsprechend vorbeugen.

[1]) Nachzulesen in H. G. Wolff, Homöopathie für Hunde, Sonntag Verlag.

Daher ist in vielen »rätselhaften« Fällen die Überlegung sinnvoll, ob nicht mehr oder weniger harmlose, bereits fast vergessene, ganz anders geartete Erkrankungen zu bestimmten Verhaltensänderungen geführt haben könnten. Dies gilt gerade dann, wenn man den »Sitz« der Krankheit nicht genau feststellen kann: Sie ist nicht im Körper, nicht in der Seele und »sitzt« dennoch im (gesamten) Organismus.

Im Tierversuch hat sich gezeigt, daß das Gehirn in extremen Streßsituationen nicht genügend *Noradrenalin* produzieren kann, um den erhöhten Bedarf zu decken. Gab man den Tieren allerdings eine *tyrosinreiche Nahrung*, war der Noradrenalinspiegel im Gehirn ausreichend.

Hier kann man auch die merkwürdige Wirkung erklären, die eine Protein-Überversorgung bei Streß und Verhaltensmängeln hat. Wie sämtliche Gewebe besteht auch das Gehirn aus Protein, Fett und Wasser; es kann auch seine sämtlichen Aufgaben nur dann durchführen, wenn die Nahrung genügend Proteine, die verbraucht werden, nachliefert. Das Protein wird dazu in *Aminosäuren* und *Polypeptide* zerlegt und in das Blut aufgenommen. Es gelangt mit drei Transportsystemen für a) chemisch-saure *(azidische)*, b) basische *(alkalische)*, c) *neutrale* Aminosäuren in die Gehirnzellen.

Tryptophan ist eine neutrale Aminosäure, die wesentlich für den Neurotransmitter *Serotonin* (s. o.) ist. Auch *Tyrosin* ist eine neutrale Aminosäure und zuständig für *Adrenalin*, das »Streßhormon«; bei niedrigem Tyrosinspiegel im Blut ist es auch der Adrenalinspiegel. *Tyrosin* wiederum entsteht aus der Aminosäure *Phenylalanin*, das wiederum zur Synthese der Katecholamine *Dopamin*, *Noradrenalin* eingesetzt wird. Aber nicht nur zur Produktion von Neurotransmittern[1]) benötigt das Gehirn Aminosäuren. Es zerlegt sie, um daraus eine gewisse Energie zu gewinnen, und baut sie darüber hinaus zu *Gehirnproteinen* um, mit denen es z. B. die Myelinscheiden instandsetzt; mit anderen werden neue Informationen kodiert, aus anderen bestehen die Dendriten.

Wieder andere Aminosäuren dienen den *Enzymen* im Gehirn, d. h., sie sind für die vielen Gehirnstoffwechselvorgänge unerläßlich. Wenn z. B. aus Tyrosin Noradrenalin wird, sind dabei mindestens drei verschiedene Enzyme beteiligt.

Nicht zuletzt sind die Aminosäuren auch zu Synthese verschiedener *Hormone* notwendig. d. h., indirekt steuern sie sämtliche anderen Drüsen im Körper über die Hormone des *Hypothalamus* und der *Hypophyse*.

[1]) Mehr darüber siehe: Aldington, »Von der Seele des Hundes«, Verlag Gollwitzer, Weiden.

Dies sind nur Stichworte am Rande, die aber zeigen sollen, daß eine große Sorgfalt bei der Nahrungszusammenstellung nicht nur für den »gesunden Körper«, sondern eben auch für den »gesunden Geist« wichtig ist. Es lohnt sich schon zu versuchen, statt »mit Pillen oder Prügel« es einmal mit der Ernährung zu versuchen, die – in für viele sicherlich ganz unerwarteter Vielfalt – tatsächlich auch für Erziehungs- und Verhaltensprobleme von großer Bedeutung sein kann.

... und zahlt dafür!

Ein altes chinesisches Sprichwort lautet: »Nehmt, was ihr wollt und – zahlt dafür!« Denkt man über die Ernährung und den damit verbundenen Fragenkomplex nur für den Hund nach, kommt man bald darauf, welch hohen Preis wir zahlen müssen für den in wenigen Jahren erreichten »ungeheuren Fortschritt«.

Das gesamte Ökosystem der Natur wurde durcheinandergebracht, das Ergebnis der Überproduktion ist ein *Mangel an Spurenelementen,* die die Pflanzen dem Boden entziehen (sollten), neben einfachen organischen Substanzen, die von Pilzen und Bakterien produziert werden (sollten), die von den Pflanzen mit Sonnenlicht, Wasser und Kohlendioxyd zu pflanzlichen Geweben höherer Ordnung hergestellt werden, die wiederum Nahrung für die Pflanzenesser sind.

Neben diesen *Mangelerscheinungen* haben wir ein bislang ungekanntes Ausmaß neuer Substanzen, besser *Schadstoffen,* die in Konservierungs- und Schädlingsbekämpfungsmitteln, Blei, Asbest, Industrieabfällen über die Erde, ins Wasser und in die Luft und nicht zuletzt in jeden lebenden Organismus gelangen und dort eine Fülle noch nicht nur andeutungsweise erkannter *Veränderungen* auslösen. Mit chemischen Fremdstoffen, die für den Energieumsatz *nutzlos* sind, gelangen sie in die Blutbahn und müssen dort von einem *völlig überforderten Immunsystem* entgiftet werden.

Führt man sich dies vor Augen, werden die zunehmend zu beobachtenden Hauterkrankungen (auch) bei Hunden niemanden wundern. Ebenso wird erklärlich, daß gerade hier schon die richtige Diagnose schwer, oft genug gar nicht zu stellen ist; von der Schwierigkeit, zu helfen und zu heilen ganz zu schweigen.

Die Haut ist ein vielschichtiges Schutz-, Tast- und Entgiftungsorgan und hat Anschluß an alle großen Funktionssysteme: *Kreislauf, Lymphsystem, vegetatives Nervensystem, System der Grundregulation, Stoffwechselsystem, Endokrinum, Abwehrapparat.* Denken Sie auch an die enge nervöse Versorgung, eine Vernetzung, durch die die Haut in ständiger Wechselbeziehung mit dem Körperinneren steht. Wie viele Krankheiten lassen sich beispielsweise mit Akupunktur/-pressur erstaunlich beeinflussen; dabei werden die Verbindungen der inneren Organe mit segmental zugeordneten Reflexzonen ausgenutzt. Umgekehrt sagt man nicht umsonst, daß die Haut der Spiegel der Gesundheit ist. Nicht umsonst erkennt man den gesunden Hund auch an einem schönen, glänzenden Fell, erkennt man den Beginn einer physischen oder psychischen Störung auch an dem glanzlos und struppig wirkenden Fell, an Haarausfall, Ekzemen, chronischem Juckreiz, schlechtem Fellgeruch. Doch: wer hier nur von außen herumkuriert, behandelt wieder nur die Symptome – die Ursachen liegen viel tiefer . . . denn die »Krankheit« hat ihren Sitz eben im gesamten Organismus.

Aber nur eine *gesunde* Haut ist in der Lage, die von ihr geforderten Aufgaben auch auszuführen. Störungen können dabei sowohl durch Umwelteinflüsse, durch Stoffwechselentgleisungen, wie auch durch psychische Einflüsse ausgelöst werden; oft genug läßt sich letztendlich kaum richtig bestimmen, was ursächlich am Anfang einer katastrophalen Entwicklung gestanden hat.

Denn kein lebender Organismus ist heute in der Lage, sich dem rasanten Ansteigen von Fremd- und Schadstoffen anzupassen, bzw. sein Immunsystem darauf einzurichten. Auch hier schließt sich wieder der Kreis und führt von der gesunden/kranken Haut zur gesunden/kranken »Innenwelt« und von dort wieder zum intakten/gestörten Verhalten.

Mehr denn je müssen wir (nicht nur bei unseren Hunden) darauf achten, den »Segnungen« der modernen Chemie, soweit dies überhaupt möglich ist, zu entgehen. Lebensmittelzusatzstoffe, Antioxydationsmittel, Konservierungsstoffe, Aromastoffe, Verdickungs- und Geliermittel, sie sind überall versteckt, ebenso wie auch Rückstände von Schädlings- und Unkrautbekämpfungsmitteln. Wir, wie auch unsere Hunde, atmen Tabakrauch, Sprays, Ausdünstungen von Reinigungen, Autos etc. schutzlos ein. Wer den Unsinn erfunden hat, Hunde auch noch mit parfümierten Sprays, Haarfärbemitteln etc. zu bearbeiten, läßt sich bei dem auch aus dieser Sicht oft mehr als fragwürdigen Kampf um den Ausstellungssieg kaum noch feststellen. Dabei hinge nun wirklich niemandes Existenz davon ab, um des gesunden Hundes willen auf all diese unvernünftigen Auswüchse zu verzichten. Vielleicht aber, und auch das war einer der vielen Gründe, dieses

Buch zu schreiben, lernt der eine oder andere, eben ganz einfach aus Liebe zu seinem vierbeinigen Gefährten, wieder das Nachdenken über diese komplexen Zusammenhänge. Und gar mancher, der diese oder jene Komplikationen mit seinem Vierbeiner erlebt, tut gut daran, nachdenklich sich selbst und die eigenen Lebensumstände zu betrachten.

Vor Jahren, als die erste Auflage dieses Buches (damals nur der Text von Ilse Sieber) erschien, haben manche gelächelt und von »Naturapostelei« geredet. Inzwischen hat das Buch durch permanente Flüsterpropaganda eine Auflage nach der anderen erreicht. Von Jahr zu Jahr wurde *weniger darüber gelächelt;* von Jahr zu Jahr aber wurde es schwieriger, die darin empfohlenen »naturbelassenen«, hochwertigen Nahrungsmittel überhaupt (und zu vernünftigen Preisen) zu bekommen. Nicht nur der Mensch nimmt Schaden durch mangelhafte, unausgewogene Ernährung, die mit extrahierter, raffinierter Nahrung (z. B. Zucker, Butter, Olivenöl, weißes Mehl, geschälter Reis etc.) ein *Sättigungsgefühl* und eine ungesunde *Verfettung* erzeugt, ohne zu *ernähren.*

Im Anschluß an meine beiden Bücher »Das Gangwerk des Hundes«, dem ein Text von Friederun Stockmann zugrunde liegt, worin ich die Zusammenhänge von Körperbau, Wachstum und Verhalten dargestellt habe, und dem zweiten Buch »Von der Seele des Hundes«, das den großen, mehr als faszinierenden Komplex der Verhaltensgrundlagen des Hundes (und seines Menschen) untersucht, habe ich diesen Text geschrieben, der einer möglichen Neuauflage der »Hundezucht« angefügt werden möge. Denn besonders zu diesem Gebiet erreichten mich viele Fragen der Leser der »Hundezucht«, und oft genug waren es diese einfachen Antworten, die so manches Problem endlich beseitigten.

Neben der aus puren gesundheitlichen Rücksichten geforderten ausgewogenen Ernährung des Hundes wird, bis auf wenige Ansätze dazu in Frankreich und Amerika, wenig auf die wichtigen Einflüsse der Ernährung und Füttertechnik auf Erziehung und Verhalten hingewiesen. Jeder, der aufgrund von Beobachtungen entsprechende Überlegungen anstellt, ist weitgehend völlig auf sich gestellt. So soll dieser Beitrag dann auch, wie meine übrigen Bücher rund um den Hund, nicht nur dem Einzelnen hilfreich sein, sondern darüber hinaus auch Anstöße zu Richtungsänderung, neuer Forschung, neuem Denken geben. »Nehmt, was ihr wollt und – zahlt dafür!«

Stichwortverzeichnis A–Z

LITERATURHINWEISE Kleiner Auszug benutzter und weiterführender Bücher

I. HUND / HUNDEZUCHT / GESUNDHEIT /

Anderson, R. S. & Meyer, H.: Ernährung und Verhalten von Hund und Katze, 1982, 237 S.

Bairacli Levy, Juliette de: The Complete Herbal Book For The Dog, 1975, 224 S.

Bairacli Levy, Juliette de: Die Heilung der Hundestaupe, 1949, 152 S.

Bairacli Levy, Juliette de: Aufzucht junger Hunde nach natürlichen Methoden, 1965, 120 S.

Bairacli Levy, Juliette de: Die Heilung kranker Hunde, 1965, 120 S.

Battaglia, C. L.: Dog Genetics, 1978, 192 S.

Bergmann, G.: Why Does Your Dog of That? o. J., 160 S.

Bodingbauer, Joseph: Wesensanalyse für Welpen und Junghunde, 1980, 94 S.

Brunner, F.: Der unverstandene Hund, 1981, 380 S.

Bueler, Lois E.: Wild Dogs of the World, 1973, 274 S.

Burns, M. & Fraser, M. N.: Die Vererbung des Hundes, 1968, 264 S.

Carlson D. G. & Giffin, J. M.: Dog Owner's Home Veterinary Handbook, 1982, 364 S.

Collins, D. R. : The Collins Guide to Dog Nutrition, 1972, 336 S.

Crisler, Lois: Meine Wölfin, 1970, 261 S.

Crisler, Lois: Wir heulten mit den Wölfen, 1972, 254 S.

Donath, W. F.: Hunde gesund ernährt, o. J., 165 S.

Eibl-Eibesfeld, Irenäus: Grundriß der vergleichenden Verhaltensforschung, 4. A., 780 S.

Eibl-Eibesfeld, Irenäus: Liebe und Hass, 1972, 293 S.

Fox, Michael: Versteh Deinen Hund, o. J., 280 S.

Fox, Michael W.: The Dog, Its Domestication and Behavior, 1978, 296 S.

Fox, M. W.: Canine Behavior, 1965, 137 S.

Fox, M. W.: Integrative Development of Brain and Behavior in the Dog, 1971, 348 S.

Grünbaum, E.-G.: Ernährung und Diätetik von Hund und Katze, 1982, 286 S.

Harmar, H.: Hunde züchten mit Erfolg, 1978, 216 S.

Harmar, Hilary: Dogs and how to breed them, 1974, 299 S.

Hauser, Karl W. (Hrsg.): Kleintierkrankheiten, 1980, 230 S.

Hemmer, Helmut: Domestikation, 1983, 191 S.

Klever, Ulrich: Knaurs Großes Hundebuch, 1982, 580 S.

Korn, B. & Treutmann, H. (Hrsg.): Das große farbige Hundelexikon, 1977, 415 S.

Lanting, Fred L.: Canine Hip Dysplasia, 1981, 212 S.

Little, C. C.: The Inheritance of Coat Color in Dogs, 1979, 194 S.

Lorenz, Konrad: Das sogenannte Böse, o. J., 370 S.

Lorenz, Konrad: So kam der Mensch auf den Hund, o. J., 211 S.

Lorenz, Konrad: Über tierisches und menschliches Verhaltn, o. J. 2 Bde., 800 S.

Lorenz, Konrad: Vergleichende Verhaltensforschung, 1978, 200 S.

Lyon's, McDowell: The Dog in Action, 1981, 288 S.

Mech, L. David: The Wolf, 1970, 384 S.

Meyer, H. & Heckötter, E.: Futterwert-Tabellen für Hunde, 1983, 38 S

Meyer, H.: Ernährung des Hundes, 1983, 411 S.

Meyer, H. (Hrsg.): Ernährung von Hund und Katze, 1978, 186 S.

Miller, M. E.: Miller's Anatomy of the Dog, 1979, 1181 S.

Naaktgeboren, C. & Slijper, E. J.: Biologie der Geburt, 1970, 225 S.

Niemand, H. G.: Hundehaltung — aber wie? 1974, 376 S.

Niemand, F. G.: Praktikum der Hundeklinik, 1984, 700 S.

Onstott, Kyle: The New Art of Breeding Better Dogs, 1978, 264 S.

Pfaffenberger, C.: The New Knowledge of Dog Behavior, o. J., 208 S.

Portman-Graham, R.: The Mating and Whelping of Dogs, 1961, 162 S.

Pugnetti, Gino: Handbuch der Hunderassen, 1981, 448 S.

Räber, H.: Brevier neuzeitlicher Hundezucht, 1978, 193 S.

Roose, Ulrich: Erhebung zum Grasfressen beim Hund, (Diss.) 1982, 83 S.

Ryden, Hope: God's Dog, 1979, 315 S.

Schmitt, Peter-Josef: Die Verdaulichkeit der für die Ernährung des Hundes einsetzbaren Futtermittel, (Diss.) 1978, 197 S.

Scott, J. P. & Fuller, J. L.: Dog Behavior, 1965, 468 S.

Searle, A. G.: Comparative Genetics of Coat Colour in Mammals, o. J., 308 S.

Seiferle, E.: Wesensgrundlagen und Wesensprüfung des Hundes, 1972, 80 S.

Senglaub, K.: Wildhunde — Haushunde, 1978, 238 S.

Spangenberg, Rolf: Hundekrankheiten, 1981, 128 S.

Stadtfeld, Günter: Untersuchungen über die Körperzusammensetzung des Hundes, (Diss.) 1978, 129 S.

Straiton, E. C.: Hundekrankheiten, 1974, 231 S.

Teichmann, Peter: ABC der Hundekrankheiten, 1970, 292 S.

Thomee, Annette: Zusammensetzung, Verdaulich- und Verträglichkeit von Hundemilch und Mischfutter bei Welpen unter besonderer Berücksichtigung der Fettkomponente, (Diss.) 1978, 144 S.

Tortora, Daniel: Schwieriger Hund, was tun? 1979, 231 S.

Trumler, Eberhard: Ein Hund wird geboren, 1982, 174 S.

Trumler, Eberhard: Hunde ernst genommen, 1974, 307 S.

Trumler, Eberhard: Meine wilden Freunde, o. J., 240 S.

Trumler, Eberhard: Mit dem Hund auf du, 1971, 303 S.

Trumler, Eberhard: Ratgeber für den Hundefreund, o. J., 260 S.

Wegner, W.: Kleine Kynologie für Tierärzte und andere Tierfreunde, 1979, 341 S.

Whitney, L. F.: Dog Psychology, o. J., 352 S.

Wiesner, E. & Ribbeck, R., (Hrsg.): Wörterbuch der Veterinärmedizin, 1983, 1362 S.

Wiesner, E. & Willer, S.: Lexikon der Genetik der Hundekrankheiten, 1983, 351 S.

Willis, M. B.: Züchtung des Hundes, 1984, 500 S.

Wirtz, Hubert: Welpenaufzucht, 1982, 94 S.

Wolff, H. G.: Unsere Hunde gesund durch Homöopathie, 1984, 270 S.

Zimen, Erik: Der Wolf, Mythos und Verhalten, 1978, 335 S.

II. HEILPFLANZEN / BESTIMMUNGSBÜCHER / HOMÖOPATHIE

Aichele, D. u. E. & Schwegler, H. W. u. A.: Was grünt und blüht in der Natur? 1981, 400 S.

Aichele, Dietmar: Was blüht denn da? 1965, 400 S.

Braun, Hans: Heilpflanzen-Lexikon für Ärzte und Apotheker, 1981, 305 S.

Chrubasik, S. & J.: Kompendium der Phytotherapie, 1983, 155 S.

Hänsel, R. u. Haas, H.: Therapie mit Phytopharmaka, 1983, 315 S.

Herold, Edmund: Heilwerte aus dem Bienenvolk, 1970, 222 S.

Huxley, Anthony: Das phantastische Leben der Pflanzen, 1977, 350 S.

Jarvis, D. C.: Rheuma ist kein Schicksal, o. J., 200 S.

Jarvis, D. C.: 5 x 20 Jahre leben, 1958, 200 S.

Karl Josef: Phytotherapie, 1983, 410 S.

Leibold, Gerhard: Heilkräuter, o. J., 392 S.

Leibold, Gerhard: Heiltees und Kräuter, 1982, 136 S.

Pahlow, Mannfried: Das große Buch der Heilpflanzen, 1979, 499 S.

Schauer, Th. & Caspari, C.: Der große BLV Pflanzenführer, 1982, 465 S.

Schmeil, O. & Fitschen, J., (bearb. v. Rauh & Senghas): Flora von Deutschland, 1982, 608 S.

Schneider, E.: Nutze die Heilkraft unserer Nahrung, o. J., 622 S.

Schneider, E.: Nutze die heilkräftigen Pflanzen, 1963, 605 S.

Schönfelder, B. & Fischer, W.: Welche Heilpflanze ist das? 1979, 207 S.

Stauffer, Karl: Homöotherapie, 1924, 859 S.

Stauffer, Karl: Klinische Homöopathische Arzneimittellehre, 1925, 698 S.

Stauffer, Karl: Symptomen-Verzeichnis, 1929, 574 S.

Uccusic, Paul: Doktor Biene, 1982, 198 S.

Wagner, H.: Pharmazeutische Biologie, 1982, 464 S.

Weiss, R. F.: Lehrbuch der Phytotherapie, 1944, 399 S.

Hinweis: In den Katalogen »tierbuch-aktuell« und »tiermedbuch-aktuell«, die im gleichen Verlag erscheinen und die Sie kostenlos anfordern können, finden Sie eine umfassende Zusammenstellung aller Sie zu diesem Thema interessierenden Bücher. Siehe auch die Verlagsanzeige in diesem Buch.